微机原理与接口技术

——基于Proteus仿真的8086 微机系统设计及应用

何宏 主 编

赵捷 李珍香 张志宏 副主编

清华大学出版社
北 京

内 容 简 介

本书以简明的叙述、通俗的语言，系统地阐述了基于 Proteus 仿真技术的 Intel 8086 微机系统设计及接口技术。全书共分 12 章，主要内容包括计算机基础、微处理器结构及系统、Intel 80x86 寻址方式和指令系统、汇编语言程序设计、Proteus 应用指南、输入/输出接口、半导体存储器、中断处理技术、定时计数技术、并行/串行通信、数/模和模/数转换器以及基于 Proteus 仿真的 8086 微型处理器实验。本书选材新颖，内容系统，结构清晰，概念准确，通俗易懂，每章都附有思考题与习题。

本书可供高等院校本科、专科，高职高专及大中专工业自动化、电子信息/通信工程、机电一体化、机械等专业和计算机专业及其他各工科类专业选用，还可供广大科技人员自学参考。

本书封面贴有清华大学出版社防伪标签，无标签者不得销售。

版权所有，侵权必究。举报：010-62782989，beiqinquan@tup.tsinghua.edu.cn。

图书在版编目（CIP）数据

微机原理与接口技术：基于 Proteus 仿真的 8086 微机系统设计及应用/何宏主编. —北京：清华大学出版社，2015（2022.9重印）

（21 世纪高等学校规划教材·计算机应用）

ISBN 978-7-302-38114-3

Ⅰ．①微…　Ⅱ．①何…　Ⅲ．①微型计算机－理论－高等学校－教材 ②微型计算机－接口技术－高等学校－教材　Ⅳ．①TP36

中国版本图书馆 CIP 数据核字（2014）第 224392 号

责任编辑：刘向威　王冰飞
封面设计：傅瑞学
责任校对：李建庄
责任印制：朱雨萌

出版发行：清华大学出版社
　　　　网　　　址：http://www.tup.com.cn，http://www.wqbook.com
　　　　地　　　址：北京清华大学学研大厦 A 座　　　　　邮　　编：100084
　　　　社　总　机：010-83470000　　　　　　　　　　邮　　购：010-62786544
　　　　投稿与读者服务：010-62776969，c-service@tup.tsinghua.edu.cn
　　　　质量反馈：010-62772015，zhiliang@tup.tsinghua.edu.cn
　　　　课件下载：http://www.tup.com.cn，010-62795954
印　装　者：北京九州迅驰传媒文化有限公司
经　　　销：全国新华书店
开　　　本：185mm×260mm　　　印　　张：27　　　　字　　数：669 千字
版　　　次：2015 年 5 月第 1 版　　　　　　　　　　印　　次：2022 年 9 月第 6 次印刷
印　　　数：4301～4600
定　　　价：69.00 元

产品编号：060166-02

出 版 说 明

随着我国改革开放的进一步深化,高等教育也得到了快速发展,各地高校紧密结合地方经济建设发展需要,科学运用市场调节机制,加大了使用信息科学等现代科学技术提升、改造传统学科专业的投入力度,通过教育改革合理调整和配置了教育资源,优化了传统学科专业,积极为地方经济建设输送人才,为我国经济社会的快速、健康和可持续发展以及高等教育自身的改革发展做出了巨大贡献。但是,高等教育质量还需要进一步提高以适应经济社会发展的需要,不少高校的专业设置和结构不尽合理,教师队伍整体素质亟待提高,人才培养模式、教学内容和方法需要进一步转变,学生的实践能力和创新精神亟待加强。

教育部一直十分重视高等教育质量工作。2007 年 1 月,教育部下发了《关于实施高等学校本科教学质量与教学改革工程的意见》,计划实施"高等学校本科教学质量与教学改革工程(简称'质量工程')",通过专业结构调整、课程教材建设、实践教学改革、教学团队建设等多项内容,进一步深化高等学校教学改革,提高人才培养的能力和水平,更好地满足经济社会发展对高素质人才的需要。在贯彻和落实教育部"质量工程"的过程中,各地高校发挥师资力量强、办学经验丰富、教学资源充裕等优势,对其特色专业及特色课程(群)加以规划、整理和总结,更新教学内容、改革课程体系,建设了一大批内容新、体系新、方法新、手段新的特色课程。在此基础上,经教育部相关教学指导委员会专家的指导和建议,清华大学出版社在多个领域精选各高校的特色课程,分别规划出版系列教材,以配合"质量工程"的实施,满足各高校教学质量和教学改革的需要。

为了深入贯彻落实教育部《关于加强高等学校本科教学工作,提高教学质量的若干意见》精神,紧密配合教育部已经启动的"高等学校教学质量与教学改革工程精品课程建设工作",在有关专家、教授的倡议和有关部门的大力支持下,我们组织并成立了"清华大学出版社教材编审委员会"(以下简称"编委会"),旨在配合教育部制定精品课程教材的出版规划,讨论并实施精品课程教材的编写与出版工作。"编委会"成员皆来自全国各类高等学校教学与科研第一线的骨干教师,其中许多教师为各校相关院、系主管教学的院长或系主任。

按照教育部的要求,"编委会"一致认为,精品课程的建设工作从开始就要坚持高标准、严要求,处于一个比较高的起点上;精品课程教材应该能够反映各高校教学改革与课程建设的需要,要有特色风格、有创新性(新体系、新内容、新手段、新思路,教材的内容体系有较高的科学创新、技术创新和理念创新的含量)、先进性(对原有的学科体系有实质性的改革和发展,顺应并符合 21 世纪教学发展的规律,代表并引领课程发展的趋势和方向)、示范性(教材所体现的课程体系具有较广泛的辐射性和示范性)和一定的前瞻性。教材由个人申报或各校推荐(通过所在高校的"编委会"成员推荐),经"编委会"认真评审,最后由清华大学出版社审定出版。

目前,针对计算机类和电子信息类相关专业成立了两个"编委会",即"清华大学出版社计算机教材编审委员会"和"清华大学出版社电子信息教材编审委员会"。推出的特色精品教材包括:

(1) 21世纪高等学校规划教材·计算机应用——高等学校各类专业,特别是非计算机专业的计算机应用类教材。

(2) 21世纪高等学校规划教材·计算机科学与技术——高等学校计算机相关专业的教材。

(3) 21世纪高等学校规划教材·电子信息——高等学校电子信息相关专业的教材。

(4) 21世纪高等学校规划教材·软件工程——高等学校软件工程相关专业的教材。

(5) 21世纪高等学校规划教材·信息管理与信息系统。

(6) 21世纪高等学校规划教材·财经管理与应用。

(7) 21世纪高等学校规划教材·电子商务。

(8) 21世纪高等学校规划教材·物联网。

清华大学出版社经过三十多年的努力,在教材尤其是计算机和电子信息类专业教材出版方面树立了权威品牌,为我国的高等教育事业做出了重要贡献。清华版教材形成了技术准确、内容严谨的独特风格,这种风格将延续并反映在特色精品教材的建设中。

清华大学出版社教材编审委员会
联系人:魏江江
E-mail:weijj@tup. tsinghua. edu. cn

前　言

　　本书本着"系统性、新颖性、科学性、实用性"的原则,系统地阐述了基于 Proteus 仿真技术的 Intel 8086 微机系统设计及接口技术。全书共分 12 章,主要内容包括计算机基础、微处理器结构及系统、Intel 80x86 寻址方式和指令系统、汇编语言程序设计、Proteus 应用指南、输入/输出接口、半导体存储器、中断处理技术、定时计数技术、并行/串行通信、数/模和模/数转换器、基于 Proteus 仿真的 8086 微型处理器实验。本书选材新颖,内容系统,结构清晰,概念准确,通俗易懂。每章都附有思考题与习题。本书主要特点如下:

　　(1) 例题丰富、重点突出、难点分散、形式多样。本书以面向应用为主,在例题、接口电路等的选择上,尽量考虑与实际工程应用相结合,插入了大量的电路连接图、结构图、时序图和详细的分析说明。

　　(2) 解决了长期困扰微机原理与接口技术教学过程中的最大难题。在教学过程中,微型计算机软件和硬件无法很好地结合是微型计算机教学过程中的最大难题。应用 Proteus 软件作为微机应用系统设计和仿真平台,使微型计算机的学习过程变得直观、形象,可以在没有微型计算机实际硬件的条件下,利用 Proteus 软件以虚拟仿真方式实现微机系统的软、硬件同步仿真调试,使微型计算机应用系统设计变得简单、容易。

　　(3) 由浅入深、通俗易懂。对所举全部实例都有详细的分析和注释。例如,本书在汇编语言程序设计部分,通过对每段程序添加详细解释,使读者能够较为容易地理解和掌握汇编语言程序设计的思想。在介绍每一种接口的基本原理和工作方式的基础上,以大量的应用实例分析说明应用技术的要点,并通过加强习题练习、实验环节和课程综合设计项目的实践教学,使学生在牢固掌握微机原理的基础上,具有一定的微机接口设计能力和较强的接口系统应用能力。

　　本书是作为高等院校自动化、电子/通信工程、机电一体化等非计算机专业和计算机专业及其他各工科类专业的本科生学习"微机原理与接口技术"必修课程的通用教材。本教材适用面很广,也可作为大中专院校和高职高专相关专业的专科生学习"微机原理与接口技术"课程的教材,还可作为计算机(偏硬技术)等级考试的培训教材以及供从事微机系统设计和应用的技术人员自学和参考。

　　本书由何宏教授任主编,赵捷、李珍香、张志宏任副主编,参加本书编写工作的人员还有王娟、冷建伟、李玉森、李季、李茞娜、冯乐、张凤岭、郑瑞、徐骁骏、李宇、毛程倩等。本书在编写过程中得到广州风标电子技术有限公司(Proteus 中国大陆总代理)匡载华总经理和徐小斌工程师的大力支持和热情帮助,在此一并向他们表示衷心感谢。

　　由于计算机技术的发展日新月异,新技术层出不穷,加之编者水平有限,错误和不当之处在所难免,敬请各位读者和专家批评指正。

编　者

2015 年 3 月 于天津理工大学

目　录

第 1 章

计算机基础

1.1 概述

世界上第一台电子计算机诞生于 1946 年 2 月 15 日,它是美国宾夕法尼亚大学莫尔学院电机系莫克利(J. Mauchly)教授及其同事们研制成功的 ENIAC(Electronic Numerical Integrator And Computer,电子数值积分和计算机)。ENIAC 采用十进制运算,电路结构十分复杂,使用 18 000 多个电子管,运行时耗电量达 150kW,体积庞大,有 85m³,占地面积 150m²,重 30t,它只能存储 750 条指令,每秒钟只能进行 360 次乘法运算。价值 40 多万美元,ENIAC 的出现标志着人类计算工具进入了一个新的时代,是人类文明发展史中的一个里程碑。

从第一台电子计算机问世至今,不过 60 多年的历史。然而它发展之迅速,普及之广泛,对整个人类社会和科学技术影响之深远,是任何其他学科所不及的。60 多年来,计算机的发展经历了从电子管计算机、晶体管计算机、集成电路计算机到大规模和超大规模集成电路(VLSI)计算机这样 4 代的更替,运算速度为每秒数百亿次甚至数千亿次的巨型机也已投入运行。计算机已从早期的数值计算、数据处理发展到目前的进行知识处理的人工智能阶段,不仅可以处理文字、字符、图形图像信息,而且可以处理音频、视频信息,正向智能化和多媒体计算机方向发展。

微型计算机由微处理器、存储器、输入输出设备与接口和其他支持逻辑部件组成,完全包含了冯·诺依曼计算机体系结构中的 5 个部件,它们彼此通过系统总线(地址总线 AB、数据总线 DB 和控制总线 CB)连接起来。将微型计算机配置相应的系统软件、应用软件及外部设备等,则构成一个完整的微型计算机系统(Microcomputer System)。微型计算机的出现,为计算机技术的发展和普及开辟了崭新的途径,是计算机科学技术发展史上的又一个新的里程碑。

微处理器和微型计算机的发展历史是和大规模集成电路的发展分不开的。20 世纪 60 年代初期的硅平面管工艺和二极管、晶体管逻辑电路的发展,使得在 1963 年、1964 年有了小规模集成电路(Small Scale Integration,SSI)出现,之后的金属氧化物半导体(Metal Oxide Semiconductor,MOS)工艺,又使集成度提高了一大步。到 20 世纪 60 年代后期,在一片几平方毫米的硅片上,已可集成几千个晶体管,这就出现了大规模集成电路(Large Scale Integration,LSI)。LSI 器件体积小、功耗低、可靠性高,为微处理器的生产打下了基础。现代最新型的集成电路已可在单个芯片上集成上千万个晶体管,线宽小于 $0.13\mu m$,工作频率超过 2GHz。

微型计算机的发展是以微处理器的发展为表征的,到目前为止,微处理器的发展过程经历 6 代。

1.1.1　第一代微处理器

1971—1973 年为 4 位或 8 位低档微处理器和微型计算机时代。这一时期的典型产品是 Intel 4004 和 Intel 8008。

4004 是一种 4 位微处理器,可进行 4 位二进制的并行运算,拥有 45 条指令,速度为 0.05MIPS(Million Instructions Per Second,每秒百万条指令)。4004 的功能极其有限,主要用于计算器、电动打字机、照相机、台秤、电视机等家用电器上。

8008 是世界上第一种 8 位的微处理器,与 4004 相比,它可一次处理 8 位二进制数据,其寻址空间扩大为 16KB,并且扩充了指令系统(达到 48 条)。

第一代微处理器的基本特点是采用 PMOS 工艺,集成度低(1200～2000 晶体管/片),系统结构与指令都比较简单,仅能进行串行十进制运算,且速度慢(基本指令执行时间为 10～20μs)。采用机器语言编程,其价格低廉,主要应用于家用电器和简单控制场合。

1.1.2　第二代微处理器

1974—1977 年为 8 位中档微处理器和微型计算机时代。这一时期的典型 CPU 产品有 Intel 8080、Zilog 公司的 Z80 和 Motorola 公司的 MC6800 等。

1973 年,Intel 公司在 8008 的基础上推出了另一种 8 位微处理器——Intel 8080。这是一个划时代的产品,因为它是第一个真正实用的微处理器。它的存储器寻址空间增加到 64KB,并扩充了指令集,指令执行速度达到 0.5MIPS,比 8008 快 10 倍。另外,它使 CPU 外部电路的设计变得更加容易且成本降低。

从此,微处理器和微型计算机像雨后春笋般地蓬勃发展起来。市场上先后推出了一批性能优良的 8 位微处理器产品,如 Motorola 公司的 MC6800、Zilog 公司的 Z80 系列及 Intel 公司的 8085 等。

第二代微处理器与第一代相比,它的显著特点是:采用了 NMOS 工艺,集成度提高约 4 倍(5000～9000 晶体管/片),主时钟频率为 2～4MHz,平均指令执行时间为 1～2μs,速度提高了 10～15 倍(基本指令执行时间为 1～2μs)。指令系统较为完善。这一时期推出的微型计算机,在系统架构上已具有典型的计算机体系结构以及中断、DMA 等控制功能,软件方面除汇编语言外,还可使用如 BASIC、FORTRAN 等高级语言。在系统设计上考虑了机器间的兼容性、接口的标准化和通用性、外围配套电路种类齐全、功能完善,广泛应用于电子仪器、现金出纳机和打印机等。

1.1.3　第三代微处理器

1978—1984 年为 16 位微处理器和微型计算机时代。这一时期的典型 CPU 产品有 8086、8088、Z8000 和 MC6800。

Intel 80x86/Pentium 系列 CPU 以 Intel 公司 1978 年首先推出 16 位的 8086 为代表的第三代微处理器。次年又推出外部数据总线为 8 位的 8088(这主要是便于和大部分 8 位外设相连接)。在 Intel 公司推出 8086、8088 CPU 之后,各公司也相继推出了同类的产品,有 Motorola 公司的 MC68000 和 Zilog 公司的 Z8000 等。

第三代微处理器的主要特点是采用了 HMOS 工艺,时钟频率为 5~40MHz,其集成度(达 20 000~70 000 晶体管/片)和速度(基本指令执行时间为 0.5μs)都比 8 位微处理器提高了一个数量级。数据总线宽度为 16 位,地址总线宽度为 20 位,最大可寻址空间为 1MB,具有丰富的指令系统,且 CPU 的内部结构有很大的改进。体系结构与指令更为完善与丰富,采用了多级中断、多种寻址方式、段式寄存器等结构。

16 位微处理器比 8 位微处理器有更大的寻址空间、更强的运算能力、更快的处理速度和更完善的指令系统。例如,Intel 8086/8088 内部采用流水线结构,设置了指令预取队列,使处理速度大大提高。在软件方面可以使用多种高级语言,有完善的操作系统,支持构成多处理器系统。所以,16 位微处理器已能够替代部分小型机的功能。特别是在单任务、单用户的系统中,8086 等 16 位微处理器更是得到了广泛的应用。

1982 年,Intel 公司还推出了性能更高的 16 位 CPU——80286(以 80287 作为它的协处理器),它有 24 条地址线,内存寻址范围为 16MB,主频在 6MHz 以上。它将 CPU 中的 BIU 分成地址单元(AU)、指令单元(IU)和总线单元(BU)三部分,并利用 IU 进行预译码来进一步提高速度。在存储器管理方面引入保护虚地址方式,并可提供 $2^{30}=1GB$ 的虚拟内存空间,将部分外存信息有条件地与内存信息交换。从使用角度看,大大扩充了有限的内存容量。同时利用有效的特权保护机制可使由 286CPU 构成的 IBM PC/AT(286 机)支持多用户。286 机具有实地址和保护虚地址两种工作方式。在 20 世纪 80 年代中后期至 1991 年初,80286 一直是个人计算机的主流 CPU。

1.1.4 第四代高档微处理器

1985—1992 年为 32 位微处理器和微型计算机时代。这一时期的典型 CPU 产品是 Intel 80386、80486 和 Motorola 公司的 MC68020、68040 等。与 16 位微处理器相比,32 位微处理器从体系结构设计上有了概念性的改革与革新。

第四代微处理器的主要特点是:大多采用了 HMOS 或 CMOS 工艺,其集成度每片芯片高达 100 万只晶体管,基本指令执行时间一般为 25MIPS,为微型计算机带来了小型机的性能。它们具有 32 条地址线,内存寻址范围为 4GB。

1985 年,Intel 公司推出与 8086 向上兼容的 32 位微处理器——80386。它具有 32 位数据总线和 32 位地址总线,存储器可寻址空间达 4GB,时钟频率为 16~33MHz,平均指令执行时间小于 0.1μs,运算速度达到 $(3\sim4)\times10^6$ 指令/s(即 3~4MIPS),CPU 内部采用 6 级流水线结构,使取指令、译码、内存管理、执行指令和总线访问并行操作。使用二级存储器管理方式,支持带有存储器保护的虚拟存储机制,虚拟存储空间高达 2^{64}B。Intel 80386 工作主频在 16MHz 以上,以 80387 为协处理器。为了与 16 位外设兼容,1988 年 Intel 还推出了数据总线内 32 位外 16 位的 80386SX,仍用 80287 作协处理器,其他的结构则与 386 相同。 Intel 80386 有实地址、保护虚地址和虚拟 8086(即可在机器上同时运行实地址、保护虚地址等不同方式的程序)3 种工作方式。此外,为加快存储器操作,还引入了高速缓冲存储器

Cache,这样可将具体数据运算从慢速的动态 RAM(DRAM)调整到 SRAM 中进行。

1989 年、1990 年和 1992 年,Intel 公司相继推出了 80486DX、80486SX 和 80486DX2 CPU,其工作主频提高到 50MHz 以上。在 80486DX 内部集成了 80386、80387、8KB 的指令/数据 Cache 和高速缓存控制逻辑。为提高处理速度,它采用了精简指令集计算(RISC)技术以减少指令执行时间,将芯片内的浮点运算完全和常规算术逻辑运算并列运行,综合性能要比 80386 高 2~4 倍。80486SX 和 80486DX 的不同只是它内部不包含 80387 数字协处理器。而 DX2 则是在芯片内外采用两种主频工作,内部主频为外部的 2 倍。

1.1.5   第五代高档微处理器

第五代(1993 年)微处理器是 Intel 公司推出的 Pentium 微处理器。Pentium 微处理器的推出,使微处理器的技术发展到了一个崭新的阶段,标志着微处理器完成从 CISC 向 RISC 的过渡,也标志着微处理器向工作站和超级小型机冲击的开始。

Pentium(中文译名为奔腾)采用亚微米(0.8μm)CMOS 工艺技术,集成度为 330 万个晶体管/片,内部采用 4 级超标量结构,数据线 64 位,地址线 36 位。工作频率为 60/66MHz,处理速度达 110MIPS。Pentium CPU 芯片在 486 基础上采用了全新的体系,它重新设计了增强型的浮点运算器,速度比 486 提高了 3~5 倍。CPU 内部采用超标量流水线设计,CPU 内部有 U、V 两条流水线并行工作,使 Pentium 在单个时钟内可执行两条整数指令;Pentium 片内采用双 Cache 结构(即程序 Cache 和数据 Cache),每个 Cache 容量为 8KB,数据宽度为 32 位,将程序和数据 Cache 分开(各为 8KB),以减少等待及移动数据的次数和时间,大大节省了处理时间。最重要的是采用了超标量流水线结构,允许多条指令同时执行来提高效率。具体设置有两条指令流水线和独立的超标量执行单元,在同一时钟内可同时发两条整数指令或一条浮点(某些情况还能再送一条整数)指令,并将常用指令固化以硬件速度执行;片内设置分支目标缓冲器(BTB),以预测分支指令结果,提前安排指令执行顺序。可动态地预测分支程序的指令流向,节省了 CPU 判别分支的时间,大大提高了处理速度。

由于第一代 Pentium 采用 0.8μm 工艺技术和 5V 电源驱动,使得芯片尺寸较大,成本过高;另外其功耗达 15W,使系统散热成为问题。1994 年 3 月,Intel 推出了第二代 Pentium(以 P54C 代称),P54C 采用 0.6μm 工艺和 3.3V 电源,功耗仅为 4W,而且可在不需要时自动关闭浮点单元,散热问题基本得以解决。P54C 的主时钟为 100MHz 和 90MHz 两种。

1.1.6   第六代 Pentium 微处理器

1996 年,Intel 公司正式公布其高档 Pentium 产品 Pentium Pro(又称 P6,俗称高能奔腾)也是一种 64 位 CPU,该处理器采用 0.35μm 工艺,集成度是 550 万只晶体管/片,地址线为 36 条,寻址范围为 64GB,其主频已提高到 133MHz 以上,具有两倍 P5 的性能。

它的主要改进表现在两个方面:一是采用了动态执行技术,除了 P5 具有的转移指令预测功能外,还通过提前对指令间数据流的相互关系进行分析,对指令流进行优化重排,保证了超标量执行单元能满负荷工作;二是将二级 Cache(以加快存储器的操作,PC Pentium 机中除了主芯片内含有 Cache 外,在主板上又安装了 256~512KB 的二级 Cache)也集成在同一块芯片上,从而在芯片内形成双重独立总线,有效地提高了性能。

随着多媒体技术的融入,在 1996—1997 年间 Intel 公司相继推出了基于 P5 和 P6 芯片并附加多媒体声像处理指令(共 57 条)的 CPU,称为"具有 MMX 技术的 Pentium 和 Pentium Pro",其型号分别为 P55C 和 Pentium Ⅱ(简称 PⅡ),它们均采用了 $0.35\mu s$ 工艺。P55C 在结构上比 P5 又有所改进,如它将内部 Cache 从 8KB+8KB 增加到 32KB,指令预测功能也有所提高。而 PⅡ 除了对 P6 性能作了改进外,还在外观上采用了新的封装技术,先将芯片固定到基板上,再将它密封到金属盒中,它可直接插到主板插槽中。有 P55C 和 PⅡ 构成的 PC 分别称为多能奔腾机和 PⅡ(即奔腾二代)机,它们较适用于多媒体应用领域。

1999 年 2 月,Intel 公司再次推出 64 位的 CPU Pentium Ⅲ(简称 PⅢ),主频在 450MHz 以上,具有 32KB 一级 Cache、512KB 二级 Cache。它针对网络功能进行了优化,并且新增 70 条 SSE(Streaming SIMD Extensions,单指令多数据流扩展)指令,以提高 CPU 处理连续数据流的效率、浮点运算速度并加强多媒体功能。

2001 年以后,Pentium 4 系列进入市场,其 CPU 集成度达 2500 万晶体管/片,工作频率在 2GHz 以上。

自微处理器出现以来,经过多年市场的激烈竞争,目前市场占有率最高的当属 Intel 80x86/Pentium 系列。相信随着微电子技术的发展,功能更强的 CPU 还会相继问世,并不断用于提高 PC 系列微机的性能。今天,计算机及其应用技术的发展速度、深度及其广度,都远远超过历史上任何一种技术手段和装备,在国防、科学研究、政治经济、教育文化等方面无所不及。计算机应用技术不仅引起社会各领域的巨大变革,反过来又推动计算机本身不断向前发展。

1.2 计算机中数据的表示

1.2.1 计算机中的数制

计算机是以电子器件为核心,以电子器件的状态表示数的。电子器件以两种不同的状态最为稳定可靠,它输出或高电平或低电平,用这个高、低电平表示一位二进制数。因此在计算中,数全部是用二进制表示的。

1. 二进制数

一个二进制数具有两个基本特征:

(1) 有两个不同的数字符号,即 0 和 1。

(2) 逢二进位。

二进制数由排列起来的 0 和 1 组成,各位代表的数值不同,从位序号为 0 向左数,依次代表的数值为 1、2、4、8、16 等。例如:

$$D_3 \quad D_2 \quad D_1 \quad D_0$$
$$1 \quad \ 1 \quad \ 0 \quad \ 1$$

D_0 位的 1 代表 1，D_1 位的 1 代表 2，D_2 位的 1 代表 4，D_3 位的 1 代表 8……。每一位有一个基值与之相对应，这个基值称为位权。整数部分是位权为 2 的正次幂；若为小数，则小数点后面的数位的权为 2 的负次幂。例如

$$D_{-1} \quad D_{-2} \quad D_{-3} \quad D_{-4}$$
$$0.1 \quad\quad 1 \quad\quad 0 \quad\quad 1$$

D_{-1} 位代表 $2^{-1} = 0.5$，D_{-2} 位代表 $2^{-2} = 0.25$，D_{-4} 位代表 $2^{-4} = 0.0625$。一个二进制数所表示的实际值可用下式计算，即

$$\sum_{i=-m}^{n=-1} D_i \times 2^i$$

例如，计算 1101.1101 的实际值。

$$(1101.1101)_2 = 1 \times 2^3 + 1 \times 2^2 + 0 \times 2^1 + 1 \times 2^0 + 1 \times 2^{-1} + 1 \times 2^{-2} + 0 \times 2^{-3} + 1 \times 2^{-4}$$
$$= (13.8125)_{10}$$

2. 十六进制数

在计算机中，最常用十六进制数。一个十六进制数的基本特点如下：

(1) 具有 16 个数字符号，采用 0～9 和 A～F 表示。

(2) 逢 16 进位。

十六进制数是由排列起来的 0～F 组成，每一个数位有一个权与之对应，小数点左边各数位的权为 16 的正次幂，小数点右边各数据位的权是 16 的负次幂。

一个十六进制数表示的实际值可用下式计算，即

$$\sum_{i=-m}^{n=-1} D_i \times 16^i$$

例如，$(FF0E)_{16} = 15 \times 16^3 + 15 \times 16^2 + 0 \times 16^1 + 14 \times 16^0 = (65\,294)_{10}$

$$(A8.6C)_{16} = 10 \times 16^1 + 8 \times 16^0 + 6 \times 16^{-1} + 12 \times 16^{-2}$$

$$= \left(168\frac{27}{64}\right)_{10}$$

但是，在机器中，数仍以二进制形式运算，这是由物理器件本身所决定的。之所以用十六进制数表示，是因为 4 位二进制数可用 1 位十六进制数表示，这样人们看起来更方便、易懂。表 1-1 给出了二进制数与十六进制数、十进制数的对应关系。

表 1-1   二进制、十六进制、十进制对照表

二 进 制 数	十六进制数	十 进 制 数
0000	0	0
0001	1	1
0010	2	2
0011	3	3
0100	4	4

续表

二 进 制 数	十六进制数	十 进 制 数
0101	5	5
0110	6	6
0111	7	7
1000	8	8
1001	9	9
1010	A	10
1011	B	11
1100	C	12
1101	D	13
1110	E	14
1111	F	15

为了区分数的进制,常用 B 表示二进制数,用 H 表示十六进制数,D 表示十进制数。
例如,$(1101)_2$ 可表示为 1011B,$(1011)_{16}$ 可表示为 1011H,$(1011)_{10}$ 可表示为 1011D。

3. 数制的转换

1) 二进制数与十六进制数的转换

将二进制数转换成十六进制数相当方便。整数部分从小数点向左,每 4 位一组组成 1 位十六进制数,不足 4 位的前面补 0,小数部分由小数点向右,每 4 位一组,不足 4 位的后面补 0,每 4 位用相应十六进制数代替,即转换成十六进制数。例如:

$(1101011110.110101 0111)_2$ 转换为

0011   0101   1110   .   1101   0101   1100

3   5   E   .   D   5   C

转换结果为:$(35E.D5C)_{16}$。

若将十六进制数转换成二进制数,则只要把每一位十六进制数用相应的 4 位二进制数代替即可。例如:

$(8BC.7E)_{16}$转换为$(1000\ 1011\ 1100.0111\ 1110)_2$

2) 二进制数与十进制数转换

将二进制数转换成十进制数的方法是借用公式

$$\sum_{i=-m}^{n-1} D_i \times 2^i$$

即,将二进制数按权展开求和。这在前面已有实例,这里不再举例说明。

下面介绍将十进制数转换成二进制数的方法。对整数部分和小数部分要分别对待,整数部分的转换方法是除 2 取余法,小数部分的转换方法是乘 2 取整法。

例如,将十进制数 206 转换成二进制数。

```
                              余数
     2 │  206  ……    0   低位
     2 │  103  ……    1
     2 │   51  ……    1
     2 │   25  ……    1
     2 │   12  ……    0
     2 │    6  ……    0
     2 │    3  ……    1
     2 │    1  ……    1   高位
```

转换结果为$(1100\ 1110)_2$。

采取的方法是用 2 连续除以十进制数,直到商为 0 时结束,最先得到的余数为二进制数的最低位,最后得到的余数为二进制数的最高位。

小数部分的转换是用 2 去乘它,取乘积的整数部分为转换后的二进制小数的最高位,再用 2 去乘上一步乘积的小数部分,再取整数部分为二进制小数低一位的数字。重复乘 2 直到积为零或已达到二进制小数位数的要求,即转换过程完成。

例如,将(0.385)转换成二进制小数。

	整数		0.385	×2
高位	0.		77	×2
	1.		54	×2
	1.		08	×2
	0.		16	×2
	0.		32	×2
	0.		64	×2
低位	1.		28	

转换结果为$(0.0110001)_2$。

最后的积仍不为零,但只要达到要求的位数也就可以了;因为大部分小数是永远也不会满足乘积为零的。

若是既有整数又有小数的十进制数,则先分别进行转换,再把结果合起来就得到最后的结果。

例如,将十进制数 206.385 转换成二进制数。前面已经做过:
$$(206)_{10} = (11001110)_2, \quad (0.385)_{10} = (0.0110001)_2$$
那么,$(206.385)_{10} = (11001110.0110001)_2$。

4. 二进制数的运算

1) 加法运算

二进制加法运算规则为
$$0 + 0 = 0$$
$$0 + 1 = 1$$
$$1 + 0 = 1$$
$$1 + 1 = 0(并向高一位产生进位,结果为 10)$$

例如：

$$
\begin{array}{r}
1011\\
+\,1110\\
\hline
11001
\end{array}
$$

2）减法运算

二进制减法运算规则为

$$0-0=0$$
$$0-1=1（向高位借位）$$
$$1-0=1$$
$$1-1=0$$

例如：

$$
\begin{array}{r}
1101\\
-\,1011\\
\hline
0010
\end{array}
$$

3）乘法运算

二进制乘法运算规则为

$$0\times0=0$$
$$0\times1=0$$
$$1\times0=0$$
$$1\times1=1$$

例如：

$$
\begin{array}{r}
1101\\
\times\quad1011\\
\hline
1101\\
1101\\
0000\\
+\quad1101\\
\hline
10001111
\end{array}
$$

4）除法运算

二进制除法与十进制除法类似，由上商、减法逐步完成。

例如：

$$
\begin{array}{r}
1101\\
1011\overline{)10001111}\\
-1011\\
\hline
1101\\
-1011\\
\hline
1011\\
-1011\\
\hline
0
\end{array}
$$

1.2.2　计算机中数据的表示方法

在计算机中能直接表示和使用的有数值数据和符号数据两大类。数值数据用来表示数量的大小,并且还带有表示数值正负的符号位。符号数据又称非数值数据,用于表示一些符号标记,包括英文大小写字母、数字符号 0~9 等,汉字和图形信息也属于符号数据。由于计算机中任何数据都采用二进制编码形式,因此讨论数据的表示方法,就是讨论它们在计算机中的组成格式和编码规则。

1. 带符号数的表示方法

在计算机中,数值有大小,但也会有正、负,用什么方法表示数值的符号呢? 通常将一个数的最高位定为符号位。若字长为 8 位,则 D_7 为符号位,$D_6 \sim D_0$ 为数字位。符号位用 0 表示正,用 1 表示负。例如:

$$X = (01011011)_2 = +91$$
$$X = (11011011)_2 = -91$$

这样连同一个符号位在一起作为一个数,就称为机器数,而它的数值称为机器数的真值。为了使运算方便,在机器中带符号数有 3 种表示方法——原码、反码和补码。

1) 原码

按上所述,正数的符号位用 0 表示,负数的符号位用 1 表示,这种表示方法称为原码。

例如,$X = +100$ $[X]_原 = 0\ 1100100$

         $Y = -100$ $[Y]_原 = 1\ 1100100$

其中,最高位为符号位,后面 7 位为数值。在原码表示中,+100 和 -100 数值位相同,符号位不同。

原码表示简单易懂,但若两个异号数相加就要做减法,为了把减法运算转换为加法运算,又引进了反码和补码。

2) 反码

正数的反码表示与原码相同,最高位为符号位,用 0 表示正,其余位为数值位。

例如,$[+66]_反 = 0\ 1000010$

       $[\ +6]_反 = 0\ 0000110$

负数的反码表示为它的正数"按位取反"(连同符号位)。

例如,$[-6]_反 = 1\ 1111001$

       $[+127]_反 = 0\ 1111111$

       $[-127]_反 = 1\ 0000000$

       $[+0]_反 = 0\ 0000000$

       $[-0]_反 = 1\ 1111111$

负数的反码表示与原码有很大区别。最高位仍为符号位,负数仍用 1 表示,但数值位不同。以 8 位二进制反码表示的数有以下特点:

(1) 0 有两种表示方法。

(2) 能表示的数值范围为 +127 ~ -127。

(3) 一个带符号数用反码表示时,其最高位 D_7 为符号位,0 表示正数,1 表示负数,后 7 位数为数值;对于负数,一定把它"按位取反"才能得到它的二进制值。

例如,$[10101100]_反$,它的最高位为 1,所以为负数,其值的大小将数值位"按位取反";这个用反码表示的数为

$$-1\ 0\ 1\ 0\ 0\ 1\ 1 = (-83)_{10}$$

3) 补码

正数的补码表示与原码相同,而负数的补码表示为它的正数"按位取反"(包括符号位),并且在最低位加 1 而形成。

例如,$[+6]_补 = 0\ 0000110$

$$[-6]_补 = 1\ 1111001+1=1\ 1111010$$

$$[+127]_补 = 0\ 1111111$$

$$[-127]_补 = 1\ 0000001$$

$$[+0]_补 = 0\ 0000000$$

$$[-0]_补 = 0\ 0000000$$

8 位带符号数的补码表示,有以下特点:

(1) $[+0]_补 = [-0]_补 = 00000000$。

(2) 8 位二进制补码所能表示的数值范围为 $+127 \sim -128$。

(3) 一个用补码表示的二进制数,其最高位为符号位;当符号位为 0 时,表示为正数,其余 7 位为此数的二进制值;但当符号位为 1 时表示为负数,其余几位不是此数的二进制值,应把它"按位取反",且在最低位加 1,才是它的二进制值。

例如,$[10101100]_补$,其最高位为 1,说明是负数;若求其值,则按位取反为 01010011,再加 1 为 01010100。

其值为 $-01010100 = -(84)_{10}$。

表 1-2 给出各种码制下数的表示。

表 1-2　数的表示法

二进制数码	无 符 号 数	原 码	补 码	反 码
00000000	+0	+0	+0	+0
00000001	+1	+1	+1	+1
⋮	⋮	⋮	⋮	⋮
01111110	+126	+126	+126	+126
01111111	+127	+127	+127	+127
10000000	+128	-0	-128	-127
10000001	+129	-1	-127	-126
⋮	⋮	⋮	⋮	⋮
11111110	+254	-126	-2	-1
11111111	+255	-127	-1	-0

当负数采用补码表示时,可以把减法转换成加法。

例如,$X = 64-14 = 64 +(-14)$

$$[X]_补 = [64]_补 + [-14]_补$$

$$[64]_{补} = 01000000$$
$$[-14]_{补} = 11\,110010$$

$[X]_{补}$ 为将二者相加,即

$$
\begin{array}{r}
0100\,0000 \\
+\ 1111\,0010 \\
\hline
[1]\ 0011\,0010
\end{array}
$$

自然丢失

由于字长只有 8 位,故当有向更高位进位时会自然丢失。

$$[X]_{补} = 00110010 = (50)_{10}$$

上述实例说明引入补码概念之后,数的减法运算可以用加法运算代替。这是很有实用价值的。在计算机中,凡带符号的数一律用补码表示。无论是参与运算的数还是运算结果,都是采用补码形式。

为什么本来是做的减法却可以用加法代替呢? 从运算式子中可以看到,若没有自然丢失的进位则决不会得到正确的结论。

设想一个环形跑道上,均匀地放好 256 把椅子,椅子编号 0 开始到 255 号。现在有人处于 64 号椅子上,如果要到 50 号椅子上去,他可以向回走过 14 把椅子。也可以向前走,经过 65 号直到 255 号,接着又从 0 号椅子开始走一直会走到 50 号椅子的。这样他走过多少椅子呢? 显然是 256-14=242。可以看出,-14 和 +242 效果相同。因此,256 称为模,它是这个系统里所能表示的最大的数,而(-14)和(242)则互为补数。(-14)的补码可以从 $2^{8}-14$ 得到。

这个例子就相当于,对一个 8 位二进制数,当用补码来示时,它的模为 $2^{8}=256$;而当从某数中减去一个小于模的数时,总可以用加上该数的负数与其模数之和来代替。

也就是: $64-14 = 64+(256-14)$

$$= 64+242$$
$$= 50+256$$
$$= 50$$

自然丢失

由于 8 位的字长表示带符号数的范围为 $+127\sim-128$。

若运算结果超出这个范围,则结果就不正确,一般称之为溢出。这时可扩大字长,如用 16 位字长,则它表示的数的范围为 $+32\,767\sim-32\,768$。

4) 补码的运算

从以上讨论知,在微型计算机中,带符号数一般都以补码的形式在机器中存在和进行运算。这主要是因为补码的加减法运算比原码的简单:它是符号位与数值位一起参加运算,并能自动获得正确结果。

设 x 和 y 是两个正数,可以证明两个数和的补码等于两个数补码的和:

$$[x+y]_{补} = 2^{n}+(x+y) = (2^{n}+x)+(2^{n}+y) = [x]_{补}+[y]_{补}$$

同样,也可以证明该两数差的补码等于被减数的补码与减数负值的补码(或称求补)之和。

$$[x-y]_{补} = 2^{n}+(x-y) = 2^{n}+x+2^{n}+(-y) = [x]_{补}+[-y]_{补}$$

上式证明了补码运算中,两数差的运算,简化为单纯的加法运算了。

对于 x 的补码已经会求,但对 $[-y]_{补}$ 的求法可通过对 $[y]_{补}$ "连同符号位在内一起变反加 1" 得到。

例 1-1 $[y]_{补}=00000100$

解 $[-y]_{补}=11111100$

例 1-2 计算 $x-y$。x、y 均为正数,且 $x>y$。设定 $x=122$,$y=37$,字长 $n=8$。

解
十进制计算　　　　二进制补码计算

$$
\begin{array}{r}
122 \\
-\ \ 37 \\
\hline
85
\end{array}
\qquad
\begin{array}{r}
01111010=[x]_{补} \\
+\ 11011011=[-y]_{补} \\
\hline
1\ 01010101
\end{array}
$$

进位自动舍去 ———┘　└——— 符号位为0,表示正数

求真值:正数 $(01010101)_2=85$。

例 1-3 计算 $x-y$。x、y 均为正数,且 $x<y$。设定 $x=64$,$y=65$,字长 $n=8$。

解
十进制计算　　　　二进制补码计算

$$
\begin{array}{r}
64 \\
-\ \ 65 \\
\hline
-\ \ 1
\end{array}
\qquad
\begin{array}{r}
01000000=[x]_{补} \\
+\ 10111111 \\
\hline
11111111
\end{array}
$$

符号位为1,
表示负数

求真值:$(11111111)_{补}=10000001$,真值 $=-1$。

例 1-4 计算 $x-y$。x、y 均为正数。设 $x=64$,$y=65$,字长 $n=8$。

解
十进制计算　　　　二进制补码计算

$$
\begin{array}{r}
64 \\
+\ \ 65 \\
\hline
129
\end{array}
\qquad
\begin{array}{r}
01000000=[x]_{补} \\
+\ 01000001=[-y]_{补} \\
\hline
10000001
\end{array}
$$

符号位为1,
表示负数

此时两个正数相加,得出负数,显然是错误的。这种情况称为溢出。由表 1-2 知,8 位计算机中,由于最高位为符号位,剩下的数值位只有 7 位,因此表示的数值范围是 $-128\sim+127$。当两个正数相加其和大于 127 或两个负数相减其绝对值之和大于 128,就是"溢出",致使结果出错。推广到字长 n 位符号数,最高位为符号位,$n-1$ 位表示数值。能表示的最大值为 $2^{n-1}-1$(即 $n-1$ 个 1)。当运算结果超出此值,就产生"溢出"。

小结:

(1) 补码运算时,参加运算的两个数均为补码,结果也是补码,欲得真值,还需转换。

(2) 运算时,第一,符号位与数值位一起参加运算;第二,符号位产生的进位舍掉不管;第三,要保证运算结果不超过补码所能表示的最大范围,否则将产生"溢出"错误。为此,在计算机中设有专门电路用以判断运算结果是否产生溢出,并以某种标志告知本次运算的结果是否产生溢出。

2. 十进制数的表示方法

计算机内部是以二进制表示数值的,而人们习惯使用十进制数。目前功能较强的计算

机都能直接处理十进制表示的数,如后几章讲的 8086 CPU 就有直接处理十进制数的指令。

1 位十进制数用 4 位二进制数表示,可以有很多方法,较常用的是 8421 码。其编码表如表 1-3 所示。

8421 码有 10 个不同的数字符号,且逢十进位,所以为十进制数;但每一位十进制数是由 4 位二进制数表示的,因此称其为二进制编码的十进制数,也称为 BCD(Binary Coded Decimal)码。

表 1-3　BCD 码编码表

十进制数	8421 BCD 码
0	0000
1	0001
2	0010
3	0011
4	0100
5	0101
6	0110
7	0111
8	1000
9	1001
10	0001 0000
11	0001 0001
12	0001 0010

1) 压缩的 BCD 码

压缩的 BCD 码是用一个字节即 8 位二进制数表示两位十进制数。高 4 位可以表示十进制数的十位数,低 4 位可以表示十进制数的个位数。

例如,$[00100110]_{BCD}$,高 4 位代表十进制数的 2,低 4 位代表十进制数的 6,所以其值应为 $(26)_{10}$。

数的编码是用人脑来定义的,但计算机仍要采用二进制运算。要想得到正确的运算结果,在 BCD 码的运算中必须加以修正,也称为调整。

例如,26+47,首先,进行二进制加法运算:

$$
\begin{array}{cccccccc}
 & 0 & 0 & 1 & 0 & & 0 & 1 & 1 & 0 \\
+ & 0 & 1 & 0 & 0 & & 0 & 1 & 1 & 1 \\
\hline
 & 0 & 1 & 1 & 0 & & 1 & 1 & 0 & 1
\end{array}
$$

第二步,对结果进行调整,其调整原则是:若低 4 位大于 9,则应在低 4 位加上 6,并向高 4 位进 1。

$$
\begin{array}{cccccccc}
 & 0 & 1 & 1 & 0 & & 1 & 1 & 0 & 1 \\
+ & & & & & & 0 & 1 & 1 & 0 \\
\hline
 & 0 & 1 & 1 & 1 & & 0 & 0 & 1 & 1
\end{array}
$$

经调整后,结果为 $(83)_{16}$,即 BCD 码表示的是十进制数 $(83)_{10}$。

2) 非压缩的 BCD 码

非压缩的 BCD 码,是用一个字节即 8 位二进制数表示 1 位十进制数,其中高 4 位为 0000,低 4 位 0000~1001 分别表示 0~9。

例如,$[00001000]_{BCD}$ 表示十进制数 8。

如果是一个十进制数(如 $(39)_{10}$),它将占用两个 8 位二进制数,即两个字节。若进行非压缩的 BCD 码运算,则和压缩的 BCD 码一样,也必须加以调整。

例如,26+47,首先做二进制加法运算:

$$
\begin{array}{l}
\ \ \ 0000\ 0010 \quad\quad 0000\ 0110 \\
+ 0000\ 0100 \quad\quad 0000\ 0111 \\
\hline
\ \ \ 0000\ 0110 \quad\quad 0000\ 1101
\end{array}
$$

下一步进行校正。低字节的低 4 位大于 9,所以加 6,于是产生一个进位,并将这个进位加到高字节。

$$1 \leftarrow 进位$$

$$
\begin{array}{cc}
0000\ 0110 & 0000\ 1101 \\
+ \qquad\qquad & 0000\ 0110 \\
\hline
0000\ 0111 & 0000\ 0011
\end{array}
$$

结果为$(0703)_{16}$,也就被认为是$(73)_{10}$。

1.2.3 计算机中非数值数据信息的表示方法

计算机除了能对数值信息进行处理(主要是各种数学运算)外,对于如文字、图画、声音等信息也能进行各种处理,当然它们在计算机内部也必须表示成二进制形式,这些通称为非数值数据。本节先介绍西文文字的表示。

1. 西文信息的表示

西文是由拉丁字母、数字、标点符号及一些特殊符号所组成的,它们统称为字符(Character)。

众所周知,人们使用计算机时,基本手段之一是通过键盘与计算机打交道。从键盘上输入的命令和数据,不再是一种纯数字(0~9),而多数为一个个英文字母、标点符号和某些特殊符号。而计算机只能处理二进制代码数字,这就需要用二进制 0 和 1 对各种字符进行编码,输入的字符由计算机自动完成转换,以二进制代码形式存入计算机。如在键盘上输入大写英文字母 A,存入计算机 A 的编码 01000001,它已不再代表数字值,而是一个文字信息。

目前,国际上使用的字母、数字和符号的信息编码系统种类很多。经常采用的是美国国家信息交换标准代码(American Standard Code for Information Interchange,ASCII)。该标准制定于 1963 年,后来经国际标准化组织 ISO 和国际电报电话咨询委员会 CCITT 以它为基础制订了相应的国际标准。目前微型计算机的字符编码都采用 ASCII 码。

ASCII 码是一种 8 位代码,一般最高位可用于奇偶校验,故仅用 7 位码来代表字符信息,共可表示 128 个字符,其中 32 个起控制作用的称为“功能码”,其余 96 个符号(10 个十进制数码、52 个英文大、小写字母和 34 个专用符号——$、+、−、=…)供书写程序和描述命令之用,称为“信息码”,如表 1-4 所示。

表 1-4 ASCII 字符编码表

$b_3 b_2 b_1 b_0$ \ $b_6 b_5 b_4$	000	001	010	011	100	101	110	111
0 0 0 0	NUL	DLE	SP	0	@	P		p
0 0 0 1	SOH	DC_1	!	1	A	Q	a	q
0 0 1 0	STX	DC_2	”	2	B	R	b	r
0 0 1 1	ETX	DC_3	#	3	C	S	c	s
0 1 0 0	EOT	DC_4	$	4	D	T	d	t
0 1 0 1	ENQ	NAK	%	5	E	U	e	u

续表

b₃b₂b₁b₀ \ b₆b₅b₄	000	001	010	011	100	101	110	111
0 1 1 0	ACK	SYN	&	6	F	V	f	v
0 1 1 1	BEL	ETB	'	7	G	W	g	w
1 0 0 0	BS	CAN	(	8	H	X	h	x
1 0 0 1	HT	EM	)	9	I	Y	i	y
1 0 1 0	LF	SUB	*	:	J	Z	j	z
1 0 1 1	VT	ESC	+	;	K	[	k	{
1 1 0 0	FF	FS	,	<	L	\	l	¦
1 1 0 1	CR	GS	—	=	M	]	m	}
1 1 1 0	SO	RS	•	>	N	↑	n	~
1 1 1 1	SI	US	/	?	O	—	o	DEL

表 1-4 中第 010～111 的 6 列中,共有 96 个可打印(或显示)的字符,又称为图形字符。这些字符有确定的结构形状,可在显示器和打印机等输出设备上输出。它们在计算机键盘上能找到相应的键,按键后就可将对应字符的二进制编码送入计算机内。

另外,表的第 000 和第 001 列中共 32 个字符,又称为控制字符,它们在传输、打印或显示输出时起控制作用。按照它们的功能含义可分成以下 5 类:

(1) 传输控制字符。如 SOH(标题开始)、STX(正文开始)、ETX(正文结束)、EOT(传输结束)、ENQ(询问)、ACK(认可)、DLE(数据链转义)、NAK(否认)、SYN(同步)、ETB(组传输结束)。

(2) 格式控制字符。如 BS(退格)、HT(横向制表)、LF(换行)、VT(纵向制表)、FF(换页)、CR(回车)。

(3) 设备控制字符。如 DC1(设备控制 1)、DC2(设备控制 2)、DC3(设备控制 3)、DC4(设备控制 4)。

(4) 信息分隔类控制字符。如 US(单元分隔)、RS(记录分隔)、GS(群分隔)、FS(文件分隔)。

(5) 其他控制字符。如 NUL(空白)、BEL(告警)、SO(移出)、SI(移入)、CAN(作废)、EM(媒体结束)、SUB(取代)、ESC(转义)。

此外,在图形字符集的首尾还有两个字符也可归入控制字符,它们是 SP(空格字符)和 DEL(抹除字符)。

最后指出,在表 1-4 中,ASCII 码用一个字节中 7 位对字符进行编码,而最高位不参与编码,常用作奇/偶校验位,用以判别数码传送是否正确。

偶校验的含义是:包括校验位在内的 8 位二进制码中 1 的个数为偶数,如字母 A 的 ASCII 码(1000001B)加偶校验时为 01000001B,而奇校验则是:包括校验位在内所有 1 的个数为奇数,因此,具有奇数校验位 A 的 ASCII 码则是 11000001B。

我国于 1980 年制订了《信息处理交换器的 7 位编码字符集》(GB 1988—80),除用人民币符号¥代替美元符号 $ 外,其余含义都和 ASCII 码相同。

2. 中文信息的表示

中文的基本组成单位是汉字,汉字也是字符。西文字符集的字符总数不过几百个,使用 7 位或 8 位二进制数就可表示。目前汉字的总数超过 6 万字;数量大,字形复杂,同音字多,异体字多,这就给汉字在计算机内部的表示与处理、汉字的传输与交换、汉字的输入和输出等带来了一系列的问题。为此我国于 1981 年公布《国家标准信息交换用汉字编码基本字符集》(GB 2312—80)。该标准规定一个汉字用两个字节(256×256＝65 536 种状态)编码,同时用每个字节的最高位来区分是汉字编码还是 ASCII 字符码,这样每个字节只用低 7 位,这就是双 7 位汉字编码(128×128＝16 384 种状态),称为该汉字的交换码(又称国标码)。其格式如表 1-5 所示。国标码中每个字节的定义域在 21H～7EH 之间。

表 1-5　国标码格式

b₇	b₆	b₅	b₄	b₃	b₂	b₁	b₀	b₇	b₆	b₅	b₄	b₃	b₂	b₁	b₀
○	×	×	×	×	×	×	×	○	×	×	×	×	×	×	×

目前许多机器为了在内部能区分汉字与 ASCII 字符,把两个字节汉字的国标码的每个字节的最高位置 1,这样就形成了汉字另一种编码,即汉字机内码(简称"内码"),若已知国标码,则机内码唯一确定,方法是机内码的每个字节为原国标码每个字节加 80H。内码用于统一不同系统所使用的不同汉字输入码,把汉字用花样繁多的不同汉字输入法输入系统后,一律转换为内码,致使不同系统内汉字信息可以相互转换。

《国家标准信息交换用汉字编码基本字符集》(GB 2312—80)编码按汉字使用频度把汉字分为高频字(约 100 个)、常用字(约 3000 个)、次常用字(约 4000 个)、罕见字(约 8000 个)和死字(约 4500 个),并将高频字、常用字和次常用字归结为汉字字符集(6763 个)。该字符集又分为两级:第一级汉字为 3755 个,属常用字,按汉语拼音顺序排列;第二级汉字为 3008 个,属非常用字,按部首排列。

前面讨论了汉字的国标码,现在来谈谈汉字输入问题,汉字输入方法很多,如区位、拼音、五笔字型等数百种。其中最优者应具有易学习、易记忆、效率高(击键次数少)、重码少和容量大等特点。不同输入法有自己的编码方案,不同输入法所采用的汉字编码统称为输入码。输入码进入机器后,必须转为机内码。

汉字的输出是先用汉字字型码(一种用点阵表示汉字字型的编码)把汉字按字型排列成点阵,常用点阵有 161×6、24×24、32×32 或更高。一个 16×16 点阵汉字要占用 32 个字节,24×24 点阵汉字要占用 72 个字节等。由此可见,汉字字型点阵的信息量很大,占用存储空间也非常大。所有的不同字体、字号的汉字字型构成字体,通常都存储在硬盘上,只有当要显示输出时才去检索得到欲输出的字型。

3. 计算机中图、声、像的表示

众所周知,计算机除了能处理汉字、数值、数据外,还能处理声音、图形和图像等各种信息。前已述及,把能处理声音、图形和图像信息的计算机称为多媒体计算机。

在多媒体计算机中,各种媒体也是采用二进制编码来表示的。首先,把声音、图像等各种模拟信息(如声音波形、图像的颜色等)经过采样、量化和编码,转换成数字信息,这一过程称为模数转换;由于数字化信息量非常大,为了节省存储空间、提高处理速度,信息往往要经过压缩后再存储到计算机中。经过计算机处理过的数字化信息,还需经过还原(解压缩)、数模转换(把数字化信息转化为声音、图像等模拟信息)后再现原来的信息,如通过扬声器播放声音、通过显示器显画面。

1.3　微型计算机的系统

目前的各种微型计算机系统,无论是简单的单片机、单板机系统,还是较复杂的个人计算机系统,从概念结构上来说都是由运算器、控制器、存储器和输入输出设备等几个部分组成。但在具体实现上,这些组成部分往往又合并或分解为若干个功能模块,分别由不同的部件予以实现。

从系统的组成上看,一个微型计算机系统包括硬件和软件两大部分。

1.3.1　硬件系统

微型计算机的硬件主要是由微处理器 CPU、存储器、I/O 接口和 I/O 设备组成,各组成部分之间通过地址总线(Address Bus,AB)、数据总线(Data Bus,DB)、控制总线(Control Bus,CB)联系在一起。AB、DB 和 CB 这三者统称为系统总线,如图 1-1 所示。

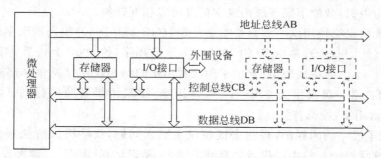

图 1-1　微型计算机的总线结构

1. 微处理器

微处理器(CPU)是微型计算机的核心部件,它的性能在很大程度上决定了微型计算机的性能。

2. 存储器

存储器(Memory)用来存放程序指令、处理数据和运算结果及各种需要计算机保存的信息(统称为信息)。存储器分为随机存储器(RAM)和只读存储器(ROM)。随机存储器RAM 中的内容可以读出,也可以写入,所以也称为读/写存储器。它里面存放的信息会因断电而消失,因此又叫做易失性存储器。只读存储器(ROM)是一种一旦写入信息之后,就只能读出而不能改写的固定存储器。断电后,ROM 中存储的信息仍保留不变,所以,ROM

是非易失性存储器。

3. I/O设备和I/O接口

I/O设备是指微型计算机上配备的输入输出设备(称为I/O设备或外设),其功能是为微型计算机提供具体的输入输出手段。

常见的I/O设备有键盘、鼠标、扫描仪、话筒、CRT显示器、打印机、绘图仪、调制解调器、软/硬盘驱动器、光盘驱动器、模/数转换器、数/模转换器等。

4. 系统总线

总线是传输信号的一组导线,作为微机各部件之间信息传输的公用通道。一个部件只要符合总线标准,就可以连接到使用这种总线标准的系统中。这样的结构使得系统中各功能部件之间的相互关系变成了各个部件面向总线的单一关系,不仅简化了整个系统,而且使系统的进一步扩展变得非常方便。总线结构这种模块化(或称为积木化)特点使得微机系统部件的组成相当灵活,实现起来也相当简捷。

总线对微机系统的构成产生很大影响,称为微机系统的"规则"或"结构法"。微机的核心部件是微处理器,所以微机的总线以微处理器为核心可以分为以下两种:

(1) 内总线泛指的是芯片内部总线,这里专指的是微处理器芯片内部的总线,由它实现微处理器内部各功能单元电路之间的互相连接。

(2) 系统总线是微机主板或单板机上以微处理器芯片为核心的、芯片与芯片之间的连接总线。图1-1展示了微机的系统总线结构,简称总线结构。

微处理器通过系统总线实现和其他组成部分的联系。总线就好似整个微机系统的"中枢神经",把微处理器、存储器和I/O接口电路(外部设备与微型计算机相连的协调电路)有机地连接起来,所有的地址、数据和控制信号都经过总线传输。

微机的系统总线按功能可分成3组,即数据总线DB、地址总线AB和控制总线CB。所以系统总线结构也称为三总线结构。

1) 数据总线DB

数据总线DB是传输数据或代码的一组通信线,其宽度(总线的根数)一般与微处理器的字长相等。例如,16位微处理器的DB有16根,分别以$D_{15} \sim D_0$表示,D_0为最低位数据线。DB上的数据信息在微处理器与存储器或I/O接口之间的传送可以是双向的,即DB上既可以传送读信息,也可以传送写信息。注意:微型计算机讲到的"读"或"写"都是以微处理器为主导地位而言的。

2) 地址总线AB

地址总线AB是传输地址信息的一组通信线,是微处理器访问外界用于寻址的总线。AB总线是单向的,其根数决定了可以直接寻址的范围。例如,8位微处理器的AB有16根,分别用$A_{15} \sim A_0$表示,A_0为最低位地址线。$A_{15} \sim A_0$可以组合成$2^{16} = 65\,536$(64K)个不同地址值,可寻址范围为0000H~FFFFH。

3) 控制总线CB

控制总线CB是传送各种控制信号的一组通信线。控制信号是微处理器和其他芯片间相互联络或控制用的。其中,包括微处理器发给存储器或I/O接口的输出控制信号,如读信号 RD、写信号 WR 等,还包括其他部件送给微处理器的输入控制信号,如时钟信号 CLK、中断请求信号 INTR 和 NMI、准备就绪信号 READY 等。控制信号间是相互独立的,其表示方法采用能表明含义的缩写英文字母符号。若符号上有一横线,表示负逻辑有效;否则为正逻辑有效。

1.3.2　微处理器的内部总线结构

由于受到大规模集成电路工艺的约束,微处理器在芯片面积、引脚、速度等方面受到严格限制。因此,绝大多数微处理器内部均采用单总线结构,即内部所有单元电路都挂在内部总线上,分时使用总线。图 1-2 给出了一个典型的 8 位微处理器的内部结构。

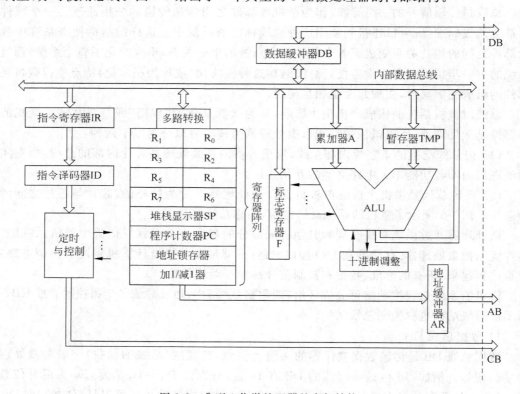

图 1-2　典型 8 位微处理器的内部结构

微处理器是微型计算机的核心。尽管各种微处理器的内部结构和性能指标有所不同,但都具有基本共同点。

首先,微处理器一般都具备下列功能:

(1) 可以进行算术运算和逻辑运算。

(2) 可以保存少量数据。

(3) 能对指令进行译码并执行规定的动作。

(4) 提供整个系统所需要的定时和控制时序。

(5) 可以响应其他部件发来的中断请求。

另外,微处理器在内部结构上除了内部总线外还包括下面这些部分:

（1）算术逻辑部件（ALU）。

（2）累加器和寄存器阵列。

（3）程序计数器（指令指针）、指令寄存器、译码器和状态寄存器。

（4）时序和控制部件。

（5）总线缓冲器。

ALU 由并行加法器和其他逻辑电路组成，能完成二进制信息的算术、逻辑运算和其他一些操作。它以累加器、暂存器中的内容为操作数，有时还包括状态寄存器中的内容。操作结果送回累加器，与此同时，把表示操作结果的一些标志保存到状态寄存器中。

寄存器阵列是微处理器的内部临时存储单元，用来暂时存放微处理器可以直接处理的数据或地址，减少访问存储器的次数，提高处理速度。每个寄存器都和内部数据总线进行双向连接，由多路转换器确定哪个寄存器参加工作。寄存器数目的多少，由微处理器的体系结构确定。

程序计数器是专门用来存放下一条执行指令的地址。由于程序一般存放在内存的一个连续区域，每当取出现行指令后，程序计数器自动加 1（转移时除外），以指向下一条指令的地址。仅当执行转移指令时，程序计数器内容才由转移地址取代，从而改变程序执行的正常次序，实现程序转移。指令寄存器存放从内存中取出的指令码。指令译码器则对指令码进行译码和分析，从而确定指令的操作性质，产生相应操作的控制电位，送到时序和控制逻辑电路。

时序和控制部件将译码产生的各种控制电位，按时间、按节拍地发出执行指令所需要的控制信号，指挥微型计算机的相应部件有条不紊地完成指定的操作。

总线缓冲器是微型计算机数据或地址信号的进出口，用来隔离微处理器内部总线和外部总线，并提供附加的总线驱动能力。数据总线缓冲器是双向三态缓冲器，地址总线缓冲器是单向三态缓冲器。

1.3.3　引脚的功能复用

出于工艺技术和生产成本的考虑，微处理器的封装尺寸和引脚数受到限制，影响了微处理器使用的方便性。8086 之前的微处理器引脚数一般是 40 条。随着微处理器字长和寻址能力的增加，引脚越来越不够用了。为了弥补引脚的不足，微处理器的部分引脚设计采用了功能复用技术，即一条引脚有一个以上用途，以此达到"扩充"引脚数目的目的。

比如，DB 的双向传送能力就是引脚功能复用的一例。再比如，只有 40 引脚的 16 位微处理器 8086，它可直接寻址 1MB 存储器，那么 AB 总线需要 20 根，如果 DB 总线再单独占用 16 根，再加上 CB 总线，显然芯片的引脚不够用了。系统将 AB、DB 分时使用微处理器的同一组引脚，也就是让微处理器 8086 的 20 条引脚具有两个功能，即在某时刻它们传送地址信息，而在另一时刻它们其中的 16 条引脚传送数据信息。图 1-3 给出了 8086 微处理器引脚功能复用的示意。

功能复用的引脚必须分时使用总线，才能区分功能，达到节约引脚的目的。然而引脚的功能复用却延长了信息传输时间，同时要增加相应的辅助电路，也增加了系统的复杂性。

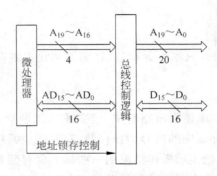

图 1-3　8086 微处理器引脚的功能复用

1.3.4　流水线技术

随着超大规模集成电路(VLSI)技术的出现和发展,芯片集成度显著提高,使得过去在大、中、小型计算机中采用的一些现代技术,如流水线技术、高速缓冲存储器、虚拟存储器等下移到微机系统中。特别是流水线技术的应用,使得微机的运行模式发生了变革。

流水线技术就是一种同时(或称同步)进行若干操作的处理方式。这种方式的操作过程类似于工厂的流水线作业装配线,故形象地称之为流水线技术。

计算机都采用程序存储和程序控制的运行方式。传统上,程序指令顺序地存储在存储器中,当执行程序时,这些指令被相继地逐条取出并执行,也就是说,指令的提取和执行是串行进行的。这种串行运行方式的优点是控制简单,但计算机各部分有时会出现空闲而利用率不高。这是传统计算机工作模式的主要局限。为了使运行速度更快,除了采用更高速度的半导体器件和提高系统时钟频率外,还可使 CPU 采用同时进行若干操作的并行处理方式。

如果把计算机 CPU 的一个操作过程(分析指令、加工数据等)进一步分解成多个单独处理的子操作,使每个子操作在一个专门的硬件站(Stage)上执行。这样一个操作顺序地经过流水线中的多个站的处理,而且前后连续的几个操作依次流入流水线后,可以在各个站间重叠进行得以完成。这种操作的重叠性提高了 CPU 的工作效率。

下面以"取指令—执行指令"一个工作周期中要完成的若干个操作为例来说明流水线工作流程。

在串行运行方式中,一个工作周期顺序完成以下操作:

(1) 取指令。CPU 根据指令指针所指到存储器寻址,读出指令并送入指令寄存器。

(2) 指令译码。指令进行译码,而指令指针进行增值,指向下一条指令地址。

(3) 地址生成。很多指令要访问存储器或 I/O 接口,就必须给出存储器或 I/O 接口的地址。地址也许在指令中或者要经过某些计算得到。

(4) 存取操作数。当指令要求存取操作数时,按照生成的地址寻址,并存取操作数。

(5) 执行指令。由 ALU 完成指令操作。

流水线运行方式就可能使上述某些操作重叠。比如,把取指令和执行指令(甚至再加上指令译码)操作重叠起来进行,但可以预先取若干指令,并在当前指令尚未执行完时,提前启动另一些操作。这样并行操作可以加快一段程序的运行过程。

流水线技术的实现必须要增加硬部件。例如,上述"取指令—执行指令"的重叠,要采用预取指令操作,就需要增加硬部件来取指令,并把它存放到一个排队队列中,使微处理器能同时进行取指令和执行指令操作。再比如,让微处理器中含有两个 ALU。一个主 ALU 仅用于进行算术、逻辑等操作,另一个 ALU 专用地址生成,这样可以使地址的计算和其他操作同时进行。

流水线技术已广泛应用于 16 位以上的微型机,有指令流水线技术、运算操作流水线技术、寻址流水线技术等一系列应用。它主要是加快了取指令和访问存储器的操作,在某些情况下,使运行的速度达到数量级增长。但是由于不同的指令运行时间不同,流水线技术受到最长步骤所需时间的限制。此外,要保证流水线有良好性能,必须要有一系列有效的流水线协调管理和避免阻塞等技术支撑。

1.3.5　软件系统

软件系统包括系统软件和应用软件两大类。

1. 系统软件

系统软件主要包括操作系统(OS)和系统实用程序。操作系统是一套复杂的系统程序,用于管理计算机的硬件与软件资源、进行任务调度、提供文件管理系统、人机接口等。操作系统还包含了各种 I/O 设备的驱动程序。

系统实用程序包括各种高级语言的翻译/编译程序、汇编程序、数据库系统、文本编辑程序以及诊断和调试程序,此外还包括许多系统工具程序等。

一般操作系统都有一个通用的系统程序库,用户还可以建立自己的程序库(一组子程序)。程序库中的子程序可附在任何系统程序或用户程序上以供调用。把待执行的程序与程序库及其他已翻译好的程序连接起来成为一个整体的准备程序,称为连接程序。另一种准备程序是用来把待执行的程序加载到内存中,称为装入程序。有时,连接与装入功能可合并为一个程序。

2. 应用软件

应用软件是用户为解决各种实际问题(如数学计算、检测与实时控制、音乐播放等)而编制的程序。从大的方面来讲,它可以是面向数据库管理、面向计算机辅助设计、面向文字处理的软件或软件包;从小的方面来说,它可以是为某个单位、某项工作的具体需要而开发的软件。

应当指出,硬件系统和软件系统是相辅相成的,共同构成微型计算机系统,缺一不可。现代的计算机硬件系统和软件系统之间的结合非常重要,总的趋势是两者统一融合,在发展上互相促进。

思考题与习题

1-1　计算机和微型计算机经过了哪些主要发展阶段?

1-2　什么叫微处理器?什么叫微型计算机?什么叫微型计算机系统?

1-3　写出下列机器数的真值：

(1) 01101110　　　(2) 10001101　　　(3) 01011001　　　(4) 11001110

1-4　写出下列二进制数的原码、反码和补码(设字长为 8 位)：

(1) +010111　　　(2) +101011　　　(3) -101000　　　(4) -111111

1-5　当下列各二进制数分别代表原码、反码和补码时,其等效的十进制数值为多少？

(1) 00001110　　　(2) 11111111　　　(3) 10000000　　　(4) 10000001

1-6　已知 $x_1 = +0010100, y_1 = +0100001, x_2 = -0010100, y_2 = -0100001$。试计算下列各式：(字长 8 位)

(1) $[x_1 + y_1]_{补}$　　(2) $[x_1 - y_2]_{补}$　　(3) $[x_2 - y_2]_{补}$

(4) $[x_2 + y_2]_{补}$　　(5) $[x_1 + 2y_2]_{补}$

1-7　用补码来完成下列计算,并判断有无溢出产生(字长为 8 位)：

(1) 85+60　　　(2) -85+60　　　(3) 85-60　　　(4) -85-60

1-8　在微型计算机中存放两个补码数,试用补码加法完成下列计算,并判断有无溢出产生：

(1) $[x]_{补} + [y]_{补} = 01001010 + 01100001$

(2) $[x]_{补} - [y]_{补} = 01101100 - 01010110$

1-9　试将下列各数转换成 BCD 码：

(1) $(30)_{10}$　　　(2) $(127)_{10}$　　　(3) 00100010B　　　(4) 74H

1-10　试查看下列各数代表什么 ASCII 字符：

(1) 41H　　　(2) 72H　　　(3) 65H　　　(4) 20H

1-11　试写出下列字符的 ASCII 码：

$$9, * , = , \$, !$$

1-12　若加上偶校验,题 1-11 字符的 ASCII 又是什么？

1-13　通用微型计算机硬件系统结构是怎样的？请用示意图表示。说明各部分的作用。

1-14　通用微型计算机软件包括哪些内容？

1-15　典型微机有哪几种总线？它们传送的是什么信息？

第 2 章 80x86/Pentium微处理器

随着大规模集成电路技术的迅速发展,使得微处理器及有关外围芯片的集成度不断提高,功能也越来越强。自 Intel 4004 之后,该公司 1978 年推出了 16 位微处理器 8086,1982年推出了更高性能的 80286,1985 年推出了 32 位的 80386,1989 年又开发出更新结构的80486,一直到 1993 年推出了全新的 Pentium(80586)。1995 年开发出新型高速、高性能Pentium Pro(高能奔腾),1997 年初推出具有多媒体功能的 Pentium MMX(多能奔腾),近年来 Intel 公司不断推陈出新,又相继研制出 Pentium Ⅱ、Pentium Ⅲ、Pentium 4……Intel 这一飞速更新换代的微处理器系列被称做 80x86 系列,是当今微机领域独领风骚的主流机型。

下面从 8086 介绍起,逐步扩展到 Pentium 处理器,因为 80286、80386、80486、Pentium等更高性能的微处理器都对它进行兼容。而 8086 在复杂的控制和诊断、字处理、通信网络和终端、图像处理等领域中都获得了广泛的应用,并且具有很好的承上启下作用。

2.1 8086 微处理器

8086 微处理器是 Intel 公司推出的第三代功能很强的 16 位微处理器,它采用硅栅HMOS(高性能 MOS)工艺制造,使在 $1.45cm^2$ 的单个硅片上集成了 29 000 个晶体管。芯片的时钟频率分 3 档,即 8086 为 5MHz、8086-2 为 8MHz、8086-1 为 10MHz。它的性能约10 倍于 8 位机,封装成 40 脚双列直插器件(DIP)。它的内部和外部的数据总线宽度都是 16位,地址总线宽度 20 位,可寻址空间达 2^{20},即 1MB。由于它的指令系统丰富,且有多种寻址方式,加上硬件结构上增加了可以预取指令的队列寄存器,使实际运算速度更快。8086可以用单个处理机组织一个简易系统,也可以方便地组成多处理机的复杂系统,在复杂的智能控制系统中得到了广泛的应用。

2.1.1 8086 CPU 结构与特点

CPU 是微型计算机的核心部件,其性能和特点基本上决定了微型计算机的性能。因此,了解 CPU 的组成结构、引脚功能、操作时序等是学习微型机原理与接口技术,进行微型机应用系统开发设计的基础。

8086 CPU 内部结构如图 2-1 所示,它有两个独立的工作部件——执行部件(ExecutionUnit,EU)和总线接口部件(Bus Interface Unit,BIU)。

执行部件 EU 负责指令的执行,它由算术逻辑单元 ALU(运算器)、通用寄存器、标志寄

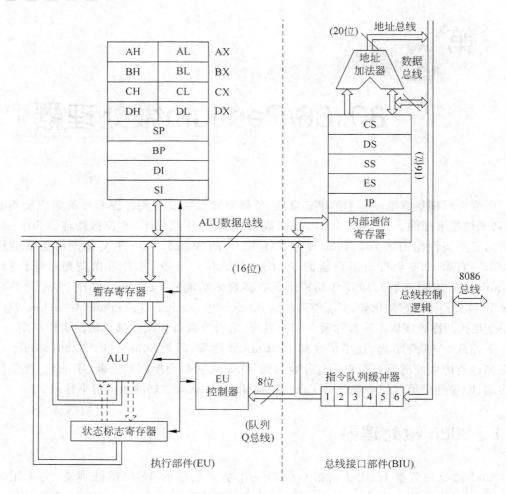

图 2-1　8086 微处理器内部结构

存器和 EU 控制器等组成。EU 在工作时不断地从指令队列取出指令代码,对其译码后产生完成指令所需要的控制信息。数据在 ALU 中进行运算,运算结果的特征保留在标志寄存器 FLAGS 中。

总线接口单元 BIU 负责 CPU 与存储器、I/O 接口之间的信息传送。它由段寄存器、指令指针寄存器、指令队列、地址加法器以及总线控制逻辑组成。8086 的指令队列长度为6B,8088 的指令队列长度为 4B。

1. 执行部件(EU)

EU 与外部系统没有直接相连,只负责指令的执行。执行的指令从 BIU 的指令队列中取得,进行指令译码并利用内部寄存器和 ALU 对数据进行处理。执行指令的结果或者执行时所需要的数据,都由 EU 向 BIU 发出请求,让 BIU 对存储器或 I/O 端口访问。EU 的主要组成如下:

(1) 4 个通用数据寄存器,即 AX、BX、CX、DX。

(2) 4 个专用数据寄存器,即 BP、SP、SI、DI。

（3）状态标志寄存器 F(Flag)。

（4）算术逻辑部件 ALU。

（5）EU 控制器。

8086 的 EU 有以下特点：

（1）通用数据寄存器 AX、BX、CX、DX，既可以作 16 位寄存器使用，也可以分成高、低 8 位分别作两个 8 位寄存器使用。专用数据寄存器 BP、SP、SI、DI 都是 16 位寄存器，一般用来寻访地址信息。

（2）ALU 的核心是 16 位二进制加法器。其功能：一是进行算术/逻辑运算，二是按指令的寻址方式给出所需要操作对象的 16 位（偏移）地址，提供给 BIU，让 BIU 进行对外部内存储器或 I/O 空间的寻址，传输操作对象。

（3）16 位状态标志寄存器（7 位未用）存放操作后的状态特征和设置的控制标志。

（4）EU 控制器是执行指令的控制电路，实现从队列中取指令、译码、产生控制信号等。

2. 总线接口部件（BIU）

总线接口部件 BIU 是 8086 CPU 同存储器和 I/O 设备之间的接口部件，它提供了 16 位双向数据总线、20 位地址总线和若干条控制线。其具体任务是：负责从内存单元中预取指令，并将它们送到指令队列寄存器暂存。CPU 执行指令时，总线接口单元要配合执行单元，从指定的内存单元或者 I/O 端口中取数据传送给执行单元，或者把执行单元的处理结果传送到指定的内存单元或 I/O 端口中。BIU 的主要组成如下：

（1）4 个段寄存器，即 CS、DS、ES、SS。

（2）指令指针寄存器 IP(Instruction Point)。

（3）地址加法器。

（4）指令队列。

（5）总线控制逻辑。

8086 的 BIU 有以下特点：

（1）指令队列是由 6 个字节的寄存器组成（8088 指令队列由 4B 组成）。采用"先进先出"原则，暂时存放 BIU 从存储器中预取的指令。一般情况下，EU 执行完一条指令，就可以立即从指令队列中取指令执行，而不是像以往要轮番地进行取指令和执行指令的操作，从而提高了 CPU 的效率。

（2）地址加法器是用来产生 20 位存储器物理地址的。8086 可寻址 1MB 空间，但 8086 内部寄存器和数据通道宽度都是 16 位的，所以需要根据提供的逻辑地址信息产生 20 位物理地址。地址加法器把段寄存器提供的 16 位信息——称做段基址，左移 4 位（相当于乘以16），加上 EU 或者 IP 提供的 16 位信息——称做偏移地址，形成 20 位的物理地址，即

$$物理地址（20 位） = 段基址（16 位） \times 16 + 偏移地址（16 位）$$

（3）8086 分配 20 条引脚线分时传送 20 位地址、16 位数据和 4 位状态信息。总线控制逻辑的功能，就是以逻辑控制方法实现分时把这些信息与外部传输。

3. 8086 CPU 指令的流水线

在 8086 未出现以前，微处理器是用串行方式执行程序的，即取指令：从存储器中取出

指令,执行指令(包括算术/逻辑运算、I/O操作、数据传送、控制转移等),然后再取出指令,再执行指令……而从8086开始,CPU采用了一种新的结构来并行地完成这些工作。8086将上述步骤分配给CPU内两个独立的部件:执行单元(Execution Unit,EU),负责执行指令;而总线接口单元(Bus Interface Unit,BIU),负责取指令、取操作数和写结果。这两个单元都能够独立地完成各自相应的工作。所以,当这两个单元并行工作时,在大多数情况下,取指令操作与执行指令操作都可重叠地进行。因为EU要执行的指令总是被BIU从存储器中已经"预取"出来,所以大多数情况下取指令的时间被"省掉"了,从而加快了程序的运行速度。BIU和EU的并行工作,8086指令的流水线体现在以下几个方面:

(1) 每当BIU"空闲"且指令队列中有两个以上空字节(8088是1个以上空字节),BIU就会自动把所跟踪的指令从存储器预取到指令队列中。

(2) 每当EU准备执行一条指令时,它会按"先进先出"原则,从BIU的指令队列中取出指令,进行译码,然后去执行。在执行指令过程中,如果必须访问存储器或I/O端口,那么,EU会请求BIU去完成访问外部的操作。如果此时BIU正好处于空闲状态,那么会立即响应EU请求。如果EU向BIU发出访问请求时,BIU正在预取指令操作,则等BIU完成取指令操作之后,再去响应EU发出的访问外界的请求。

(3) 当指令队列已满,而且EU又无访问请求时,BIU便进入空闲状态。

(4) 当执行转移指令、调用指令或返回指令时,下面将要执行的指令不在指令队列中,即指令队列中预装入的指令没有用了(这是因为BIU只是"机械"地按顺序预取指令的),此时,原有指令队列被自动清除,BIU接着按新的跟踪取指令装入指令队列。

综上所述,8086/8088中指令的提取和执行是分别由BIU和EU完成的,总线控制逻辑和指令执行逻辑之间既互相独立又互相配合。正是这种互相配合但又非同步的工作方式,使得8086/8088可以在执行指令的同时进行提取指令的操作。一般情况下,EU可以不停地一条接一条地执行事先已经装入指令队列的指令。只有当遇到程序的执行需要转移或者当某条指令的执行过程中需要访问内存的次数过于频繁,以致在BIU没有空闲预取指令时,才需要EU等待。而这种情况相对是较少发生的。

8086/8088的BIU和EU的这种取指令——执行指令"流水"式的并行工作方式,有力地提高了CPU效率,这也是8086成功的原因之一。

4. 8086 CPU 的内部寄存器

对从事微机应用的用户来说,要了解一个CPU,最重要的是了解其编程结构。例如,CPU内部的寄存器都有哪些? 它们如何使用? 有哪些限制等。为此,以下将对8086的寄存器逐一进行介绍。

1) 段寄存器和存储器分段

8086有4个16位段寄存器,即代码段寄存器(Code Segment,CS)、数据段寄存器(Data Segment,DS)、堆栈段寄存器(Stack Segment,SS)和附加数据寄存器(Extra Segment,EX)。

在计算机的内存中存放着三类信息:代码,即指令操作码——指出CPU执行什么操作;数据,即数值和字符等,程序加工对象;堆栈,即临时保存的返回地址和中间结果。为了避免混淆,这三类信息分别存放在各自的存储区域内。段寄存器指示这些存储区域的起始地址或称段基地址。

8086 有 20 条地址线,可寻址的最大物理内存容量为 1MB(2^{20}),其中任何一个内存单元都有一个 20 位的地址,称为内存单元的物理地址。8086 内部寄存器都是 16 位,CPU 内部只能进行 16 位运算,这就是说,它能处理的地址信息仅 16 位。为解决这一矛盾,8086 采用的是存储器分段技术。

存储器分段技术就是把 1MB 空间分成若干逻辑段,每个逻辑段的容量不大于 64KB。段内地址是连续的,段与段之间是相互独立的。逻辑段可以在整个存储空间浮动,即段的排列可以连续、分开、部分重叠或完全重叠,非常灵活。重叠是指存储单元可以分属于不同的逻辑段。图 2-2(a)给出了一个逻辑分段的示意。

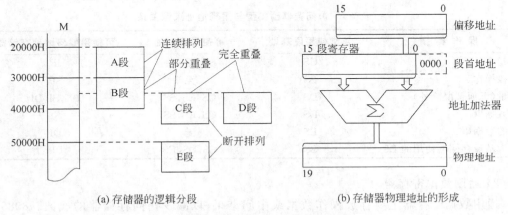

(a) 存储器的逻辑分段　　　　　　　　(b) 存储器物理地址的形成

图 2-2　存储器逻辑分段和物理地址形成

8086 要求各逻辑段首地址的最低 4 位是全 0(即首地址是 16 的整数倍),段首地址的高 16 位称做段基址。段基址存放在段寄存器 DS、ES、SS 或 CS 中,并表明了相应逻辑段的性质。段内存储单元距离段首地址的偏移量(以字节数计算),叫做偏移地址(EA)。偏移地址可以存放在 IP、SP、BP、SI、DI、BX 中,或者是通过计算给出的一个 16 位偏移量。段基址和偏移地址都是无符号的 16 位二进制数,用<段基址>:<偏移地址>作为存储单元逻辑地址的描述形式。比如,2000H:2000H 就是 22000H 物理地址的逻辑地址描述。采用分段结构的存储器中,任何一个 20 位物理地址都是由它的逻辑地址通过 CPU 中 BIU 的地址加法器变换得到的,如图 2-2(b)所示。

20 位的物理地址与逻辑地址的关系为

$$物理地址＝段基址×16＋偏移地址$$

段基址乘以 16 相当于段基址左移 4 位(或段基址后面加 4 个 0),然后再与偏移地址相加,即可得到 20 位的物理地址。例如,逻辑地址 3A00H:12FBH 对应的物理地址是 3B2FBH。

因为 8086/8088 CPU 中有 4 个段寄存器,所以它同时可以访问 4 个存储段。段与段之间可以重合、重叠、紧密连接或间隔分开。

应该注意到:一个物理地址单元可以唯一地包含在一个逻辑段中,也可以包含在多个互相重叠的逻辑段中,即可对应于多个逻辑地址。例如,物理地址 11245H,它的逻辑地址可以是 1123H:0015H,也可以是 1124H:0005H 等。这说明一个存储单元的物理地址是唯一标识的,而它的逻辑地址是可以不唯一的。这就是说,通过相应的段基址和偏移地址可以访问同一个物理地址所对应的存储空间。编程时使用逻辑地址描述,给程序设计带来很大的灵活性。

由于存储器的分段结构,在涉及存储器的地址时,必须分清是物理地址还是逻辑地址。物理地址是指1MB存储区域中的某一单元地址,地址信息是20位的二进制代码,以十六进制表示是00000H～FFFFFH中的一个单元,CPU访问存储器时,地址总线上送出的是物理地址。编制程序时,则采用逻辑地址,逻辑地址由段基地址和偏移量组成。偏移量是在某段内指定存储器单元到段基地址的距离。由于访问存储器的操作数类型不同,逻辑地址的来源也不一样,其关系如表2-1所示。

表 2-1　访问存储器类型与逻辑地址来源关系

操　作　类　型	正常使用段基址	可使用段基址	可使用偏移地址存储器
取指令	CS	无	IP
堆栈操作	SS	无	SP
变量(下面情况除外)	DS	CS,ES,SS	BX,SI,DI
源数据串	DS	CS,ES,SS	SI
目的数据串	ES	无	DI
作为基址存储器使用的 BP	SS	CS,DS,ES	BP

2) 通用数据寄存器

通用数据寄存器主要存放操作数据或中间结果,以减少访问存储器的次数。8086的EU中有8个16位数据寄存器,均可以用寄存器名来独立寻址、独立使用。

AX、BX、CX、DX 为通用数据寄存器,每个又可以分为高字节8位和低字节8位寄存器,即 AH、BH、CH、DH 和 AL、BL、CL、DL 两组数据寄存器。在多数情况下,它们使用在算术运算和逻辑运算指令中,而在有些指令中,则有特定的用途,被隐含使用。

AX(accumulator)称为累加器,常用于存放算术、逻辑运算中的操作数,另外所有的I/O指令都使用累加器与外设接口传送信息。

BX(base)称为基址寄存器,常用来存放访问内存时的基地址。

CX(count)称为计数寄存器,在循环和串操作指令中用作计数器。

DX(data)称为数据寄存器,在寄存器间接寻址的I/O指令中存放I/O端口的地址,在做双字长乘除法运算时,DX 与 AX 合起来存放一个双字长数(32位),其中 DX 存放高16位、AX 存放低16位。

3) 地址寄存器

SP、BP、SI、DI 地址寄存器都是16位寄存器,一般用于存放地址的偏移量。在 BIU 的地址加法器中,与左移4位后的段寄存器内容相加产生20位的物理地址。

堆栈指针 SP 和基址寄存器 BP 为当前堆栈段的指针,但它们在使用上是有区别的。入栈和出栈操作由 SP 给出栈顶的偏移地址,故称为堆栈指针寄存器;BP 则用来指示堆栈段中的一个数据区基址的偏移地址,故称为(堆栈)基址寄存器。

变址寄存器 SI 和 DI 一般用来存放当前数据段的偏移地址,源操作数的偏移地址存放在 SI 中,目的操作数的偏移地址存放在 DI 中,故 SI、DI 分别称为源变址寄存器和目的变址寄存器。例如,在数据串操作指令中,被处理的串的偏移地址由 SI 给出,处理后的结果数据串的偏移地址由 DI 给出。

4) 指令指针寄存器

16 位指令指针寄存器 IP,用以存放预取指令的偏移地址。CPU 取指令时总是以 CS 为段基址,以 IP 为段内偏移地址。当 CPU 从 CS 段中偏移地址为(IP)的内存单元中取出指令代码的一个字节后,IP 自动加 1,指向指令代码的下一个字节。用户程序不能直接访问 IP。有些指令(如转移、调用、中断、返回)能使 IP 的值改变,或使 IP 的值存入堆栈或由堆栈恢复。

5) 状态标志寄存器

8086 有一个 16 位的状态标志寄存器 F,其中 9 位用做标志位,格式如下:

			D_{11}	D_{10}	D_9	D_8	D_7	D_6		D_4		D_2		D_0
			CF	DF	IF	TF	SF	ZF		AF		PF		CF

根据功能,8086 标志可分为两类:状态标志——表示前面操作结果的状态特征,状态标志一般会影响后面的操作;控制标志——对某种特定功能起控制作用,指令系统中有专门指令设置控制标志的值。状态标志有 6 个,控制标志有 3 个,它们的含义详见表 2-2。

表 2-2 8086 标志位表

名 称	符号	标 志 含 义
符号标志	SF	与运算结果的最高位相同。SF=1,为负数;SF=0,为正数
零标志	ZF	表示运算结果为零与否。ZF=1,为零;ZF=0,为非零
进位标志	CF	表示最高位上产生的进/借位。CF=1,有进/借位;CF=0,无进/借位
辅助进位标志	AF	表示 D_3 位上产生的进/借位。AF=1,有进/借位,AF=0,无进/借位。一般用做 BCD 码调整时的判断依据
溢出标志	OF	表示有符号数据运算溢出与否。OF=1,溢出;OF=0,无溢出
奇偶标志	PF	表示运算结果中偶数或奇数个 1。PF=1,偶数;PF=0,奇数
方向标志	DF	控制串操作数的地址增量方向。DF=1,地址递减;DF=0,地址递增
中断标志	IF	控制可屏蔽中断是否允许。IF=1,中断允许;IF=0,中断禁止
跟踪标志	TF	控制指令执行方式。TF=1,单步执行指令;TF=0,CPU 正常执行指令

2.1.2 8086 的工作模式和引脚特性

1. 8086 系统工作模式

为了尽可能适应各种使用场合,8086 设计了两种概念工作模式,即最小模式和最大模式。

8086 系统处于最小模式,就是系统中的 CPU 只有 8086 单独一个处理器。在这种系统中,所有总线控制信息都直接由 8086 产生,系统中总线控制逻辑电路被减到最少,这些特征就是最小模式的由来。最小模式适合于较小规模的系统。

8086 系统的最大模式是相对最小模式而言的,在中、大型规模的 8086 系统中。在最大模式系统中有多个微处理器,其中必有一个主处理器 8086,其他处理器称为协处理器或辅助处理器,承担某一方面的专门工作。和 8086 匹配的协处理器有两个。一个是专用于数值运算的处理器8087,它能实现多种类型的数值操作,比如,高精度的整数和浮点运算,三角函数、对数函数的计算。由于8087是用硬件方法来完成这些运算,比之通常的软件实现方法会大幅度地提高系统的数值运算速度。另一个是专用于输入/输出处理的处理器,它有一套专用于I/O操作的指令系统,独立于8086,直接为I/O设备使用。8089使用在输入输出频繁的系统中,明显地提高了主处理器的效率。

2. 8086 的引脚特性

8086 微处理器采用 40 引脚的 DIP 封装,如图 2-3 所示。24～31 引脚功能取决于 8086 工作在最小模式还是最大模式。括号中的引脚名为最大模式的功能。

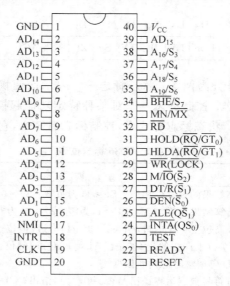

图 2-3　8086 的引脚

大规模集成芯片的引脚特性要从 3 个方面描述:

(1) 引脚的功能。

(2) 引脚信号的传送方向,是输入还是输出,或是兼而有之(双向)。

(3) 信号的逻辑状态,即信号在什么状态下是有效的。

人们约定,引脚名为该引脚功能的英文缩写,这样既直观又便于记忆。此外,引脚名上加横线和不加横线分别表示该引脚信号为负逻辑,还是正逻辑。在微机的控制逻辑中,正、负逻辑又可分别细分成 3 种情况:正逻辑包括高电平(+5V)有效、上升沿(由低到高的正跳变)触发和正脉冲有效;负逻辑包括低电平(0V)有效、下降沿(由高到低的负跳变)触发和负脉冲有效。

下面分两部分讨论 8086 引脚特性。首先介绍最小模式下的 40 引脚,然后再介绍最大模式下仅仅与最小模式功能不同的引脚(24～31 脚)。

1) 最小模式 1～40 脚的功能定义

• MN/$\overline{\text{MX}}$(最小/最大模式):输入,高、低电平均有效。

MN/$\overline{\text{MX}}$=1,8086 系统设置为最小模式,MN/$\overline{\text{MX}}$=0,8086 设置为最大模式。在最小

模式系统中,全部控制信号由 8086 提供。

- V_{CC}、GND(电源、地):输入。

8086 V_{CC}接入的电压为$+5V\pm10\%$,GND 有两条(1、20 脚)。

- CLK(系统时钟):输入。

8086 CLK 与时钟发生器 8284A 的时钟输出端 CLK 相连接。该时钟信号的占空比为 33%(即低、高之比为 2∶1)。8086 要求的时钟频率为 5MHz,8086-1 要求的时钟频率为 10MHz,8086-2 要求的时钟频率为 8MHz。系统时钟为 CPU 和总线控制逻辑电路提供了时序基准。

- $AD_{15}\sim AD_0$(地址/数据):复用线,双向,三态。

在总线周期的 T_1 状态,输出要访问的存储器或 I/O 端口的地址,$T_2\sim T_4$ 状态,作为数据传输线。在 CPU 进行响应中断、DMA 方式时,这些线处于浮空状态(高阻态)。

- $A_{19}\sim A_{16}/S_6\sim S_3$(地址/状态):复用线,输出,三态。

$A_{19}\sim A_{16}$是地址的高 4 位,在 T_1 时输出地址,$S_6\sim S_3$ 是 CPU 的状态信号,在 $T_2\sim T_4$ 时输出 CPU 状态。当访问存储器时,T_1 输出的 $A_{19}\sim A_{16}$与 $AD_{15}\sim AD_0$组成 20 位地址信号,而访问 I/O 端口时,$A_{19}\sim A_{16}=0000$,$AD_{15}\sim AD_0$为 16 位地址信号。状态信号的 $S_6=0$,表示当前 8086 与总线相连,S_5 标志中断允许 IF 的状态,S_4 和 S_3 组成指示当前使用的段寄存器(00、01、10、11 分别指 ES、SS、CS、DS)。在进入 DMA 方式时,这些线浮空。

- $\overline{BHE}/S_7$(数据线高 8 位开放/状态):复用线,输出,三态。

在 T_1 状态,输出$\overline{BHE}$信号,表示高 8 位数据线 $D_{15}\sim D_8$ 上的数据有效,在 $T_2\sim T_4$ 输出 S_7 状态信号(在 8086 中,S_7 作为备用状态信号,未用)。

$\overline{BHE}$和 A_0 组合起来表示当前数据在总线上的格式,如表 2-3 所示。

表 2-3　$\overline{BHE}$、A_0 代码表示的相应操作

$\overline{BHE}$	A_0	操作	所用数据引脚
0	0	从偶地址读/写一个字	$AD_{15}\sim AD_0$
1	0	从偶地址读/写一个字节	$AD_7\sim AD_0$
	1	从奇地址读/写一个字节	$AD_{15}\sim AD_8$
0	1	从奇地址读/写一个字(分两个总线周期实现,首先作奇	$AD_{15}\sim AD_8$
1	0	字节读/写,然后作偶字节读/写)	$AD_7\sim AD_0$

- ALE(地址锁存):输出,高电平有效。

ALE 是 8086 在每个总线周期的 T_1 状态时发出的,作为地址锁存器的选通信号,表示当前地址/数据复用线上输出的是地址信息,要求进行地址锁存。注意:ALE 端不能被浮空。

- $\overline{RD}$(读)、$\overline{WR}$(写):输出,低电平有效,三态。

$\overline{RD}=0$,表示 8086 为存储器或 I/O 端口读操作;$\overline{WR}=0$,表示 8086 为存储器或 I/O 端口写操作。它们"同时"是互斥信号,在 DMA 时浮空。

- M/$\overline{IO}$(存储器/I/O 选通):输出,高、低电平有效,三态。

M/$\overline{IO}$用于指示是存储器还是 I/O 访问。M/$\overline{IO}=1$,表示 CPU 与存储器之间数据传输;M/$\overline{IO}=0$,表示 CPU 和 I/O 设备之间数据传输。当 DMA 时,此线浮空。

- $\overline{\text{DEN}}$(数据允许)、DT/$\overline{\text{R}}$(数据收/发)：输出，三态。

$\overline{\text{DEN}}$是 8086 提供给数据收发器的选通信号，DT/$\overline{\text{R}}$是控制其数据传输方向的信号。如果$\overline{\text{DEN}}$有效，表示允许传输。此时，DT/$\overline{\text{R}}=1$，进行数据发送；DT/$\overline{\text{R}}=0$，进行数据接收。在 DMA 下，它们被置为浮空。

- RESET(复位)：输入，高电平有效。

RESET 接时钟发生器 8284A 的 RESET 端，得到一个经同步了的复位脉冲信号。

- READY(准备好)：输入，高电平有效。

READY 表示数据传送结束与否，接时钟发生器 8284A 的 READY 端，得到一个经同步了的"准备好"信号。当 READY$=0$，CPU 在 T_3 之后自动插入一个或几个等待状态 T_W。一旦 READY$=1$，便是通知 CPU 数据传输完毕，进入 T_4。

- $\overline{\text{TEST}}$(等待测试)：输入，低电平有效。

$\overline{\text{TEST}}$信号和指令 WAIT 结合起来使用。当 CPU 执行 WAIT 指令时，每隔 5 个 T 对信号进行一次测试。当$\overline{\text{TEST}}=1$ 时，CPU 进行等待，重复执行 WAIT 指令，直到$\overline{\text{TEST}}=0$，才继续执行 WAIT 指令的下一条指令。WAIT 指令是用来使 CPU 与外部硬件同步的，$\overline{\text{TEST}}$相当于外部硬件的同步信号。

- NMI(非屏蔽中断请求)：输入，上升沿触发。

NMI 中断请求不受中断允许标志位的影响，也不能用软件进行屏蔽。只要此信号一有效，CPU 就在现行指令结束后立即响应中断，进入非屏蔽中断处理程序。

- INTR(可屏蔽中断请求)：输入，高电平有效。

当 INTR$=1$，表示外设提出了中断请求。CPU 在执行每条指令的最后一个时钟周期采样此信号，若 INTR$=1$ 且 IF$=1$(中断允许)，则响应中断。

- $\overline{\text{INTA}}$(中断响应)：输出，低电平有效。

$\overline{\text{INTA}}$有效表示对 INTR 的外部中断请求作出响应，进入中断响应周期。

- HOLD(总线请求，输入)、HLDA(总线允许，输出)：高电平有效。

HOLD 和 HLDA 是一对配合使用的总线联络信号。当系统中的其他总线主控部件要占用总线时，向 CPU 发 HOLD$=1$ 总线请求。如果此时 CPU 允许让出总线，就在当前总线周期完成时，发 HLDA$=1$ 应答信号，且同时使具有三态功能的地址/数据总线和控制总线处于浮空，表示让出总线。总线请求部件收到 HLDA$=1$ 后，获得总线控制权，在这期间，HOLD 和 HLDA 都保持高电平。当请求部件完成对总线的占用后，HOLD$=0$ 总线请求撤销，CPU 收到后，也将 HLDA$=0$。这时，CPU 又恢复了对地址/数据总线和控制总线的占有权。

2) 最大模式 24～31 脚的功能定义

在最大模式下，许多总线控制信号不是由 8086 直接产生的，而是通过总线控制器 8288 产生。因此，8086 在最小模式下提供的总线控制信号的引脚(24～31 脚)就需重新定义，改为支持最大模式之用。

MN/$\overline{\text{MX}}=0$，8086 设置为最大模式。

- $\overline{\text{S}}_2$、$\overline{\text{S}}_1$、$\overline{\text{S}}_0$(总线周期状态)：输出，三态。

$\overline{\text{S}}_2$、$\overline{\text{S}}_1$、$\overline{\text{S}}_0$ 的组合表示 CPU 总线周期的操作类型。8288 总线控制器依据这 3 个状态信号产生相关访问存储器和 I/O 端口的控制命令。表 2-4 给出 $\overline{\text{S}}_2$、$\overline{\text{S}}_1$、$\overline{\text{S}}_0$ 对应的总线周期类型及 8288 产生的控制命令。

表 2-4 $\overline{S_2}\overline{S_1}\overline{S_0}$ 对应总线周期及 8288 控制命令

$\overline{S_2}$	$\overline{S_1}$	$\overline{S_0}$	总线周期	8288 控制命令
0	0	0	INTA 周期	$\overline{INTA}$
0	0	1	I/O 读周期	$\overline{IORC}$
0	1	0	I/O 写周期	$\overline{IOWC}$、$\overline{AIOWC}$
0	1	1	暂停	无
1	0	0	取指令周期	$\overline{MRDC}$
1	0	1	读存储器周期	$\overline{MRDC}$
1	1	0	写存储器周期	$\overline{MWTC}$、$\overline{AMWC}$
1	1	1	无源状态	无

- QS_1、QS_0（指令队列状态）：输出。

QS_1、QS_0 组合起来提供前一个时钟周期指令队列的状态，以便让外部对 8086 BIU 中指令队列的动作跟踪。QS_1、QS_0 组合与队列状态的对应关系见表 2-5。

表 2-5 QS_1、QS_0 与队列状态

QS_1	QS_0	状 态 列 表
0	0	无操作
0	1	从队列缓冲器中取出指令的第一字节
1	0	清除队列缓冲器
1	1	从队列缓冲器中取出第二字节以后部分

注：无源状态为一个总线周期结束，而另一个新的总线周期还未开始的状态。

- $\overline{RQ}/\overline{GT_1}$、$\overline{RQ}/\overline{GT_0}$（总线请求/总线允许）：双向，低电平有效，三态。

$\overline{RQ}/\overline{GT_1}$ $\overline{RQ}/\overline{GT_0}$ 分别是在最大模式时裁决总线使用权的信号。$\overline{RQ}$ 为输入信号，表示总线请求。$\overline{GT}$ 为输出信号，表示总线允许。当它们两个同时有请求时，$\overline{RQ}/\overline{GT_0}$ 的优先权更高。

当 8086 使用总线，其 $\overline{RQ}/\overline{GT}$ 为高电平（浮空）。这时若 8087 或 8089 要使用总线，它们就使 $\overline{RQ}/\overline{GT}$ 输出低电平（请求）。经 8086 检测，若总线处于开放状态，则 8086 输出的 $\overline{RQ}/\overline{GT}$ 变为低电平（允许），再经 8087 或 8089 检测此允许信号，使用总线。待使用完毕，将 $\overline{RQ}/\overline{GT}$ 变成低电平（释放），8086 再检测出该信号，又恢复对总线的使用。

- $\overline{LOCK}$（总线封锁）：输出，低电平有效，三态。

$\overline{LOCK}$ 信号是为避免多个处理器使用共有资源时产生冲突而设置的。$\overline{LOCK}$ 为低电平表示 CPU 独占总线使用权。$\overline{LOCK}$ 信号由指令前缀 LOCK 产生，在 LOCK 前缀后面的一条指令执行完后便撤销。此外，在 8086 的中断响应周期，$\overline{LOCK}$ 信号也自动有效，以防止其他的总线主控部件在中断响应过程中占有总线，而使一个完整的中断响应过程被间断。在 DMA 时，$\overline{LOCK}$ 端处于浮空。

2.1.3 8086 的总线操作和时序

时序是指 CPU 在操作进行过程中各个环节在时间上的先后顺序。

对于广大应用者来说，掌握 CPU 的操作时序将有助于：

（1）进一步了解系统总线功能，搞清楚 CPU 与存储器或 I/O 接口之间是如何进行时序配合完成数据传送的。特别是在组成系统时，则更需要了解部件之间操作时序的配合。

（2）了解指令执行的全过程，以便更好地掌握原理。

（3）估算 CPU 完成操作所需的时间，以便与实时控制/处理对象相配合。比如，软件延时程序的设计，就需要根据指令的执行时间，计算出满足所需延时的时间参数。

（4）程序的设计和优化。比如，选择合适的指令可减少所使用的存储空间和指令的执行时间，优化程序。

1. 时钟周期、指令周期和总线周期

计算机中，CPU 的一切操作都是在系统时钟 CLK 的控制下按节拍有序地进行的。CPU 执行一条指令的时间（包括取指令和执行该指令所需的全部时间）称为指令周期。在一个指令周期内，通常需要对总线上的存储器或 I/O 端口进行一次或多次读/写操作。CPU 通过外部总线对存储器或 I/O 端口进行一次读/写操作的过程称为总线周期。显然，一个指令周期应由若干个总线周期组成，而一个总线周期由若干个时钟周期组成。一时钟周期就是系统时钟频率的倒数，是 CPU 的基本时间计量单位，由计算机的主频决定。例如，某 CPU 的主频为 8MHz，则其时钟周期 $T=125ns$。

计算机操作时序反映了操作在时间上一定的先后顺序，这称为同步工作。同步必须要有时钟（Clock）控制。CPU 工作时由外部提供一个称做主频的单相时钟脉冲信号（简称时钟），在此时钟节拍的作用下，CPU 按时序执行一个个操作环节。一个时钟脉冲的时间长度称做时钟周期，是计算机中时间的最小单位，往往作为 CPU 指令执行时间的刻度。

8086 CPU 内部没有时钟发生器，而 8284 时钟发生器是 Intel 公司专门为 8086 系统设计配套的单片时钟发生器。它能为 CPU 提供时钟、准备就绪（READY）、复位（RESET）信号，还可向外提供晶体振荡信号（OSC）、外围芯片所需时钟 PCLK 等其他信号。根据不同的振荡器，8284A 有两种不同的连接方法：一种方法是用脉冲发生器作振荡器，这时，只要将脉冲发生器的输出端和 8284A 的 EFI（外接频率输入）端相连即可；另一种方法是更为常用的，即利用晶体振荡器作为振荡源，这时，需将晶体振荡器连在 8284A 的 X1 和 X2 两端上。如果用前一种方法，必须将 F/$\overline{C}$（频率/晶振选择）接为高电平，而用后一种方法，则需将 F/$\overline{C}$ 接地。不管用哪种方法，8284A 输出的时钟 CLK 的频率均为振荡频率的 1/3。振荡源频率经 8284A 驱动后，还可向系统提供晶体振荡信号（OSC）、外围芯片所需时钟 PCLK 等其他信号。

8086 由 8284A 提供主频为 5MHz 或 10MHz 的系统时钟信号 CLK。8284A 的引脚特性和它与 8086 的连接如图 2-4 所示。8284A 除了提供恒定的时钟信号 CLK 外，还对外界发出的就绪信号 RDY 和复位信号 $\overline{RES}$ 进行同步。RDY 和 $\overline{RES}$ 输入 8284A，经整形并在时钟的下降沿同步后输出给 8086，分别作为 8086 的就绪信号 READY 和复位信号 RESET。

时钟周期（T）的值也就是主频的倒数值。例如，8086 主频为 5MHz，1 个时钟周期是 200ns，8086-1 主频为 10MHz，则 1 个时钟周期是 100ns。

凡需通过 BIU 完成的对外界的一次总线操作，称做一个总线周期。一个总线周期由若干个时钟周期构成。由于总线上的操作有不同种类，总线周期也分成相应的不同类型，如读总线周期、写总线周期、中断响应总线周期等不同的总线周期反映了不同的操作时序。

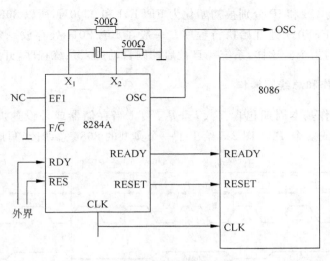

图 2-4　8284A 及其与 8086 的连接

8086 的一个总线周期至少由 4 个时钟周期组成,分别用 T_1、T_2、T_3、T_4 表示,称做 8086 的基本总线周期。8086 除了有基本总线周期的 T_1、T_2、T_3、T_4 4 个状态外,还有等待时钟周期 T_w 和空闲时钟周期 T_i 状态。

T_w 状态：当系统中的存储器或外设在速度上跟不上 CPU 的要求,不能用基本总线周期完成读/写操作时,它们就会通过系统中的"准备好"电路来产生一个 READY 信号,并经过时钟发生器 8284"同步"后传递给 CPU 的 READY 线。当 CPU 在 T_3 状态的下降沿检测到 READY 无效信号,表示数据传输未完成,于是在 T_3 之后插入一个或多个附加的 T_w。当 CPU 接到 READY 线上的有效信号后,会自动脱离 T_w 而进入 T_4 状态。

$1\sim n$ 个 T_w 状态,关键是为了匹配存储器或 I/O 设备与 CPU 的数据传输速度,实际上是快速 CPU 对慢速存储器或 I/O 设备的一种等待。

T_i 状态：8086 只有在和存储器或 I/O 端口之间交换数据或装填指令队列时,才由 BIU 执行总线周期；否则 BIU 执行一个或多个空闲周期 T_i,进入总线的空闲状态(空操作)。

T_i 是指总线操作的空闲,对于 CPU 内部,仍可进行有效操作,比如,EU 进行计算或在内部寄存器间进行传送。因此,总线上 $1\sim n$ 个 T_i 状态,实际上是总线接口部件 BIU 对执行部件 EU 的一种等待。

2. 系统复位和启动操作

8086 CPU 的复位和启动操作是由时钟发生器 8284A 向其 RESET 引脚输入一个具有一定宽度的正脉冲信号来实现的。这个正脉冲宽度至少维持 4 个 T 高电平。如果是"冷启动"复位,则要求此高电平持续期不短于 $50\mu s$。复位信号从高电平到低电平的跳变会触发 CPU 内部的一个复位逻辑电路,经过 7 个 T,CPU 完成启动操作。

当 RESET 信号一进入高电平时,8086 CPU 就结束现行操作,进入复位状态,直到 RESET 信号变为低电平时为止。在复位状态,使 CPU 初始化,CPU 内部的寄存器,除了 CS 置为 FFFFH,其余全部清 0,指令队列也清空。

由于复位使得 CS 和 IP 分别被初始化为 FFFFH 和 0000H,所以 8086 复位后重新启动时,便从内存的 FFFF0H 处开始执行程序。一般在 FFFF0H 处存放一条无条件转移到系统启动程序入口的指令。这样,系统一旦被启动则自动进入系统程序,开始正常工作。

3. 总线读操作和总线写操作

总线读、写操作基本周期包含 T_1、T_2、T_3、T_4。当存储器或外设速度较慢时,在 T_3 和 T_4 之间插入一个或多个 T_w。图 2-5 给出了一个典型的 8086 总线读、写周期操作时序。

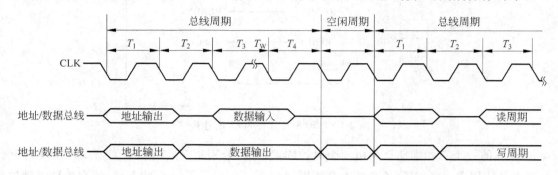

图 2-5　典型的 8086 总线读、写周期时序

在相关的控制信号作用下,8086 的总线读操作和总线写操作的时序是:在 T_1 状态,8086 从分时复用的地址/数据线 AD 和地址/状态线上输出读/写对象的地址;在 $T_2 \sim T_4$ 状态,存储器或 I/O 端口和 8086 通过 AD 线传送数据。

总线读操作和写操作也有不同的地方。读周期的 T_2 为浮空状态,以便让 8086 有个缓冲时间把 AD 线输出地址的写方向改为输入数据的读方向,读周期实际是在 $T_3 \sim T_4$ 内进行读操作的。在写周期,AD 线因输出地址和输出数据为同一方向,无需像读周期那样要有浮空状态作缓冲,所以在 $T_2 \sim T_4$ 内进行写操作。

8086 在最大模式和最小模式下,总线读、写操作逻辑上是一样的。但在分析操作时序时有所不同的是:最大模式下读、写操作的一些控制信号是由总线控制器 8288 产生。

4. 中断响应总线操作

8086 有一个强有力的中断系统,可以处理硬件、软件两大类共 256 种不同类型的中断(详见第 6 章)。

8086 有两条中断请求线,即 INTR 和 NMI,这些信号产生的中断称为外部中断或硬件中断。其中,NMI 的优先权高于 INTR。8086 有两个中断指令,即 INTn 和 INTO,执行这些指令所产生的中断称为内部中断或软件中断。内部中断不执行中断响应周期,因为内部中断和 NMI 中断都已规定了中断类别,不需要通过中断响应周期取得中断类型号。

当外部电路使 INTR 变为高电平时,表示有中断请求,处理器在每条指令的最后一个周期执行对 INTR 线的采样。若处理器内部的标志寄存器中的中断允许标志位 IF＝1,则处理器响应中断请求。

8086 的中断响应总线周期,是指外部硬件向 CPU 的可屏蔽中断 INTR 引脚发出中断申请而引起的一个中断响应周期。8086 接受到外部的中断请求 INTR,又当中断允许标志

IF＝1，且又正好执行完一条指令，则进入中断响应周期。中断响应周期要花两个总线周期。在前一个总线周期中，CPU 从中断响应 $\overline{\text{INTA}}$ 引脚向外设端口（一般是中断控制器 8259A）先发一个负脉冲，表明其中断申请已得到允许，然后插入 2～3 个空闲状态 T_I，再发第二个总线周期的负脉冲。这两个负脉冲都是自身总线周期的 T_2 维持到 T_4 的开始。当外设端口（8259A）收到第二个总线周期的负脉冲后，立即把中断类型号 n 送到数据总线的低 8 位传给 CPU。

5. 暂停操作

当 CPU 执行一条暂停指令 HLT 时，就停止一切操作，进入暂停状态。暂停状态一直保持到发生中断或对系统进行复位时为止。

2.1.4　8086 CPU 系统结构

8086 系统的硬件组成除了最主要的 8086 微处理器外，还需要配置许多部件（芯片）。系统的硬件组成由最小、最大模式的不同而有所差异。

1. 典型相关部件（芯片）介绍

1）8282

8282 是一种带有三态输出缓冲器的 8 位锁存器，其引脚和内部结构如图 2-6 所示，可用作锁存器、输出缓冲器和多路转换器。8282 总线驱动能力很强，能支持多种微处理器的工作，作为微处理器与外围设备连接时的中间接口。8282 有 20 个引脚，采用双列直插式封装，其内部由 8 个触发器和相应的门控电路组成。

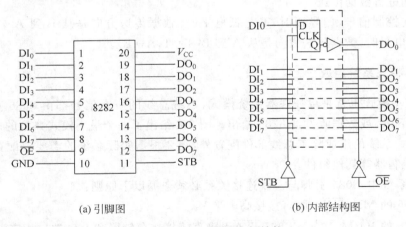

(a) 引脚图　　　　　　　(b) 内部结构图

图 2-6　8282 引脚和内部结构

引脚说明如下：

$DI_7 \sim DI_0$：8 位数据输入线。

$DO_7 \sim DO_0$：8 位数据输出线。

STB：数据输入锁存选通信号，高电平有效。当该信号为高电平时，外部数据选通到内部锁存器，负跳变时，数据锁存。

$\overline{OE}$：数据输出允许信号，低电平有效。当该信号为低电平时，锁存器中的数据送数据输出线。当该信号为高电平时，输出线为高阻态。

2）8286

8286 是一种双向三态驱动器，其引脚和内部结构如图 2-7 所示，可作为微处理器与外围设备连接时的中间接口，通过数据总线既可以从 CPU 将数据送到其他部件（如存储器或 I/O 端口），又可以从系统中其他部件将数据接收到 CPU 中，实现数据的双向传送。

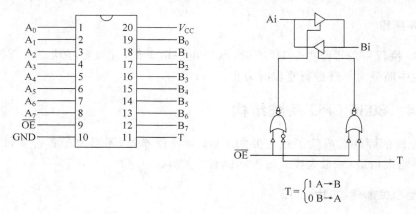

图 2-7　8286 引脚和内部结构

引脚说明如下：

$A_0 \sim A_7$ 和 $B_0 \sim B_7$：双向数据线。

$\overline{OE}$：输出允许信号，低电平有效。$\overline{OE}=0$ 时，门导通，能够进行数据传送；$\overline{OE}=1$ 时，门禁止，不能进行数据传送。

T：方向控制信号，门导通时，T 是低电平时，数据传送方向是从 B 到 A（T=0，B→A）；T 是高电平时，数据传送方向是从 A 到 B（T=1，A→B）。

2．最小模式系统组成

8086 最小模式也就是单处理器系统模式，系统总线的所有信号都由 8086 直接或通过地址锁存器 8282 或数据收发器 8286 给出。图 2-8 给出了一个最小模式典型的总线部件配件。最小模式系统的组成除了总线部件配置外，还要根据实际系统的需要选配存储器、I/O 接口、中断控制器等其他组件。

在这种系统中，8086 引脚与总线连接关系必须遵循以下原则：

（1）8086 的 MN/$\overline{MX}$引脚直接接高电平 V_{cc}。

（2）8086 的 IO/$\overline{M}$、$\overline{RD}$、$\overline{WR}$ 和 $\overline{INTA}$ 引脚直接接在存储器和 I/O 端口相应控制线上。

（3）地址线、地址/数据线接到地址锁存器上。这是因为 $AD_7 \sim AD_0$ 是地址/数据线复用脚，即 CPU 与存储器交换信息时，在 T_1 状态由 CPU 送出访问存储单元的地址信息，随后又用这些引脚来传送数据。为此，在发数据之前，必须先将地址锁存起来。一般锁存器有 8282 或 74LS373。它们有 8 根输入引脚和 8 根输出引脚及两个控制信号 STB 和 $\overline{OE}$（74LS373 控制信号为 G 和 $\overline{OE}$）。当 STB（或 G）由高电平变为低电平时，芯片将输入端的信息存入锁存器。$\overline{OE}$ 为输出控制信号，当它为低电平时，将锁存器内的信息送到输出端。

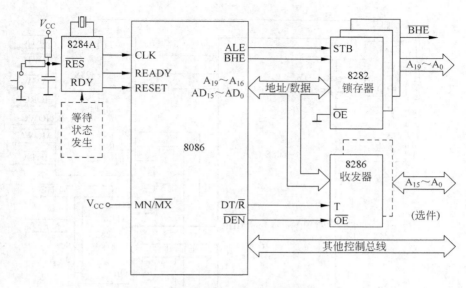

图 2-8   8086 最小模式典型的总线部件配置

为此只需将 CPU 的 ALE 接到 STB(或 G)上就可以了。

（4）数据线有两种接法：一是直接接到数据总线上；二是经过数据总线驱动器接到数据总线上。在具体应用过程中经常采用后一种。这是因为数据总线上接的设备比较多,这样可以保证它有足够的负载能力。由于数据是双向传送的,通过数据总线既可以从 CPU 将数据送到其他部件(如存储器或 I/O 端口),又可以从系统中其他部件将数据接收到 CPU 中,因此,数据总线要采用双向总线驱动器。常用的 8 位双向总线驱动器有 8286/8287 或 74LS245。双向数据总线驱动器 $A_7 \sim A_0$ 引脚接 8086 CPU 的 $AD_7 \sim AD_0$,其 $B_7 \sim B_0$ 引脚接到数据总线的 $D_7 \sim D_0$ 上。而 8088 CPU 的 DT/$\overline{R}$ 接 8286 的 T 引脚(74LS245 接 DIR 引脚),当 DT/$\overline{R}$ 为高电平时,数据从 8086 CPU 发送到系统总线上去；而当 DT/$\overline{R}$ 为低电平时,CPU 则从系统数据总线上接收数据。8286 的 $\overline{OE}$ 引脚(74LS245 则为 G)与 8086 CPU 的 $\overline{DEN}$ 引脚相接。8088 在 $\overline{DEN}$ 端为低电平期间,才允许数据输入输出。

（5）8086 CPU 的 CLK 时钟,是由 8284 时钟发生器/驱动器提供的。8284 输出的时钟脉冲的频率,取决于引脚 X_1 和 X_2 之间跨接的石英晶体的频率。8284 芯片内的分频电路,将晶体所产生脉冲进行三分频后,输出 CLK 脉冲,提供 8086 作主时钟(主频)。8284 还为 8086 提供定时和宽度符合要求的 RESET"复位"信号及符合同步要求的 READY"准备好"信号。

3. 最大模式系统组成

8086 最大模式,也就是多处理器系统模式。图 2-9 给出了 8086 最大模式典型的总线部件配置。

最大模式与最小模式在总线部件配置上最主要的差别是总线控制器 8288。系统因包含多个处理器,需要解决主处理器和协处理器之间的协调工作和对总线的共享控制等问题。为此,最大模式系统中要采用 8288 总线控制器。系统的许多控制信号不再由 8086 直接发出,而是由总线控制器 8288 对 8086 发出的控制信号进行变换和组合,以得到系统各种总线

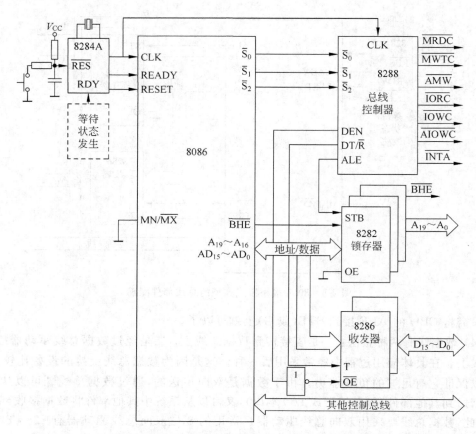

图 2-9　8086 最大模式典型的总线部件配置

控制信号(参见表 2-4)。

　　8086 最大模式系统的其他组件,如协处理器 8087 或 8089、总线仲裁器 8289、中断控制器 8259、存储器、I/O 接口等根据实际系统的需要选配,目的是支持多总线结构,形成一个多处理器系统。这里着重讨论总线控制器 8288 及其与系统的连接。

　　总线控制器 8288 对外连接信号有 4 组：状态输入信号($\overline{S}_2$、$\overline{S}_1$、$\overline{S}_0$)、控制输入信号(CLK、$\overline{AEN}$、CEN、IOB)、总线控制输出信号(DT/$\overline{R}$、DEN、ALE、MCE/$\overline{PDEN}$)、命令输出信号(读/写控制信号——$\overline{MRDC}$、$\overline{MWTC}$、$\overline{AMWC}$、$\overline{IORC}$、$\overline{IOWC}$、$\overline{AIOWC}$ 和中断响应信号 $\overline{INTA}$)。

　　在最大模式系统,8288 接收 8086 执行指令时提供的状态信号 $\overline{S}_2$、$\overline{S}_1$、$\overline{S}_0$,在时钟 CLK 信号控制下,译码产生时序性的上述各总线控制信号和命令信号,同时也提高了控制总线的驱动能力。尽管 8288 一般用于多处理器系统,但由于具此优点,单处理器系统中也常使用。

　　8288 提供了两种工作方式,由 IOB—I/O 总线工作方式信号决定。当 IOB 接地,8288 适用于单处理器系统,称做系统总线方式,此时,还要求 $\overline{AEN}$ 接地,CEN 接+5V。图 2-10 给出的就是这种方式的系统连接。当 IOB 接+5V,且 CEN 接+5V,8288 则适合工作于多处理器系统,称做局部总线方式。

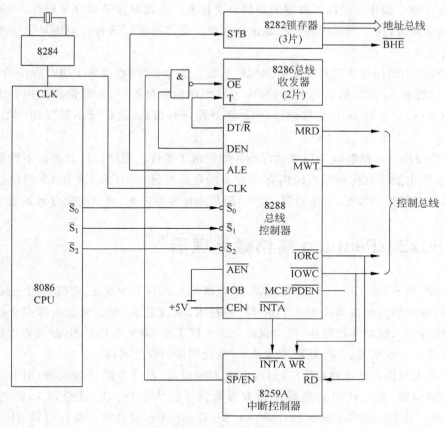

图 2-10　8288 与系统的连接

4. 8086 系统中存储器的分体结构

8086 的存储器按字节组织,有 20 根地址线,无论在最小模式还是最大模式下都可寻址 1MB 存储空间。这 1MB 的内存单元用 00000H~FFFFFH 编址。8086 的 1MB 存储器,实际上被分成了两个 512KB 存储体,分别称为奇地址存储体(奇区)和偶地址存储体(偶区)。顾名思义,奇地址存储体区单元地址是奇数,偶地址存储体区单元地址是偶数。偶地址存储体的数据线与数据总线上低位字节数据线 $D_7 \sim D_0$ 相连,奇地址存储体区的数据线与数据总线上高位字节数据线 $D_{15} \sim D_8$ 相连。地址线 $A_{19} \sim A_1$ 可同时对奇、偶地址存储体内单元寻址,$\overline{BHE}$、A_0 则用于对奇、偶的选择,$A_0 = 0$ 选择偶地址存储体,$\overline{BHE} = 0$ 选择奇地址存储体(参见表 2-3)。

存储器的物理组织分成了偶、奇地址存储体,但是从逻辑结构上,存储单元是按地址顺序排列的。存储单元中存放的信息有字节、字、双字。根据它们存放单元的(首)地址是偶/奇地址,分别叫做偶字节、奇字节和偶字、奇字,对于偶字节、奇字节、偶字、奇字的读/写操作,根据表 2-3 可知,偶字节、奇字节和偶字操作均用一个总线周期完成,而奇字操作需两个总线周期,分别用奇字节和偶字节操作来完成。

8086 存储器操作是采用了典型的逻辑分段技术。因此对存储器寻址操作,不是直接用 20 位的物理地址,而是用相应的逻辑地址来实现。存储器采用这种分段编址方法组织带来了一系列好处:

(1) 程序中的指令中只涉及 16 位地址,缩短了指令长度,也提高了执行程序的速度。

(2) 尽管 8086 的存储空间多达 1MB,但在程序执行过程中,多数情况是在一个较小的存储区中运行,只涉及 16 位偏移地址,而不涉及段寄存器值,这样就不需要到 1MB 空间去寻址。

(3) 分段组织存储器也为程序的浮动装配创造了条件。程序设计者可以不管程序的装配,程序装配由操作系统根据当时内存分配而确定段基址 CS、DS、ES 和 SS 的值。为了能让操作系统做到浮动装配,要求设计的程序段与地址没有关系,而只与偏移地址有关。

2.2　80x86/Pentium 高档微处理器

从 8086 到 80x86/Pentium 微处理器,其内部结构虽有不少变化,究其实质仍属 8086 处理器体系,即内部各结构单元均采用并行处理技术,也就是说,微处理器内部多个处理单元可分别进行同步、独立并行操作,以实现高效流水线工作,避免串行处理,最大限度地发挥了处理器性能。一般来说,并行处理单元越多,微处理器的性能越高。

由于超大规模集成电路(VLSI)集成度的不断提高,设计手段日益完善,加上体系结构设计概念的革新,新一代微处理器在各方面取得了巨大进展。Intel 公司 1985 年推出的 80386 是第一代 CISC(Complex Instruction Set Computer,复合指令集计算机)体系结构的 32 位高档微处理器;1989 年推出的 80486 成为 CISC 微处理器系列主干产品。进入 20 世纪 90 年代,国际上的主要计算机厂商相继向市场推出了 RISC(Reduced Instruction Set Computer,精简指令集计算机)体系结构的处理器。RISC 技术可缩短计算机的设计周期,提高设计的可靠性,特别是有较高的性能/价格比。80486 系列微处理器芯片也采用了 RISC 技术。CISC 的主导地位被 RISC 占据,而不久的将来,CISC 与 RISC 技术相结合的产物——CRISP 体系结构的处理器会大量涌上市场。Intel 公司在 1993 年推向市场的 Pentium 系列处理器产品,就是一种典型的 CRISP 体系结构的早期产品。该 Pentium 系列的处理器采用 RISC 型 CPU。它是 RISC 技术的 CISC 处理器。

80x86 高档微处理器的设计融入了大中型机体系结构的特点,比如,多模式的存储管理、指令和数据的高速缓存,高度的并行性和流水线、大寄存器组,多道处理接口,甚至在 CPU 芯片上带有协处理器等。

80x86 高档微处理器能全面支持多用户、多任务的操作系统和常用的高级语言,具有很强的联网功能,其性能可与大型机相比。由高档微处理器构成的超级微型机在实时控制、事务管理、工程计算、数据处理、人工智能以及计算机辅助设计、辅助制造等方面都得到广泛应用。

表 2-6 列出 Intel 80x86 系列微处理器的主要特性。本节将以 80386 为例重点地介绍 80286、80386、80486、Pentium 的结构和性能。

表 2-6　Intel 80x86 系列微处理器的主要特性

型　　号	8086	80286	80386	80486	Pentium P$_5$（80586）	Pentium Pro-P$_6$	Pentium P Ⅱ
晶体管数/万只	2.9	13.4	27.5	120	310	550	750
管脚数	40	68	132	168	296	387	
时钟频率/MHz	5/8	8/10	25/33	33/50	60～166	166～233	233～450
指令最短时间/μs	0.4	0.2	<0.125	<0.1	<0.05		
峰速/MI/s	0.5～5	1～10	5～20	20～50	100	250～200	
字长	16	16	16/32	32	32/64	32/64	32/64
物理内存容量	1MB	16MB	4GB	4GB	64GB		
外部地址总线/位	20	24	32	32	36		
外部数据总线/位	16	16	32	32	64		
工艺	HMOS	HMOS	CHMOS 1.0μm	CHMOS 1.0μm	CHMOS 0.6μm	BiCMOS 0.28μm	BiCMOS 0.25μm
工作电压	5V	5V	5V	5V/3.3V	303V	2.9V	2.8V

2.2.1　80286 微处理器

80286 是增强型 16 位微处理器，指令系统丰富，性能优良。

1. 80286 的特点和内部功能结构

80286 是 16 位数据线、24 位地址线，内部结构由四部分组成：执行单元 EU、地址单元 AU、总线单元 BU 和指令单元 IU。80286 采用流水线工作方式，并行操作，速度比 8086 快 5 倍。更重要的是，80286 能支持两种工作模式，即实地址模式和保护（虚地址）模式。当 80286 工作在实地址模式时，和 8086 的工作模式完全一样，产生 20 位物理地址（也即使用 24 位地址中的低 20 位 A_{19}～A_0），寻址能力为 1MB，其两种地址（即逻辑地址与物理地址）的含义也与 8086 一样；当 80286 工作在保护模式下时，能够支持多任务，处理器提供了虚拟内存管理和多任务的硬件控制，可在各个任务间来回快速切换处理。在保护方式下 80286 可产生 24 位物理地址，使用到 16MB 内存，并产生 1024MB（1GB）虚拟内存，暂不立即执行的程序和数据先移到虚拟内存中，当要执行虚拟内存中的程序或读取其中数据时，再将其转入内存中。

80286 主要由总线部件（BU）、指令部件（IU）、执行部件（EU）和地址部件（AU）4 个独立的处理部件构成一个有机的整体，并加强它们之间的并行操作程度，有效地加快了处理速度。80286 功能部件的连接以及并行操作如图 2-11 所示。

BU 是微处理器与系统之间的一个高速接口，负责管理、控制总线操作。它有效地管理、控制 80286 与存储器、外部设备的联系。以最高的速率传送数据和预取指令的操作，实现零等待状态，完成对外的读/写操作。

IU 负责从存储区域中取出指令，送入预取指令队列。该队列是预取器和指令译码器之间的一个缓冲。指令译码器将指令从队列中取出、译码后送入已译码指令队列，并做好供 EU 执行的准备。IU 连续译码，与此同时，EU 执行的总是事先由 IU 译好的指令。这样译

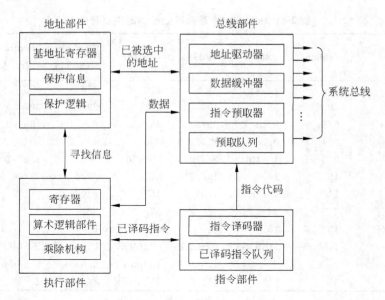

图 2-11　80286 功能部件的连接

码和执行并行操作,改善了流水线功能,从而大大提高了 80286 的工作速度。

EU 负责执行已译码的指令,按照所需步骤完成微处理器的算术、逻辑运算以及其他数据加工等操作。

AU 由偏移量加法器、段界限值检查器、段基地址寄存器、段长度寄存器和物理地址加法器等部件构成,完成执行指令过程中的有关寻址操作。它实施存储器管理及保护功能,计算出操作数据的物理地址,同时检查保护权。在保护方式下,AU 提供完全的存储管理、保护和虚拟存储等支持。AU 内部有一个高速缓冲寄存器,该寄存器保存着段的基地址、段长界限和当前正在执行的任务所用的全部虚拟存储段的访问权。

2. 80286 的寄存器

80286 的寄存器组与 8086 基本相同。同样有 8 个 16 位数据寄存器,即 AX、BX、CX、DX、SP、BP、SI、DL。80286 的 4 个段寄存器 CS、DS、ES、SS 各包括 16 位段选择器和与之相对应的 48 位段高速缓冲器(8 位存取权域、24 位基地址域和 16 位界限域),共 64 位,用于逻辑地址到物理地址的转换。

80286 的标志寄存器增设了两个标志位段寄存器字段。其中,IOPL 字段为特权标志,用来定义当前任务的特权层,即优先权(有 0~3 等 4 级);NT 位为任务嵌套标志,NT=1,表示当前执行的任务嵌套于另一任务中,否则 NT=0。

80286 新设了 16 位的机器状态字(MSW),只使用其中的低 4 位。

D_0——保护允许位(PE);　D_1——监督协处理器位(MP);

D_2——仿真协处理器位(EM);　D_3——任务切换位(TS)。

在系统复位时,MSW 被置成 FFF0H,它使 80286 处于实地址方式。MSW 的保护允许位(PE)用来启动 80286 进入保护虚拟地址方式。PE=0,表示 CPU 当前处于实地址方式;PE=1,表示 CPU 当前已进入保护虚拟地址方式。

80286 还增设了 4 个系统表寄存器：全局描述符表寄存器 GDTR、局部描述符表寄存器 LDTR、中断描述符表寄存器 IDTR、任务状态表寄存器 TR,这 4 个系统表寄存器只在保护方式下使用。

80286 的保护方式在存储器中设置了 3 种类型的描述符表：全局描述符表（Global Descriptor Table,GDT）、局部描述符表（Local Descriptor Table,LDT）和中断描述符表（Interrupt Descriptor Table,IDT）。对应这 3 个描述符表,GDTR、LDTR 和 IDTR 在保护方式寻址时分别作所对应的描述符表的指针。GDTR 和 IDTR 由 24 位基地址和 16 位段界限,共 40 位组成,LDTR 具有与段寄存器相同的位数（64 位）。

TR（Task State）是一个 64 位的寄存器,当任务切换时,它自动地保护和恢复机器状态。TR 的 16 位段选择器字段由 CPU 运行程序装入 16 位的段选择字,再由段选择字选择 48 位的段描述符装入相应的描述符高速缓存器,描述符包含了当前任务状态段的容量、基地址与访问权等信息。

3. 80286 的引脚功能

与 8086 比较,80286 芯片引脚功能最大的差别是不采用地址、数据线复用方式,因此有 68 条引脚,封装成四面都有引脚的正方形管壳方式。引脚符号及名称见表 2-7,仅对其中一些有特殊含义的引脚作简要说明。

表 2-7 80286 引脚符号及名称

符号	传输方向	名称	符号	传输方向	名称
CLK	I	系统时钟	INTR	I	可屏蔽中断请求
$D_{15} \sim D_0$	I/O	数据总线	NMI	I	不可屏蔽中断请求
$A_{23} \sim A_0$	O	地址总线	PEREQ	I	协处理器操作数请求
BHE	O	总线高位有效	$\overline{PEACK}$	O	协处理器操作数响应
S_1、S_0	O	总线周期状态	$\overline{BUSY}$	I	协处理器忙
M/$\overline{IO}$	O	储存器 I/O 选择	$\overline{ERROR}$	I	协处理器出错
COD/$\overline{INTA}$	O	代码/中断响应	RESET	I	系统复位
LOCK	O	总线封锁	V_{SS}		系统地
READY	I	总线准备就绪	V_{CC}	I	+5V 电源
HOLD	I	总线保持请求	CAP	I	衬底滤波电路
HLDA	O	总线保持响应	NC		无定义

- COD/$\overline{INTA}$：代码/中断响应信号线,双功能,三态。COD＝1 表示当前正处于读存储器取指令代码的操作周期。INTA 有效,表示当处于中断响应周期时,两者在不同的周期内有效。
- S_1、S_0：总线周期状态信号,低电平有效。与 COD/$\overline{INTA}$、M/$\overline{IO}$一起定义总线周期的类型,见表 2-8。
- PEREQ 和$\overline{PEACK}$：协处理器请求和协处理器响应信号。PEREQ 输入有效,表示协处理器请求 80286 输送数据,80286 接收到这一请求,应向协处理器回送一个响应信号$\overline{PEACK}$,并给它传输一个操作数。
- $\overline{BUSY}$和$\overline{ERROR}$：协处理器忙和出错信号,低电平有效,由协处理器输入,向 80286

反映当前的操作情况。当 80286 执行 WAIT 指令时,若 $\overline{BUSY}=0$,表示当前协处理器忙,则 80286 应处于等待状态,直到 $\overline{BUSY}$ 无效为止,80286 才能继续执行后续指令。当 80286 执行 WAIT 或 ESC 指令时,$\overline{ERROR}=0$,则表示协处理器向 80286 报告当前出错,80286 应做相应处理。

表 2-8　总线状态定义

COD/$\overline{INTA}$	M/$\overline{IO}$	S_1	S_0	总线周期类型
0	0	0	0	中断响应周期
0	1	0	0	若 $A_1=1$,则暂停;否则停机
0	1	0	1	从存储器读数据
0	1	1	0	向存储器写数据
1	0	0	1	读 I/O 端口
1	0	1	0	写 I/O 端口
1	1	0	1	从存储器读指令

- CAP:衬底滤波器引线端,要求从该端接入 $0.047\mu F$ 的电容。

4. 80286 的存储器组织管理

80286 是在芯片内部最早实现存储管理和保护微处理器的。80286 有实地址管理方式和保护虚拟地址管理方式。保护虚拟地址管理方式可对多任务操作提供可靠的支持。

80286 在加电或复位时自动进入实地址方式。可以通过使用指令 LMSW 和 SMSW 置机器状态字 MSW 中的 PE 位,使 CPU 进行实地址方式(PE=0)和保护虚拟地址方式(PE=1)的切换。

(1) 实地址管理方式。80286 的实地址管理方式与 8086 完全相同,用 $A_{19}\sim A_0$ 直接寻址 1MB 存储器空间,这时 $A_{23}\sim A_{20}$ 无效。

(2) 保护虚拟地址管理方式。80286 的能力在保护虚拟地址管理方式下充分发挥出来了。保护方式是集实地址方式的能力、存储管理、对虚拟存储器的支持以及对地址空间的保护为一体而建立起来的一种特殊工作方式。80286 的保护功能,可以对存储器的段边界、属性及访问权等自动进行检查,通过 4 级保护环结构支持任务与任务之间和用户与操作系统之间的保护,也支持任务中程序和数据的保密,从而确保在系统中建立高可靠的系统软件。

在保护虚拟地址方式下,访问存储器的物理地址由 20 位扩展为 24 位,因此可直接寻址的实存空间扩大为 16MB。

80286 的保护虚拟地址机制,为每个任务可提供最大为 1GB 的虚拟存储器空间。这是由于系统建立了全局描述符表(GDT)、局部描述符表(LDT)和中断描述符表(IDT)。每个描述符表最多由 $2^{13}=8K$ 个段描述符组成,GDT 和 LDT 两个描述符表总共可包含 16K 个段描述符。每个段描述符指向一个 64KB 存储空间的逻辑段,因此,80286 的最大虚拟存储器空间为 $64KB\times 16K=1024MB=1GB$。

80286 的虚拟地址方式采用虚拟地址指示器寻址。32 位虚拟地址指示器包含高 16 位段选择字和低 16 位偏移地址(有效地址)。其中,偏移地址的功能与实地址方式相同,而 16 位段选择字是为了进入一个描述符表的偏移量参数。通过它从描述符表中可得到 24 位的段基地址,将它与 16 位偏移地址相加,形成访问存储器的 24 位物理地址,其实现过程如图 2-12 所示。

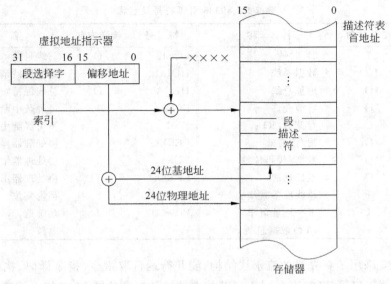

图 2-12　保护虚拟地址方式下的寻址过程

在 16 位的段选择字中,用 1 位作描述符表选择(TI)字段,选择当前使用 GDT 表还是 LDT 表。段选择字用 13 位作描述符表偏移地址字段,用来确定当前使用的段描述符在描述符表中的位置。段选择字用 2 位作请求特权级(RPL)字段,用来定义当前请求的优先权级别(0~3,0 级为最高),特权级也称为保护环,为多任务环境下不同的任务、过程设置优先权,有效地防止系统的混乱。

2.2.2　80386 微处理器

如果说微处理器从 8 位到 16 位主要是总线的加宽,那么,从 16 位到 32 位则是从体系结构设计上的概念性的革新。32 位微处理器的问世是微处理器发展史的又一里程碑。32 位微处理器普遍采用流水线技术、指令重叠技术、虚拟存储技术、片内存储管理技术、存储器分段和分页保护技术。这些技术的应用使 32 位微机可以更有效地处理数据、文字、图像、图形、语音等各种信息,为实现多用户、多任务操作系统提供了有力的支持。

1. 80386 的性能

80386 是 Intel 公司于 1985 年推出的一种为适应超高速计算需要而设计的高性能的全 32 位微处理器。80386 是在优化的多用户和多任务操作系统下工作、采用 CISC 体系结构典型的第一代 32 位微处理器。其主要性能如下:

(1) 80386 采用高速 CHMOS-Ⅲ技术,132 条引脚(按功能分组,见引脚符号表 2-9)用陶瓷网格阵列封装(PGA),具有高可靠性和紧密性。可采用 16MHz、25MHz 和 33MHz 主频。在 16MHz 时钟下,其连续执行速度高达 4~8Mb/s,其速度比 80286 快 3 倍以上。

(2) 80386 采用全 32 位结构,其寄存器、ALU 和内部总线的数据通路均为 32 位。其数据总线接口支持动态总线宽度控制,可实现 32 位或 16 位数据总线的动态切换;可使用 8 位、16 位或 32 位等多种数据类型,最大数据传输速率为 32Mb/s。

表 2-9　80386 引脚符号及名称

符　号	传送方向	名　　称	符　号	传送方向	名　　称
CLK2	I	2X 时钟	LOCK	O	总线封锁
$D_{31} \sim D_0$	I/O	数据总线	HOLD	I	总线保持请求
$A_{31} \sim A_2$	O	地址总线	HLDA	O	总线保持响应
$BE_3 \sim BE_0$	O	字节允许	INTR	I	可屏蔽中断请求
M/IO	O	存储器/IO 选择	NMI	I	不可屏蔽中断请求
W/R	O	写/读有效	PEREQ	I	协处理器操作请求数
D/C	O	数据/代码传输	BUSY	I	协处理器忙
ADS	O	地址选通	ERROR	I	协处理器出错
READY	I	总线准备就绪	RESET	I	系统复位
NA	I	下一地址请求	V_{ss}	I	系统地
BS_{16}	I	16 位数据总线	V_{cc}	I	电源

（3）80386 采用了更先进的流水线结构,能并行运行取指令、指令译码、执行、存储器管理、总线和外部接口等功能,而且引入了芯片上地址转换高速缓存,再加上较高的总线宽度,保证了较短的平均指令执行时间和较高的系统吞吐率。

（4）80386 提供 32 位外部数据、地址总线,可直接寻址 4GB 物理存储空间,虚存空间达 64TB。80386 存储器管理功能比 80286 有所增强。存储器管理部件 MMU,支持虚拟存储和链式保护,采用先分段再分页的两级存储管理方式。

（5）80386 具有 3 种工作方式:实方式、保护方式和虚拟 8086 方式。80386 新增加的虚拟 8086 方式,使得多个 DOS 程序能同时运行,如同拥有各自的 8086 机。保护方式可支持虚拟存储、保护和多任务操作,完全包括了 80286 保护方式的功能。

（6）80386 可配置数值协处理器 80287、80387,以实现高速数值处理。

2. 80386 的内部结构

80386 采用流水工作方式,其内部结构按功能划分由六大部件组成:总线接口部件(BIU)、指令预取部件(IPU)、指令译码部件(IDU)、指令执行部件(EU)、分段部件(SU)和分页部件(PU)。这六大功能部件的结构与连接如图 2-13 所示。其中,分段部件 SU 和分页部件 PU 统称为存储器管理部件(Memory Management Unit,MMU)。

总线接口部件 BIU 是微处理器与系统的接口。其功能是:在取指令、取数据、分段部件请求和分页部件请求时,有效地满足微处理器对外部总线的传输要求。BIU 能接收多个内部总线请求,并且能按优先权加以选择,最大限度地利用所提供的总线宽度,为这些请求服务。

指令预取部件 IPU 的职责是从存储器预先取出指令。它有一个能容纳 16 条指令的队列。指令译码部件 IDU 的职责是从预取部件的指令队列中取出指令字节,对它们进行译码后存入自身的已译码指令队列中,并且做好供执行部件处理的准备工作,如果在预译码时发现是转移指令,可提前通知总线接口部件 BIU 去取目标地址中的指令,取代原预取队列中

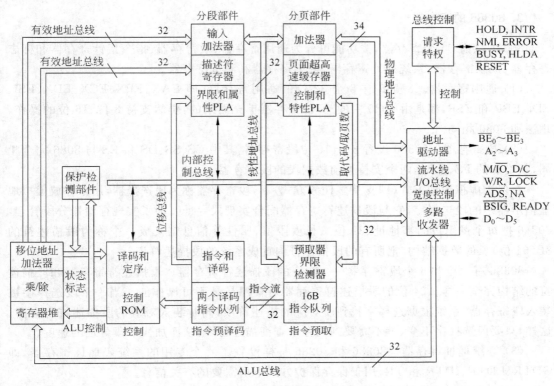

图 2-13 80386 的内部结构

的顺序指令。

　　执行部件 EU 由控制部件、数据处理部件和保护测试部件组成。控制部件中包含着控制 ROM、译码电路等微程序驱动机构。数据处理部件中有 8 个 32 位通用寄存器、算术逻辑运算器 ALU、一个 64 位桶形移位器、一个乘除法器和专用的控制逻辑,它负责执行控制部件所选择的数据操作。保护测试部件用于微程序控制下执行所有静态的与段有关的违章检验,执行部件 EU 中还设有一条附加的 32 位的内部总线及专门的总线控制逻辑,以确保指令的正确完成。

　　在由 80386 组成的系统中,存储器采用段、页式结构,页是机械划分的,每 4KB 为 1 页,程序或数据均以页为单位进入实存。存储器按段来组织,每段包含若干页,段的最大容量可达 4GB(2^{32})。在 80386 中,分段部件根据执行部件的要求,完成有效地址的计算,以实现逻辑地址到线性地址的转换。分页部件将分段部件产生的线性地址转换成物理地址,提供对物理地址空间的管理。一个任务最多可包含 2^{14} 个段,所以 80386 可为每个任务提供 64TB(2^{46})虚拟存储空间。为了加快访问速度,系统中还设置有高速缓冲存储器(Cache),构成完整的 Cache—主存—辅存的 3 级存储体系。

　　80386 的存储管理部件 MMU 和其他各部件集成于同一芯片中,可以把从形成有效地址到产生线性地址和物理地址的各个步骤都重叠起来,充分利用流水线与并行执行的优点,且简化了电路设计,降低了系统的复杂性和价格,提高了可靠性和速度。

3. 80386 的寄存器

80386 共有 34 个寄存器,按功能可分为通用寄存器、段寄存器、指令指针寄存器和标志寄存器、控制寄存器、系统地址寄存器、调试寄存器和测试寄存器。

(1) 通用寄存器。80386 有 8 个 32 位的通用寄存器,即 EAX、EBX、ECX、EDX、ESI、EDI、EBP 和 ESP,都是由 8086 中的 16 位寄存器扩充而来的,仍然支持 8 位、16 位的操作,用法和 8086 相同。

(2) 段寄存器。80386 设置 6 个 16 位段寄存器,其中 CS、SS、DS 和 ES 与 8086 完全相同,新增加的 FS、GS 是两个支持当前数据段的段寄存器。

在保护虚拟地址方式(即支持多任务方式)下,段寄存器称为段选择器,用来存放虚拟地址指示器中的段选择字,它与段描述符寄存器配合实现段寻址。为了实现存储器分段管理,80386 把每个逻辑段的基地址(32 位)、长度限值、属性等信息定义成一个称为段描述符的 8B(64 位)长的数据结构,把所有的段描述符构置成系统的段描述符表。

80386 有 6 个和 6 个段寄存器一一对应的段描述符寄存器。段描述符寄存器和段描述符的结构完全一样。64 位的段描述符寄存器对程序员是不可操作的。当一个段选择字被装入段寄存器,系统根据选择字找到所对应的描述符项,同时装入对应的段描述符寄存器。这样,只要段选择字不变,就不需要到内存中查询描述符表,从而加快了段寻址的速度。

(3) 系统地址寄存器。80386 和 80286 一样设置了 4 个专用的系统表地址寄存器,即 GDTR、LDTR、IDTR 和 TR,用于保存保护方式下所需要的有关信息。

80386 设置了 3 种描述符表,即全局描述符表 GDT、局部描述符表 LDT、中断描述符表 IDT。前两个定义了系统中使用的所有的(最多可有 8K 个)段描述符,IDT 则包含了指向多达 256 个中断程序入口的中断向量描述符。实际上,这些表是长度为 8~64KB 的数组,段寄存器中的选择字的高 13 位就是所对应的描述符在表中的索引地址。

GDTR 和 IDTR 均为 48 位寄存器,GDTR 用来存放 GDT 的 32 位基地址和 16 位段长限值,IDTR 存放 IDT 的 32 位基地址和 IDT 的 16 位段长限值,LDTR 和 TR 均是 16 位寄存器,LDTR 存放 LDT 的段选择字,而 TR 用来存放任务状态段表的段选择字。

(4) 指令指针和标志寄存器。80386 设置了一个 32 位的指令指针 EIP 和一个 32 位的标志寄存器 EFLAGS。EIP 是 IP 的扩充,它可直接寻址 4GB 的实存空间。EFLAGS 寄存器的低 16 位与 80286 标志寄存器完全相同,高 16 位目前只设置了两个新的标志:虚拟方式标志位 $VM(D_{17})$ 和恢复标志位 $RF(D_{16})$。若 $VM=1$,表示 80386 是在虚拟 8086 方式。若 $RF=1$,表示下边指令中的所有调试故障都被忽略。

(5) 控制寄存器。80386 设置了 4 个 32 位的控制寄存器,即 CR_0、CR_1、CR_2 和 CR_3。它们和系统地址寄存器一起,保存着全局性的机器状态,主要供操作系统使用。

CR_0:包含有 6 个预定义标志,用来表示或控制机器的状态。其中低 16 位为机器状态字 MSW,$D_0 \sim D_3$ 标志位 PE、MP、EM、TS 的意义与 80286 一样,这使得 80386 在保护方式下能与 80286 兼容。新增加了处理器扩展类型控制标志 ET(D_4 位,$ET=1$ 协处理器为 80387;$ET=0$,协处理器为 80287)和分页控制标志 PG(D_{31} 位,$PG=1$,允许分页)。PG 和 PE 的组合为 80386 提供了 3 种工作方式:00,为 8086 实地址方式;01,为禁止分页的保护方式;11,为启用分页的保护方式。

CR$_1$：未定义的控制寄存器，留待扩充使用。

CR$_2$：为页故障线性地址寄存器，保存最后出现故障的32位线性地址。

CR$_3$：为页目录表基址寄存器，保存页目录表的物理基地址（页目录基地址），由分页部件使用。由于页目录表是按页（4KB）对齐的，故CR$_3$的低12位不起作用，为全0。

（6）调试寄存器。80386有8个32位的调试寄存器DR$_7$～DR$_0$。DR$_7$用来设置允许或禁止断点调试的控制；DR$_6$用于指示断点的当前状态；DR$_3$～DR$_0$用于设置4个断点；DR$_5$、DR$_4$保留待用。

（7）测试寄存器。80386有两个32位测试寄存器TR$_7$和TR$_6$。TR$_7$用来保留存储器测试所得的数据；TR$_6$为测试控制寄存器，存放测试控制命令。

4．80386的工作方式

80386有高性能的存储管理部件MMU，有力地支持了3种工作方式：实地址方式、保护虚拟地址方式和虚拟8086方式。

（1）实地址方式。80386在加电或复位初始化时进入实地址方式，这是一种为建立保护方式做准备的方式。它与8086、80286相同，由16位段选择字左移4位与16位偏移地址相加，得到20位物理地址，可寻址1MB存储空间。这时，段的基地址是在4GB物理存储空间的第一个1MB内。

（2）保护虚拟地址方式。80386的保护虚地址方式是其最常用的方式，一般开机或复位后，先进入实地址方式完成初始化，然后立即转入保护虚地址方式。也只有在保护虚地址方式下，80386才能充分发挥其强大的功能。

80386在保护方式下，存储器用虚拟地址空间、线性地址空间和物理地址空间3种方式来描述，可提供4GB实地址空间，而虚拟地址空间高达64TB。在保护方式下，80386支持存储器的段页式结构，提供两级存储管理。

80386支持两种类型的特权保护：通过给每个任务分配不同的虚拟地址空间，可实现任务之间的完全隔离；在同一个任务内，定义4种执行特权级别，高特权级的代码可以访问低特权级的代码。由此实现了程序与程序之间、用户程序与操作系统之间的隔离与保护，为多任务操作系统提供了优化支持。

（3）虚拟8086（V86）方式。虚拟8086方式又称为V86方式，80386把标志寄存器中的VM标志位置"1"，即进入V86方式，执行一个8086程序；把VM复位，即退出V86方式而进入保护方式，执行保护方式的80386程序。

一般情况下，80386的实地址方式主要是为初始化使用的，它还可为运行保护方式所需的数据结构做好配置和分配。真正运行8086程序往往用V86方式。80386把它称为VM86任务。在V86方式中，实现虚拟化的办法是把有关存储器、输入/输出的指令进入陷阱处理，并且使用一种称为虚拟机的监控程序对它们进行仿真。V86方式下允许使用分页方式，将1MB分为256个页面，每页4KB。

V86方式是80386设计的一个重要特点，它可以使大量的8086程序有效地与80386保护方式的程序并行运行，从而达到8086、80286和80386的多任务并行操作。

5．80386的存储器管理

80386在保护虚拟地址方式下，采用分段、分页两级综合的存储管理，用分段管理组织其逻辑地址空间的结构,用分页管理来管理其物理存储。80386 的分段部件把程序的逻辑地址变换为线性地址,进而由分页部件变换为物理地址。这种分段管理基础上的分页管理是 80386 所支持的最全面、功能最强的一种存储管理方式。由于微处理器内还设置高速缓冲存储器(Cache)和其他功能部件,使得这两级地址转换的速度很快。

(1) 分段管理。80386 的分段管理与 80286 类似。80386 的段描述符也为 8B,段基地址扩大到 32 位,段限值扩大到 1MB,增添了 4 位语义控制字段。80386 的段描述符的格式如下:

D_{63}					D_{48}						D_{39}		D_{15}	D_0
基地址(31~24)	G	D	O	界限(19~16)	P	DPL	S	类型	A	基地址(23~0)		界限(15~0)		

80386 有两种主要的段类型,即系统段和非系统段(代码段和数据段)。段描述符中 S 位(段位)判别某一给定段是系统段还是代码段或数据段。若 S=1,则为代码段和数据段;若 S=0,则为系统段。段描述符各字段的意义如下:

基地址 32 位,指出段基地址。

界限 20 位,指出段的长度的限值,表明段最大可为 1MB。

P 1 位,存在位,P=1 在内存,P=0 不在内存。

DPL 2 位,描述符特权级,其值为 0~3。

S 1 位,段描述符。S=0 为系统描述符,S=1 为代码或数据段描述符。

类型 3 位,指出段类型。

A 1 位,已访问位,A=1 表示已访问过。

G 1 位,组织位,G=1:段长度以页面为单位,G=0:段长度以 Byte 为单位。

D 1 位,代码段默认操作长度,D=1 为 32 位代码段,D=0 为 16 位代码段。

O 2 位,备用段,考虑与将来的处理机兼容,这两位必须为零。

80386 的虚拟地址指示器提供 48 位地址指针:16 位段选择符和 32 位的偏移量。16 位段选择符由 3 个字段组成:最低 2 位为 RPL,表示请求者的特权级别,共有 4 级:接着 1 位为 TI,是描述符表的指示符。若 TI=1,表示选中局部描述符表 LDT;若 TI=0,表示选中全局描述符表 GDT;最高 13 位为描述符表的偏移量,它和 TI 组合选中段描述符。

16 位段选择字中用 14 位作段描述符的寻址,加上偏移量的 32 位寻址,80386 为每个任务可提供 14+32=46 位,即 64TB 逻辑地址的寻址能力。逻辑地址通过分段部件转换得到 32 位线性地址,可用来寻址 4GB 物理空间。

分段存储管理就是要根据逻辑地址提供的段选择符和偏移量,通过段选择符从描述符表中找到相应的描述符,从描述符中取得段的基地址(32 位),加上逻辑地址提供的偏移量(32 位),形成 32 位的线性地址。图 2-14 表明了分段存储管理的地址转换过程。

分段部件使用保存在段描述符中的信息,实现保护校验。例如,检验使用段的权能,检测即将执行的数据。如果出现保护冲突,分段部件将出现一次事故跟踪。

(2) 分页管理。80386 的物理存储器组织成若干个页面(一般每个页面为 4KB)。

80386 分页采用了页目录表、页表两级页变换机制。低一级的页表是页的映像,由若干描述符组成,每一个页描述符指示一个物理页面:高一级的页目录表是页表的映像,由若干

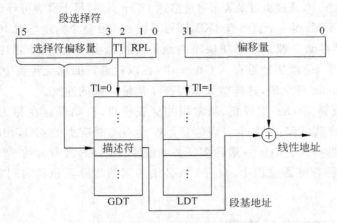

图 2-14 逻辑地址到线性地址的转换

页目录描述符组成,每一个页目录描述符指示着不同页表,由 80386 的页目录基地址寄存器 CR₃ 指示页目录表在存储器中的位置。80386 的页表和页目录表中最多可分别包含 2^{10} 个页描述符和页目录描述符,每个描述符均由 4B(32 位)组成,其格式也基本相同。其中:

P(D_0)为存在位,页面或页表装入存储器时,P=1;否则 P=0。

R/W(D_1)为读/写控制位,R/W=1 写;否则为读。

U/S(D_2)为用户/监控位。U/S=1 用户操作;否则为监控操作。

A(D_5)为访问位,对该页面或页表进行过读写访问时,A=1。

D(D_6)为出错位,D=1 出错;否则未出错。

SYSTEM(D_{11}~D_9)为系统位,留给系统使用。

页面地址指针或页表地址指针(D_{31}~D_{12})分别是对应的页面或页表的基地址。

80386 的页面和页表均起始于存储空间的 4KB 界上,因此,页面地址和页表地址的低 12 位为全 0。在 80386 分页系统中,由 CR₃ 给出页目录表的基地址,利用 32 位线性地址的高 10 位在页目录表的 1024 个页目录描述符中选定一个,从而获得对应页表的基地址;利用线性地址的中间 10 位,在对应页表的 1024 个页描述符中选定一个,得到页面地址;利用线性地址的最低 12 位可在指定页面的 4KB 中选中一个物理存储单元,实现了从线性地址到物理地址的转换。这种地址转换是标准的二级查表机构,如图 2-15 所示。

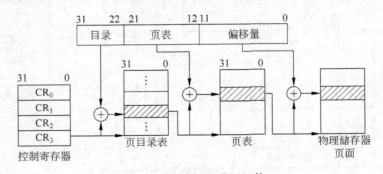

图 2-15 80386 的分页机构

　　在这个分页系统中,通过页目录表可寻址多达 1K 个页表,每个页表可寻址多达 1K 个页面,因此可寻址 1M 个页画,而一个页面有 4KB,即可寻址 80386 整个物理空间 4GB(4KB×1M)。

　　(3) 高速缓冲存储管理。为了加快段内地址转换速度,在 80386 芯片上有高速缓冲存储器(Cache),可把当前段描述符存入 Cache 中,在以后进行的地址转换中,就不用再访问描述符表,而只与 Cache 打交道,这样就大大提高了地址转换的速度。

　　分页系统也支持 Cache,把最新、最常用的页表项目,自动保存在称为转换后备高速缓存(TLB)中。TLB 共可保存 32 个页表信息,32 个页与对应页的 4KB 相联系,这样就覆盖了 128KB 的存储器空间。对于一般的多任务系统来说,TLB 具有大约 98% 的命中率,也就是说,在处理器访问存储器过程中,只有 2% 必须访问两级分页机构,所以加快了地址转换速度。

2.2.3　80486 微处理器

　　Intel 80486 是 Intel 公司在 1989 年推出的新一代 32 位微处理器,是 80386 的升级产品。80486 相当于以 80386 为核心,除包含在片内的 8KB 高速缓存(Cache)和相当于 80387 的数值协处理器外,还采用了易于构成多处理器系统结构的机制。这是 80486 结构上的重大变革,从而使它的整体性能有了很大提高。在相同的工作频率下,其处理速度比 80386 提高了 2～4 倍,实现了高速度化和支持多处理器系统设计目标。

1. 80486 的内部结构

　　80486 基本上沿用了 80386 的体系结构,以保持与 80x86 微处理器系列在机器码级上的兼容性。如图 2-16 所示,80486 由 8 个基本部件组成:总线接口部件、指令预取部件、指令译码部件、执行部件、控制部件、存储管理部件、高速缓存部件 Cache 和高性能浮点处理部件 FPU,其中后两个部件是在 80386 的基础上新增的。80486 的内部总线有 32、64、128 位 3 种。

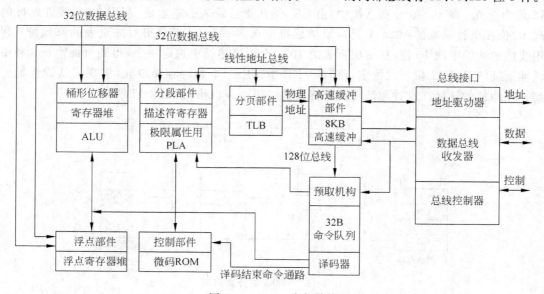

图 2-16　80486 内部结构

80486 寄存器组包含 80386 的全部寄存器组,再加上 80387 中的全部 FPU 寄存器。只是 80486 对标志寄存器和控制寄存器进行了扩充定义。

2. 80486 的技术特点

80486 在 Intel 微处理器上首次采用了 RISC 技术,有效地优化了微处理器的性能。80486 采用 RISC 技术并不意味着与 80386 等 CPU 不兼容,实际上指令也并没有精简,强调的只是 RISC 技术,目的是使 80486 达到一个时钟周期执行 1 条指令。目前 80486 已超过了这一设计目标,平均一个时钟周期执行 12 条指令。

80486 采用了突发总线(Burst Bus)同外部 RAM 进行高速数据交换。通常 CPU 与 RAM 进行数据交换时,取得一个地址,交换一个数据,再取得一个地址,又交换一个数据。而采用突发总线后,每取得一个地址,便将这个地址及其后地址中的数据一起参与交换,从而大大加快了 CPU 与 RAM 之间的数据传输率。这种技术尤其适用于图形显示和网络应用。因为在这两种情况下所涉及的地址空间都是连续的。

80486 配置了 8KB 的高速缓冲存储器 Cache。该高速缓冲存储器采用 4 路相连的实现方案,具有较高的命中率(约为 92%)。高速缓存由指令和数据共用,当执行某些不伴有数据访问的指令时,整个缓存都为指令所用;反之,当用简单的循环来处理大量的数据时,则将高速缓存的大部分空间用来存放数据,这样既充分利用了缓存的空间,同时又提高了缓存的命中率。若在高速缓存中未找到所需数据,可访问外部存储器,外部存储器与高速缓存间采用成组传送方式,平均每个时钟周期可传送 4B。80486 高速缓存采用的替换策略是"近期最少使用"策略 LRU。

80486 片内设置了一个数值协处理器,这就使得 80486 不再需要片外数值协处理器 80387 的支持,而直接具有浮点数据处理能力,从而缩短了 CPU 与协 CPU 之间的通信时间,提高了浮点处理能力。该片内数值协处理器以极高的速度进行单精度或双精度的浮点运算,保持了与 80387 的二进制兼容性,且浮点处理命令也完全一致。在相同的时钟频率下,80486 的指令执行速度比 80386 系统高出 2~3 倍。

此外,80486 在内部高速缓存部件与协处理器之间设置有两条高速数据总线,这两条 32 位的总线也可作为一条 64 位的总线使用。高档 80486 芯片的数据总线宽度甚至可达 128 位。如此带宽的数据交换通道是微处理器的外部高速缓存和协处理器无法达到的。

为了适应大规模科学技术计算的需求,便于系统功能的扩充,80486 采用了有助于构成多处理器系统的硬件结构,配置了一些构成多处理器系统所必需的功能和信号,使用户能利用 80486 方便地构成一个高性能多处理器并行系统。

3. 80486 的发展

Intel 80486 有多种产品,包括 486SX、486DX、486DX2 和 Over Drive 升级芯片等。

486SX 是 80486 的入门产品,芯片不具备数值协处理器,它兼有 80486 的性能和 80386 的价格两大优点。

486DX 属 80486 的中档产品,芯片中增设了数值协处理器,是 80486 标准结构。486DX2 是 80486 中的高档产品,它是在 486DX 的基础上采用了倍速技术,使 CPU 的执行速度双倍于系统总线的速度,有效地提高了系统的性能。

Over Drive 是一种升级芯片,用于对微型机系统升级的处理。厂家通常采用加插件板的办法,对 80486 进行廉价单片升级,即在原有 80486 的旁边增加一块 Over Drive 芯片,从而可以使原微处理器的速度提高近一倍。从原理上说,Over Drive 也是一个微处理器,但只能用于对 80486 系列升级,对 80386 系列无效。

2.2.4　Pentium 微处理器

Pentium 是 Intel 公司继 80386 和 80486 后推出的新一代 32 位高档微处理器。Pentium 是采用 RISC 技术的 CISC 处理器。因此,它属于 CISC-RISC 型 32 位处理器,也许可以把它视为 CRISP 体系结构处理器的一种“雏形”。按照 Intel 为其产品的命名惯例,Pentium 本应称为 80586。它采用了亚微米级的 CMOS,实现了 $0.8\mu m$ 技术,一方面使器件的尺寸进一步减少,另一方面又使芯片上集成的晶体管增加。它还采用了特殊 CAD 方法设计的多级金属夹层技术。其总体性能大大超越了 80486,但又依然保持了与 80x86 系列微处理器的兼容。

1. Pentium 的结构特点

Pentium 的芯片结构对 80486 作了重大改进,它可归纳如下:

(1) 采用了 RISC 型 CPU 全新的结构。在 Pentium 中装有 3 种指令处理部件,即 RISC 型 CPU、80386 处理部件和浮点处理部件。RISC 型 CPU 运用超标量流水线设计,在微处理器中有两条流水线并行工作。一个时钟周期能并行执行两条整数指令;80386 处理部件使用微码处理指令,负责处理不能用一个时钟周期完成执行的指令;浮点运算协处理部件采用超级流水线技术和部分固化指令,极大地提高了浮点运算速度。

(2) 增设了动态转移预测机构,可以预测分支程序的指令流向,节省了微处理器用于判别程序路径的时间。

(3) 采用两级 16～24KB 的高速缓存 Cache,片内 Cache 改用回写方式,节省了微处理器时间。

(4) 采用了边界扫描和探针方式等多种测试机构,增强了错误检测和报告功能。图 2-17 给出了 Pentium 处理器的功能结构。

2. Pentium 的技术特点

超标量流水线设计是 Pentium 处理器技术的核心。它由 U 和 V 两条指令流水线构成,每条流水线都拥有自己的 ALU、地址生成电路和与数据 Cache 的接口。这种流水线结构允许 Pentium 实现指令并行,且 V 流水线总是接受 U 流水线的下一条指令。当然,在此情况下,要求所执行的指令序列尽量不发生冲突。

Pentium 采用双 Cache 结构,每个 Cache 为 8KB(可扩充到 12KB),数据宽度为 32 位。两个 Cache 中,一个作为指令 Cache,一次可以提供达 32B 的原始操作码;另一个作为数据 Cache,每个时钟周期内可以提供两次数据访问的数据。数据 Cache 有两个接口,分别通向 U 和 V 两条流水线,以便能在同一时刻向两个独立工作的流水线进行数据交换。当向已被占满的数据 Cache 写数据时,将取走一部分当前使用频率最低的数据,将其写回主存。这个技术称为 Cache 回写技术。由于处理器向 Cache 写数据和将 Cache 释放的数据写回主存是

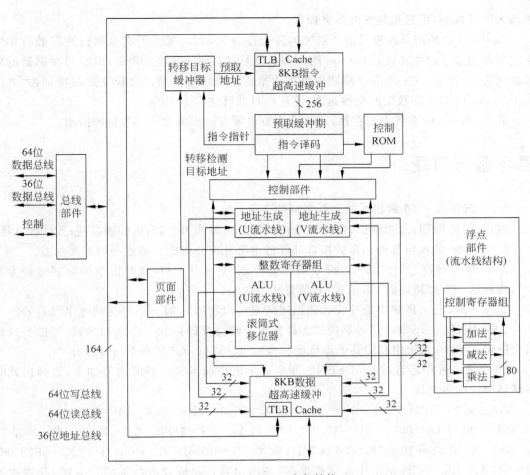

图 2-17　Pentium 内部结构

同时进行的,因而采用 Cache 回写技术大大节省了处理时间。

　　Pentium 微处理器还设置有分支目标缓冲器(Branch Target Buffer,BTB)。BTB 实际上是一个较小的高速缓存器,用于动态地预测程序分支。当一条指令导致程序分支时,BTB记住这条指令和分支目标的地址,并且这些信息预测这条指令再次产生分支时的路径,预先从该处预取,保证流水线的指令预取步骤不会空置。当 BTB 判断正确时,分支程序即刻得到解码。从循环程序的操作看,在进入循环和退出循环时,BTB 往往会发生判断错误,需要重新计算分支地址。但循环次数越多,出错的比例便越小,BTB 的效率就越明显。

　　为了强化浮点运算能力,Pentium 中的浮点运算部件在 80486 的基础上进行了彻底的改进,其执行过程分为八级流水,使每个时钟周期至少能完成一个浮点操作。浮点运算部件中流水线的前 4 个步骤与整数流水线相同,后 4 个步骤的前两步为二级浮点操作,后两步为四舍五入和写结果与出错报告。浮点运算部件对一些常用的指令如 ADD、MUL 等采用了新的算法,并用电路进行了固化,这样用硬件实现使得运算速度大为提高。

　　Pentium 系列处理器的内部和外部工作频率一致,分别达到 60MHz、66MHz、75MHz、90MHz、100MHz,最高可达 166MHz。Pentium 对存储管理中页面也增加了尺寸,其存储器的每个页面的尺寸在 80486 的 4KB 基础下,又增加了一种 4MB 的页面。这样使程序在搬动大的目标时,可避免频繁的换页操作。

　　Pentium 微处理器改进了指令系统的微程序算法,大大减少了指令执行所需的时钟周期。同时增加了总线宽度,Pentium 的内部总线同 80486 一样为 32 位,但它与存储器的外部总线为 64 位宽,在一个总线周期内可将数据传输量增加 1 倍。总线宽度的增加,大大提高了 Pentium 与主存数据的交换速度,该速度目前已达 528Mb/s。

　　此外,Pentium 在数据完整性、容错性和节电等方面也采取了一些特殊措施。

思考题与习题

　　2-1　试解释 8086 微机系统下列名词的含义:

　　时序;时钟周期;总线周期;物理地址;逻辑地址;地址加法器;地址锁存器;数据收发器

　　2-2　8086 的执行部件和总线接口部件各由哪几部分组成? 请逐一说明其功能。

　　2-3　段寄存器 CS＝1200H,指令指针寄存器 IP＝FF00H,此时指令的物理地址为多少? 指向这一物理地址的 CS 值和 IP 值是唯一的吗?

　　2-4　8086 是怎样解决地址线和数据线的复用问题的? ALE 信号为何电平时有效?

　　2-5　$\overline{\text{BHE}}$信号和 A₀信号是通过怎样的组合解决存储器和 I/O 端口的读/写的? 这种组合决定了 8086 系统中存储器偶地址区和奇地址区之间应该用什么信号区分?

　　2-6　某一程序运行后,用 DEBUG 命令显示出当前各寄存器的内容如下,请画出此时存储器分段的示意图。

　　AX＝0000　BX＝0000　CX＝006D　DX＝0000　SP＝00C8　BP＝0000
　　SI＝0000　DI＝0000　DS＝11A7　ES＝11A7　SS＝21BE　CS＝31B8　IP＝0000

　　2-7　已知 SS＝20A0H,SP＝0032H,欲将 CS＝0A5BH、IP＝0012H、AX＝0FF42H、SI＝537AH、BL＝5CH 依次压入堆栈保存,请画出堆栈存放这批数据的示意图,并指明入栈完毕时 SS 和 SP 的值。

　　2-8　为什么微机系统的地址、数据和控制总线一般都需要缓冲器?

　　2-9　在 80386 保护虚拟地址方式下,微处理器是如何工作的?

　　2-10　80486 微处理器与 80386 微处理器比较,主要的增加和改进之处是什么?

第 3 章

80x86/Pentium指令系统

指令是计算机执行某种操作的命令。计算机为了完成不同的功能而要执行不同的指令。一台计算机能够识别和执行的全部指令称为该计算机的指令系统或指令集。

指令系统是综合反映计算机性能的重要因素。它不仅直接影响机器的硬件结构，而且影响机器的系统软件及机器的适应范围。不同的微处理器有不同的指令系统，80x86/Pentium 系列微处理器的指令集是在 8086/8088 CPU 的指令系统上发展起来的。8086/8088 CPU 的指令系统是基本指令集，80286、80386、80486 和 Pentium 的指令系统在基本指令集上进行了扩充。扩充指令的一部分是 8086/8088 基本指令的增强和一些专用指令，它们与基本指令集一起构成 80x86 系列微处理器的实模式指令集；另一部分是系统控制指令，它们对 80286、80386、80486 和 Pentium 保护模式的多任务、存储器管理和保护机制提供了控制能力。本章分两部分重点讲述：一部分是 8086/8088 CPU 指令系统；另一部分是 80x86/Pentium 的指令系统。

3.1　8086/8088 CPU 指令系统

本节将讨论 8086/8088 的寻址方式和 8086/8088 指令系统，它们是掌握汇编语言程序设计的基础。

3.1.1　寻址方式

1. 操作数类型

计算机指令是由操作码和操作数所组成的。操作码指出指令的功能，操作数则是指令的处理对象。

寻址方式就是寻找指令中操作数所在地址的方法。为了方便说明，首先看看操作数的类型，然后再讨论寻址方式。

操作数类型有 3 种，即立即数、寄存器操作数、存储器操作数。

1) 立即数

立即数是作为指令代码的一部分出现在指令中。它通常作为源操作数使用。在汇编指令中，可以用二进制、十六进制或十进制等数制形式表示。也可以写成一个可求出确定值的表达式形式来表示。

2）寄存器操作数

寄存器操作数是把操作数存放在寄存器中，即用寄存器存放源操作数或目的操作数。通常在汇编指令中给出寄存器的名称，并在双操作数指令中，可以作源操作数，也可以作目的操作数。有的指令，虽然没有明确给出寄存器名，但它隐含着某个通用寄存器作操作数。具体在哪些指令中隐含使用，在指令系统中将会进行说明。

3）存储器操作数

存储器操作数是把操作数放在存储器中，因此在汇编指令中应给出的是存储器的地址。

应该说明的是，存储器操作数所在的存储器地址应该是物理地址，即由段地址和段内地址（把相对于段首地址的偏移量称为有效地址 EA）所决定的。但在汇编指令中，通常只给出有效地址 EA（它们是以各种寻址方式给出的），而段址（在段寄存器中）是通过隐含方式使用的。

2．有效地址 EA 和段超越

当操作数存放在存储器中时，存储器的存储单元的物理地址由两部分组成：一部分是偏移地址；另一部分是段地址。在 8086/8088 的各种寻址方式中，寻找存储单元所需的偏移地址可由各种成分组成，称为有效地址，用 EA 表示。不同的寻址方式，组成有效地址 EA 的各部分内容也不一样，详见以下各节讨论说明。

存储器操作数寻址时，存储单元的物理地址的另一部分是段地址，对段地址是如何规定的呢？8086/8088 指令系统中对段地址有个基本规定，即 Default（默认）状态。在正常情况下，由寻址方式中有效地址规定的基地址寄存器来确定段寄存器，即只要寻址方式中出现 BP 寄存器作为基地址，段寄存器一定采用堆栈段 SS 段寄存器，其余的情况都采用数据段 DS 段寄存器。串处理指令有另外规定，详见串处理指令一节说明。

指令中的操作数也可以不在基本规定的段区内，必须在指令中指定段寄存器，这就是段超越。例如：

```
MOV  AL,[2000H]
```

此存储单元的物理地址为 $16 \times DS + 2000H$，数据是存放在数据段中。而

```
MOV  AI,ES:[2000H]
```

存储单元的物理地址为 $16 \times ES + 2000H$，此指令传送的源数据却在数据段中。段地址的基本规定（或约定）和允许超越的情况如表 2-1 所示。

3．寻址方式

有了对操作数类型和有效地址 EA 和段超越的了解，就可以较容易地理解 8088/8086 的寻址方式了。

1）立即数寻址

立即数寻址的操作数是一个立即数，它直接包含在指令中。立即数可为 8 位数也可以为 16 位数。它们放在指令代码的操作码后（若为 16 位数，则低字节数在前，高字节数在后）。

立即数寻址示意如图 3-1 所示。

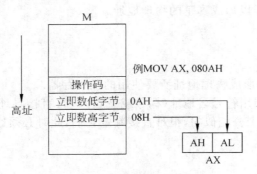

图 3-1　立即数寻址示意图

例如：

```
MOV   AX,IM
```

其中 IM 是立即数。

立即数只能作为源操作数出现在指令中。

立即数寻址主要是用于给存储器或寄存器赋初值。它可能是一个运算数也可能是一个地址值。它们都可以用一个符号名来表示。

2）直接寻址

直接寻址指的是操作数的地址（即 16 位偏移量）直接包含在指令中。它也在指令操作码后（低字节在前，高字节在后）。

直接寻址给出的是操作数偏移量地址，实际操作数地址应由段寄存器和这个直接地址相加来决定。

例如：

```
MOV   AX,[22A0H]
```

这是一个直接寻址指令，其寻址示意如图 3-2 所示。

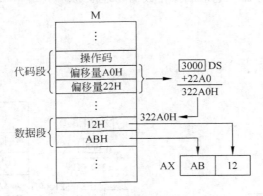

图 3-2　直接寻址示意图

此种寻址是以数据段为基址，故寻址范围可为 64KB。

寻址方式除隐含使用段寄存器外，8088/8086 系统还允许利用段超越方法使用段寄存器。只要在有效地址前写上要使用的段寄存器名及冒号"："，此时将不再使用隐含段寄存器，而使用给定的寄存器以形成真正的物理地址。

例如：

```
MOV  AX,ES:[22A0H]
```

其中 ES 为段超越，表明形成物理地址所要使用的段寄存器。

在汇编指令中，可使用符号名地址（标号或变量）进行直接寻址。它们和使用符号名表示数据的立即数寻址是十分相似的，很难直接判定它们，此时必须通过符号名原来的定义来判定。

例如：

```
DATS  SEGMENT
DATA  DW  10DUP(?)
      ⋮
      MOV AX,DATS  ;储存器段地址(高 16 位)
                   ;送入 AX,为立即数寻址
      MOV AX,DATA  ;变量值送入 AX,为直接寻址
```

3）寄存器寻址

所要寻找的操作数在通用寄存器中，它们可以做源操作数或目的操作数。所用的寄存器，可以为 8 位寄存器，也可以为 16 位寄存器。

例如：

```
MOV  AX,BX
```

图 3-3 给出寄存器寻址示意图。

寄存器寻址可以使用任何一个通用寄存器，但使用累加器 AX 时，指令执行时间要短些。

4）寄存器间接寻址

寄存器间接寻址是指要寻址的操作数在存储器中。它的地址（16 位偏移量）在寄存器中。操作数地址通常放在 SI、DI、BX、BP 寄存器中。

8088/8086 系统规定，使用 SI、DI、BX 间接寻址时，操作数在数据段中，应由数据段寄存器 DS 与间接寻址的寄存器一起形成操作数的物理地址。

例如：

```
MOV  AX,[SI]
```

其寻址示意如图 3-4 所示。

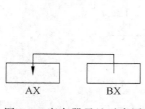

图 3-3　寄存器寻址示意图

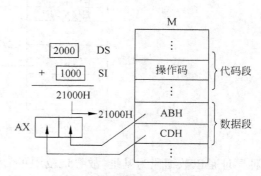

图 3-4　寄存器间接寻址示意图

当使用 BP 间接寻址时,操作数在堆栈段中,应由堆栈段寄存器 SS 与间接寻址的寄存器 BP 形成操作数的物理地址。

例如:

```
MOV  AX,[BP]
```

其寻址示意如图 3-5 所示。

寄存器间接寻址也可以使用段超越方式工作。

5) 变址寻址

变址寻址的操作数也在存储器中。

变址寻址是把指定的寄存器内容作为变址,与指令中给定的位移量一起形成有效地址。

可作变址寻址的寄存器为 SI、DI、BX、BP。同样,它们在形成操作数的物理地址时,还应该加上作为基地址的段寄存器。SI、DI、BX 作变址,与数据段寄存器 DS 相加。BP 作变址时,与堆栈段寄存器 SS 相加。

当然,使用段超越方式时,可以用其他段寄存器。

例如:

```
MOV AX,DTAB[SI]
```

其变址寻址示意如图 3-6 所示。

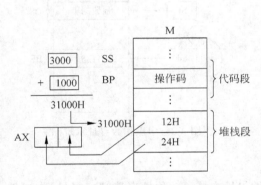

图 3-5 用 BP 寄存器间接寻址示意图

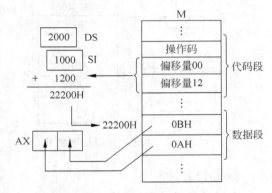

图 3-6 变址寻址示意图

有的书上把用 BX、BP 寻址称为基址寻址,把用 SI、DI 寻址称为变址寻址。其实两种寻址方法是一样的。书中通称变址寻址。

6) 基址变址寻址

在指令中,可以使用两个寄存器作间接寻址。此时 SI、DI 作变址寄存器,BX、BP 作基址寄存器。这样,所寻址的操作数的存储器有效地址为基址寄存器(BX 或 BP)内容,加上变址寄存器(SI 或 DI)内容,再加上指令中给出的位移量。此种寻址方式为基址加变址寻址。

同样,形成操作数物理地址时,还应加上段寄存器的值。

例如:

```
MOV  AX,MDAT[BX][SI]
```

其寻址示意如图 3-7 所示。

如用 BX 作基址,则段寄存器使用 DS。

如用 BP 作基址,则段寄存器使用 SS。

如使用段超越方式,则段寄存器使用指定的段寄存器。

7) 串操作数寻址

串操作指令使用隐含变址寄存器寻址。

源串操作数用 SI 变址寄存器,段基址由数据段寄存器 DS 决定。

目的串操作数用 DI 变址寄存器,段基址由附加段寄存器 ES 决定。

在字符串操作指令中,还可以自动增(或减)SI 和 DI 中的内容,以进行增址(或减址)数据串地址。

例如:

```
MOV SB
```

其寻址示意图如图 3-8 所示。

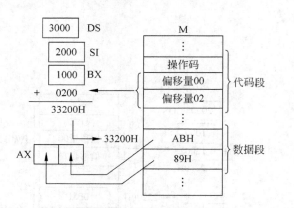

图 3-7　基址变址寻址示意图

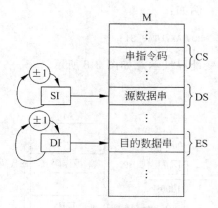

图 3-8　串操作数寻址示意图

8) 端口寻址

在寻址外设端口时,使用端口寻址。它有两种寻址方式:一种是直接端口寻址,端口地址为 8 位立即数(0~255);另一种是间接端口寻址,端口地址放在 DX 寄存器中(可为 16 位数,值为 0~65535)。

例如:

```
OUT  21H,AL       ;AL 内容送 21H 端口输出
MOV  DX,380H      ;DX 作间接端口寻址
OUT  DX,AL        ;AL 内容送 380H 端口输出
```

其寻址方式示意如图 3-9 所示。

9) 隐含寻址

在 8086/8088 系统中,有部分指令的操作数没有给出任何说明。但计算机根据操作码即可确定其所要操作的对象。此种寻址方式称为隐含寻址。它的操作对象是固定的,故也称固定寻址。

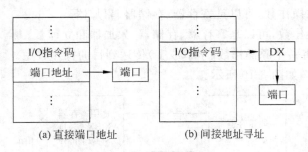

(a) 直接端口地址   (b) 间接地址寻址

图 3-9 端口寻址示意

例如：

```
AAA          ;隐含对 AL 操作
LES          ;隐含对 ES 操作
XLAT         ;隐含对 AL、BX 操作
```

10) 寻址方式小结

通过上面寻址方式的介绍,应该对指令中确定操作数的方法有所了解。对它们的熟悉有助于指令的深入理解和正确编写程序。

使用寄存器寻址的指令,可以减少指令码长度,而且因不需要到存储器中存取数据,所以执行速度也较快。

存储器寻址(寄存器间址、变址、基址加变址)不但指令码变长,而且计算有效地址需要花费额外的时间,所以指令执行时间变长。确定有效地址的因素越多,则执行的时间就越长。

但确定有效地址因素越多,使用起来就越灵活。比如基址加变址寻址可以随时改变基址寄存器或变址寄存器内容,十分方便于对数据区数据的查询和处理。

变址寄存器寻址可以解决线性数组的存取处理。基址加变址寄存器寻址可以解决矩阵数组的存取处理。

3.1.2 指令系统

8086/8088 指令系统可按功能划分为九类。下面分别介绍各类指令的格式、功能、对状态标志位的影响,并通过一些小例子说明它们的使用,以便对每个指令有正确的理解和运用。

1. 数据传送指令

数据传送指令用来实现寄存器和存储器间的字节或字数据传送。与数据传送有关的另一些指令,如堆栈操作、数据交换、标志传送及地址传送等,虽也实现数据的传送,但它们有自己的特殊功能,也一并放在数据传送类中讲述。下面分述 6 组传送指令。

1) 数据传送指令 MOV(Move)

指令格式：

MOV OPRD1,OPRD2

OPRD1 为目的操作数,可以是寄存器、存储器、累加器。

OPRD2 为源操作数,可以是寄存器、存储器、累加器和立即数。

功能:本指令将一个源操作数(字节或字)传送到目的操作数中。

传送方向示意图如图 3-10 所示。

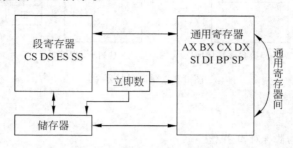

图 3-10   数据传送方向示意图

说明:本指令不影响状态标志位。MOV 指令可细分为 4 种传送类别。

(1) 寄存器与寄存器之间的数据传送。例如:

```
MOV   AX, BX
MOV   DL, AH
MOV   CX, DX
MOV   DX, ES
MOV   BP, SI
MOV   DS, AX
```

注意:代码段寄存器 CS 和指令指针 IP 不参加数据传送。严格地说,CS 可作为源操作数参加数据传送。

(2) 立即数到通用寄存器数据传送。例如:

```
MOV   AL,25
MOV   AX,1000
MOV   BX,052AH
MOV   CH,5
MOV   SI,OFFSET TABLE
MOV   SP,2AC0H
```

注意:立即数只能作源操作数,不允许作目的操作数。

(3) 寄存器与存储器之间数据传送。例如:

```
MOV   AL,BUFFER
MOV   AX,[SI]
MOV   LAST[BX + DI],DL
MOV   SI,ES:[BP]
MOV   DS,DATA[BX + SI]
MOV   ALFA[BX + DI],ES
```

注意:代码段寄存器 CS 和指令指针 IP 不参加数据传送。严格地说,CS 可作为源操作数参加数据传送。

（4）立即数到存储器数据传送。例如：

```
MOV    ALFA,25
MOV    DS: MEMS[BP],300AH
MOV    BYTE PTR[SI],15
MOV    LAST[BX][DI],0FFH
```

注意：立即数向存储器送数，一定要使立即数与存储器变量类型一致。

MOV 指令不具有存储器单元之间的数据传送功能。若要进行存储器单元间的数据传送，只能借助于通用寄存器间接传递。

例如，把 ALFA1 单元的内容送 ALFA2 单元中，ALFA1 和 ALFA2 是同一数据段的两个变量。则可通过下面两条指令传送：

```
MOV    AL,ALFA1      ;取单元数据→ AL
MOV    ALFA2,AL      ;存单元数据← AL
```

程序例：在 DATA1 处有 100 个数据，传送到 DATA2 处，试编程实现。

可利用循环程序完成 100 个数据的传送。设定一个数据传送计数器，每传送一个数，计数器减 1，传送地址修改为下一个数据地址。直到全部数据传送完成为止。

程序实现如下：

```
       MOV  SI,OFFSET DATA1    ;SI 作源操作数地址指针
       MOV  DI,OFFSET DATA2    ;DI 作目的操作数地址指针
       MOV  CX,100             ;置数据传送计数器初值
NEXT:  MOV  AL,[SI]            ;传送一个字节数据
       MOV  [DI]AL
       INC  SI                 ;源操作数地址指针加 1
       INC  DI                 ;目的操作数地址指针加 1
       DEC  CX                 ;计数器减 1
       JNZ  NEXT               ;未传完,转 NEXT
```

程序中 INC、DEC 为增 1 和减 1 指令。JNZ 为结果非零转移指令。

小结：MOV 指令使用规则如下：

① IP 不能作目的寄存器。

② 存储器单元之间不能直接进行数据传送。

③ 段寄存器之间不能直接用 MOV 指令直接进行数据传送。

④ 立即数不允许作为目的操作数。

⑤ 立即数不能直接送段寄存器。

⑥ 源操作数与目的操作数类型要一致。

2）堆栈操作指令 PUSH 和 POP(PUSH &POP)

堆栈是在存储器（内存）中开辟出一个特定的存储区位于堆栈段中，用作堆栈操作存入数据或地址和取出数据或地址的存储区。堆栈是以"后进先出"的原则进行数据操作的，也就是说，最先存入堆栈的数据最后才能取出，最近存入的数据，可以最先取出。它就相当于手枪的子弹匣，最后压入的子弹总是首先被射出。堆栈操作遵循以下原则：

- 堆栈的存取每次必须是一个字（16 位）。

- 向堆栈中存放数据时，总是从高地址向低地址方向增长（向下生成），而不像内存中

的其他段,是从低地址开始向高地址存放数据。从堆栈取数据时正好相反。
- 堆栈指令中的操作数只能是寄存器或存储器操作数,而不能是立即数。
- 对堆栈的操作遵循"后进先出(LIFO)"的原则。最后压入堆栈的数据会最先被弹出。
- 堆栈段在内存中的位置由 SS 决定,堆栈指针 SP 总是指向栈顶,即 SP 的内容等于当前栈顶的偏移地址。栈顶是指当前可用堆栈操作指令进行数据交换的存储单元,如图 3-11 所示。

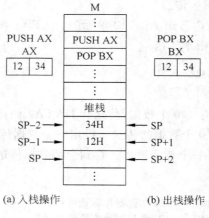

(a) 入栈操作   (b) 出栈操作

图 3-11　堆栈操作示意图

堆栈的操作有两种,即 PUSH 入栈操作和 POP 出栈操作。此外,CALL 指令、RET 指令,中断响应和返回都具有入栈出栈操作,见 CALL 和 RET 指令说明。

(1) PUSH 指令。

指令格式:

```
PUSH  OPRD
```

OPRD 为 16 位(字)操作数,可以是寄存器或存储器操作数。

功能:将寄存器或存储器单元的内容送入堆栈。

操作过程:$(SP-1) \leftarrow OPRD_H$(操作数高字节);

$\qquad\qquad (SP-2) \leftarrow OPRD_L$(操作数低字节);

$\qquad\qquad (SP) \leftarrow SP-2$。

入栈操作示意图如图 3-11(a)所示。

例如:

```
PUSH  AX
PUSH  SI
PUSH  SS
PUSH  CS
PUSH  BATA
PUSH  ALFA [BX][SI]
```

说明:8086/8088 系统入栈操作是由高地址向低地址扩展。即随着入栈内容的增加,

SP 值减小。SP 操作后总是指向栈顶,即含有最后进栈数据字节的偏移量地址。

栈底在程序初始时设置,可用"MOV SP,Im"实现,Im 为 16 位立即数。

(2) POP 指令。

指令格式:

```
POP   OPRD
```

OPRD 为 16 位(字)操作数,可以是寄存器或存储器操作数。

功能:将现行 SP 指向的堆栈内容(字)传送到寄存器或存储器单元中。

操作过程:$OPRD_L \leftarrow (SP)$;

$\qquad OPRD_H \leftarrow (SP+1)$;

$\qquad (SP) \leftarrow SP+2$。

出栈操作示意如图 3-11(b)所示。

例如:

```
POP   AX
POP   DI
POP   DS
POP   BETA
POP   ALFA [BX][DI]
```

说明:出栈操作是由低地址向高地址扩展。随着出栈内容的增加,SP 值增大 SP 操作后,指向新的栈顶。

这两个指令主要用来进行现场保护,以保证子程序调用或中断程序的正常返回。

程序例:某中断服务程序进行现场保护和恢复时使用的程序段。

```
INTP  PROC  NEAR
      PUSH AX      ;保护现场
      PUSH BX
      PUSH DX
      PUSH DS
         ⋮
      POP   DS     ;恢复现场
      POP   DX
      POP   BX
      POP   AX
      STI          ;开中断
      IRET         ;中断返回
```

小结:堆栈指令使用时应注意以下几点:

① 堆栈操作总是按字进行。

② 不能从栈顶弹出一个字给 CS。

③ 堆栈指针为 SS:SP,SP 永远指向栈顶。

④ SP 自动进行增减量(-2,+2)。

3) 数据交换指令 XCHG(eXCHanGe)

指令格式:

```
XCHG  OPRD1,OPRD2
```

OPRD1 为目的操作数，OPRD2 为源操作数，可存放在通用寄存器或存储器中。

功能：实现源操作数和目的操作数内容的相互交换（字节或字）。可在累加器、通用寄存器或存储器之间相互交换。但两个存储器间不能直接交换。其操作示意图如图 3-12 所示。

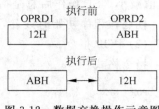

图 3-12　数据交换操作示意图

例如：

```
XCHG    AX,BX
XCHG    SI,AX
XCHG    AL,BH
XCHG    AX,BUFFER
XCHG    BH,DATA[SI]
XCHG    WORDA,CX
```

说明：本指令不影响状态标志位。

段寄存器不能作为操作数。

存储器间不能直接交换，可通过寄存器间接交换。

例如，要实现存储器单元 BET1 和 BET2 间的内容交换，可用下面几种方法：

```
(1)    MOV    AX,BET1
       XCHG   AX,BET2
       MOV    BET1,AX
(2)    PUSH   BET1
       PUSH   BET2
       POP    BET1
       POP    BET2
(3)    MOV    AX,BET1
       MOV    BX,BET2
       MOV    BET1,BX
       MOV    BET2,AX
```

4）换码指令 XLAT(TransLAT)

指令格式：

```
XLAT    TABLE
```

TABLE 为一个换码表首地址。

功能：把换码表中的一个字节内容传送到累加器 AL 中。

本指令执行前，应先将换码表首址送 BX 寄存器中。要换码的字节在表中的位移量（距表首址的距离）送 AL 中。执行本指令后，将 AL 指向的换码表中的字节内容送到 AL 中，即 AL←[BX+AL]。

其操作示意图如图 3-13 所示。

说明：本指令不影响标志位。

这是一条字节的查表转换指令，可以根据表中元素的序号查出表中相应元素的内容。

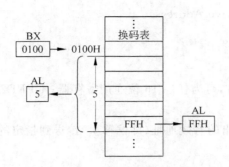

图 3-13　换码指令操作示意图

为便于查找,应预先将要查找的这类代码排成一个表放在内存某个区域中。将表的首地址(偏移地址)送寄存器 BX,要查找的元素的序号送 AL,表中第一个元素的序号为 0,然后依次为 1,2,3,…执行 XLAT 指令后,表中指定序号的元素存于 AL。本指令要求换码表长不得超过 256B。本指令是一种特殊的类似基址、变址寻址方式,非常便于表的查询。常用于代码转换程序中。

5)标志传送指令

指令格式:

```
LAHF      ;将标志寄存器低 8 位→AH
SAHF      ;AH→标志寄存器的低 8 位
PUSHF     ;将 16 位标志寄存器入栈
POPF      ;将堆栈顶内容出栈送标志寄存器
```

功能:实现标志寄存器内容与 AH 或堆栈间的传送。

其操作示意图如图 3-14 所示。

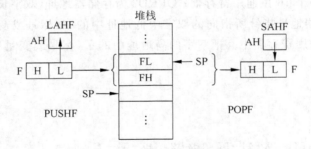

图 3-14　标志传送指令操作示意图

说明:LAHF 可以取出 SF、ZF、AF、PF 和 CF 标志,不影响原来标志位。SAHF 可以存入新的 SF、ZF、AF、PF 和 CF 标志,影响原来的标志位。

本指令可以用来改变标志位。PUSHF、POPF 在子程序调用和中断服务程序中,用来保护和恢复标志寄存器。也可以用来修改某些标志(如 TF),只要对入栈的标志寄存器内容进行修改后,再弹回标志寄存器即可。

6)地址传送指令

在程序设计中,常需要建立操作数地址。地址传送指令可以建立所需地址。

(1) LEA(Load Effective Address)。

指令格式:

```
LEA OPRD1,OPRD2
```

OPRD1 为目的操作数,可为任一 16 位通用寄存器; OPRD2 为源操作数,可为变量名、标号或地址表达式。

功能:将源操作数给出的有效地址(即偏移量)传送到指定的寄存器中。

例如:

```
LEA   BX,TABLE
LEA   DX,BATE[BX + SI]
LEA   AX,[BP][DI]
```

说明:本指令对标志位无影响。

本指令处理的是变量地址(偏移量),不是变量的值。它等效于传送有效地址的 MOV 指令,但 MOV 指令必须在变量名前使用 OFFSET 操作符。例如:

```
LEA   BX,TABLE
```

等效于:

```
MOV   BX,OFFSET TABLE
```

(2) LDS(Load Data Segment register)。

指令格式:

```
LDS OPRD1,OPRD2
```

OPRD1 为任一个 16 位通用寄存器; OPRD2 为存储器地址(双字长地址指针)。

功能:将存储器地址指针所指向的双字中低地址中的字(标号或变量所在段的地址偏移量)送到给定的通用寄存器中。把双字的高地址中的字(标号或变量所在的段基址)送到 DS 寄存器中。

例如:

```
LDS   SI,ABCD
LDS   BX,FAST[SI]
LDS   DI,[BX]   ;[BX]、[BX + 1]→DI  [BX + 2]、[BX + 3]→DS
```

其操作示意如图 3-15 所示。

说明:本指令不影响标志位。

LDS 加载的是双字存储器操作数,即 4 个连续字节加载到目标寄存器 R 及段寄存器 DS 中。

本指令可为一个变量设置一个段地址和偏移量地址,以便后续指令对其进行存取操作。

(3) LES(Load Extra Segment register)。

指令格式:

```
LES OPRD1,OPRD2
```

OPRD1 为任一个 16 位通用寄存器；OPRD2 为存储器地址（双字长地址指针）。

功能：将存储器地址指针所指向的双字低地址中的字送到给定的通用寄存器中。把双字的高地址中的字送到 ES 寄存器中。

例如：

```
LES   SI,ABCD
LES   BX,FAST[SI]
LES   DI,[BX]
```

其操作示意如图 3-15 所示。

说明：本指令不影响标志位。

本指令除段地址送 ES 寄存器外，其他操作与 LDS 指令操作相同。

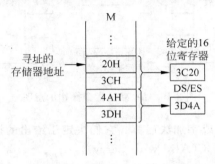

图 3-15 LDS、LES 指令操作示意图

2. 算术运算指令

8086/8088 是 16 位微处理器，可以实现加、减、乘、除 4 种基本运算。可实现无符号数或有符号数的四则运算。通过调整指令可完成十进制数运算。

1）加法指令

（1）加法指令 ADD(ADDition)。

指令格式：

```
ADD   OPRD1,OPRD2
```

OPRD1 为任一通用寄存器或存储器操作数；OPRD2 为立即数、任一通用寄存器或存储器操作数。

功能：实现操作数 OPRD1 和 OPRD2 的相加，结果存入 OPRD1 中。

即 OPRD1←OPRD1＋OPRD2。

两个操作数的组合操作关系如图 3-16 所示。从图中可见，加法操作可以在通用寄存器（字节或字）间、通用寄存器与存储器间、立即数（字节或字）与通用寄存器间、立即数与存储器间进行。但不允许在两个存储器操作数间进行。

例如：

```
ADD   AL,25
ADD   BX,0A0AH
ADD   DX,DATA[BX]
```

```
ADD    DI,CX
ADD    BETA[SI],AX
ADD    ALFA  [BX],0FFH
ADD    BYTE  PTR[BX],28
```

说明：加法指令运算的结果对 CF、OF、SF、PF、ZF、AF 标志位有影响。加法指令适用于有、无符号数的运算。

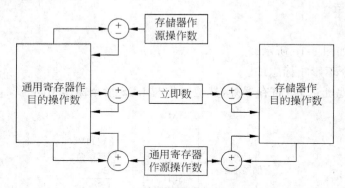

图 3-16　加、减法指令操作示意图

加法指令可以进行字节或字加法运算。它们决定于给出的操作数的类型。

（2）带进位加法指令 ADC(ADd with Carry)。

指令格式：

```
ADC OPRD1,OPRD2
```

功能：实现两个操作数和进位标志 CF 三者相加，结果存入目的操作数中，即 OPRD1←OPRD1＋OPRD2＋CF。

例如：

```
ADC   AL,3            ;AL←AL + 3 + CF
ADC   AX,SI
ADC   DX,MEMA
ADC   AIFA[BX + DI],SI
ADC   BATE,3254
ADC   WORD PTR[BX][SI],35
```

说明：本指令影响标志位 AF、CF、OF、PF、SF、ZF。带进位加法指令主要用于解决多字节运算时字节间的进位计算问题。因为 16 位运算所表示的数值是有限的，所以可以用多字节表示一个大数。虽然指令本身只能进行一个或两个字节的运算，但可以通过从低位字节到高位字节逐字节（或字）相加（带进位）而获得两个大数相加运算。对有、无符号数均适用。

例如，在 DATA1 和 DATA2 存储区各有 4 个字节的数据（低位数在低地址处），实现该两数相加程序为：

```
MOV   AX,DATA1   ;取数 1 低字位数
ADD   AX,DATA2   ;低字位数相加
MOV   DATA3,AX   ;存低字位和数
```

```
MOV   AX,DATA1 + 2  ;取数 1 高字位数
ADC   AX,DATA2 + 2  ;高字位数相加,考虑低位和的进位
MOV   DATA4,AX      ;存高字位和数
```

（3）加 1 指令 INC(INCrement byl)。

指令格式：

```
INC OPRD
```

OPRD 可为任一通用寄存器或存储器操作数。

功能：将给定的操作数加 1 后送回操作数中,即 OPRD←OPRD+1。

本指令实现字节加 1 还是字加 1 决定于操作数的类型。

其操作过程示意如图 3-17 所示。

例如：

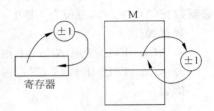

图 3-17　加(减)指令操作示意图

```
INC   AH
INC   SI
INC   WORD PTR [BX]
INC   BATE   [BX + SI]
```

说明：本指令不影响进位标志 CF。只影响 AF、OF、PF、SF、ZF。本指令将操作数视为无符号数。

本指令主要用在循环程序中,修改地址指针或循环计数器值,以实现循环处理。

（4）未组合十进制加法调整指令 AAA(Ascii Adjust for Addition)。

指令格式：

```
AAA
```

功能：对两个未组合十进制数相加运算存在 AL 中的结果进行调整,产生一个未组合十进制数存在 AX 中。

说明：前述加法指令均为对二进制数运算,为实现十进制数运算,可以按二进制运算后再进行十进制调整,而完成十进制数运算。十进制数(BCD 码)的存储方式分为未组合(非压缩)十进制数和组合(压缩)十进制数。前者(非组合的)表示一个字节只放一位十进制数,高 4 位为零。后者(组合的)表示一个字节放两个十进制数,高位数在高 4 位。

AAA 指令是对两个未组合的十进制数加法运算(按二进制运算)的结果进行调整,使之成为一个十进制数和。故 AAA 指令要紧跟在加法指令之后使用。

调整操作：

若 AL&0FH>9 或 AF=1；

则 AL←AL+6,AH←AH+1,AF←1,CF←AF,AL←AL&0FH。

例如：

```
设 AL = 8,BL = 3
ADD   AL,BL          ;AL←AL + BL = 0BH
AAA                  ;AH = 1,AL = 1
```

上述调整,加 6 操作是为变十六进制为十进制所需要的。因为两种进制相差为 6。

本指令只影响标志位 AF、CF。

(5) 组合十进制加法调整指令 DAA(Decimal Adjust Addition)。

指令格式:

```
DAA
```

功能:对两个组合十进制数相加运算存于 AL 中的结果进行调整,产生一个组合的十进制数在 AL 中。其进位在 CF 中。

调整操作:

若 AL&0FH>9 或 AF=1; 则 AL←AL+6,AF←1。

若 AL&F0H>90H 或 CF=1; 则 AL←A+60H,CF←1。

例如:

```
AL = 18H,BL = 03H

ADD   AL,BL       ;AL + BL→AL = 1BH
DAA               ;AL = 21H,AF = 1
```

说明:本指令影响标志位 AF、CF、PF、SF、ZF。

本指令要紧跟在加法指令之后使用。

注:如十进制数 18 以组合十进制数方式存在 AL 中,其表示为 18H。它表示的是两位十进制数 18,而非十六进制数 18H。这一点在程序设计时一定要清楚。

2) 减法指令

(1) 减法指令 SUB(SUBwact)。

指令格式:

```
SUB OPRD1,OPRD2
```

OPRD1 为任一通用寄存器或存储器操作数; OPRD2 为立即数、任一通用寄存器或存储器操作数。

功能:实现操作数 OPRD1 与 OPRD2 的相减,结果存入 OPRD1 中,即 OPRD1←OPRD1—OPRD2。

两个操作数的组合操作关系如图 3-16 所示。

例如:

```
SUB   CX,BX
SUB   [BX + 26],AL
SUB   DI,ALFA[SI]
SUB   AL,20
SUB   GAMA[DI][BX],30A4H
```

说明:本指令影响标志位 AF、CF、OF、PF、SF、ZF。

操作数可为字节也可以为字类型。

(2) 带借位减法指令 SBB(SuBtract with Borrow)。

指令格式:

```
SBB OPRD1,OPRD2
```

功能：完成两个操作数和借位标志 CF 三者相减，结果存入目的操作数中，即 OPRD1←OPRD1—OPRD2—CF。

例如：

```
SBB    AX,DX; AX←AX－DX－CF
SBB    DX,GAMA
SBB    ALFA[BX＋DI],SI
SBB    BX,2000
SBB    BETE[DI],30AH
```

说明：本指令只影响标志位 AF、CF、OF、PF、SF、ZF。

可以实现字节或字的减法运算。本指令主要用于多字节的减法运算。

(3) 减 1 指令 DEC(DECrement byl)。

指令格式：

```
DEC OPRD
```

OPRD 为任一通用寄存器或存储器操作数。

功能：将给定的操作数减 1 后回送到该操作数中，即 OPRD←OPRD－1。

其操作过程示意如图 3-17 所示。

例如：

```
DEC    AL
DEC    DI
DEC    WORD PTR[DI]
DEC    ALFA[DI＋BX]
```

说明：本指令影响标志位 AF、OF、PF、SF、ZF。

不影响标志位 CF。同样，本指令将操作数视作无符号数。

(4) 求补指令 NEG(NEGate)。

指令格式：

```
NEG OPRD   ;(OPRD)←0－(OPRD)
```

NEG 指令的操作是用 0 减去操作数 OPRD，结果送回该操作数。

对一个操作数取补码相当于用 0 减去此操作数，故利用 NEG 指令可得到负数的绝对值。

例如，若(AL)=0FCH，则执行 NEG AL 后，(AL)=04H，CF=1。

本例中，0FCH 为－4 的补码，执行求补指令后，即得到 4(－4 的绝对值)。

NEG 指令对 CF/OF 的影响：

CF：操作数为 0 时，求补的结果使 CF=0，否则 CF=1。

OF：当指定的操作数的值为 80H(－128)或为 8000H(－32 768)时，则执行 NEG 指令后，结果不变，即仍为 80H 或 8000H，但 OF=1，否则 OF=0。

(5) 比较指令 CMP(COMPare)。

指令格式：

```
CMP OPRD1,OPRD2
```

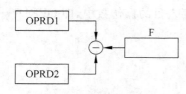

图 3-18　比较指令操作示意图

OPRD1 为任一通用寄存器或存储器操作数；OPRD2 为立即数，任一通用寄存器或存储器操作数。

功能：两个操作数相减，根据结果置标志位。但结果并不回送目的操作数中。比较数可为字节也可以为字数据，决定于操作数类型。

其操作示意如图 3-18 所示。

例如：

```
CMP  AL,50
CMP  AX,BX
CMP  CX,COUNT[BX]
CMP  BATE[DI],BX
```

说明：本指令主要通过比较（相减）结果置标志位，表示两个操作数的关系。

比较有以下几种情况（以 CMP A,B 示例说明）：

① 若两个操作数相等。

$A=B$，则比较后 ZF=1，否则 ZF=0。因此根据 ZF 标志可判断两数是否相等。

② 两个无符号数判断大小。

若 $A \geqslant B$，则不会产生借位，故 CF=0。若 $A<B$，则将产生借位，故 CF=1。

因此可根据 CF 标志判断两个无符号数的大小。

③ 两个有符号数判断大小。

不能简单地靠单个标志位判定。下面分为两种情况进行讨论。

若 A、B 为同符号数（即 $A>0$、$B>0$ 或 $A<0$、$B<0$），则两数相减绝对值变小，不会溢出。此时可用 SF 标志位判断大小：

$A \geqslant B$，SF=0。如 $(-2)-(-8)=+6$。

$A<B$，SF=1。如 $(-8)-(-2)=-6$。

若 A、B 为异号数（即 $A>0$、$B<0$ 或 $A<0$、$B>0$），则两数相减绝对值变大，有可能溢出。当未溢出时，判定可用 SF 标志。

$A>B$，SF=0。如 $(+2)-(-8)=+10$。

$A<B$，SF=1。如 $(-8)-(+2)=-10$。

当溢出时，判定如下：

$A>B$，SF=1。如 $126-(-24)=150>127$。

$A<B$，SF=0。如 $(-24)-(126)=-150<-128$。

综上所述，可得有符号数判定大小规则：

无溢出（OF=0）时，若 SF=0，则 $A>B$；若 SF=1，则 $A<B$。

有溢出（OF=1）时，若 SF=0，则 $A<B$；若 SF=1，则 $A>B$。

为了便于记忆，对有符号数判定大小可概括为：有符号判大小，既看"溢出"（OF）又看"符号"（SF）。

OF、SF 同号，$A>B$；OF、SF 异号，$A<B$。

比较指令主要用于分支及循环程序设计中。根据比较结果，通过条件转移指令转到相应程序段中。它在程序设计中是很有用的指令。

在 8086/8088 指令系统中,专门提供了一组根据有符号数或无符号数比较大小后实现条件转移的指令。其转移条件就是根据上述判定原则进行的。所以,可以直接使用条件转移指令,而不必再经多次标志位判定决定转移,它为程序设计带来很大方便。

程序例:DATA 缓冲区有 100 个有符号数,要求查找其中最大值,存入 MAX 单元中。

可使用逐次比较法查找最大值。方法是:取第一个数到 AX 中,从第二个数开始比较。若 AX 中值大,顺序进行下一个数的比较。若 AX 中值小,则把比较数送入 AX,再继续顺序比较。经过 99 次比较后,显然 AX 中为最大值,将其送入 MAX 单元。

程序中,使用有符号数判定大小,通过转移指令控制 99 次循环。

程序如下:

```
         MOV  BX,OFFSET DATA   ;设置数据区首指针
         MOV  AX,[BX]          ;取第一个数
         INC  BX
         INC  BX
         MOV  CX,99            ;置循环计数器值
AGAIN:   CMP  AX,[BX]          ;两数比较
         JG   NEXT             ;AX>[BX]转 NEXT
         MOV  AX,[BX]          ;[BX]大,存大数
NEXT:    INC  BX              ;指向下一个数
         INC  BX
         DEC  CX               ;计数器减 1
         JNE  AGAIN            ;ZF=0,未循环完,转 AGAIN
         MOV  MAX,AX           ;循环完,将最大数存 MAX 单元
         HLT
```

(6) 未组合十进制减法调整指令 AAS(Ascii Adjust for Subtraction)。

指令格式:

AAS

功能:对两个未组合十进制数相减存于 AL 中的结果进行调整,产生一个未组合的十进数存在 AL 中。

调整操作:

若 AL&0FH>9 或 AF=1;则 AL←AL−6,AH←AH−1,AF←1,CF←AF,AL←AL&0FH。否则,AL←AL&0FH。

说明:本指令影响标志位 AF、CF。

AAS 指令紧跟在减法指令之后使用。

(7) 组合十进制减法调整指令 DAS(Decimal Adjust for Subtraction)。

指令格式:

DAS

功能:对两个组合十进制数相减存于 AL 中的结果进行调整,产生一个组合的十进制数存在 AL 中。

调整过程:

若 AL&0FH>9 或 AF=1;则 AL←AL−6,AF←1。

若 AL&0F0H>90H 或 CF=1；则 AL←AL−60H,CF←1。

说明：本指令影响标志位 AF、CF、PF、SF、ZF。

本指令应紧跟在减法指令之后使用。

3）乘法指令

8086 的乘法指令包括无符号数乘法指令和有符号数的乘法指令两种,采用隐含寻址方式,被乘数隐含在 AL/AX 中,而源操作数由指令给出。指令可完成字节数与字节数相乘及字与字相乘。对 8 位数的乘法,乘积为 16 位,存放在 AX 中；对 16 位数相乘,乘积为 32 位,高 16 位放在 DX 中,低 16 位放在 AX 中。

（1）无符号数乘法指令 MUL(MULtiply)。

指令格式：

```
MUL OPRD
```

OPRD 为通用寄存器或存储器操作数。作乘数。

功能：完成两个无符号二进制数的相乘（被乘数隐含在累加器 AL/AX 中,乘数在 OPRD 中）。

字节乘法：AX←AL∗OPRD；双字节长结果在累加器 AX 中（高位数在 AH 中）。

当 AH≠0,则 CF=1,OF=1。

字乘法：DX,AX←AX∗OPRD；双字长结果在 DX 及 AX 中（高位数在 DX 中）。

当 DX≠0,则 CF=1,OF=1。

例如：

```
MUL   BETA[BX]
MUL   DI
MUL   ALFA         ;字节/字乘法,决定 ALFA 类型定义
```

说明：本指令影响标志位 CF、OF。

在使用本指令时,是 8 位乘法还是 16 位乘法,决定源操作数（乘数）的类型定义。如源操作数为字节类型,则与 AL 中的数相乘,结果为双字节长。如果源操作数为字类型,则与 AX 中的数相乘,结果为双字长。若 CF、OF 置 1,表明 AH（或 DX）中有乘积的高位有效数字。

程序例：设在 M1 和 M2 字单元中各有一个 16 位数,今求其乘积并存于 R 起的字单元中。

其主要操作如下：

```
MOV   AX,M1       ;取被乘数
MUL   M2          ;二数相乘
MOV   R,AX        ;存结果
MOV   R+2,DX
```

（2）有符号数乘法指令 IMUL(Integer MULtiply)。

指令格式：

```
IMUL OPRD
```

OPRD 为任一通用寄存器或存储器操作数。

功能：完成两个有符号二进制数的相乘（被乘数隐含在累加器中，乘数为 OPRD）。

字节相乘：AX←AL ∗ OPRD。

字相乘：DX,AX←AX ∗ OPRD。

当 AH 或 DX 不为 0，则 CF=1,OF=1；否则，CF=0,OF=0。

IMUL 指令在格式上和功能上都与 MUL 指令类似，只是有以下几点区别：

- 要求两乘数都须为有符号数。
- 若乘积的高半部分是低半部分的符号位的扩展，则 CF=OF=0；否则 CF=OF=1。
- 指令中给出的源操作数应满足带符号数的表示范围。

例如：

```
IMUL  SI
IMUL  BL
IMUL  BETA[BX]
```

说明：本指令影响标志位 CF、OF。

（3）未组合十进制数乘法调整指令 AAM(ASCII Adjust Multiply)。

指令格式：

```
AAM
```

功能：对两个未组合十进制数相乘存于 AX 中的结果进行调整，产生一个未组合的十进制数存在 AX 中（高位数在 AH 中）。

调整操作：

AH←AL/10；AL←AL MOD 10。

说明：本指令影响标志位 PF、SF、ZF。

由于两个未组合十进制数相乘，结果的有效数仅在 AL 中，所以只对 AL 进行调整。

本指令应跟在 MUL 指令后使用。

例如：

```
MOV  BL,05
MOV  AL,08
MUL  BL         ;AX中为0028H
AAM             ;AX中为0400H
```

4) 除法指令

8086 的除法指令也包括无符号数的除法指令和有符号数的除法指令两种，同样采用隐含寻址方式，隐含了被除数，而除数由指令给出。要求除数不能为立即数。

除法指令要求被除数的字长必须为除数字长的两倍。若除数为 8 位，则被除数为 16 位，并放在 AX 中；若除数为 16 位，则被除数为 32 位，放在 DX 和 AX 中，其中 DX 放高 16 位，AX 放低 16 位。

（1）无符号数除法指令 DIV(DIVision)。

指令格式：

```
DIV OPRD
```

OPRD 为任一通用寄存器或存储器操作数。

功能：实现两个无符号二进制数除法运算。字节相除,被除数在 AX 中。字相除,被除数在 DX、AX 中。除数在 OPRD 中。

字节除法：AL←AX/OPRD,AH←AX MOD OPRD。

字除法：AX←DX,AX/OPRD,DX←DX,AX MOD OPRD。

例如：

```
DIV  BEAT[BX]
DIV  CX        ;商在 AX,余数在 DX 中
DIV  BL        ;商在 AL,余数在 AH 中
```

说明：本指令不产生有效的标志位。

当除法商值产生溢出时(单字节大于 0FFH,单字大于 0FFFFH 时),将置溢出位标志 OF,产生一个类型 0 的溢出中断。

(2) 有符号数除法指令 IDIV(Integer DIVision)。

指令格式：

```
IDIV OPRD
```

OPRD 为任一通用寄存器或存储器操作数。

功能：实现两个有符号数二进制除法运算。

字节相除,被除数在 AX 中。字相除,被除数在 DX,AX 中。除数在 OPRD 中。

字节除法：AL←AX/OPRD,AH←AX MOD OPRD。

字除法：AX←DX,AX/OPRD,DX←DX,AX MOD OPRD。

例如：

```
IDIV DBYTE[BX]
IDIV CL
IDIV BX
```

说明：本指令不产生有效的标志位。

当除数商值产生溢出(字节值超过±127,字值超过±32 767 范围时),将置溢出标志 OF,产生一个类型 0 的溢出中断。

当被除数为 8 位数时,在进行除法运算前,除把被除数存入 AL 外,还应把 AL 的符号位扩展到 AH 中。同样,16 位除法,除把被除数存入 AX 外,还应将 AX 的符号位扩展到 DX 中。

(3) 字节扩展指令 CBW(Convert Byte to Word)。

指令格式：

```
CBW
```

功能：将 AL 寄存器的符号位扩展到 AH 中。

说明：本指令用于两个字节相除时,先用它形成一个 2 字节长的被除数。

本指令不影响标志位。

例如：

```
MOV   AL,25
CBW              ;扩展符号位到 AH 中
IDIV  BL
```

(4) 字扩展指令 CWD(Convert Word to Double word)。

指令格式：

```
CWD
```

功能：将 AX 寄存器的符号位扩展到 DX 中。

说明：本指令用于两个字相除时,先用它形成一个 2 个字长的被除数。

本指令不影响标志位。

程序例：在 A、B、C 3 个字型变量各存有 16 位有符号数 a、b、c。实现 $(a*b+c)/a$ 运算。程序如下：

```
MOV   AX,A     ;取运算数 a
IMUL  B        ;实现 a * b 运算,结果在 DX、AX 中
MOV   CX,AX    ;暂存 AX、DX
MOV   BX,DX
MOV   AX,C     ;取运算数 C
CWD            ;扩展运算数符号位到 DX
ADD   AX,CX    ;实现 a * b + c 运算
ADC   DX,BX
IDIV  A        ;实现 (a * b + c)/a 运算
               ;AX 存商,DX 存余
```

(5) 未组合十进制数除法调整指令 AAD(ASCII Adjust for Division)。

指令格式：

```
AAD
```

功能：把在 AX 中的两个未组合十进制数进行调整,然后可按 DIV 指令实现两个未组合十进制数的除法运算,其结果为未组合十进制商(在 AL 中)和余数(在 AH 中)。

调整操作：

```
AL←AH * 10 + AL,AH←0
```

例如：

```
MOV   BL,5
MOV   AX,0308H
AAD              ;先进行十进制除法调整操作
DIV   BL         ;商在 AL,余数在 AH 中
```

说明：本指令影响标志位 PF、SF、ZF。

从调整操作可以看出,先把未组合十进制的被除数变为二进制数。然后再进行除法运算,其结果即为未组合十进制的商和余数。

如果商值小于 10,则其商就是未组合十进制数。但当商值大于 10 时,就不是未组合的

十进制数了。此时还应变换才能得到未组合的十进制数。一种简单的方法是将 AH(其内容为余数)暂存到其他寄存器,然后利用 AAM 指令调整 AL,使之成为两位未组合的十进制数,高位商在 AH 中,低位商在 AL 中。

注意:除法调整指令 AAD 是在除法运算前使用,对 AX 中的未组合十进制数进行调整,调整后再进行二进制除法运算。这与前述的加、减、乘法的调整过程是不同的。

3. 逻辑运算指令

8086/8088 可实现与、或、异或、非、测试等逻辑运算。

1) 逻辑与运算指令 AND

指令格式:

AND OPRD1,OPRD2

OPRD1 为任一通用寄存器或存储器操作数;OPRD2 为立即数、任一通用寄存器或存储器操作数。

功能:对两个操作数实现按位逻辑"与"运算。结果送回目的操作数中。可为字节或字的"与"运算。

例如:

```
AND   AL,0FH
AND   AX,BX
AND   DX,BUFER[SI + BX]
AND   BETA[BX],00FFH
```

说明:本指令影响标志位 PF、SF、ZF。CF=0、OF=0。在同一通用寄存器自身相"与"时,操作数保持不变,但使 CF 置零。

本指令主要用于修改操作数,或置某些位为 0。

2) 逻辑或运算指令 OR

指令格式:

OR OPRD1,OPRD2

OPRD1 为任一通用寄存器或存储器操作数;OPRD2 为立即数、任一通用寄存器或存储器操作数。

功能:对两个操作数实现按位逻辑"或"运算。结果送回目的操作数中。可为字节或字的"或"运算。

例如:

```
OR   AL,05H
OR   AX,BX
OR   BX,BUFER[SI]
OR   BETA[BX],8000H
```

说明:本指令影响标志位 PF、SF、ZF。CF=0、OF=0。对同一通用寄存器自身相"或"时,其操作数保持不变,但可使 CF 置零。

本指令主要用于修改操作数,可使某些位置 1,或对两个操作数组合。

3）逻辑非运算指令 NOT

指令格式：

```
NOT OPRD
```

OPRD 为任一通用寄存器或存储器操作数。

功能：完成对操作数按位求反运算，结果送回原操作数。

例如：

```
NOT   AL
NOT   DI
NOT   BETA[BX]
```

说明：本指令不影响标志位。

可以实现按位求反操作。取操作数反码。

4）逻辑异或运算指令 XOR(eXclusive OR)

指令格式：

```
XOR OPRD1,OPRD2
```

OPRD1 为任一通用寄存器或存储器操作数；OPRD2 为立即数、任一通用寄存器或存储器操作数。

功能：对两个操作数实现按位"异或"运算。结果送回目的操作数中。

例如：

```
XOR   AL,0FH
XOR   AX,BX
XOR   CX,ALFA
XOR   BUFER[BX + SI],0F0FH
```

说明：本指令影响标志位 PF、SF、ZF。CF＝0 OF＝0。对同一通用寄存器自身相"异或"时，使结果为零，CF＝0。常用来对寄存器及 CF 清零。可使用本指令修改操作数，对操作数中某些位作取反操作。

5）测试指令 TEST

指令格式：

```
TEST OPRD1,OPRD2
```

OPRD1 为任一通用寄存器或存储器操作数；OPRD2 为立即数、任一通用寄存器或存储器操作数。

功能：完成两个操作数的"与"运算。根据结果置标志位，但不改变操作数的值。

例如：

```
TEST   AL,0FH
TEST   SI,0F00FH
TEST   BETA[DI + BP],AX
TEST   BH,CL
```

说明：本指令影响标志位 PF、SF、ZF。CF＝0、OF＝0。本指令可在不改变操作数的情况下,对操作数的某一位或某几位状态进行测试。

程序例:BUF 单元放有两位 BCD 数。要求将其转为 ASCII 码,存于 ASC 起的两个地址单元中。并测试有无字符为'0'的 ASCII 码。如有,则置 CF=1,结束操作。

主程序段如下:

```
            MOV     AL,BUF        ;取 BUF 单元中 BCD 数
            AND     AL,0F0H
            MOV     CL,4
            SHR     AL,CL         ;移高位数为低 4 位
            OR      AL,30H        ;转换为 ASCII 码
            TEST    AL,0FH        ;测试判断是否为'0'字符
            JZ      ZERO          ;是,则转 ZERO
            MOV     ASC,AL        ;不是,则存入 ASC 单元
            MOV     AL,BUF        ;取 BCD 低位数
            AND     AL,0FH
            OR      AL,30H
            TEST    AL,0FH        ;判是否为'0'字符
            JZ      ZREO
            MOV     ASC+1,AL
            JMP     OVER          ;结束
ZERO:       STC
OVER:       HLT
```

4. 移位指令

移位指令完成对操作数的移位操作。分为一般移位和循环移位指令。移位操作也是将操作数倍增和减半的有效方法。

1) 移位指令

(1) 逻辑左移指令 SHL(SHift logical Left)。

指令格式:

SHL OPRD,COUNT

OPRD 为通用寄存器或存储器操作数;COUNT 表示移位的次数。移位一次,COUNT=1,
移位多次,COUNT=CL (CL 中为移位的次数)。

图 3-19　逻辑左移指令操作示意图

功能:对给定的目的操作数(8 位/16 位)左移 COUNT 次。最高位移入 CF 中,最低位补零。其操作示意如图 3-19 所示。

例如:

```
SHL   AL,1           MOV   CL,3
SHL   CX,1           SHL   DX,CL
SHL   ALFA[DI],1     SHL   ALFA[DI],CL
```

说明:本指令影响标志位 OF、PF、SF、ZF。CF 决定移入的最高位。

本指令主要用于向左移位操作。但因为左移一位相当于权值提高一级,故本指令又常用作有、无符号数的倍增操作。但请注意,在左移一次后,当新的操作数最高位与 CF 不相同时则 OF 置 1,表明有符号数操作产生溢出,不再符合倍增关系。对无符号数,当移位后使

CF 置 1,则不再符合倍增关系。

例如：AL＝01000010B(66)/(+66)。

左移一位 AL＝10000100B(132)/(−124),CF＝0,OF＝1。

上例表明,对无符号数,移位后 CF＝0,故移位前后数间符合倍增关系(66×2＝132)。而对有符号数,移位后 OF＝1,所以移位前后数间不再符合倍增关系(+66×2≠−124)。

(2) 逻辑右移指令 SHR(SHift logical Right)。

指令格式：

SHR OPRD,COUNT

OPRD 为任一通用寄存器或存储器操作数；COUNT 表示移位次数。移位一次,COUNT＝1,移位多次,COUNT＝CL (CL 中为移位的次数)。

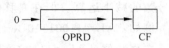

图 3-20　逻辑右移指令操作示意

功能：对给定的目的操作数(8 位/16 位)右移 COUNT 次。最低位移入 CF 中,最高位补零。其操作示意如图 3-20 所示。例如：

```
SHR   AL,1          MOV   CL,3
SHR   CX,1          SHR   DX,CL
SHR   ALFA[DI],1    SHR   ALFA[DI],CL
```

说明：本指令影响标志位 OF、PF、SF、ZF。CF 决定移入的最低位。

同样,本指令主要用于右向移位操作。但右移一位,相当权值下降一级。所以本指令可作为无符号数的除 2 运算。但请注意,在右移后,如果新的 CF＝1,表明移位前的数是一个奇数,则减半的结果是不精确的。

(3) 算术左移指令 SAL(SHift Arithmetic Left)。

指令格式：

SAL OPRD,COUNT

OPRD 为任一通用寄存器或存储器操作数；COUNT 表示移位次数,移位一次,COUNT＝1,移位多次,COUNT＝CL(CL 中为移位的次数)。

功能：对给定的目的操作数(8 位/16 位)左移 COUNT 次。最高位移入 CF 中,最低位补零。其操作示意图与图 3-19 一样。

说明：实际上 SAL 与 SHL 是同一指令的两种表示方法。具有完全相同的功能。它一般用来作为有符号数的倍增运算。在左移一次后,如果新的 CF 与新的操作数最高位不相同,则标志 OF＝1。表明移位前、后的操作数不再具有倍增关系。

例如：AL＝11001101(−51)

左移位一次 AL＝10011010(−102)；OF＝0

左移位一次 AL＝00110100(+52)；OF＝1,不再符合有符号数的倍增关系

(4) 算术右移指令 SAR(SHift Arithmetic Right)。

指令格式：

SAR OPRD,COUNT

OPRD 为任一通用寄存器或存储器操作数；COUNT 表示移位次数,移位一次,

COUNT＝1,移位多次,COUNT＝CL(CL中为移位的次数)。

功能:对给定的目的操作数(8位/16位)右移COUNT次。最低位移入CF中,最高位保持不变。

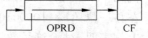

图 3-21　算术右移指令操作示意

其操作示意如图3-21所示。例如:

```
SAR  AL,1           MOV  CL,6
SAR  BX,1           SAR  BX,CL
SAR  BETA[BX],1     SAR  BETA[BX],CL
```

说明:本指令影响标志位PF、SF、ZF。CF决定移入的最低位。同样,本指令常用于有符号数的减半运算。但在右移使CF＝1,CF＝1时会产生减半运算结果不精确问题。

例如:AL＝11001110B(−50)

右移一位　AL＝11100111B(−25);CF＝0

右移一位　AL＝11110011B(−13);CF＝1

2) 循环移位指令

循环移位指令是指操作数进行首尾相连的移位操作。它共有4个指令。具有相似功能,现说明如下:

指令格式:

```
ROL  OPRD,COUNT    ;左向循环移位(Rotate Left)
ROR  OPRD,COUNT    ;右向循环移位(Rotate Right)
RCL  OPRD,COUNT    ;带进位左向循环移位(Rotate left through CF)
RCR  OPRD,COUNT    ;带进位右向循环移位(Rotate Right through CF)
```

OPRD为任一通用寄存器或存储器操作数;COUNT表示移位次数。移位一次,COUNT＝1,移位多次,COUNT＝CL(CL中为移位的次数)。

功能:对给定的目的操作数(8位/16位)进行循环移位。

ROL/ROR实现左向/右向不带CF的循环移位。

RCL/RCR实现左向/右向带有CF的循环移位。

它们的操作示意如图3-22所示。

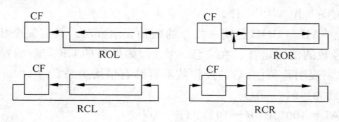

图 3-22　循环移位指令操作示意图

说明:本组指令只影响标志CF、OF。CF决定于移入位。OF决定于移位一次后符号位是否改变。如改变,则OF＝1。由于是循环移位,所以对字节只要移位8次(对字只要移位16次)就可以恢复为原操作数。而带CF的循环移位,因CF参加循环移位,所以可以利用它实现多字节的循环移位。

程序例：在寄存器 DX 和 AX 中存放有 32 位二进制数(高位在 DX 中)。今要求实现乘 4 运算。

乘 4 运算可以通过对 DX：AX 左移两次，等价乘 4 的方法实现。先对低位 AX 逻辑左移一次，然后再对高位 DX 循环左移一次，通过 CF 完成寄存器间的移位。通过两次同样移位，就可实现乘 4 运算。相关指令如下：

```
SHL   AX,1
RCL   DX,1
SHL   AX,1
RCL   DX,1
```

对于多个存储单元，也可以使用同样方式完成移位操作。

5. 转移指令

8086/8088 系统中有 4 种类型转移指令：无条件转移、条件转移、循环控制和过程调用。

1) 无条件转移指令 JMP(JUMP)

指令格式：

```
JMP OPRD
```

OPRD 为转移的目标地址。

功能：无条件地将控制转移到目标地址。

说明：无条件转移可在段内进行，也可以在段间进行。寻址有直接和间接两种方式。

本组指令对标志位无影响。

具体表达无条件转移指令有下面几种方式。

(1) 段内直接转移：JMP NEAR 标号。

该标号具有 NEAR 属性，即段内指令的标号。汇编程序在汇编 JMP 指令时，将计算出 JMP 下一条指令与目标地址间的相对偏移量。当在±127B 之内时，产生一个短(SHORT)类型的 JMP 指令代码；否则产生一个在±32KB 范围内的(NEAR)JMP 指令代码。由指令指针 IP 加上相对偏移量后，就形成新的转移地址。

例如：

```
      JMP   A1
      ⋮
A2:   MOV   AL,0
      ⋮
A1:   MOV   AL,0FFH
      ⋮
      JMP   A2
```

(2) 段内间接转移：JMP OPRD。

OPRD 为通用寄存器(16 位)或存储器操作数。通用寄存器内容或存储器字内容给出目标地址(所在段内的偏移量)。将指令指针 IP 换为该偏移量，形成新的转移地址。

例如：

```
JMP   BX                    ;转向 CS:BX
```

```
JMP   RP                    ;转向 SS:BP
JMP   JNEAR[BX]             ;转向 CS:(BX + JNEAR)
JMP   WORD PTR [BX][DI]     ;转向 CS:(BX + DI)
```

JMP BX 的段内间接转移操作示意如图 3-23 所示。

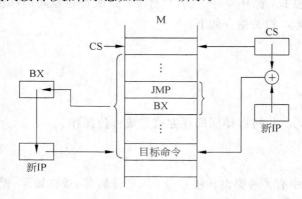

图 3-23　段内间接转移示意

（3）段间直接转移：JMP FAR 标号。

该标号具有 FAR 属性。即段外指令标号。

汇编程序在汇编该 JMP 指令时，将生成两个字的操作数。第一个字为目标标号所在段的偏移量，将置换 IP。第二个字为目标标号所在段的基地址，将置换 CS，从而实现段间转移。

例如：

```
C1:   SEGMENT
      ⋮
      JMP JC2
      ⋮
C1:   ENDS
C2:   SEGMENT
      ⋮
JC2: LABLE FAR
      MOV AL,0
      ⋮
C2:   ENDS
```

也可以对外段中的 NEAR 标号实现段间转移。如 JMP FAR PTR ABC；ABC 为外段的 NEAR 类型标号。

（4）段间间接转移：JMP DWOPRD。

DWOPRD 为存储器双字操作数。段间间接转移，只能通过存储器操作数实现。在由它寻址的存储器双字中（在数据段中），放有目标地址偏移量和段基地址。由该存储器双字中的第 1 个字（即所在段的偏移量）置换 IP，第 2 个字（即所在段的段基址）置换 CS。从而实现段间转移。

例如：

```
D:   SEGMENT                ;数据段
```

```
       ⋮
DAT:DW  IPA
    DW CSA
       ⋮
D:  ENDS
C:  SEGMENT                          ;程序段
       ⋮
    MOV   BX,OFFSET DAT
       ⋮
    JMP DWORD PTR[BX]
       ⋮
C:  ENDS
```

其操作示意如图 3-24 所示。

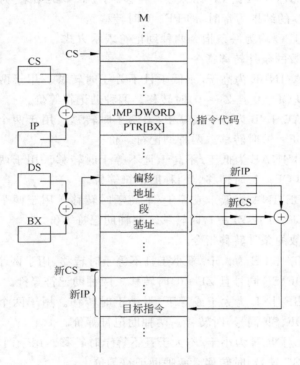

图 3-24   段间间接转移示意图

2) 条件转移指令

在 8086/8088 系统中,可根据比较的结果或运算的结果(即标志位),形成多种条件转移指令。这组指令距离转向目标地址的相对偏移量必须在 −128～+127B 之间。因此,它属于段内 SHORT 类型转移。当条件满足,将相对偏移量加到指令指针 IP 上,实现相对转移。

本组指令对标志位无影响。

条件转移指令只有一种格式:

条件转移指令助记符 标号

为了说明方便,分为 3 种类型进行介绍。

(1) 根据标志位的条件转移指令。

- JC/JNC：根据 CF 标志进行转移，JC 为有进位或借位时，即 CF＝1 时转移。JNC 为无进位或借位时，即 CF＝0 时转移。
- JE/JNE、JZ/JNZ：根据 ZF 标志进行转移。JE/JZ 为相等或结果为 0 时，即 ZF＝1 时转移。JNE/JNZ 为不相等或结果非 0 时转移，即 ZF＝0 时转移。

JE、JZ 及 JNE、JNZ 均为一条指令两种助记符表示方式。

- JS/JNS：根据 SF 标志进行转移。JS 的结果为负时，即 SF＝1 时转移。JNS 的结果为正时，即 SF＝0 时转移。
- JO/JNO：根据 OF 标志进行转移。JO 为溢出时，即 OF＝1 时转移。JNO 为无溢出时，即 OF＝0 时转移。
- JP/JNP、JPE/JPO：根据 PF 标志进行转移。JP/JPE 的结果为偶时，即 PF＝1 时转移。JNP/JPO 的结果为奇时，即 PF＝0 时转移。

JP、JPE 及 JNP、JPO 均为一条指令两种助记符表示方式。

(2) 用于无符号数的条件转移指令。

- JA/JNBE：JA/JNBE 为高于/不低于且不等于时转移。用于两个无符号数 a、b 比较时，$a>b$(即 CF＝0 且 ZF＝0)时转移。两种助记符等价。
- JAE/JNB：JAE/JNB 为高于或等于/不低于时转移。用于两个无符号数 a、b 比较时，$a \geqslant b$(即 CF＝0)时转移。两种助记符等价。
- JB/JNAE：JB/JNAE 为低于/不高于且不等于时转移。用于两个无符号数 a、b 比较时，$a<b$(即 CF＝1)时转移。两种助记符等价。
- JBE/JNA：JBE/JNA 为低于或等于/不高于时转移。用于两个无符号数 a、b 比较时，$a \leqslant b$(即 CF＝1 或 ZF＝1)时转移。两种助记符等价。

(3) 用于有符号数的条件转移指令。

- JG/JNLE：JG/JNLE 为大于/不小于且不等于时转移，用于两个有符号数 a、b 比较时，$a>b$(即 OF、SF 同号且 ZF＝0)时转移。两种助记符等价。
- JGE/JNL：JGE/JNL 为大于或等于/不小于时转移。用于两个有符号数 a、b 比较时，$a \geqslant b$(即 OF、SF 同号)时转移。两种助记符等价。
- JL/JNGE：JL/JNGE 为小于/不大于且不等于时转移。用于两个有符号数比较时，$a<b$(即 OF、SF 异号)时转移。两种助记符等价。
- JLE/JNG：JLE/JNG 为小于或等于/不大于时转移。用于两个有符号数比较时，$a<b$(即 OF、SF、异号或 ZF＝1)时转移。两种助记符等价。

程序例：完成下式的判定运算。

$$Y = \begin{cases} 1 & X \geqslant 0 \\ 0 & X < 0 \end{cases}$$

实现程序如下：

```
MOV  AL,X
CMP  AL,0
JGE  BIG
MOV  AL,0
```

```
        JMP   FIN
BIG:    MOV   AL,1
FIN:    MOV   Y,AL
        HLT
```

3) 循环控制指令

本组指令也具有条件转移性质,但其是将 CX 寄存器用作计数器作为控制条件实现转移的。此组指令多用于循环控制。同样,它也要求目标地址必须在本指令的－128～＋127B 范围内。也属于段内 SHORT 类型转移。当条件满足时,将相对偏移量加到指令指针 IP 上以实现转移。本组指令不影响标志位。

(1) LOOP 标号(计数非零循环)。

循环次数初值置 CX 寄存器中。每执行 LOOP 指令一次,使 CX 减 1,并判断 CX,当 CX≠0 转至标号处。直到 CX＝0,执行后续指令。

(2) LOOPZ/LOOPE 标号(计数非零且结果为零时循环)。

循环次数初值置 CX 寄存器中。每执行 LOOPZ/LOOPE 指令一次,使 CX 减 1,并判断 CX、ZF,当 CX≠0 且 ZF＝1 时,转至标号处;否则,CX＝0 或 ZF≠1 时,执行后续指令。两种助记符等价。

(3) LOOPNZ/LOOPNE 标号(计数非零且结果非零时循环)。

循环次数初值置 CX 寄存器中。每执行 LOOPNZ/LOOPNE 指令一次,使 CX 减 1,并判断 CX、ZF,当 CX≠0 且 ZF＝0 时,转至标号处;否则,CX＝0 或 ZF＝1 时,执行后续指令。两种助记符等价。

(4) JCXZ 标号(计数为零时转移)。

执行本指令,对 CX 进行判定,当 CX＝0 时,转移标号;否则,CX≠0 时执行后续指令。请注意:本指令不对 CX 进行减 1 操作。只对 CX 内容是否为零进行判断。

程序例:在一组数中,寻找第一个非零数,显示该数的下标值(即该数所在的位置)。

```
        MOV   CX,N        ;置计数器初值 N
        MOV   DI,-1       ;置数组的相对偏移值
NEXT:   INC   DI
        CMP   A[DI],0     ;判该数为 0 否
        LOOPZ NEXT        ;是,转 NEXT
        JNZ   FIND        ;不是,为第一个非零数,转 FIND
        MOV   DL,'N'      ;否则,未发现有非零数,显示 'N'
        JMP   DISP
FIND:   MOV   DX,DI       ;取其下标值
        OR    DL,30H
DISP:   MOV   AH,2        ;显示字符
        INT   21H
```

4) 过程调用指令

作为过程(也称子程序)程序段,通常要通过调用指令调用。执行完过程后,通过返回指令返回。它们是在子程序设计中必须要使用的指令。

(1) 过程调用指令 CALL。

指令格式:

```
CALL OPRD
```

OPRD 为过程的目标地址。

功能：在把返回点(CALL 指令的下一条指令地址)入堆栈保护后,转向目标地址处执行过程。

说明：调用指令可以在段内或段间调用。寻址方式也有直接和间接寻址两种。本指令不影响标志位。

下面介绍调用指令的几种表示方式。

① 段内直接调用。

指令格式：

```
CALL   NEAR   PROC
```

这里,PROC 是一个近过程的符号地址,表示指令调用的过程是在当前代码段内。指令在汇编后,会得到 CALL 指令的下一条指令与被调用过程的入口地址之间相差的 16 位相对位移量(也可以理解为是字节表示的距离)。

CALL 指令执行时,首先将下面一条指令的偏移地址压入堆栈,然后将指令中 16 位的相对位移量和当前 IP 的内容相加,新的 IP 内容即为所调用过程的入口地址(确切地说是入口地址的偏移地址)。执行过程表示如下：

```
SP ← SP – 2
SP + 1 ← IP_H
SP ← IP_L
IP ← IP + 16 位偏移量
```

对于段内调用,指令中的 NEAR 可以省略,例如"CALL TIME"指令将调用一个名为 TIME 的近过程。

② 段内间接调用。

指令格式：

```
CALL OPRD
```

这里,OPRD 为 16 位寄存器或两个存储器单元的内容。这个内容代表的是一个近过程的入口地址。指令的操作是将 CALL 指令的下面一条指令的偏移地址压入堆栈,若指令中的操作数(OPRD)是一个 16 位通用寄存器,则将寄存器的内容送 IP;若是存储单元,则将存储器的两个单元的内容送 IP。

例如：

```
CALL AX                  ;IP←AX,子程序的入口地址由 AX 给出
CALL WORD   PTR[BX]      ;IP ←(BX + 1):BX,子程序的入口地址为
                         ;BX 和 BX + 1 两存储单元的内容
```

若 DS=8000H,BX=1200H,指令操作示意图如图 3-25 所示。

③ 段间直接调用。

指令格式：

```
CALL FAR PROC
```

这里,PROC 是一个远过程的符号地址,表示指令调用的过程在另外的代码段内。

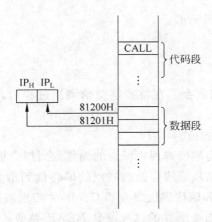

图 3-25 段内间接调用示意图

指令在执行时先将 CALL 指令的下一条指令地址,即 CS 和 IP 寄存器的内容压入堆栈,然后用指令中给出的段地址取代 CS 的内容,偏移地址取代 IP 的内容。执行过程如下:

SP←SP−2,(SP+1):(SP)←CS,CS←所调用过程入口的段地址。

SP←SP−2,(SP+1):(SP)←IP,IP←所调用过程入口的偏移地址。

例如,指令"CALL 3000H:2100H"直接给出了所要调用的过程的段地址和偏移地址"3000H:2100H"。

④ 段间间接调用。

指令格式:

CALL OPRD

这里,OPRD 为 32 位的存储器地址。指令的操作是将 CALL 指令的下一条指令地址,即 CS 和 IP 的内容压入堆栈,然后把指令中指定的连续 4 个存储单元中内容送 IP 及 CS,低地址的两个单元内容为偏移地址,送入 IP;高地址的两个单元内容为段地址,送入 CS。

例如:

CALL DWORD PTR[SI] ;调用的入口地址为(SI+0)~(SI+3)的存储单元的内容

设 DS=6000H,SI=0560H,指令操作的示意图如图 3-26 所示。

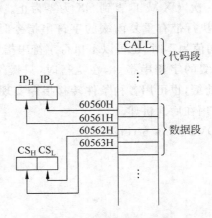

图 3-26 段间间接调用示意图

（2）返回指令 RET（RETurn）。

指令格式：

```
RET
```

功能：RET 是过程返回指令。在将控制交给调用过程后，当执行完过程，通过本指令返回原调用程序的返回点处。

说明：本指令不影响标志位。

对段内调用，返回指令由堆栈弹回返回点的偏移量到指令指针 IP 中而实现调用返回。

对段间调用，返回指令除从堆栈弹回返回点的偏移量到指令指针 IP 外，还把返回点所在的段基址寄存器 CS 内容弹回代码段寄存器 CS 中，才实现段间调用返回。

汇编程序是根据 RET 指令所在的过程段是 NEAR 类型还是 FAR 类型而生成不同的返回指令代码。若过程定义为 NEAR 类型时，就产生段内 RET 指令代码。若过程定义为 FAR 类型时，将产生一个段间 RET 指令代码。这样才能保证段内或段间调用时的正常返回。

6. 字符串操作指令

在实际程序设计中，常会遇到成组数据处理问题，这一组数据存放在存储器单元中，称为字符串。当为字节数据时，称为字节字符串或简称字节串。当为字数据时，称为字字符串或简称字串。

为了方便字符串的处理，在 8086/8088 系统中，设置有一组字符串指令。并且可以在字符串操作指令前加上重复前缀，以实现字符串的循环处理。这些指令可以处理长达 64KB 长的字符串。

字符串操作指令中，使用 SI 寄存器（且在现行数据段中）寻址源操作数。段基址使用 DS 寄存器。用 DI 寄存器（且在现行附加段中）寻址目的操作数。段基址使用 ES 寄存器。字符串指令执行时将自动修改 SI、DI 地址指针，为处理字符串的下一个数据做准备。而地址指针是增量还是减量则取决于方向标志 DF。当 DF＝0，地址指针 SI 和 DI 自动增量。当 DF＝1 时，地址指针 SI 和 DI 自动减量（字节操作±1、字操作±2）。

在任何一个字符串操作指令前，均可加上重复操作前缀，重复前缀用 CX 寄存器作计数器。指令重复执行，每执行一次，CX 减 1，直到 CX 为零为止。因此，在使用重复前缀时，先在 CX 中预置重复次数。但执行带有重复前缀的字符串指令时，对 CX 的测试是在执行指令前进行的。因此，当 CX 初值为零时，也可以不执行字符串指令。

请注意：未使用重复前缀的字符串指令，在执行时，只操作一次，不会自动重复执行。要想重复执行，如不用重复前缀，也可用各种条件转移指令实现循环控制，达到重复执行的目的。关于重复前缀及其应用在后面讲述。

1) 字符串传送指令 MOVS（Mov String）

指令格式：

```
MOVS    OPRD1,OPRD2
MOVSB
MOVSW
```

OPRD2 为源字符串符号地址，OPRD1 为目的字符串符号地址。

功能：实现由 SI 寻址的源字符串数据向由 DI 寻址的目的字符串中传送，并自动修改地址指针 SI、DI（增量或减量决定于 DF 标志设置，±1 或 ±2 决定于是字节传送还是字传送）。

说明：本指令对标志位无影响。

源操作数用 SI 在 DS 段中寻址，目的操作数用 DI 在 ES 段中寻址。是字节还是字传送取决于 OPRD1、OPRD2 的类型定义。

本指令也可以不使用操作数。字节传送和字传送分别用 MOVSB 和 MOVSW 指令实现。

例如：传送 200 个数据。

```
        MOV     SI,OFFSET A
        MOV     DI,OFFSET B
        MOV     CX,200
        CLD                 ;清 DF
ATOB:   MOVS    B,A         ;也可以用 MOVSB(字节传送时)
        DEC     CX
        JNZ     ATOB
```

例中是字节传送还是字传送决定于 A、B 上的类型定义。

2）字符串比较指令 CMPS(CoMPare String)

指令格式：

```
CMPS    OPRD1,OPRD2
CMPSB
CMPSW
```

OPRD2 为源串符号地址；OPRD1 为目的串符号地址。

功能：由 SI 寻址的源串中数据与由 DI 寻址的目的串中数据（字节或字）相减，结果置标志位，而不修改操作数。同时地址指针 SI、DI 自动调整（增量或减量决定于 DF，±1 或 ±2 决定于是字节操作还是字操作）。

说明：本指令影响标志位 AF、CF、OF、PF、SF、ZF。本指令可用来检查两个字符串是否相同，可以使用重复前缀或循环控制方法进行全体字符串的比较。

同样，本指令也可以不使用操作数，而用 CMPSB 或 CMPSW 指令分别表示字节串比较或字串比较。

例如：比较两字符串的一致性。

```
        MOV     SI,OFFSET ST1
        MOV     DI,OFFSET ST2
        MOV     CX,N        ;N 为串长
        CLD
NEXT:   CMPSB
        JNZ     FIN         ;不一致,退出
        DEC     CX
        JNZ     NEXT        ;未比较完,转 NEXT
        MOV     AL,0        ;一致,AL 置 0
```

```
            JMP     OVR
FIN:    MOV     AL,0FFH      ;不一致,AL置0FFH
OVR:    MOV     RSLT,AL
```

3) 字符串搜索指令 SCAS(SCAn String)

指令格式:

```
SCAS    OPRD
SCASB
SCASW
```

OPRD 为目的串符号地址。

功能:把 AL(字节操作)或 AX(字操作)的内容与由 DI 寄存器寻址的目的串中的数据相减,结果置标志位,但不修改操作数及累加器中的值。同时地址指针 DI 自动调整(增量或减量决定于 DF,±1 或±2 决定是字节操作还是字操作)。

说明:本指令影响标志位 AF、CF、OF、PF、SF、ZF。本指令可以查找字符串中的一个关键字。只需把关键字放在 AL(字节)或 AX(字)中。用重复前缀执行本指令即可。

同样,SCASB 或 SCASW 指令可以不使用操作数,分别表示是字节串还是字串搜索指令。

例如:寻找字符串中有无"A"字符。

```
            MOV     DI,OFFSET STRN
            MOV     CX,N          ;串长
            MOV     AL,'A'        ;关键字符
            CLD
AGN:    SCASB
            JZ      FIND          ;找到转 FIND
            DEC     CX
            JNZ     AGN
            MOV     AL,0          ;未找到,AL置0
            JMP     OVR
FIND:   MOV     AL,0FFH
OVR:    MOV     RSLT,AL
```

4) 取字符串元素指令 LODS(LOaD String)

指令格式:

```
LODS    OPRD
LODSB
LODSB
```

OPRD 为源字符串符号地址。

功能:把由 SI 寻址的源串中的数据(字节/字)传送到 AL 或 AX 中。同时自动修改 SI 指针(增量还是减量决定于 DF,±1 或±2 决定是字节操作还是字操作)。

说明:本指令不影响标志位。

本指令常作为字符串操作中,取串中数据进行有关处理。如果对整串处理,可以将其置于一段循环程序中,实现复杂的串操作。

同样,LODSB 或 LODSW 指令可以不使用操作数,分别表示是字节或字串操作。

例如：取字符串中字符送 AL 中。

```
MOV   SI,OFFSET STRN
MOV   CX,N
CLD
LODSB                         ;取字符串中一个字符→AL 中
```

5) 存字符中元素指令   STOS(STOre String)

指令格式：

```
STOS OPRD
STOSB
STOSW
```

OPRD 为目的字符串符号地址。

功能：把累加器 AL（字节操作）或 AX（字操作）中的数据传送到由 DI 寄存器寻址的目的串中去。同时自动修改 DI 指针（增量还是减量决定于 DF，±1 或 ±2 取决于字节操作还是字操作）。

说明：本指令不影响标志位。

本指令常用来在字符串中建立一组相同的数据。或在字符串复杂处理中将处理结果存入另一组字符串中。同样，STOSB 或 STOSW 指令可以不使用操作数，分别表示字节串或字串操作。

例如：将字符'A'存入字符串中。

```
MOV   AL,'A'
MOV   DI,OFFSET STRN
MOV   CX,N
CLD
STOSB                         ;将 AL 中字符送入目的字符串中
```

6) 重复前缀的定义及应用

在 8086/8088 系统中，为了对字符串进行重复处理，可以在字符串指令前加上重复前缀。加有重复前缀的字符串指令可以自动循环，它们是靠硬件实现重复操作的。因此，具有比软件循环操作更快的速度，同时也简化了编程。

重复前缀有：

```
REP                 ;CX≠0 重复执行字符串指令
REPZ/REPE           ;CX≠0 且 ZF＝1 重复执行字符串指令
REPNZ/REPNE         ;CX≠0 且 ZF＝0 重复执行字符串指令
```

重复前缀是以 CX 寄存器作重复次数计数器的。即在使用带有重复前缀的字符串指令前，应当预先置好重复次数计数器 CX 的初值。每次执行带有重复前缀的字符串指令时，先检查 CX 的值。当 CX 为 0 时，则不执行字符串指令。当不为 0 时，则 CX 减 1 且执行字符串指令，然后再重复执行带有重复前缀的字符串指令，直到 CX＝0 为止。

带有重复前缀的字符串指令其操作过程如图 3-27 所示。

执行带有重复前缀的字符串指令，IP 将保持重复前缀字节的偏移量。因此，当有外部中断时，在中断处理结束之后，仍能恢复重复字符串指令的正确执行。

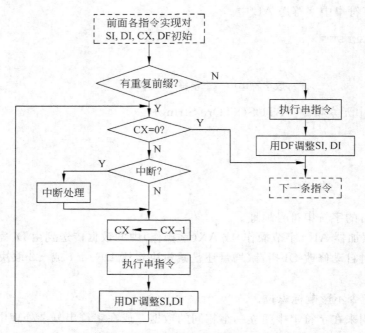

图 3-27　带重复前缀字符串指令操作过程框图

REP 重复前缀常与 MOVS 或 STOS 指令结合使用，完成一组字符的传送或建立一组相同数据字符串。

REPZ/REPE 重复前缀常与 CMPS 指令结合使用，可以完成两组字符串的比较。当串未结束（CX$\neq$0）且当对应串元素相同（Z＝1）时，继续重复执行字符串指令。用来判定两字符串是否相同。

REPZ/REPE 重复前缀与 SCAS 指令结合使用，表示字符串未结束（CX$\neq$0）且当关键字与串中元素相同（Z＝1）时，继续重复字符串指令。可用来在字符串中查找与关键字不相同的数据的位置。

REPZ 与 REPE 是同一前缀的两种助记符。

REPNZ/REPNE 重复前缀与 CMPS 指令结合使用，表示当串未结束（CX$\neq$0）且当对应串元素不相同（Z＝0）时，继续重复执行字符串指令。可在两字符串中查找相同数据的位置。

REPNZ/REPNE 重复前缀与 SCAS 指令结合使用，表示字符串未结束（CX$\neq$0）且当关键字与串中元素不相同（Z＝0）时，继续重复执行字符串指令。可用来在字符串中查找与关键字相同的数据位置。

REPNZ 与 REPNE 是同一前缀的两种助记符。

LODS 字符串指令通常不与重复前缀一起使用。因为这种使用没有太多的意义。

程序例：在一个字符串中，搜索一个关键字（在 AL 中）。如果查到，则将其地址存入指定单元。如没找到，则置 DI 为 0。

本例可直接利用带重复前缀的串指令实现。

程序段如下:

```
        MOV     DI,OFFSET STRN    ;置目的串指针
        MOV     CX,N              ;置串长计数器
        MOV     AL,'*'            ;找'*'字符
        CLD                       ;清 DF,增量方式
        REPNE   SCASB             ;未找到'*',重复
        JZ      FOUND             ;找到,转 FOUND
        MOV     DI,0              ;未找到,DI 置 0 作标志
        JMP     DONE
FOUND:  DEC     DI                ;找到,存其地址
        MOV     KEYA,DI
DONE:   HLT
```

7. 处理器控制指令

处理器控制指令用于控制 CPU 的动作,设定标志位的状态等,实现对 CPU 的管理。

1) 标志操作指令

标志操作指令完成对标志位的置位、复位等操作。

指令格式:

```
CLC    ;置 CF = 0(CLear Carryflag)
STC    ;置 CF = 1(SeT Carry flag)
CMC    ;置 CF = CF(CoMpkment Carry flag)
CLD    ;置 DF = 0(CLear Direction flag)
STD    ;置 DF = 1(SeT Direction flag)
CLI    ;置 IF = 0(CLear InterruPt enable flag)
STI    ;置 IF = 1(SeT Interrupt enable flag)
```

说明:上述指令只影响自身的标志位。

其中,CLI 使 IF=0,表示禁止 CPU 响应外部中断,STI 使 IF=1,表示允许 CPU 响应外部中断。上述 7 条指令可分别在算术运算、字符串处理、中断程序设计等方面得到使用。它们在程序设计中使用较多。

2) CPU 控制指令

(1) 处理器暂停指令 HLT(HaLT)。

指令格式:

```
HLT
```

功能:使处理器处于暂时停机状态。

说明:本指令不影响标志位。

HLT 引起的暂停,只有 RESET(复位)、NMI(非屏蔽中断请求)、INTR(中断请求)信号可以使其退出暂停状态。它用于等待中断的到来或多机系统的同步操作。

(2) 处理器等待指令 WAIT(WAIT for test)。

指令格式:

```
WAIT
```

功能：本指令使处理器用来检测$\overline{\text{TEST}}$端脚，当$\overline{\text{TEST}}$有效时则执行下条指令；否则处理机处于等待状态，直到$\overline{\text{TEST}}$有效。

说明：本指令不影响标志位。

本指令用于使处理机与外部硬件同步。通过$\overline{\text{TEST}}$的有效，使处理机可与外部交换信息，达到同步操作。等待状态允许外部中断操作（CPU 将保留 WAIT 指令的操作码地址），中断处理结束后，继续等待状态。直到 TEST 为低电平，才退出等待状态。

（3）处理器交权指令 ESC(ESCaoe)。

指令格式：

ESC EXTOPRD,OPRD

EXTOPRD 为外部操作码；OPRD 为源操作数。

功能：用来为协处理器提供一个操作码和操作数，以便完成主机对协处理器的某种操作要求。

说明：本指令不影响标志位。使用本指令可以实现主处理器与协处理器的协同操作。当执行 ESC 指令时，由协处理器取出放在 ESC 指令代码中的 6 位常数。指明协处理器要完成的功能。当源操作数为存储器变量时，则取出该存储器操作数传送给协处理器。

（4）空操作指令 NOP。

指令格式：

NOP

功能：本指令不使 CPU 执行任何操作就执行后续指令。

说明：本指令不影响标志位。

空操作指令在程序设计中可用来保留指令位置以便于调试，或用来作为定时（该指令为 3 个时钟周期）调整。

（5）总线封锁前缀指令 LOCK。

指令格式：

LOCK

功能：LOCK 可作为任一指令前缀使用。使 CPU 执行带有 LOCK 前缀的指令时，不允许其他设备对总线进行访问。

说明：LOCK 的执行，使 CPU 的 LOCK 端脚有效，禁止其他外设访问总线。

8. 输入输出指令

输入输出指令用于主机与外设端口间的数据交换。为方便信息的交换，8086/8088 系统提供了专用的输入输出指令。

1）输入指令 IN

指令格式：

IN   OPRD1,OPRD2

OPRD1 为累加器 AL 或 AX；OPRD2 为端口地址 n 或寄存器 DX（其内容为端口地址 nn）。

功能：把指定端口中的一个数据（字节或字）送入 AL 或 AX 中。

例如：

```
IN   AL,n
IN   AX,n
IN   AL,DX
IN   AX,DX
```

说明：本指令不影响标志位。

直接使用端口地址 n，可寻址 256 个端口。若使用 DX 间接寻址，可寻址 64K 个端口。但端口地址应预先送入 DX 寄存器中。IBM-PC 系统只使用 $A_0 \sim A_9$ 寻址端口，故最多有 1024 个端口地址。

2）输出指令 OUT

指令格式：

```
OUT OPRD1,OPRD2
```

OPRD1 为端口地址 n 或寄存器 DX（其内容为端口地址 nn）；OPRD2 为累加器 AL 或 AX。

功能：把累加器 AL（字节）或 AX（字）中的数据送到指定的端口中。

例如：

```
OUT  n,AL
OUT  n,AX
OUT  DX,AL
OUT  DX,AX
```

说明：本指令不影响标志位。其他同 IN 指令说明。

对 IN 或 OUT 指令，使用间接寻址方式工作，可以通过改变 DX 的内容寻址一组连续的外设端口，从而为编程提供了方便。

9. 中断指令

8086/8088 系统具有使用灵活的中断系统。通过中断指令可以实现中断的管理。除了允许硬件中断外，还可以设置软件中断。

1）溢出中断指令 INTO（INTerrupt iforerflow）

指令格式：

```
INTO
```

功能：本指令检测 OF 标志位，当 OF＝1 时，将立即产生一个中断类型 4 的中断；当 OF＝0，则本指令不起作用。

操作过程：

如果 OF＝1：SP←SP−2，标志寄存器入栈，IF、TF 清零。SP←SP−2，当前 CS 入栈，

10H 地址的第二个字送入 CS。SP←SP−2,IP(断点)入栈,10H 地址的第一个字送入 IP。从而实现向类型 4 中断处理程序的转移。

如果 OF=0,立即执行下条指令。

说明:本指令影响标志位 IF、TF。

本指令可用于溢出处理。当 OF=1 时,产生一个类型 4 软中断。中断处理程序入口地址在 4×4=10H 处的两个存储器字中。中断处理程序完成溢出的处理操作。

2) 软中断指令 INT(INTerrupt)

指令格式:

INT n

n 为软中断类型号。

功能:本指令将产生一个软件中断,把控制转向一个类型号为 n 的软中断。该中断服务处理程序入口地址在 n×4 处的两个存储器字中。

操作过程:

SP←SP−2,标志寄存器入栈,IF、TF 清零。SP←SP−2,当前 CS 入栈,n×4 地址的第二个字送入 CS。SP←SP−2,IP(断点)入栈,n×4 地址的第一个字送入 IP。从而实现向类型 n 中断处理程序的转移。

说明:本指令影响标志位 IF、TF。

本指令可以用来建立一系列管理程序,供系统或用户程序使用。

3) 中断返回指令 IRET(Interrupt RETurn)

指令格式:

IRET

功能:用于中断处理程序中,以返回被中断程序的断点处接续执行。

操作过程:

将当前堆栈指针 SP 指向的栈内容(字)送 IP,SP←SP+2,将 SP 指向的栈内容(字)送 CS,SP←SP+2,将 SP 指向的栈内容(字)送标志寄存器。SP←SP+2,SP 指向新的栈顶。

说明:本指令影响所有标志位。

无论是软中断还是硬中断,本指令均可使其返回到被中断程序的断点处继续执行。

为了便于对指令的使用,在附录 A 中给出指令系统表等,供在需要时查阅。

3.2　80x86/Pentium 指令系统

前面已对 8086/8088 的指令系统作了详尽的阐述,下面将介绍标准 16 位 CPU 80286、32 位 CPU 80386、80486 和 Pentium 的指令系统。由于 80x86/Pentium 系列 CPU 对 8086/8088 指令是向上兼容的,因此本节仅介绍 80286、80386、80486 和 Pentium 的新增指令以及在 8086/8088 基础上增加新功能的一些指令。

为便于理解,先将后面讨论中要用到的指令操作数符号列表说明,见表 3-1。

表 3-1 指令操作数符号说明

符　　号	意　　义
OPRD	操作数
OPRD，OPRD2	在多操作数指令，OPRD1 为目标操作数，OPRD2 为源操作数
reg	通用寄存器，长度可以是 8 位或 16 位
sreg	段寄存器
reg8	8 位通用寄存器
reg16	16 位通用寄存器
mem	存储器，长度可以是 8 位或 16 位
mem8	8 位存储器
mem16	16 位存储器
imm	立即数，长度可以是 8 位或 16 位
imm8	8 位立即数
imm16	16 位立即数

3.2.1 80286 增强与增加的指令

80286 指令系统除了包括 8086/8088 的全部指令外，新增指令及增强了功能的指令见表 3-2。其中保护模式的系统控制指令包含 80286 工作在保护模式下的一些特权方式指令，以及用于从实模式进入保护模式做准备用的指令，它们常用于操作系统及其他的控制软件中，应用程序设计中用到的不多，故不作详细介绍。其余指令功能介绍如下：

表 3-2 80286 增强与增加的指令

类　　别	增　　强	增　　加
数据传送类	PUSH 立即数	PUSHA POPA
算术运算类	IMUT 寄存器，寄存器 IMUT 寄存器，存储器 IMUT 寄存器，立即数 IMUT 寄存器，寄存器，立即数 IMUT 寄存器，存储器，立即数	
逻辑运算与移位类	SHL 目标，立即数(1~31) 其余 SAL、SAR、SHR、ROL、ROR、RCL、RCR 7 条指令同 SHL	
串操作类		[REP]INS 目的串，DX [REP]OUTS DX，源串 [REP]INSB/OUTB [REP]INSW/OUTW
高级语言类		BOUND 寄存器，存储器 ENTER 立即数(16)，立即数(8) LEAVE
	LAR(装入访问权限)	LSL(装入段界限)
	LGDT(装入全局描述符表)	SGDT(存储全局描述符表)

续表

类　　别	增　　强	增　　加
保护模式的	LIDT(装入 8B 中断描述符表)	SIDT(存储 8B 中断描述符表)
系统控制指令类	LLDT(装入局部描述符表)	SLDT(存储局部描述符表)
	LTR(装入任务寄存器)	STR(存储任务寄存器)
	LMSW(装入机器状态字)	SMSW(存储机器状态字)
	VERR(存储器或寄存器读校验)	VERW(存储器或寄存器写校验)
	ARPL(调整已请求特权级别)	CLTS(清除任务转移标志)

1. 堆栈操作指令 PUSH/PUSHA/POPA

指令格式:

```
PUSH   imm16
PUSHA
POPA
```

PUSH 指令允许将字立即数压入堆栈,如果给出的数不够 16 位,它会在自动扩展后压入堆栈。

PUSHA、POPA 指令将所有通用寄存器的内容压入堆栈。压入的顺序是 AX、CX、DX、BX、SP、BP、SI、DI(SP 是执行该指令之前的值),弹出的顺序与压入的相反。

2. 有符号数乘法指令 IMUT

在 80286 中允许该指令有两个或 3 个操作数。

(1) 指令格式:

```
IMUT   OPRD1,OPRD2
reg16, reg16
reg16, mem16
reg16, imm                    ;imm 为 8 位或 16 位立即数
```

功能:用 OPRD1 乘以 OPRD2,返回的积存放在 OPRD1 指定的寄存器中。

(2) 指令格式:

```
IMUT   OPRD1,OPRD2,OPRD3
reg16, reg16, imm             ;imm 为 8 位或 16 位立即数
reg16, mem16, imm             ;imm 为 8 位或 16 位立即数
```

功能:用 OPRD2 乘以 OPRD3,返回的积存放在 OPRD1 指定的寄存器中。

两种形式中,对乘积都限制其长度与 OPRD1 的要一致(为 16 位有符号数),如果溢出,则溢出部分丢掉,并置 CF=OF=1。

例如:

```
IMUT   BX,CX                  ;BX←BX×CX
IMUT   BX,50                  ;BX←BX×50
IMUT   AX,[BX + DI],0342H     ;AX←0342H×DS:[BX + DI]
IMUT   AX,BX,20               ;AX←20×BX
```

3. 移位和循环移位指令 SHL 等

指令格式：

```
SHL/SHR/SAL/SAR/ROL/ROR/RCL/RCR    OPRD1,OPRD2
                                   reg,   imm8
                                   mem,   imm8
```

在 8086/8088 中规定所有 8 条移位和循环移位指令中计数值部分或是常数 1 或是 CL 中所规定的次数。80286 扩充其功能为计数值可以是范围在 1～31 之间的常数。

例如：

```
SAR   DX,3
ROL   BYTE  PTR[BX],10
```

4. 串输入/输出指令 INS/OUTS

1）串输入指令 INS

指令格式：

```
[REP]   INS   [ES:]DI,DX
[REP]   INSB
[REP]   INSW
```

INS 指令从 DX 指出的外设端口输入一个字节或字到由 ES:DI 指定的存储器中,输入字节还是字由 ES:DI 目标操作数的属性决定,且根据方向标志 DF 和目标数的属性来修改 DI 的值。若方向标志位 DF＝0,则 DI 加 1(字节操作)或加 2(字操作)；否则 DI 减 1 或减 2。

INSB、INSW 分别从 DX 指出的端口输入一个字节或一个字到由 ES:DI 指定的存储单元,且根据方向标志 DF 和串操作的类型来修改 DI 的值。

这 3 种形式的指令都可在其前面加重复前缀 REP 来连续实现整个串的输入操作,这时 CX 寄存器中为重复操作的次数。

例如：从端口 PORT 输入 100 个字节存放到附加段(ES)以 TABLE 为首地址的内存单元中。程序段如下：

```
CLD
LEA   DI,TABLE
MOV   CX,100
MOV   DX,PORT
REP   INSB
```

2）串输出指令 OUTS

指令格式：

```
[REP]   OUTS   DX,[段地址:]SI
[REP]   OUTSB
[REP]   OUTSW
```

串输出指令与串输入指令的操作相反,它将[段地址:]SI指定的存储单元中的一个字节或字输出到 DX 指定的外设端口,且根据方向标志 DF 和源串的类型自动修改 SI 的值。

在其前面加重复前缀 REP 可连续实现整个串的输出操作,直至 CX 寄存器的内容减至零。

5. 高级语言类指令

80286 提供了 3 条类似于高级语言的指令。

1) 数组边界检查指令 BOUND

指令格式:

```
BOUND   OPRD1,OPRD2
        reg16,mem16
```

BOUND 指令用于验证在指定寄存器 OPRD1 中的操作数是否在 OPRD2(存储器操作数)所指向的两个界限内。若不在,则产生一个 5 号中断。指令中假定上、下界值(即数组的起始地址和结束地址)依次存放在相邻存储单元中。

例如:

```
ARRAY   DW   0000H,0063H   ;定义数组的最小下标 0 及最大下标 99
NUMB    DW   0019H
        ⋮
        MOV  BX,NUMB        ;BX 中为被测下标值 25
        BOUND  BX,ARRAY     ;检查被测下标值是否在规定的下标边界范围内
```

2) 进入和退出过程指令 ENTER/LEAVE

在许多高级语言中,每个子程序(或函数)都有自己的局部变量。这些局部变量只有当它们所在的子程序执行时才有意义。为保存这些局部变量,当执行到这些子程序时,应为其局部变量建立起相应的堆栈框架,而在退出子程序时,应撤除这个框架。80286 用 ENTER/LEAVE 两条指令来完成这些功能。

指令格式:

```
ENTER   OPRD1,OPRD2
        imm16, imm8
LEAVE
```

ENTER 指令为局部变量建立一个堆栈区,指令中的 OPRD1 指出子程序所要使用的堆栈字节数,OPRD2 指出子程序的嵌套层数:0~31。

LEAVE 指令用于撤销前面 ENTER 指令的动作,该指令无操作数。

上面两条指令使用如下:

```
TASK    PROC  NEAR
        ENTER  6,0            ;建立堆栈区并保存 6 个字节长的局部变量
        ⋮
        LEAVE                 ;撤销建立的栈空间
        RET
TASK    ENDP
```

3.2.2　80386/80486 增强与增加的指令

80386 对 8086/8088 和 80286 指令系统进行了扩充。这种扩充不仅体现在增加了指令的种类、增强了一些指令的功能,也体现在提供了 32 位寻址方式和对 32 位数据的直接操作方式。80486 是在 80386 体系结构的基础上进行了一些扩展,增加了一些相应的指令。因此,所有从 8086/8088、80286 延伸而来的指令均适用于 80386/80486 的 32 位寻址方式和 32 位操作方式,即所有 16 位指令都可以扩展为 32 位的指令。表 3-3 列出了 80386/80486 增强与增加的指令。由于篇幅限制,下面仅介绍新增指令的功能。

表 3-3　80386、80486 增强与增加的指令

类别	80386		80486
	增强	增加	增加
数据传送类	PUSHAD/POPAD PUSHFD/POPFD	MOVSX/MOVZX 寄存器,寄存器/存储器	BSWAP 寄存器(32)
算术运算类	IMUT 寄存器,寄存器/存储器 CWDE CDQ		XADD 寄存器/存储器,寄存器 CMPXCHG 寄存器/存储器,寄存器
逻辑运算与 移位类		SHLD/SHRD 寄存器/存储器,寄存器,CL/立即数	
串操作类	所有串操作指令后面扩展 D,如 MOVSC OUTD…		
位操作类		BT/BTC/BTS/BTR 寄存器/存储器,寄存器/立即数 BSF/BSR 寄存器,寄存器/存储器	
条件设置类		SET 条件　寄存器/存储器	
Cache 管理类			INVD WBINVD INVLPG

1. 数据传送类

1) 扩展传送指令 MOVSX/MOVZX

指令格式:

```
MOVSX/MOVZX  OPRD1,OPRD2
             reg16,reg8
             reg16,mem8
             reg32,reg8
             reg32,mem8
             reg32,reg16
```

```
reg32,mem16
```

指令的目标操作数必须是 16 位或 32 位的通用寄存器,源操作数可以是 8 位或 16 位的寄存器或存储器操作数,且要求源操作数的长度小于目标操作数的长度。

MOVSX 用于传送有符号数,并将符号位扩展到目标操作数的所有位。MOVZX 用于传送无符号数,将 0 扩展到目标操作数的所有位。

例如:

```
MOVXS   ECX,AL   ;将 AL 内容带符号扩展为 32 位送入 ECX
MOVZX   EAX,CX   ;将 CX 中 16 位数加 0 扩展为 32 位送入 EAX
```

这两条指令常用于作除法时对被除数位数的扩展。

2) 字节交换指令 BSWAP

指令格式:

```
BSWAP   reg32
```

功能:将 32 位通用寄存器中的双字以字节为单位进行高、低字节交换,改变双字数据的存放方式。指令执行时,将字节 0($b_0 \sim b_7$)与字节 3($b_{24} \sim b_{31}$)交换,字节 1($b_8 \sim b_{15}$)与字节 2($b_{16} \sim b_{23}$)。

2. 算术运算类

1) 交换加法指令 XADD

指令格式:

```
XADD   OPRD1,OPRD2
       reg,   reg
       mem,   reg
```

XADD 指令将 OPRD1(8 位、16 位或 32 位寄存器或存储单元)中目标操作数与 OPRD2(8 位、16 位或 32 位寄存器)的值相加,结果送入 OPRD1,并将 OPRD1 的原值存于 OPRD2。

2) 比较并交换指令 CMPXCHG

指令格式:

```
CMPXCHG   OPRD1,OPRD2
          reg,   reg
          mem,   reg
```

CMPXCHG 将存放在 OPRD1(8 位、16 位或 32 位寄存器或存储器)中的目标操作数与累加器 AL、AX 或 EAX 的内容进行比较,如果相等则 ZF=1,并将源操作数 OPRD2 送入 OPRD1;否则 ZF=0,并将 OPRD1 送到相应的累加器。

例如:

```
CMPXCHG   ECX,EDX        ;若 ECX = EAX,则 EDX→ECX,且 ZF = 1;
                         ;否则,ECX→EAX,且 ZF = 0
```

3. 逻辑运算与移位指令

双精度左移/右移指令 SHLD/SHRD
指令格式：

```
SHLD/SHRD  OPRD1,OPRD2,OPRD3
           reg,  reg,  imm8
           mem,  reg,  imm8
           reg,  reg,  CL
           mem,  reg,  CL
```

双精度左移/右移指令 SHLD/SHRD 将 OPRD1 和 OPRD2 两个 16 位或 32 位操作数（寄存器或存储器）连接成双精度值（32 位或 64 位），然后向左或向右移位，移位位数由计数操作数 OPRD3 决定（CL 或立即数）。移位时，OPRD2 的内容移入 OPRD1，而 OPRD2 本身不变。进位位 CF 中的值为 OPRD1 移出的最后一位。操作示意图如图 3-28 所示。

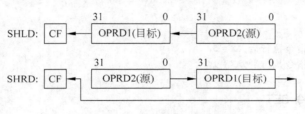

图 3-28　双精度移位示意图

4. 位操作类

1）测试与置位指令 BT/BTC/BTS/BTR
指令格式：

```
BT/BTC/BTS/BTR  OPRD1,OPRD2
                reg,  reg
                mem,  reg
                reg,  imm
                mem,  imm
```

这 4 条指令总的功能是：对由 OPRD2 指定的目标操作数 OPRD1（16 位或 32 位）中的某一位（最低位为 b_0）进行测试操作并送入 CF，然后将该位按操作规定置 1、置 0 或变反。当 OPRD1 是 16 位操作数时，OPRD2 的取值范围为 0～15；当 OPRD1 是 32 位操作数时，OPRD2 的取值范围为 0～31。

（1）BT 指令只完成上述位测试并将该位送入 CF 的功能。

例如：

```
MOV  CX,4
BT   [BX],CX  ;检查由 BX 指向的数的 b₄ 位放入 CF 中
JC   NEXT     ;b₄ 位 = 1 转移至 NEXT
     ⋮
NEXT: …
```

（2）BTC 指令在完成 BT 指令功能后,再将测试位变反。

（3）BTS/BTR 在完成 BT 指令功能后,再将测试位置 1 或置 0。

2）位扫描指令 BSF/BSR

指令格式:

```
BSF/BSR   OPRD1,OPRD2
          reg,  reg
          reg,  mem
```

BSF 用于对 16 位或 32 位源操作数 OPRD2 从低位 b_0 到高位（b_{15} 或 b_{31}）进行扫描,并将扫描到的第 1 个"1"的位号送入 OPRD1 指定的目标寄存器。如果 OPRD2 所有位均为 0,则将 ZF 标志位置 1,OPRD1 中的结果无定义；否则（OPRD2≠0）,将 ZF 清 0,OPRD1 中为位号。

BSR 指令的功能同 BSF,只是从高位到低位进行反向扫描。

例如:

```
MOV  BX,40A0H
BSF  AX,BX    ;指令执行后,AX = 5
BSR  AX,BX    ;指令执行后,AX = 14
```

5. 条件设置指令 SET

指令格式:

```
SETCC  OPRD
       reg8
       mem8
```

SET 类指令共有 16 条。它们总的功能是,根据指令中给出的条件"cc"是否满足来设置 OPRD 指定的 8 位寄存器或存储器操作数:当条件满足时,将 OPRD 操作数置为 1；当条件不满足时置为 0,具体如表 3-4 所示。

表 3-4 条件设置指令类

指令助记符	设 置 条 件	指令条件说明
SETO r/m	OF＝1	溢出
SETNO r/m	OF＝0	无溢出
SETC/SETB/SETNAE r/m	CF＝1	有进位/低于/不高于或等于
SETNC/SETNB/SETAE r/m	CF＝0	无进位/不低于/高于或等于
SETZ/SETE r/m	ZF＝1	为零/等于
SETNZ/SETNE r/m	ZF＝0	非零/不等于
SETS r/m	SF＝1	为负数
SETNS r/m	SF＝0	为正数
SETP/SETPE r/m	PF＝1	检验为偶
SETNP/SETPO r/m	PF＝0	检验为奇
SETA/SETNBE r/m	CF＝ZF＝0	高于/不低于或等于
SETNA/SETBE r/m	CF＝1 或 ZF＝1	不高于/低于或等于

续表

指令助记符	设 置 条 件	指令条件说明
SETG/SETNLE r/m	ZF＝0 且 SF＝OF	大于/不小于或等于
SETGE/SETNL r/m	ZF＝1 或 SF＝OF	大于或等于/不小于
SETL/SETNGE r/m	ZF＝0 且 SF≠OF	小于/不大于或等于
SETLE/SETNG r/m	ZF＝1 或 SF≠OF	小于或等于/不大于

6. Cache 管理类指令

80486 的系统控制指令集中增加了 3 条 Cache（高速缓存）管理指令，即 INVD、WBINVD 及 INVLPG，用于管理 CPU 内部的 8KB Cache。

1) 作废 Cache 指令 INVD

用于将片内 Cache 的内容作废。其具体操作是：清除片内 Cache 的数据，并分配一个专用总线周期清除外部 Cache 子系统中的数据。执行该指令不会将外部 Cache 中的数据写回主存储器。

2) 写回和作废 Cache 指令 WBINVD

WBINVD 先擦除内部 Cache，并分配一个专用总线周期将外部 Cache 的内容写回主存，在此后的一个总线周期将外部 Cache 刷新（清除数据）。

3) 作废 TLB 项指令 INVLPG

该指令用于使页式管理机构内的高速缓冲器 TLB 中的某项作废，如果 TLB 中含有一个存储器操作数映像的有效项，则该 TLB 项被标记为无效。

3.2.3 Pentium 系列处理器增加的指令

Pentium 系列处理器的指令集是向上兼容的，它保留了 8086、8088、80286、80386 和 80486 微处理器系列的所有指令，因此，所有早期的软件可直接在奔腾机上运行。

Pentium 处理器指令集中增加了 3 条专用指令和 4 条系统控制指令，如表 3-5 所示。

表 3-5　Pentium 增加的指令

类别	指令格式	含　义	操　作
专用指令	CMPXCHG 8B 存储器，寄存器	8B 比较与交换	If(EDX:EAX＝D) 　ZF←1，D←ECX，EBX Eles 　ZF＝0，EDX，EAX←D

	CPUID	CPU 标识	If(EAX＝0H)
			　EAX，EBX，ECX，EDX←厂商信息
			If(EAX＝1H)
			　EAX，EBX，ECX，EDX←CPU 信息

	RDTSC	读时间标记计数器	EDX:EAX←时间标记计数器 EDX:EAX←MSR 　ECX＝0H，MSR 选择 MCA 　ECX＝1H，MSR 选择 MCT

续表

类别	指令格式	含　义	操　　作
系统控制指令	RDMSR	读模式专用寄存器	EDX:EAX←MSR 　ECX=0H，MSR 选择 MCA 　ECX=1H，MSR 选择 MCT
	WRMSR	写模式专用寄存器	MSR←EDX:EAX 　ECX=0H，MSR 选择 MCA 　ECX=1H，MSR 选择 MCT
	RSM	恢复系统管理模式	
	MOV　CR4,寄存器 MOV　寄存器,CR4	与 CR4 传送	CR4←reg32 reg32←CR4

1. Pentium 专用指令

1) 比较并交换指令 CMPXCHG8B

指令格式：

```
CMPXCHG8B   OPRD1,OPRD2
            mem,    reg
```

该指令由 80486 的 CMPXCHG 指令改进而来，它执行 64 位的比较和交换操作。执行时将存放在 OPRD1(64 位存储器)中的目标操作数与累加器 EDX:EAX 的内容进行比较，如果相等则 ZF=1，并将源操作数 OPRD2(规定为 ECX:EBX)的内容送入 OPRD1；否则 ZF=0，并将 OPRD1 送到相应的累加器。

例如：

```
CMPXCHG8B   mem, ECX:EBX   ;若 EDX:EAX = [mem],则 ECX:EBX→[mem], ZF = 1
                           ;否则,[mem]→EDX:EAX,且 ZF = 0
```

2) CPU 标识指令 CPUID

指令格式：

```
CPUID
```

使用该指令可以辨别微机中奔腾处理器的类型和特点。在执行 CPUID 指令前，EAX 寄存器必须设置为 0 或 1，根据 EAX 中设置值的不同，软件会得到不同的标志信息。

EAX=0 时，执行 CPUID 得到以下标志信息：

```
EAX = 1              ;奔腾处理器
EBX = 销售标志串      ;Genu
ECX = 销售标志串      ;intel
EDX = 销售标志串      ;intel
```

此标志信息说明 CPU 为奔腾处理器，而且是真正的 Intel 产品。

EAX=1 时，执行 CPUID 可得到更多的 CPU 信息：

```
EAX(0:3)             ;分级 ID 号
```

```
EAX(7:4)                    ;工作模式
EAX(11:8)                   ;系列
EAX(31:12)                  ;保留位
        ⋮
```

3）读时间标记计数器指令 RDTSC

指令格式：

```
RDTSC
```

奔腾处理器有一个片内 64 位计数器，称为时间标记计数器。计数器的值在每个时钟周期都递增，执行 RDTSC 指令可读出计数器的值，并送入寄存器 EDX:EAX 中，EDX 保存 64 位计数器中的高 32 位，EAX 保存低 32 位。

一些应用软件需要确定某个事件已执行了多少个时钟周期，在执行该事件之前和之后分别读出时钟标志计数器的值，计算两次值的差就可得出时钟周期数。

2. Pentium 新增系统控制指令

1）读/写模式专用寄存器指令 RDMSR/WRMSR

RDMSR 和 WRMSR 指令使软件可访问模式专用寄存器的内容，这两个模式专用寄存器是机器地址检查寄存器（MCA）和机器类型检查寄存器（MCT）。若要访问 MCA，指令执行前需将 ECX 置为 0；而为了访问 MCT，需先将 ECX 置为 1。执行指令时在访问的模式专用寄存器与寄存器组 EDX:EAX 之间进行 64 位的读写操作。

2）恢复系统管理模式指令 RSM

奔腾处理器有一种称为系统管理模式（SMM）的操作模式，这种模式主要用于执行系统电源管理功能。外部硬件的中断请求使系统进入 SMM 模式，执行 RSM 指令后返回原来的实模式或保护模式。

3）寄存器与 CR4 之间的传送指令

指令格式：

```
MOV   CR4,reg32
MOV   reg32,CR4
```

该指令实现 32 位寄存器与 CR4 间的数据传送。

思考题与习题

3-1　什么叫寻址方式？一般微处理器有哪几类寻址方式？各类寻址方式的基本特征是什么？

3-2　对于 8086x8088/Pentium 系列微处理器，存储器寻址的有效地址 EA 和实际地址 PA 有什么区别？

3-3　8086x8088/Pentium 的有效地址 EA 由哪 4 个分量组成？它们可优化组合出哪些存储器寻址方式？试讨论各种存储器寻址方式与 EA 计算公式的关系。

3-4　设 BX＝637DH，SI＝2A9BH，位移量 D＝7237H，试求下列寻址下有效地址 EA。

（1）直接寻址；（2）基址寻址；（3）使用 BX 的间接寻址。

3-5　分别指出下列指令中源操作数和目的操作数的寻址方式。若是存储器寻址，试用表达式表示出 EA 和 PA。

```
(1) MOV    SI,       2100H
(2) MOV    CX,       DISP[BX]
(3) MOV    [SI],     AX
(4) ADC    AX,       [BX][SI]
(5) AND    AX,       DX
(6) MOV    AX,       [BX + 10H]
(7) MOV    AX,       ES: [BX]
(8) MOV    AX,       [BX + SI + 20H]
(9) MOV    [BP],     CX
(10) PUSH  DS
```

3-6　指出下列指令的源操作数字段是什么寻址方式？

```
(1) MOV    EAX,      EBX
(2) MOV    EAX,      [ECX][EBX]
(3) MOV    EAX,      [ESI][EDX × 2]
(4) MOV    EAX,      [ESI × 8]
```

3-7　分析下列指令在语法上是否有错，如有错，请指出错误所在（针对 8086/8088 微处理器）。

```
(1) SUB    AX,       [BX + BP]
(2) ADD    VALUE1,   VALUE2
(3) MOV    DS,       1000H
(4) MOV    CS,       CX
(5) CMP    1000H     BX
(6) MOV    VALUE1,   CX
(7) MOV    DS,       ES
(8) ROL    [BX][DI], 3
(9) NOT    BX,       DX
(10) PUSH  CS
(11) PUSH  2A00H
(12) IN    100H,     AL
(13) LEA   BX,       4300H
(14) MOV   AX,       [CX]
```

3-8　若 SP＝2000H，AX＝3355H，BX＝4466H，试指出下列指令或程序段执行后有关寄存器的内容。

```
(1) PUSH   AX
```

执行后，AX＝?　　SP＝?

```
(2) PUSH   AX
    PUSH   BX
    POP    DX
```

执行后，AX＝?　DX＝?　SP＝?

3-9 设 BX=6F30H,BP=0200H,SI=0046H,SS=2F00H,[2F246H]=4154H,试求出执行 XCHG BX,[BP+SI]后,BX、[2F246H]各为何值?

3-10 设 BX=0400H,SI=003CH,执行 LEA BX,[BX+SI+0F62]后 BX 为何值?

3-11 设 DS=C000H,[C0010H]=0180H,[C0012]=2000H,执行 LDS SI,[10H]后,SI 和 DS 为何值?

3-12 已知 DS=091DH,SS=1E4AH,AX=1234H,BX=0024H,CX=5678H,BP=0024H,SI=0012H,DI=0032H,[09226H]=00F6H,[09228H]=1E40H,[1E4F6H]=091DH,试求单独执行下列指令后的结果。

```
(1) MOV    CL,20H[BX][SI]        ;CL = ?
(2) MOV    [BP][DI],CX           ;[1E4F6H] = ?
(3) LEA    BX,20H[BX][SI]        ;BX = ?
    MOV    AX,2[BX]              ;AX = ?
(4) LDS    SI,[BX][DI]
    MOV    [SI],BX               ;SI = ? [SI] = ?
(5) XCHG   CX,32H[BX]
    XCHG   20H[BX][SI],AX        ;AX = ?[09226H] = ?
```

3-13 执行下列指令后,标志寄存器中 AF、CF、OF、SF、ZF 标志位分别是什么状态?

```
MOV  AX,84A0H
ADD  AX,9460H
```

3-14 按下列要求写出相应的指令或程序段。

(1) 写出两条使 AX 寄存器内容为 0 的指令。

(2) 使 BL 寄存器中的高、低 4 位互换。

(3) 现有两个有符号数分别在 N1、N2 变量中,求 N1/N2,商和余数分别送入变量 M1、M2 中。

(4) 屏蔽 BX 寄存器的 b_4、b_6、b_{11} 位。

(5) 将 AX 寄存器的 b_5、b_{14} 位取反,其他位不变。

(6) 测试 DX 寄存器的 b_0、b_9 位是否为"1"。

(7) 使 CX 寄存器中的整数变为奇数(若原来已是奇数则不变)。

3-15 写出把首地址为 BLOCK 的字数组的第 6 个字送入 AX 的指令(见图 3-29),要求使用下列寻址方式:

(1) 寄存器间接寻址。

(2) 基址寻址。

(3) 相对基址变址寻址。

(4) 直接寻址。

3-16 已知 AX=8060H,DX=580H,端口 PORT1 的地址为 40H,内容为 4FH,端口 PORT2 的地址为 45H,指出执行下列指令后的结果在哪儿? 为多少?

```
(1) OUT   DX,AL
(2) OUT   DX,AX
(3) IN    AL,PORT1
(4) IN    AX,40H
```

```
(5) OUT    PORT2,AL
(6) OUT    PORT2,AX
```

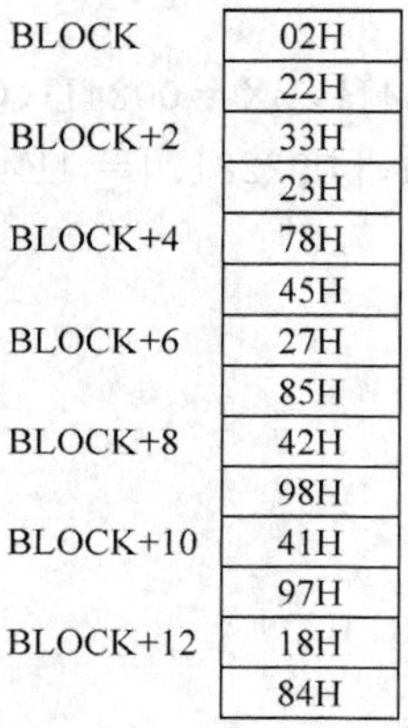

BLOCK 数据表：

BLOCK	02H
	22H
BLOCK+2	33H
	23H
BLOCK+4	78H
	45H
BLOCK+6	27H
	85H
BLOCK+8	42H
	98H
BLOCK+10	41H
	97H
BLOCK+12	18H
	84H

图 3-29   题 3-15 图

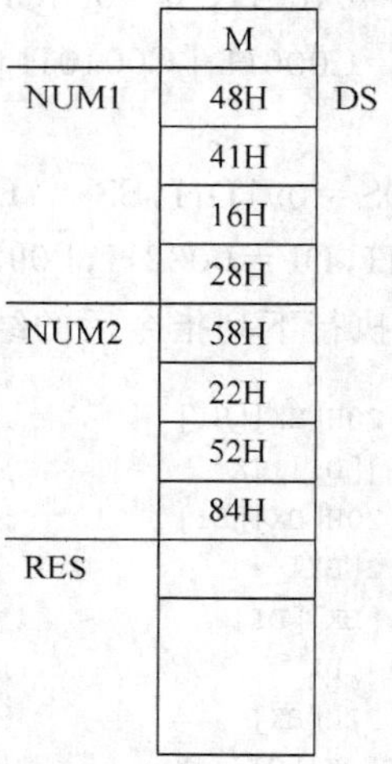

	M	
NUM1	48H	DS
	41H	
	16H	
	28H	
NUM2	58H	
	22H	
	52H	
	84H	
RES		

图 3-30   题 3-17 图

3-17   已知数据如图 3-30 所示,数据是低位在前,按下列要求编写程序段:

(1) 完成 NUM1 和 NUM2 的两个字数据相加,两数和存放在 NUM1 中。

(2) 完成以 NUM1 单元开始的连续 4 个字节数据相加,和不超过一个字节,放在 RES 单元。

(3) 完成以 NUM1 单元开始的连续 8 个字节数据相加,和为 16 位数,放在 RES 和 RES+1 两单元中(用循环)。

(4) 完成 NUM1 和 NUM2 的双倍精度字数据相加,和放在 NUM1 开始的双字单元中。

3-18   已知的 BCD 数如图 3-30 所示,低位在前,按下列要求编写计算 BCD 数据(为压缩型 BCD)的程序段。

(1) 完成从 NUM1 单元开始的连续 8 个压缩 BCD 数相加,和(超过 1B)放在 RES 和 RES+1 两单元中。

(2) 完成 NUM1 单元和 NUM2 单元的 BCD 数相减,其差存入 RES 单元,差和 CF 为何值?

3-19   已知数据如图 3-30 所示,低位在前,按下列要求编写程序段:

(1) NUM1 和 NUM2 两个数据相乘(均为无符号数),乘积放在 RES 开始的单元。

(2) NUM1 和 NUM2 两个字数据相乘(均为带符号数),乘积放在 RES 开始的单元。

(3) NUM1 单元的字节数据除以 46(均为无符号数),商和余数依次放入 RES 开始的两个字节单元。

(4) NUM1 字单元的数除以 NUM2 字单元的数,商和余数依次放入 RES 开始的两个字单元。

3-20   使用移位指令来做乘以 2 和除以 2 是很方便的,试把+53 和−49 分别乘以 2,它们各应用什么指令? 得到的结果各是什么? 若除以 2 又如何?

3-21　令 BX＝00E3H,变量 VALUE 的内容为 79H,下列指令单独执行后,BX 寄存器的内容为多少?

```
(1) XOR     BX,VALUE
(2) AND     BX,VALUE
(3) ROR     BX,1
(4) OR      BX,10F4H
(5) NOT     BX
```

3-22　若 CPU 中各寄存器及 RAM 参数如图 3-31 所示,试求独立执行以下指令后,CPU 中寄存器及 RAM 相应内存单元的内容为多少?

```
(1) MOV     DX,[BX]2    DX =    BX =
(2) PUSH    CX          SP =    [SP] =
(3) MOV     CX,BX       CX =    BX =
(4) TEST    AX,01       AX =    CF =
(5) MOV     AL,[SI]     AL =
(6) ADC     AL,[DI]     AL =    CF =
    DAA                 AL =
(7) INC     SI          SI =
(8) DEC     DI          DI =
(9) MOV     [DI],AL     [DI] =
(10) XCHG   AX,DX       AX =    DX =
(11) XOR    AH,BL       AH =    BL =
(12) JMP    DX          IP =
```

	CPU	CPU		RAM	执行前	执行后
CS	3000H	FFFEH	CX	20506H	06H	
DS	2050H	0004H	BX	20507H	00H	
SS	50A0H	2000H	SP	20508H	87H	
ES	0FFFH	17C6H	DX	20509H	15H	
IP	0000H	8094H	AX	2050AH	37H	
DI	000AH	1403H	BP	2050BH	C5H	
SI	0008H	1	CF	2050CH	2FH	

图 3-31　题 3-22 图

3-23　分别指出以下两个程序段的功能。

```
(1) MOV   CX,10
    LEA   SI,FIRST
    LEA   DI,SECOND
    REP   MOVSB
(2) CLD
    LEA   DI,[0404H]
    MOV   CX,0080H
    XOR   AX,AX
    REP   STOSW
```

3-24　试编制完成 AX×5/2 的程序段。

3-25　若 AL=FFH,BL=03H,指出下列各指令执行后标志位 OF、SF、ZF、PF、CF 的状态。

(1) ADD　BL,AL
(2) INC　BL
(3) SUB　BL,AL
(4) NEG　BL
(5) CMP　BL,AL
(6) MUL　BL
(7) AND　BL,AL
(8) IMUL　BL
(9) OR　BL,AL
(10) SHL　BL,1
(11) XOR　BL,BL
(12) SAR　AL,1
(13) SHR　AL,1

3-26　已知一个关于 0~9 的数字的 ASCII 码表首址是当前数据段的 0A80H,现要找出数字 5 的 ASCII 码,试写出用指令 XLAT 进行翻译的指令序列。

3-27　设 DS=2000H,BX=1256H,SI=528FH,位移量 TABLE=20A1H,[232F7H]=3280H,[264E5H]=2450H,执行下述指令:

(1) JMP　BX　　　　;IP=?
(2) JMP　TABLE[BX]　;IP=?
(3) JMP　[BX][SI]　;IP=?

3-28　设 IP=3D8FH,CS=4050H,SP=0F17CH,当执行"CALL　2000H:009AH"后,试指出 IP、CS、SP、[SP]、[SP+1]、[SP+2]和[SP+3]的内容。

3-29　试编写程序段,根据 AL 中的内容决定程序的走向,若位 0 是 1,其他位为 0,转向 LAB1,若位 1 为 1,其他位为 0,则转向 LAB2;若位 2 为 1,其他位为 0,则转向 LAB3;若位 0 至位 2 都是 0,则顺序执行。假定所有的转移都是短转移。

3-30　试比较无条件转移指令、条件转移指令、调用指令和中断指令有什么异同。

3-31　设 X、Y 变量中均为 16 位操作数,先判断 X 是否大于 50,如大于则转移到 N-HIGH,否则做 $X-Y$。相减后如溢出则转移到 OVERFLOW 去执行,否则求($X-Y$)的绝对值,并把结果存入 RESULT 中。

3-32　写出以下计算的指令序列,其中 X、Y、Z、R、W 均为存放 16 位无符号数单元的地址(不考虑进位与借位):

(1) $Z \leftarrow W-(Z+X)$
(2) $Z \leftarrow W+(X+6)-(R+9)$
(3) Z(商)$\leftarrow (W \times X)/(Y+6)$,$R \leftarrow$ 余数

第 4 章

汇编语言程序设计

任何程序设计语言都有相应的语法规则,用以指导程序的编写。由于汇编语言具有执行速度快和易于实现对硬件的直接控制等独特优点,所以至今它仍然是实时控制等微机应用系统软件开发中使用较多的程序设计语言。本章主要介绍 80x86/Pentium 汇编语言源程序所必需的各种伪指令定义数据,组成表达式的各种运算符,定义和构造程序的逻辑段,实现宏功能等。

4.1 概述

根据计算机语言是更接近计算机还是更接近于人类,可将计算机语言分成低级语言和高级语言。低级语言包括机器语言和汇编语言两种。

1. 机器语言

每种微处理器都有自己的指令系统,它根据指令来完成各种操作。机器语言就是用二进制代码表示指令和数据的语言,计算机能够直接识别与执行的最终目标代码。具有执行速度快、占用内存少等优点。但是,用指令代码(即机器语言)编制程序比较繁琐,而调试或修改机器语言程序更是困难。且随 CPU 的型号不同而异,通用性差。

2. 高级语言

高级语言(如 C 语言)是完全独立于机器的通用语言。用高级语言编制程序简单易学,便于调试、维护,且程序设计人员可以不考虑具体计算机的结构特点。不必了解和熟悉机器的指令系统,这样编制的程序与问题本身的数学模型之间有着良好的对应关系,可以在各种机器上通用(不同机器之间仅做少量修改)。用高级语言编写的源程序必须"翻译"成为机器代码,计算机才能执行,完成这个"翻译"过程的系统软件称为编译程序或解释程序。高级语言的一个句子相当于多条机器语言指令,编译后生成的目标程序往往比较长,占用内存空间多,执行时间也较长,这就限制了它在某些场合下的运用,如实时的数据采集、检测和控制系统等。

3. 汇编语言

汇编语言是面向机器的语言,是用指令的助记符、符号地址、标号等编写程序的语言,又称符号语言。通常,一个助记符表示一条机器指令,实际上,由汇编语言编写的汇编语言源程序就是机器语言程序的符号表示,汇编语言源程序与其经过翻译所产生的目标代码程序之间是一一对应关系。因此,采用汇编语言进行程序设计,既可以充分发挥机器硬件提供的有利条件,又可以不像机器语言那样编制出的程序难以辨认,不易维护、修改。

用汇编语言编写程序能够直接利用硬件系统的特性(如寄存器、标志、中断系统等),直接对位、字节、字、寄存器或存储单元、I/O端口进行处理,同时也能直接使用CPU指令系统提供的各种寻址方式,编制出高质量的程序。这样的程序占用内存空间少、执行速度快。所以,汇编语言多用来编写计算机系统程序、实时通信程序、实时控制程序等,也可被各种高级语言所嵌用。

汇编语言源程序在交付计算机执行之前,也需要先翻译成目标代码程序,这个翻译过程称为汇编。汇编有手工汇编和机器汇编两种,前者是指由人工进行汇编,而后者指由计算机进行汇编。计算机中完成汇编任务的程序称为汇编程序(Assembler)。汇编程序是最早也是最成熟的一种系统软件,它除了能够将汇编语言源程序翻译成机器语言程序这一主要功能外,还能够根据用户要求自动分配存储区域(包括程序区、数据区等);自动地把各种进制数转换成二进制数,把字符转换成ASCII码,计算表达式的值;自动对源程序进行检查,给出错误信息(如非法格式、未定义的助记符、标号、漏掉操作数等)等。在IBM PC微机上流行的汇编程序是微软公司的小汇编(ASM)和宏汇编(MASM)两种。ASM是MASM的一个子集,它具有以上的汇编功能。MASM还支持宏操作、条件汇编和协处理器指令,并在其他语法上有所扩充。

由汇编程序产生的目标模块虽然已经是属性为.obj的二进制文件,但它还不能直接上机运行,必须经链接程序(LINK)把目标文件与库文件以及其他目标文件连接在一起,形成属性为.exe的可执行文件并交给DOS,由DOS装入内存执行。

汇编语言程序的上机与处理过程如图4-1所示。

图4-1   DOS下汇编语言程序的上机与处理过程

4. 在计算机上运行汇编语言程序的步骤

(1) 用编辑程序建立扩展名为.asm的源文件(通常为EDIT.exe编辑程序)。

(2) 用MASM程序把.asm文件转换成.obj文件(常用MASM或TASM程序)。

(3) 用LINK程序把.obj文件转换成.exe文件(也可用TLINK程序)。

(4) 调试运行该程序。

4.2   汇编语言源程序的结构

汇编语言源程序的编写必须遵循汇编程序的基本语法规则。下面通过实例认识标准的汇编语言源程序的框架结构,并通过它来了解汇编语言的有关规定和格式。

例如,打印输出字符串"THIS IS A SAMPLE PROGRAM."。

```
; SAMPLE    PROGRAM DISPLAY MESSAGE          ;注释行
STACK       SEGMENT PARA STACK 'STACK'        ;定义堆栈段
            DB 1024 DUP(0)                    ;在存储器的某个区域建立一个堆栈段
STACK       ENDS
DATA        SEGMENT                           ;定义数据段
MESSAGE     DB 'THIS IS A SAMPLE PROGRAM. '   ;在存储器中存放供显示的数据
            DB   0DH,0AH,'$'
DATA        ENDS
CODE        SEGMENT                           ;定义代码段
            ASSUME CS:CODE,DS:DATA,SS:STACK
START       PROC  FAR                         ;将程序定义为远过程
            PUSH  DS
            MOV   AX,0                       ⎫;标准序,以便返回 DOS 操作系统
            PUSH  AX                         ⎭
            MOV   AX,DATA                     ;建立数据段的可寻址性
            MOV   DS,AX                       ;初始化 DS
            LEA   BX,MESSAGE                  ;MESSAGE 地址偏移量→BX
LOOP1:      CMP   BYTE  PTR[BX],'$'
            JE    LOOP2
            MOV   AH,5                        ⎫
            MOV   DL,[BX]                     ⎬;5 号 DOS 功能调用打印输出字符
            INT   21H                         ⎭
            INC   BX
            JMP   LOOP1
LOOP2:      RET                               ;返回 DOS 操作系统
START       ENDP                              ;过程结束
CODE        ENDS                              ;代码段结束
            END   START                       ;整个程序汇编结束
```

鉴于 80x86/Pentium 系列微处理器都是采用存储器分段管理方式,其汇编语言源程序也都以逻辑段为基础,按段的概念来组织代码和数据。一个完整的汇编语言源程序通常由若干个逻辑段(segment)组成,包括代码段、数据段、附加段和堆栈段,它们分别映射到存储器中的物理段上。每一个逻辑段有一个名字,以符号 SEGMENT 作为段开始,以语句 ENDS 作为段的结束,这两者都必须有名字,而且名字必须相同,整个源程序用 END 语句结尾。

从 8086 的源程序中还可看出,每个段是由若干语句行组成的。而语句就是完成某个动作的说明。程序中的语句可分为两类,即指令语句和指示性语句。宏指令语句是指令语句的另一种形式。

4.2.1 汇编语言源程序结构特点

(1) 由若干逻辑段组成,各逻辑段都有一个段名,由段定义语句(SEGMENT 伪指令语句)来定义和说明。

80x86/Pentium 汇编语言源程序的这种结构是程序运行的基础,源程序中所有的指令码都放在代码段中,数据段或附加段用来在内存中建立一个适当容量的工作区用以存放常数和变量,并作为算术运算或 I/O 接口传送数据的工作区等。程序中可以定义堆栈段,也可以不定义,而利用系统中的堆栈段。具体一个源程序要定义多少个段,要根据实际需要

来定。一般来说,一个源程序中可以有多个代码段,也可以有多个数据段、附加段及堆栈段。将源程序以分段形式组织,是为了在程序汇编后,能将指令码和数据分别装入存储器的相应物理段中。

当由这几个段构成一个完整的程序时,通常把数据段放在代码段前面,这有两个好处:一是可以事先定义程序中所使用的变量;二是汇编程序在汇编过程遇到变量时必须知道变量的属性,才能产生正确的代码,将数据段放在代码段前面可以保证这一点。

8086/8088/80286 只允许同时使用 4 种类型的段:代码段(CS)、堆栈段(SS)、数据段(DS)和附加段(ES)。80386/80486 和 Pentium 系列允许同时使用 6 种段,除以上 4 种段外,还可有 FS 和 GS 两个附加数据段。在一个源程序中每种类型的段又可存在若干个,如几个数据段。在 8086/8088 和实地址方式下,每个段的最大长度均为 64KB;而在保护方式下,80286 允许每个段的最大长度为 16MB,80386/80486 和 Pentium 系列允许 4GB。

(2) 在代码段的起始处,用 ASSUME 命令(伪指令)说明各个段寄存器与逻辑段的关系,并由用户自己设置各段寄存器(除代码段 CS 外)的初值,以建立这些逻辑段的可寻址性。

(3) 每个逻辑段由若干行汇编语句组成,每行只有一条语句且不能超过 128 个字符,但一条语句允许有后续行,最后均以回车作结束。整个源程序必须以 END 语句来结束,它通知汇编程序停止汇编。END 后面的标号 START 表示该程序执行时的起始地址。

(4) 每一条汇编语句最多由 4 个字段组成,它们均按照一定的规则分别写在一条语句 4 个区域内,各区域之间用空格或 Tab 键隔开。

(5) 每个源程序在代码段中都必须含有返回到 DOS 操作系统的指令语句,以保证程序执行完毕后能自动回到 DOS 状态,以便继续向计算机输入命令。例中使用的是"标准序"方法。

4.2.2　源程序与 PC DOS 的接口

当编写的汇编语言源程序是在 PC DOS 环境下运行时,必须了解汇编语言是如何同 DOS 操作系统接口的。

汇编语言源程序经过汇编转变为目标程序,当用链接程序对其进行链接和定位时,操作系统首先为每个用户程序建立一个程序段前缀区(简称 PSP),长度为 256B,主要用于存放用户程序的相关信息。然后,在 PSP 的开始处(偏移地址 0000H)安排一条 INT 20H 软中断指令。INT 20H 中断服务程序是由 PC DOS 提供的,该程序的功能是使系统返回到 DOS 管理状态。因此,用户在组织程序时,必须使程序执行完后能够转去执行存放于 PSP 开始处的 INT 20H 指令。

DOS 在为用户程序建立 PSP 之后,接着将用户程序定位于 PSP 的下方,并设置段寄存器 DS 和 ES 的值,使它们指向 PSP 的开始处,即指令 INT 20H 存放的段地址。然后将 CS 设置为用户程序代码段的段基值,IP 设置为代码段中第一条要执行的指令地址,把 SS 设置为堆栈段的段基值,SP 指向堆栈段的栈底(取决于栈的长度)。最后运行用户程序。

因此,为保证用户程序执行完后返回 DOS,应采取两项措施:一是将用户程序中的主程序定义为 FAR 过程,其最后一条指令为 RET;二是在主程序的开始处将 PSP 所在段的段地址 DS(或 ES)保存进栈,然后再将一个全 0 的字(PSP 的段内偏移地址)压入堆栈。这就是程序结构中的以下 3 条指令：

```
PUSH    DS          ;保护 PSP 段地址
MOV     AX,0        ;保护偏移 0 地址
PUSH    AX
```

于是堆栈中保存了 PSP 的段地址和 0 偏移量（INT 20H 的全地址）。当程序执行到主程序的最后一条指令 RET 时，由于该过程定义为 FAR，则从堆栈中弹出两个字到 IP 和 CS，用户程序便转去执行 INT 20H 指令，使控制返回到 DOS。这一措施称为标准序。

此外，由于开始执行用户程序时，DS 并不设置在用户程序的数据段起始处，ES 也同样不在附加段起始处，所以在标准序之后应该重新装填 DS 和 ES（见程序框架结构）。

还有一种返回 DOS 的非标准方法：不定义主程序为 FAR 过程并去掉标准序部分，只在代码段结束之前（即 CODE ENDS 之前）增加两句：

```
MOV     AH,4CH
INT     21H
```

则程序执行完后同样可以正常返回 DOS。这是执行了功能号为 4CH 的 DOS 系统功能调用，关于 DOS 系统功能调用在后面会详细介绍。

4.3 汇编语言的语句

语句是汇编语言源程序的基本组成单位，源程序是一个语句序列。语句序列中的每个语句规定了一个基本操作要求，而语句序列则完成某个特定的操作任务。

4.3.1 语句的种类

在 80x86/Pentium 汇编语言源程序中，有 3 种基本语句，即指令语句、伪指令语句和宏指令语句。

1. 指令语句

指令语句就是指令系统的各条指令，每一条指令语句在源程序汇编时都要产生可供计算机执行的指令代码（即目标代码），每一条指令语句是表示计算机具有的一个基本能力，如数据传送、两数相加或相减、移位等，而这种能力是在目标程序（指令代码的有序集合）运行时完成的，依赖于计算机内的中央处理器（CPU）、存储器、I/O 接口等硬件设备来实现。

指令语句是产生可供计算机执行的指令代码，所以是指令性语句。例如：

```
MOV  DS,AX          ;机器目标代码为 8EH 和 D8H
```

2. 伪指令语句

伪指令语句用于指示（命令）汇编程序如何汇编源程序，又称为命令语句。在源程序中的伪指令语句告诉汇编程序：该源程序如何分段，有哪些逻辑段；在程序段中哪些是当前段，它们分别由哪个段寄存器指向；定义了哪些数据，存储单元是如何分配的等。伪指令语

句除了定义的具体数据要生成目标代码外,其他均没有对应的目标代码。伪指令语句的这些命令功能是由汇编程序在汇编源程序时,通过执行一段程序来完成的,而不是在运行目标程序时实现的。

伪指令语句是 CPU 不执行的语句,只是汇编时给汇编程序提供汇编信息。它本身并不产生目标代码,所以是指示性语句。例如:

```
SEGMENT/ENDS   ;将整个程序分段的信息提供给汇编程序,以不同名字来说明是堆栈段、数据段还是
               ;代码段
MESSAGE   DB'THIS IS A SAMPLE PROGRAM.'   ;定义变量 MESSAGE 在数据段 DATA 中的存放形式。汇编
                                          ;时,汇编程序将 MESSAGE 定义为一个字节类型数据区的
                                          ;首地址,并按节存储字符串信息
```

3. 宏指令语句

它是以某个宏名字定义的一段指令序列。汇编时,凡有宏指令语句的地方都将采用相应的指令序列的目标代码插入。宏指令语句是一般性指令语句的扩展。

4.3.2　语句格式

这里仅介绍指令语句和伪指令语句的格式,有关宏指令语句格式在后面介绍。

指令语句和伪指令语句的格式是类似的,均由 4 个域(字段)组成。

指令语句的一般格式:

[标号:]　[前缀]　指令助记符　　[操作数]　[;注释]

伪指令语句的格式:

[名字]　　　　　伪指令定义符　[操作数]　[;注释]

其中,方括号[ ]中的内容为可选部分,操作数部分或是 0、1 个操作数,或是由逗号隔开的多个操作数。

1. 标号和名字

标号和名字分别是给指令单元和伪指令起的符号名称,用符号汇编语言规定的标识符来表示。标号后面必须有冒号“:”,名字后面没有冒号。

标号代表指令所在存储单元的符号地址。在程序中,它可以作为转移(JMP)、循环(LOOP)等指令的转移目标,与具体的指令地址相联系。伪指令语句的名字一般用于定义常量名、变量名、过程名和段名等。

标号和名字的选择有一些限制。首先,它们必须符合汇编语言的标识符定义,即以字母开头,由字母(A~Z 或 a~z,汇编程序不区分大小写)、数字(0~9)及部分特殊字符(?、@、$ 和下划线_等)组成的字符串表示,字符串长度不能超过 31 个。此外,标识符不能是汇编语言中有特殊意义的保留字,如 CPU 的内部寄存器名 AH、AL、AX 等。

2. 助记符和定义符

助记符和定义符分别用于规定指令语句的操作性质和伪指令语句的伪操作功能,这部

分是语句中唯一不可缺省的。在指令语句中,这个字段就是指令助记符,如 MOV、ADD 等,它表示程序在运行时由 CPU 完成的功能。在伪指令语句中,这个字段就是本章后面将介绍的各种伪指令。例如,数据定义伪指令 DB、DW、DD,段定义伪指令(SEGMENT),过程定义伪指令(PROC)等。它表示汇编程序如何汇编(翻译)源程序各语句,这些伪指令的功能要求都是由汇编程序具体操作完成的。指令助记符的前面可以根据需要加前缀,80x86/Pentium 指令系统中允许与助记符一道出现的前缀是重复前缀 REP、REPE 及段超越前缀等。

3. 操作数

指令语句中的操作数提供该指令的操作对象,并说明要处理的数据存放在什么位置以及如何访问它,而伪指令语句中操作数的格式和含义则随伪操作命令不同而不同。

4. 注释

注释由分号";"开始,用来对语句的功能加以说明,它们构成了源程序的编程文档,使程序更容易被理解和阅读。注释部分不被汇编程序汇编,也不被执行,只对源程序起说明作用。

4.3.3　语句中的操作数

操作数是汇编语言语句中一个重要的组成部分。根据寻址方式等因素的不同,操作数可分为 4 类:常量、寄存器、存储器及表达式。

1. 常量操作数

在汇编时已经确定其值且程序运行期间不变化的量为常量,如语句中的立即数或端口地址等。常量包括数字常量和字符串常量两种。

数字常量可以用不同的数制表示:

(1) 十进制常量。以字母"D"(decimal)结尾或不加结尾,如 23D、23。

(2) 二进制常量。以字母"B"(binary)结尾的二进制数,如 10101001B。

(3) 十六进制常量。以字母"H"(hexadecimal)结尾,如 64H、0F800H。程序中,若是以字母 A~F 开始的十六进制数,在前面要加一个数字 0。

在汇编语言源程序中,常用十六进制来表示数据和地址。

字符串常量是用单引号括起来的一个或多个字符,其值为字符的 ASCII 代码值。如串 ′2′ 的值为 32H,串 ′AB′ 的值为 4142H,因此串常量与整型数值常量可以交替使用。

2. 寄存器操作数

它指操作数部分是寄存器名,如 AX、SI 和 DS 等。

3. 存储器操作数

存储器操作数分为标号和变量两种。

(1) 标号是某条指令所存放单元的符号地址或某个过程起点位置的标记,这个地址一定在代码段内,如指令 JMP　LP1 中的 LP1 等。

（2）变量通常是指存放在存储单元中的值,这些值是可变的,可以用上一章介绍的存储器操作数寻址方式对其存取。为了便于对变量的访问,变量常常以变量名的形式出现在程序中。变量名可以认为是存放数据的存储单元的符号地址,它一般在数据段或堆栈段中。

标号和变量都与存储器地址相关联,都具有以下 3 种属性:

① 段属性(SEGMENT)。段基址,即标号或变量所在段的段地址。

② 偏移量属性(OFFSET)。段内偏移地址,即标号或变量所在的地址与所在段的段起始地址之差。

③ 类型属性(TYPE)。变量的类型是指变量存取单位的字节数的大小,类型有字节(BYTE)、字(WORD)、双字(DWORD)、四字、十字节等 5 种。标号的类型则指标号与使用它的指令之间的距离远近。当标号作为转移指令的目标操作数时,若是段内的转移,这个标号的类型属性为近(NEAR);若是段间的转移,标号的类型属性为远(FAR)。

4．表达式操作数

表达式由各种操作数、运算符和操作符组成。

1）汇编语言中的两类表达式

（1）数值表达式。由数值常量、字符串常量或符号常量等与算术、逻辑或关系运算符连接而成。在汇编时产生一个数值,仅具有大小而无其他属性,这个运算结果可作为指令中的立即操作数和数据区中的初值使用。

（2）地址表达式。由常量、变量、标号、寄存器(如 BX、BP、SI、DI)的内容以及一些运算符组成。其值表示存储器地址,一般都是段内的偏移地址,因此它也具有段属性、偏移量属性和类型属性。地址表达式主要用来表示指令语句中的操作数,如 ES:[SI+4]等。

2）运算符和操作符

MASM 宏汇编中有 3 种运算符(算术、逻辑和关系运算符)和两种操作符(分析和合成操作符)。如表 4-1 所示。运算符实现对操作数的相关运算,操作符则完成对操作数属性的定义、调用和修改。

表 4-1　MASM 支持的运算符和操作符

运算符/操作符			运 算 结 果	实　　例
类型	符号	名称		
算术运算符	＋	加法	和	3＋5＝8
	－	减法	差	8－3＝5
	*	乘法	乘积	3 * 5＝15
	/	除法	商	22/5＝4
	MOD	模除	余数	12 MOD 3＝0
	SHL	左移	左移后二进制数	0010B　SHL　左移 2 次后结果 1000B
	SHR	右移	右移后二进制数	1100B　SHR　右移 1 次后结果 0110B

续表

运算符/操作符			运 算 结 果	实 例
类型	符号	名称		
逻辑运算符	NOT	非运算	逻辑非结果	NOT 1010B＝0101B
	AND	与运算	逻辑与结果	1011B AND 1100B＝1000B
	OR	或运算	逻辑或结果	1011B OR 1100B＝1111B
	XOR	异或运算	逻辑异或结果	1010B XOR 1100B＝0110B
关系运算符	EQ	相 等	结果为真输出全"1"	5EQ11B＝全'0'
	NE	不 等		5NE11B＝全'1'
	LT	小 于		5LT3＝全'0'
	LE	不大于	结果为假输出全"0"	5LE101B＝全'1'
	GT	大 于		5GT100B＝全'1'
	GE	不小于		5GE111B＝全'0'
分析运算符	SEG	返回段基址	段基址	SEG N1＝N1 所在段段基址
	OFFSET	返回偏移地址	偏移地址	OFFSET N1＝N1 的偏移地址
	LENGTH	返回变量单元数	单元数	LENGTH N2＝N2 单元数
	TYPE	返回元素字节数	字节数	TYPE N2＝N2 中元素字节数
	SIZE	返回变量总字节数	总字节数	SIZE N2＝N2 总字节数
合成运算符	PTR	修改类型属性	修改后类型	BYTP PTR[BX]
	THIS	指定类型属性	指定后类型	ALPHA EQU THIS BYTE
	段寄存器名	段前缀	修改段	ES：[BX]
	HIGH	分离高字节	高字节	HIGH 3355H＝33H
	LOW	分离低字节	低字节	LOW 3355H＝55H
	SHORT	短转移说明		JMP SHORT LABEL
其他运算符	()	圆括号	改变运算符优先级	(8－3)＊3＝15
	[ ]	方括号	下标或间接寻址	MOV AX,[BX]
	•	点运算符	连接结构与变量	TAB T1
	< >	尖括号	修改变量	<,8,5>
	MASK	返回字段屏蔽码	字段屏蔽码	MASK C
	WIDTH	返回记录宽度	记录/字段位数	WIDTH W

(1) 算术运算符。

算术运算符有＋、－、×、/和 MOD(求余)等。其中 MOD 是指将除法运算后得到的余数,如 19/7 的商是 2,则 19 MOD 7 则为 5(余数)。算术运算符可以用于数字表达式或地址表达式中,但当它用于地址表达式时,只有当其结果有明确的物理意义时,其结果才是有效的,如两个地址相乘或相除是毫无意义的。在地址表达式中,可以使用＋或－,但也必须注意其物理意义,如把两个不同段的地址相加也是毫无意义的。例如,SUM＋1 是指 SUM 字节单元的下一个字节单元的地址(注意,不是指 SUM 单元的内容加 1),而 SUM－1 则是指SUM 字节单元的前一个字节单元的地址,如 PLACE＋2×3 是指 PLACE 字节单元后的第6 个存储单元的地址。

(2) 逻辑运算符。

逻辑运算符是按位操作的 AND、OR、XOR 和 NOT。只适用于数值表达式。

逻辑运算符和逻辑运算指令助记符在符号形式上是一样的,但两者的含义有本质差异。作为运算符时,它们是在程序汇编时由汇编程序计算的,计算结果充当指令的某一个操作数或构成操作数的一部分,逻辑运算符的操作对象只能是整型常量;而作为指令助记符时,则是在程序运行中执行的,操作对象还可以是寄存器或存储器操作数。

(3) 关系运算符。

关系运算符有 EQ、NE、LT、GT、LE 和 GE。关系运算符的两个操作数必须同是数值或同是一个段内的两个存储器地址。比较时若关系不成立(为假)则结果为"0",若关系成立(为真)则结果为全"1"。结果值在汇编时获得。例如:

```
MOV BX,PORT LT 5
```

若 PORT 的值小于 5,则汇编程序把这条指令汇编为:

```
MOV  BX,0FFFFH
```

否则被汇编为:

```
MOV  BX,0000H
```

(4) 分析操作符。

分析操作符又称数值返回操作符,它的运算对象是存储器操作数,返回变量或标号的属性值。分析操作符把特征或存储器操作数地址分解为它的组成部分,如段地址、偏移地址。这些操作符是 SEG、OFFSET、TYPE、SIZE、LENGTH 等。

分析操作符的使用格式为:

```
操作符  标号或变量
```

① SEG 操作符。
格式:

```
SEG  Variable 或 label
```

汇编程序将回送变量或标号的段地址值。

如果 DATA-SEG 是从存储器的 05000H 地址开始的一个数据段段名,OPER1 是该段中的一个变量,则"MOV DS,SEG OPER1"将把 0500H 作为立即数插入指令。实际上,段地址是由连接程序分配的,所以该立即数是连接时插入的。执行后,DS 段寄存器内容为 0500H。

② OFFSET 操作符。
格式:

```
OFFSET  Variable 或 label
MOV  BX,OFFSET OPER-ONE
```

汇编程序将 OPER-ONE 的偏移地址作为立即数回送给指令,而在执行时将该偏移地址送入 BX 寄存器。所以这条指令与指令"LEA BX,OPER-ONE"是等价的。例如:

```
ARRAY  DB  100 DUP(0)         ;定义变量数组
        ...
```

```
MOV AX,SEG ARRAY        ;将变量 ARRAY 的段地址→AX
MOV DS,AX               ;AX→DS
MOV BX,OFFSET ARRAY     ;将 ARRAY 的偏称地址→BX
MOV AL,[BX]
```

设数据段 DATA_SEG 的起始地址为 06000H,变量 ARRAY 在 DATA_SEG 段内,则指令"MOV AX,SEG ARRAY"被汇编时,SEG ARRAY 回送 ARRAY 所在段的段基值 0600H。CPU 执行该指令时,立即数 0600H 被送入 AX。同样,OFFSET ARRAY 回送 ARRAY 在段内的偏移量,指令"MOV BX,OFFSET ARRAY"执行时,该偏移量被送入 BX。

③ TYPE、LENGTH、SIZE 操作符。

TYPE 操作符返回一个数字值,表示存储器操作数的类型。各种存储器操作数的类型值如表 4-2 所示。

表 4-2 存储器操作数的类型值

存储器操作数	类 型 属 性	类 型 值
字节变量	BYTE	1
字变量	WORD	2
双字变量	DWORD	4
标号	NEAR	-1
标号	FAR	-2

对于变量,返回的是类型的字节长度;对标号,返回的是 NEAR 或 FAR 类型代码,这个值没有实际物理意义。

LENGTH 操作符返回变量用 DUP 重复定义的数据项总数。

SIZE 操作符则返回 TYPE 和 LENGTH 的乘积,表示为变量所分配的字节存储单元总数。例如:

```
BUFFER  DB  100DUP(0)
BUFFER  DW  200DUP(20H)
BUFFER  DD  100DUP(13)
```

则

```
LENGTH  BUFFER1 = 100   SIZE BUFFER1 = 100
LENGTH  BUFFER2 = 200   SIZE BUFFER2 = 400
LENGTH  BUFFER3 = 100   SIZE BUFFER3 = 400
```

注意:要用 LENGTH 返回的存储区必须用 DUP( )来定义;否则返回 1。

(5) 合成操作符(或称属性操作符)。

合成操作符又称修改属性操作符,作用于存储器操作数时,能建立起一些新的存储器操作数(即给存储器操作数一个新的类型)以满足不同的访问要求。常用的有 PTR、段操作符、LABEL、THIS 等。

① PTR 操作符。

PTR 用来临时指定或修改存储器操作数的类型属性(保持原有的段属性和偏移地址属

性),如果这些变量或标号已有定义,则原定义的类型属性不变。

格式:

```
type  PTR  expression
```

类型(type)可以是 BYTE、WORD、DWORD、FAR 和 NEAR。它们仅在当前所在的指令中有效。表达式(expression)是存储器操作数。PTR 的意思是,仍按 PTR 后面的表达式去寻址,不管它原来有无类型或什么类型,PTR 定义后,按 PTR 前面的类型(type)指定的类型看待。实际上,PTR 是给后面的存储器操作数赋予新的数据类型或地址类型。

```
MOV  [BX],5
```

此指令汇编程序分不清是存入字节单元还是字单元。必须用 PTR 来说明,应该写为:

```
MOV  BYTE  PTR[BX],5
```

或

```
MOV  WORD PTR[BX],5
```

例如:

```
ARRAY1  DB 0,1,2,3,4              ;定义字节变量
ARRAY2  DW 0,1,2,3,4              ;定义字变量
        MOV   BX,WORD PTR ARRAY1[3]   ;将 0403H →BX
        MOV   CL,BYTE PTR ARRAY2[6]   ;将 03H →CL
        MOV   WORD PTR [SI],4         ;将 0004H 放入 SI 开始的一个字单元中
```

PTR 用来指明标号的类型属性时,可确定指令是段内转移还是段间转移。例如:

```
INCHES:  CMP  SUM,100
              ⋮
         JMP   NEAR PTR INCHES       ;段内转移(NEAR PTR 可以略去)
              ⋮
         JMP  FAR  PTR INCHES        ;段间转移
```

在当前代码段,可近转移到标号 INCHES 处执行相应的指令段。若其他代码段要执行标号 INCHES 处的指令段,可通过 JMP FAR PTR 远转移指令来实现。

② 段操作符(段超越前缀)。

用来表示一个标号、变量或地址表达式的段属性。例如,用段超越前缀来说明地址是在某一段中:

```
MOV  AX,ES:[BX][S1]
```

可见它是用"段寄存器:地址表达式"来表示的。当然,也可以用"段名:地址表达式"或"组名:地址表达式"来表示其段属性。

③ LABEL 操作符。

LABEL 操作符为当前存储单元定义一个指定类型的标号或变量。它常用于定义一个数据块或标号,使它们具有多重名字和属性。

使用格式：

标号或变量名　LABEL　类型

例如：

```
WBYTE   LABEL WORD               ; 为变量 WBYTE 定义一个字类型的数据区
ARRAY   DB 1,2,3,4               ; 为变量 ARRAY 定义一个字节类型的数据区
        MOV AL,ARRAY             ; 01H→AL
        MOV AX,WBYTE             ; 0201H→AX
```

WBYTE 和 ARRAY 两个变量指向同一数据块，具有同样的段属性、偏移量属性，但是类型不同。这样，可根据需要按不同类型去操作数据块中的数据。

④ THIS 操作符。

THIS 操作符与 EQU 配合使用，与 LABEL 操作符的使用相同。

使用格式为：

标号或变量名　　　EQU　THIS　类型

例如：

```
BWORD   EQU THIS BYTE
ARRAY   DW 100DUP(?)
```

表明可以将 100 个字的缓冲区 ARRAY 按 200 个字节的缓冲区 BWORD 来使用。

（6）运算符和操作符的优先权等级。

当各种运算符和操作符同时出现于一个表达式中时，具有不同的优先级。运算符及操作符的优先权等级规定如表 4-3 所示。优先级相同时顺序为先左后右。

表 4-3　运算符和操作符的优先级

优　先　级		运算符和操作符
高	1	LENGTH，SIZE，WIDTH，MASH，()，[ ]，＜＞，·
	2	PTR，OFFSET，SEG，TYPE，THIS，段寄存名：（加段前级）
	3	HIGH、LOW（操作数高、低字节）
	4	＋，－（单目）
	5	＊，／，MOD（求模），SHL，SHR
	6	＋，－（双目）
	7	EQ，NE，LT，LE，GT，GE
	8	NOT
	9	AND
	10	OR，XOR
低	11	SHORT

4.4　汇编语言的伪指令语句

80x86/Pentium 宏汇编提供以下功能的伪指令：符号定义、数据定义、程序分段定义、模块定义、过程和宏定义、条件汇编及列表控制等。除数据定义伪指令外，其余伪指令都不

占用存储空间,仅起说明作用。本节以 8086/8088 系统基本伪指令和 80x86/Pentium 扩展伪指令两部分介绍它们的功能和使用方法。

4.4.1 基本伪指令语句

1. 数据定义及存储器分配伪指令

数据定义语句用于定义变量。它指定变量的类型和名称,设置常数、初始数据或为变量分配若干存储单元。

1) 数据定义语句的格式

格式:

[变量名] 数据定义符 操作数[,操作数]…[,操作数]

其中,变量名是可选的;操作数是赋给变量的初值,多个相同类型的变量可在一条语句中定义;常用"数据定义符"是下列 3 种伪指令之一。

(1) DB。定义字节变量,其后的每个操作数都占一个字节单元。

(2) DW。定义字变量,其后的每个操作数都占一个字单元,且遵循"数据的低位部分在低地址,高位部分在高地址"的存放规则。

(3) DD。定义双字变量,其后的每个操作数都占两个字单元,存放时同样按"低位字在低地址,高位字在高地址"的存放规则。

另外,还有两种数据定义符 DQ 和 DT。DQ 定义 4 个字节变量,DT 定义 10 个字节变量。

经过定义的变量名有 3 个属性:数据类型(字节、字、双字、4 字节或 10 字节)、偏移量(可用 OFFSET 获得)和段基址(可用 SEG 获得)。若某个变量所表示的是一个数组,则其类型属性为变量的单个元素所占用的字节数。

2) 数据定义语句的具体形式和功能

(1) 为数据项分配存储单元,用变量名作为该存储单元的名称。例如:

```
X      DB      25H          ;定义变量 X 为字节
Y      DW      4142H        ;定义变量 Y 为字
Z      DD      12345678H    ;定义变量 Z 为双字
```

汇编时汇编程序会把 25H、4142H、12345678H 这些初值分别放入名为 X、Y、Z 的存储单元中,如图 4-2 所示。

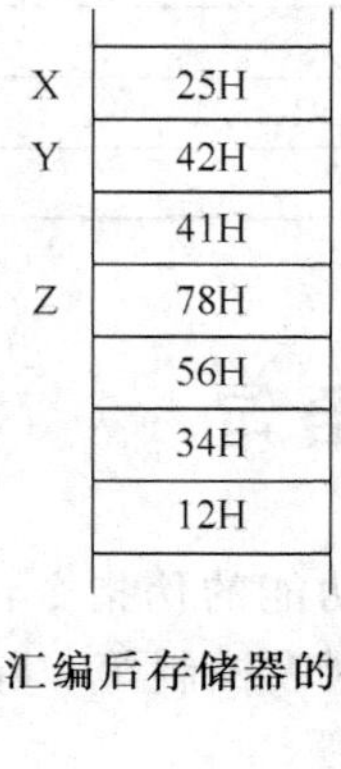

X	25H
Y	42H
	41H
Z	78H
	56H
	34H
	12H

图 4-2 汇编后存储器的分配情况

初始值也可以是一个数值表达式（值为常数），因为表达式是在汇编时计算的。例如：

```
IN_PORT     DB     PORT_VAL
OUT_PORT    DB     PORT_VAL+1
```

其中，PORT_VAL 已由数据定义语句之前的 EQU 语句赋了值。

（2）预留若干字节（或字、双字）存储单元但并不赋予具体的初值，以存放程序的运行结果。这时操作数部分可使用问号"?"。例如：

```
A     DB     ?                    ;为变量 A 分配一个字节单元
B     DW     ?                    ;为变量 B 分配一个字单元
```

（3）引入若干个用逗号分隔的操作数来定义一个表（数组）。例如：

```
W_TABLE    DW     1122H,3344H         ;定义一个字表
B_TABLE    DB     1,2,4,8,16          ;定义一个字节表
```

其中，字变量 W_TABLE 的内容为 1122H，下一个字单元（起始地址 W_TABLE+2）的内容为 3344H。字节变量 B_TABLE 的内容为 1，B_TABLE+1 单元的内容为 2，其余依此类推。

当表中的操作数相同时，可以用重复操作符 DUP 来缩写。例如：

```
ALL_ZERO    DB     0,0,0,0,0,0
```

可以写成：

```
ALL_ZERO    DB     6 DUP(0)
```

DUP 是重复数据定义操作符，它利用给出的一个初值（或一组初值）以及这些值应该重复的次数（由 DUP 前面的常数决定）来初始化存储器。例如：

```
W_TABLE    DW     10H DUP(?),20H DUP(7)    ;定义 30H 个字单元
B_TABLE    DB     10H DUP(12H,34H)         ;重复存放 10H 个字节 12H、34H,
                                           ;共占用 20H 个字节单元
```

DUP 操作符还可以重迭使用。例如：

```
ARRAY DB 2 DUP(0,3 DUP(1,2),3) ;定义了 0,1,2,1,2,1,2,3 的两份副本,共占用 16 个字节单元
```

（4）用 DB 伪指令在内存中定义一个字符串。字符串中的每一个字符用它的 ASCII 码值来表示，为一个字节，所以字符串的定义必须用 DB 命令。例如：

```
MESSAGE     DB     'HELLO'      ;MESSAGE 所指的单元中存放字符 H 的 ASCII 码值
                               ;MESSAGE+1 单元中存放字符 E 的 ASCII 码值
                               ;MESSAGE+4 单元中存放字符 O 的 ASCII 码值
```

当字符串的长度不超过两个字符时，也可用 DW 伪指令来定义。例如：

```
STRING1    DB     'AB'
STRING2    DW     'AB'
STRING3    DW     'AB','CD'
```

这 3 条语句在汇编后,存储器初始化的情况如图 4-3 所示。

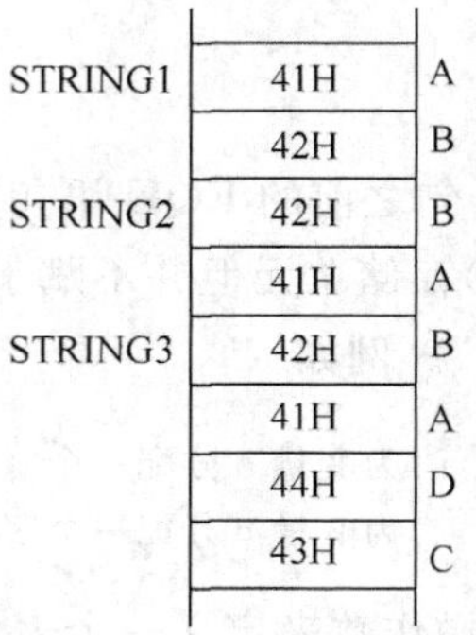

图 4-3　对字符串的存储器初始化情况

(5) 当操作数是标号或变量时,可用 DW 或 DD 伪指令将标号或变量的偏移地址或全地址来初始化存储器。

```
XX        DW CYCLE      ;变量 XX 的初值为 CYCLE 的地址偏移量
YY        DD CYCLE      ;变量 YY 的初值为 CYCLE 的段地址和偏移地址
 ⋮
CYCLE:    MOV BX,AX     ;CYCLE 是程序中的一个 NEAR 标号
```

第一条伪指令将 CYCLE 的 16 位偏移地址存放在与变量 XX 相应的两个字节存储单元内;第二条伪指令在与变量 YY 对应的 4 个字节存储单元内先存放 CYCLE 的 16 位偏移地址,再存放 CYCLE 的 16 位段地址。

(6) 数据定义语句定义了变量的类型,能使汇编程序对访问存储器的指令产生正确的目标代码。例如:

```
SUM    DW ?     ;定义 SUM 为字变量
 ⋮
INC    SUM      ;将变量 SUM 的字内容加 1
```

前已述及,当标号或变量加减一个常量而形成一个新的操作数时,这个新操作数与原操作数有着相同的类型。如对上述举例有:SUM+2 是字型变量,CYCLE+1 是一个 NEAR 型标号。

2. 符号定义伪指令

在程序中,有时会多次出现同一个表达式,为了方便起见,常将该表达式赋予一个名字,以后凡是用到该表达式的地方,就用这个名字来代替。在需要修改该表达式的值时,只需在赋予名字的地方修改即可。

1) 等值语句 EQU
格式:

符号名　　EQU　　表达式

例如:

PORT1	EQU	312	;常量赋予符号名
PORT2	EQU	PORT1 + 1	;给数值表达式赋予符号名 PORT2
ADDR	EQU	ES：[SI + 4]	;给地址表达式定义一个名字
CHAR	EQU	'COMPUTER'	;为字符串定义新的名字
COUNT	EQU	CX	;为寄存器 CX 定义新的符号名 COUNT
LD	EQU	MOV	;为 MOV 定义新的符号名 LD

EQU 语句不能重新定义，即在同一源程序中，用 EQU 定义过的符号名不能再赋予不同的值。

2）等号语句＝

格式：

符号 = 表达式

此语句的功能与 EQU 类似，唯一区别是能对符号进行再定义。例如：

EMP = 60	;定义 EMP 等于 60
EMP = EMP + 1	;重新定义 EMP 等于 61
EMP = 123 × 4	;重新定义 EMP 等于 492

3．段结构伪指令

编制汇编语言源程序时，段是基础。一是必须按段来构造程序；二是在程序执行时，要凭借 4 个段寄存器对各个段的存储单元进行访问。程序分段伪指令用于指示汇编程序和链接程序如何按逻辑段来组织程序和利用存储器。它可规定源程序中段的起始和结束，并指定属性如开始地址边界、段类型以及同名的段怎样结合在一起。

段定义伪指令主要有 SEGMENT、ENDS、ASSUME、GROUP 和 ORG。

1）段定义伪指令 SEGMENT/ENDS

SEGMENT/ENDS 语句用来将程序中的指令或语句分成若干个逻辑段，按性质一般分为数据段、代码段、堆栈段和附加段。

格式：

```
段名     SEGMENT [定位类型][组合类型][ '类别名']
           ⋮
         （段体）
           ⋮
段名     ENDS
```

功能：指出段名及段的各种属性，并表示段的开始和结束位置。

段名是用户定义的段的标识符，是识别段的标志，用来指示汇编程序为该段分配的存储器起始位置，包含段地址和段内偏移量两个属性。段体是段内的指令和伪指令语句序列。3 个可选项代表段的 3 个属性，其意义如下：

（1）定位类型。

汇编程序对源程序汇编后生成的是目标代码文件（.obj），其中的段地址和偏移量都未最后确定，还需要用链接程序（LINK）把各个模块链接起来。定位类型参数用于告诉 LINK 程序，链接时本段首地址的边界定位方式。定位类型有 4 种。

① PARA(节)。表示段的起始地址必须为 16 的倍数(XXXX0H),若语句中没有给出定位类型,则默认为 PARA。

② PAGE(页)。表示段的起始地址必须为 256 的倍数(XXX00H),也就是页的起点上。

③ WORD(字)。表示段的起始地址必须为偶数,它最适合于安排类型为字的数据段。

④ BYTE(字节)。表示该段可以从任意地址开始。

(2) 组合类型。

一个汇编语言源程序往往由许多模块组成,而每一个模块常常又有自己的数据段、代码段和堆栈段。组合类型用于告诉 LINK 程序,多个模块链接时本段与其他模块中同名段的组合链接关系。组合类型共有 6 种。

① NONE。本段与其他同名段无组合关系,并有自己的段起始地址。若语句中没有指明组合类型,则默认为 NONE。

② PUBLIC。在满足定位类型的前提下,LINK 程序将其与其他模块中说明为 PUBLIC 的同名段邻接在一起,共用一个段地址。

③ STACK。与 PUBLIC 同样处理,只是链接后的段作为堆栈段。链接时自动初始化 SS、SP。如果在定义堆栈段时没有将其说明为 STACK 类型,那么就需要在程序中用指令设置 SS 和 SP 寄存器的值,此时 LINK 程序将会给出一个警告信息。

④ COMMON。各模块中由 COMMON 方式说明的同名段重叠覆盖,有着相同的起始地址段的长度取决于最长的 COMMON 段的长度。段的内容为所链接的最后一个模块中 COMMON 段的内容以及没有覆盖到的前面 COMMON 段的内容。

⑤ MEMORY。链接程序把本段放在被链接在一起的其他所有段的最后(存储器高地址区域)。若有多个 MEMORY 段,汇编程序认为所遇到的第一个为 MEMORY,其余 COMMON。

⑥ AT 表达式。表示本段装在表达式的值所指定的段地址上。这种组合类型可以为标号或变量赋予绝对地址,以便程序以标号或变量的形式存储单元的内容。但它不能用来指定代码段。

(3) 类别名。

类别名是单引号括起来的字符串,以表示该段的类型。链接时同名同类别的段在内存中依序连续存放。典型类别名如 'STACK'、'CODE' 和 'DATA' 等,也允许用户使用其他类型名。若缺省 '类别名',则表示该段类别为空。

2) 段寻址伪指令 ASSUME

CPU 访问存储器,无论是取指令还是存取某存储单元操作数,都需要使用一个段寄存器。其中,取指令操作一定是使用 CS,堆栈操作一定是 SS,而存取操作数则视选用寻址方式和用作地址指针寄存器而异。在任何时刻,只有当前段内的存储单元才可以进行访问。在汇编源程序时,汇编程序必须知道哪些段是当前段,且它们分别由哪个段寄存器指向。这样,汇编程序才能对每条指令的目标代码进行确切地汇编。段寻址伪指令 ASSUME 就是告诉汇编程序,在下面程序中哪些段是当前段,它们分别由哪个段寄存器指向。

格式:

ASSUME 段寄存器: 段名[,段寄存器: 段名,…]

　　ASSUME 伪指令一般出现在代码段中 SEGMENT 伪指令的后面,它设定特定的段寄存器指向特定的段,说明源程序中定义的段应由哪个段寄存器去寻址。不如此,汇编程序无法生成目标代码程序。但是,ASSUME 并未真正将段地址装入相应的段寄存器,段寄存器(CS 除外)的初值设定还要由程序中的 MOV 指令来完成。

　　下段程序表示如何使用 SEGMENT、ENDS 和 ASSUME 伪指令。

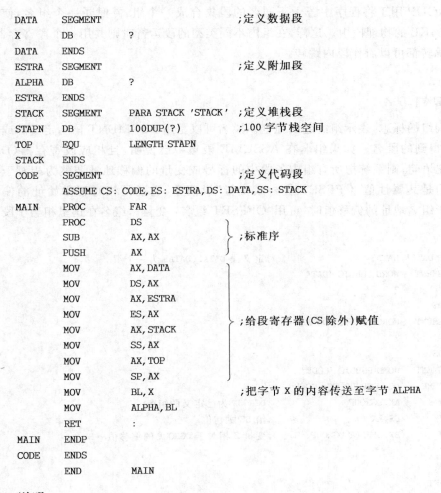

```
DATA     SEGMENT                            ;定义数据段
X        DB          ?
DATA     ENDS
ESTRA    SEGMENT                            ;定义附加段
ALPHA    DB          ?
ESTRA    ENDS
STACK    SEGMENT     PARA STACK 'STACK'     ;定义堆栈段
STAPN    DB          100DUP(?)              ;100 字节栈空间
TOP      EQU         LENGTH STAPN
STACK    ENDS
CODE     SEGMENT                            ;定义代码段
         ASSUME CS: CODE,ES: ESTRA,DS: DATA,SS: STACK
MAIN     PROC        FAR
         PROC        DS          ⎫
         SUB         AX, AX       ⎬ ;标准序
         PUSH        AX          ⎭
         MOV         AX, DATA     ⎫
         MOV         DS, AX       ⎪
         MOV         AX, ESTRA    ⎪
         MOV         ES, AX       ⎬ ;给段寄存器(CS 除外)赋值
         MOV         AX, STACK    ⎪
         MOV         SS, AX       ⎪
         MOV         AX, TOP      ⎪
         MOV         SP, AX      ⎭
         MOV         BL, X                  ;把字节 X 的内容传送至字节 ALPHA
         MOV         ALPHA, BL
         RET         :
MAIN     ENDP
CODE     ENDS
         END         MAIN
```

说明:

　　(1) 因为堆栈段定义时选用了组合类型 STACK,系统链接时就会自动初始化 SS、SP,这时可去掉 ASSUME 语句中的 SS: STACK 以及代码段中初始化 SS、SP 的 4 条语句。

　　(2) CS 和 IP 寄存器的初值都是由伪指令语句 END MAIN 装入的,无需用户在程序中设置。

　　END[标号]是程序结束伪指令语句,该语句告诉汇编程序,主程序或模块程序在哪儿结束。只有主程序的结束语句允许带标号,该标号必须是程序运行时第一条要执行的指令标号,它的段地址和偏移地址就是 CS 和 IP 的内容。

　　(3) 程序中把字节 X 的内容传送至字节 ALPHA 时使用的两条指令,因为 ASSUME 伪指令的作用,汇编程序把它们汇编成相当于指令:

```
MOV BL,DS: X
MOV ES: ALPHA,BL
```

　　有时为了更明确地指明段寄存器或代替 ASSUME 语句的作用,可在有关指令中直接增加段超越前缀,用以告诉汇编程序在这条指令执行时,应使用哪一个段寄存器。

　　3) 组定义伪指令 GROUP

　　伪指令 GROUP 用于将程序中若干不同名的段集合成一个组,并赋予一个组名,使它们都装在一个 64KB 的物理段中。这样,在组内不同类型的段运行时则共用一个段寄存器,组内各段间的跳转都可以看作段内跳转。

　　格式:

组名 GROUP 段名[,段名…]

　　组名是识别组的标志,表示组的起始地址。段名可以是用 SEGMENT 语句定义的或者由 SEG 操作符得到的段名。如果组名在 ASSUME 语句中已说明,且相应段寄存器(DS、ES 等)有初始化语句,则系统把所有组内各段中的标号或变量的偏移地址调整为相对于组的起始地址。但是其属性值"OFFSET 标号或变量"没调整,它还是相对于段始址的偏移量。需要相对于组名地址的偏移值时,可用"OFFSET 组名:变量",组名在这里相当于段前缀。例如:

```
DGROUP GROUP DATA1,DATA3              ;定义段 DATA1、DATA3 为一个组
DATA1   SEGMENT   WORD PUBLIC 'DATA'
X       DW        ?
DATA1   ENDS
DATA3   SEGMENT   WORD PUBLIC 'DATA'
Z       DW        ?
DATA3   ENDS
CODE    SEGMENT   WORD PUBLIC 'CODE'
        ASSUME    DS: DGROUP,CS: CODE
START:  MOV       AX,DGROUP            ;DGROUP 为已定义的组名
        MOV       DS,AX               ;给 DS 赋初值
        MOV       BX,OFFSET DGROUP: Z ;变量 Z 相对于 DGROUP 的偏移值→BX
        …
CODE    ENDS
END     START
```

　　4) ORG 伪指令

　　汇编程序有一个位置计数器,用来记载正在汇编的数据或指令目标代码存放在当前段内的偏移量,符号 $ 表示位置计数器的现行值。定位伪指令 ORG 是对位置计数器控制的命令。以改变段内在它以后的代码或数据块存放的偏移地址。

　　格式1:

ORG 表达式

　　格式2:

ORG $ + 表达式

格式 1 直接将表达式的值(范围在 0～65 535 之间)送入地址计数器。格式 2 将汇编 ORG 语句前地址计数器的现行值 $ 加上表达式后送入地址计数器。依表达式或 $＋表达式的值为起点来存放在 ORG 语句之后的程序或数据,除非遇到一个新的 ORG 语句。例如:

```
DATA     SEGMENT
         ORG      10H                ;在数据段 10H 偏移地址处开始存放 20H、30H
         X DB     20H,30H
         ORG      $ + 5
         Y DB     40H,50H            ;在数据段 17H 偏移地址处开始存放 40H、50H
```

4．模块的定义与通信

在编写较大的汇编语言程序时,通常将其划分为几个独立的源程序(或称模块),每个模块都实现一特定的功能,并且有自己的代码段和数据段等,对应一个 ＊.ASM 源文件,是一个独立的汇编单位。当所有模块单独汇编及调试完毕后,再通过 LINK 程序链接成一个完整的可执行程序。在每一个模块的开始,常用伪指令 NAME 为该模块定义一个名字,而在模块的结尾处,要加结束伪指令 END,以使汇编程序结束汇编。

1) 模块定义伪指令 NAME/END

NAME 和 END 定义一个可以独立编写及汇编的程序模块。

格式:

```
NAME     模块名     ;为模块命名
         :         ;语句
END      [标号]     ;结束模块
```

一般地,模块命名语句 NAME 可以省略。省略时,模块名取源程序 TITLE 语句中标题的前 6 个字符。若没有使用 TITLE 语句,则该模块所在的源程序文件名为模块名。

模块结束语句 END 告诉汇编程序本模块到此结束。如果该模块是可执行程序的主模块,END 后必须紧跟标号或主过程名,告诉汇编程序该程序的起始地址。

2) 模块间通信伪指令

程序的各模块之间必须解决数据或过程的互访和共享问题,全局符号定义及引用伪指令 PUBLIC、EXTRN 用来实现这个连接任务。

格式:

```
PUBLIC   名字[,名字,… ]
EXTRN    名字：类型[,名字：类型,… ]
```

其中,名字可以是标号、变量名、过程名或由 EQU(或＝)伪指令定义的符号名。类型可以是 BYTE、WORD、DWORD、NEAR、FAR 和 ABS 等,ABS 是由 EQU 伪指令定义的常量的属性。

在一个模块内由 PUBLIC 定义过的名字为全局的,允许程序中其他模块直接引用。EXTRN 说明本模块中使用的名字已在程序的其他模块中定义并被说明为 PUBLIC,名字类型必须与其他模块中定义的相同名字的类型一致。

5. 过程和宏定义伪指令语句

汇编语言中常用定义过程和宏的方法来实现按模块管理程序代码的功能,因此过程和宏是进行模块化程序设计的基础。过程和宏的使用可以简化源程序使程序结构简洁清晰,并便于建立和使用过程库和宏库以减少编程工作量等。

1) 过程定义伪指令

过程是一段可由其他程序用 CALL 指令调用的程序,执行完后用 RET 指令从过程返回原调用处。若整个源程序由主程序和若干个子程序组成,则主程序和这些子程序都应包含在代码段中,而且主程序和子程序都可以作为一个过程,用过程定义语句定义。

过程定义格式:

```
过程名      PROG      [NEAR] / FAR
           ...
           [RET]
           ...          ;过程体
           RET
过程名      ENDP
```

功能:定义一个过程,并指出过程名及过程的属性。

过程名是用户定义的过程的标识符,代表着该过程存放的起始地址,可作为调用此过程的指令 CALL 中的操作数。过程的类型属性有 NEAR 或 FAR 两种。NEAR 属性的过程是近过程,只能由属于定义该过程的段中的其他程序调用(段内调用),而 FAR 属性表明是远过程,可由任何段中的程序调用(段间调用)。默认为 NEAR。

RET 为过程的返回指令,是过程的出口,但不一定是过程的最后一条指令。一个过程可以有多个 RET 指令,但至少要执行到一个 RET 指令。

汇编程序根据过程的属性,当汇编到调用该过程的 CALL 语句时,会自动将 CALL 指令翻译成段内调用或段间调用的目标代码,当汇编到该过程中的 RET 时,也会自动将 RET 指令翻译成段内返回或段间返回。例如:

```
CODE      SEGMENT
P1        PROC      NEAR        ;定义过程 P1 是 NEAR 过程
          ADD       CX,1
          RET                   ;汇编成段内返回
P1        ENDP
START:
          ...
          CALL      P1          ;汇编成段内调用
          ...
CODE      ENDS
          END       START
```

一个段中可以有多个过程。过程也允许嵌套,嵌套的深度(层数)只受堆栈的限制。过程还可以递归使用,即过程中又可以调用本过程。

2) 宏定义伪指令

宏的概念与过程很相似。若源程序中经常要用到一个程序段,可将其定义成一条宏指令(宏定义),于是在源程序中可用这条宏指令代替所定义的程序段(宏调用)。当汇编程序处理到宏指令时,会自动用宏体代换它而扩展成原来的程序段(宏扩展)。

(1) 宏的定义、调用与扩展。

宏定义格式:

```
宏指令名        MACRO[形参,形参,… … ]
               :
               :              ;宏体
               ENDM
```

宏调用格式:

```
宏指令名 [实参,实参,… … ]
```

宏定义中选用的宏指令名必须是唯一的,它代表着所定义的宏体的内容。宏一经定义,就像为指令系统增加了一条新的指令一样,在程序中可通过宏名像使用指令那样对它进行任意次的调用。但要注意宏指令必须先定义后使用。形参为可选项,若选用了形参,所定义的宏称为带参数的宏。当调用宏时,需用对应的实参去取代,以实现向宏中传递信息。

例如,为了实现 ASCII 码与 BCD 码之间的相互转换,往往需要把 AL 中的内容左移 4 位或右移 4 位。设要左移 4 位,可用下列宏定义和调用来实现:

```
SHIFT     MACRO                ;宏定义
          MOV      CL,4
          SAL      AL,CL
          ENDM
          …
          SHIFT                ;宏调用
          …
```

当汇编程序遇到 SHIFT 这样的调用时,就将对应的宏体插入到源程序宏指令所在的位置上,来代替这条宏指令以产生目标码,这就是宏扩展。汇编程序在每一条由宏扩展而产生的指令前冠以加号"+"。例如:

```
+ MOV    CL,4
+ SAL    AL,CL
```

为了使宏定义适用于不同的情况,可以在宏定义中引入参数。如上例中希望每次用不同的寄存器移位不同的次数,可用下列宏定义和调用来实现:

```
SHIFT     MACRO    X,Y              ;带参数的宏定义
          MOV      CL,X
          SAL      Y,CL
          ENDM
          …
          SHIFT    4,AL             ;宏调用,AL左移 4 位
```

宏调用时实参与形参按序一一对应。当形参多于实参时,多余的形参为 0;而实参多于形参时,多余的实参将被抛弃。

（2）取消宏指令名伪指令 PURGE。

用 MACRO 定义过的宏指令名可用 PURGE 来注销。

格式：

PURGE 宏定义名[,…]

还有其他一些宏指令，这里不再详述。

3）宏与过程的区别

对程序中需要重复使用一些程序模块，既可用宏也可用过程来定义，然后在程序中对它们进行调用。那么宏与过程又有些什么区别呢？总结起来有以下几点：

（1）宏指令语句由宏汇编程序识别，在程序汇编时完成宏扩展的处理。而调用过程的 CALL 指令语句是在程序执行时完成过程调用的。

（2）宏操作可以直接传递和接收参数，它不需要通过堆栈等其他介质来进行，因此编程比较容易。而过程不能直接带有参数，当过程之间需要传递参数时，必须通过堆栈、寄存器或存储器来进行，所以相对宏来说，它的编程要复杂一些。

（3）宏调用只能简化源程序的书写，缩短源程序的长度，并没有缩短其目标代码的长度。汇编程序处理宏指令时，是把宏定义体插入到宏调用处，对一个宏定义多次调用就要多次插入，所以目标程序占用内存空间并不因宏操作而减少；而过程调用却能缩短源程序目标代码的长度，有效地节省内存空间。因为过程在源程序的目标代码中只有一段，无论过程被调用多少次，除了增加 CALL 和 RET 指令的代码外，并不增加过程段的代码。

（4）引入宏操作并不会在执行目标代码时增加额外的时间开销；相反，过程调用时的 CALL 和 RET 指令涉及保护和恢复现场及断点，因而有额外的时间开销，会延长目标程序的执行时间。

用户在编程时，可根据系统或程序的需要对宏或过程进行选用。

6. 列表伪指令语句

汇编程序对源程序进行汇编时，除了产生目标代码文件（.obj）外，还可产生一个列表文件（.lst）和一个交叉参考列表文件（.cre），它们都是能被显示或打印的文件。其中，列表文件以源程序指令与其相应目标程序指令相对照形式给出汇编结果，并随后给出程序中所用符号（标号、变量名等）的符号表。交叉参考列表文件按字母顺序列出源程序中所用的符号清单及其使用情况，并给出它们在程序中使用的行号。这两种文件便于程序调试。列表伪指令可以用来控制这两种文件的输出格式和方式，常用以下几种。

（1）TITLE 标题。

TITLE 伪指令用来为程序指定一个标题（不超过 80 字符），以后的列表文件会在每页的第一行打印这个标题，每个模块只能有一个 TITLE 伪指令。若无本语句，则标题为空。

（2）SUBTTL 子标题。

为程序指定一个子标题（不超过 60 个字符），打印在列表文件每一页的标题之后。若无本语句，则子标题为空。

（3）PAGE [行数],[列数]。

PAGE 一般为程序的第一条指令，它指定列表文件每页的行列数。每页行数范围为 10～

255(默认值为 58),列数范围在 60 ～ 132(默认值为 80)。若行、列这两个参数同时缺省,则强行换页,即在需要换页的行处写上此格式伪指令,就会自动换到下一页,而不管当前页是否满,并显示新页的标题、子标题及文件的其余部分。

7. 条件汇编伪指令语句

条件汇编伪指令使汇编程序根据某种条件有选择地对源程序中的某部分语句进行汇编处理。各种条件汇编语句的一般格式为:

```
IF××     条件表达式
         …                    ;语句体 1
[ ELSE
         … ]                  ;语句体 2
ENDIF
```

IF 条件的各种类型及相应的表达式的形式如表 4-4 所示。每一条 IF×× 伪操作指令都必须与 ENDIF 配对使用,汇编程序根据要求对条件进行检测:若条件为真,则汇编语句体 1 中所包含的语句部分;若条件是假且语句中有 ELSE 及语句体 2,则汇编程序就跳过语句体 1,对语句体 2 中的语句进行汇编。但若条件是假,而语句中没有 ELSE 及语句体 2,汇编程序就跳过这一组条件汇编语句往下进行。

表 4-4 条件汇编伪操作指令

伪指令语句		格　　　式	功　　　能
IF	IF	数值表达式	表达式值非 0,则条件为真,汇编语句体 1
IFE	IFE	数值表达式	表达式值为 0,则条件为真,汇编语句体 1
IF1	IF1	汇编处于第一趟扫描时为真	
IF2	IF2	汇编处于第二趟扫描时为真	
IFDEF	IFDEF	符号	符号已被定义或已由 EXTRN 伪指令说明,则条件为真
IFNDEF	IFNDEF	符号	符号未被定义或已由 EXTRN 伪指令说明,则条件为真
IFB	IFB	<参数>	参数为空格,则条件为真。尖括号不能省略
IFNB	IFNB	<参数>	参数不为空格,则条件为真。尖括号不能省略
IFIDN	IFIDN	<字符串 1>,<字符串 2>	两字符串相同,则条件为真
IFDIF	IFDIF	<字符串 1>,<字符串 2>	两字符串不同,则条件为真

4.4.2　80x86/Pentium 扩展伪指令语句

80x86/Pentium 微处理器向上兼容,前面讨论的伪指令适用于所有的 80x86/Pentium。这里介绍宏汇编 MASM 5.0 以上版本(80286 至 Pentium)相对增加的部分程序结构伪指令。

1. 方式选择伪指令

方式选择伪指令能确定微处理器的工作方式和当前指令集,它告诉汇编程序当前的源程序是针对哪种 CPU 执行的。其各种格式和功能如下：

（1）.8086。告诉汇编程序只接受 8086/8088 的指令。这是默认方式。

（2）.286(或.286C)。告诉汇编程序只接受 8086/8088 及 80286 实地址方式下的指令。用.8086 可以删除该伪指令。

（3）.286P。除与伪指令.286 的功能相同外，还承认 80286 保护方式下的指令。该伪指令一般只有系统程序员使用，并可用.8086 伪指令删除。

（4）.386(或.386C)。允许汇编 8086/8088 以及 80286、80386 实地址方式下的指令，禁止接受任一保护方式指令。可用.8086 删除。

（5）.386P。除与伪指令.386 的功能相同外，还允许汇编 80386 保护方式下的指令。一般只有系统程序员使用，并可用.8086 伪指令删除。

（6）.486(或.486C)。与.386(或.386C)类似，允许汇编 80486 非保护方式下的指令。可用.8086 删除。

（7）.480P。与.386P 类似，允许汇编 80486 的全部指令，并可用.8086 删除。

（8）.586/.586C/.586P。类似于（2）～（7），可用来汇编 Pentium 系列微处理器的指令。

（9）.8087/.287/.387/.487/.587。用于设定相应的协处理器方式，选择相应的数字协处理器指令集。

（10）NO87。取消所选择的协处理器指令集。

方式伪指令一般位于源程序文件的开始处，以定义所使用的指令系统。如果缺省，系统默认 8086/8088 及 8087 指令集。

2. 80x86/Pentium 完整段定义的扩充

1）完整段定义伪指令

为了表示 32 位机微处理器的功能，80x86/Pentium 完整段可按下列格式定义：

```
段名    SEGMENT [定位类型][组合类型][字长选择][ '类别名']
        :
        (段体)
        :
段名    ENDS
```

与前述段定义格式比较，主要区别是增加了字长选择项。该项用于定义段的寻址方式，共有两种选择：

（1）USE16。对应 8086/8088 实地址方式，段基址 16 位，偏移量 16 位，最大段长 64KB。

（2）USE32。对应保护方式，段基址 16 位，偏移量 32 位，最大段长 4GB。

字长选择项只有在源程序开始时使用了.386、.486、.586(或.386P、.486P、.586P)方式选择的情况下有效。如果字长选择项缺省，则在使用伪指令.386、.486、.586(或.386P、.486P、.586P)时默认为 USE32；否则按 USE16 处理。

2）80x86/Pentium 汇编源程序结构

根据前面对段的类型及大小的讨论知道，80x86/Pentium 汇编源程序较 8086/8088 汇编源程序在框架结构上有 3 点主要差异：

（1）开始处增加了方式选择。

（2）段定义中有字长选择可选项。

（3）允许同时使用 6 个段，即代码段 CS、数据段 DS、堆栈段 SS 及附加段 ES、FS 和 GS。

例如，两个 32 位带符号数的乘法。

假设在内存的数据段连续存放了两个 32 位（4B）的带符号数 DATA 1 和 DATA 2，要求将它们的 32 位带符号乘积 RESULT 放在附加数据段的 4 个内存单元中（假设结果不超过 32 位）。

```
            .486                              ;80486 方式
DATA    SEGMENT     USE16               ;数据段以 16 位寻址
DATA1   DD          0FFFFFFBFH          ;被乘数
DATA2   DD          0FFFFF000H          ;乘数
DATA    ENDS
FSEG    SEGMENT     USE16               ;附加数据段以 16 位寻址
RESULT  DD          ?                   ;乘积
FSEG    ENDS
STACK   SEGMENT     USE16               ;堆栈段以 16 位寻址
        DB          100 DUP(?)
STACK   ENDS
CODE    SEGMENT     USE16               ;代码段以 16 位寻址
        ASSUME CS: CODE,DS: DATA,FS: FSEG,SS: STACK
IMUL32  PROC        FAR
START:  PUSH        DS
        MOV         AX,0
        PUSH        AX
        MOV         AX,DATA
        MOV         DS,AX
        MOV         AX,FSEG
        MOV         FS,AX               ;填入附加段基址→FS
        MOV         EAX,DATA1
        MOV         EBX,DATA2
        IMUL        EAX,EBX             ;两个 32 位数相乘→EAX
        JO          ERR                 ;若结果超过 32 位,OF = 1,转 ERR
        MOV         RESULT,EAX          ;否则,结果送存
        RET
ERR:    MOV         DWORD PTR RESULT,0  ;结果单元送 0
        RET
IMUL32  ENDP
CODE    ENDS
        END         START
```

3. 80x86/Pentium 简化段定义

在 MASM 5.0 以上的汇编语言版本中，可以使用简化段定义伪指令。简化段有利于实现汇编语言程序模块与 Microsoft 高级语言程序模块的连接，它可以由操作系统自动安排段序，自动保证名字定义的一致性等。相关伪指令如下：

1）段次序语句

段次序语句用于告诉汇编程序在内存中如何排列源程序中各段的先后次序。

格式：

DOSSEG

表明各段的次序按照 DOS 定义的段次序排列。

源程序中的各段在内存中的先后次序有几种排列方式。例如，按照源程序中段名的字母顺序来排列各段；或按照源程序中各个段出现的次序来排列（这是一种默认排列方式）等。多数程序对段次序无明确要求，可通过.DOSSEG 语句由操作系统 DOS 安排。本语句用于主模块前，其他模块不必使用。

2）内存模式语句

使用简化段定义伪指令时，必须事先说明用户程序使用的内存模式。

格式：

.MODEL　　模式类型[,高级语言]

其中，可选内存模式有 5 种：SMALL、MEDIUM、COMPACT、LARGE 和 HUGE，含义见表 4-5。[高级语言]是可选项，可使用 C、BASIC、FORTRAN、PASCAL 等关键字来指定与哪种高级程序设计语言接口。

表 4-5　内存模式类型

内 存 模 式	说　　　明
SMALL	小模式，程序中的数据和代码各放入一个物理段中，对它们的访问均为近程
MEDIUM	中模式，数据为近程，代码允许为远程
COMPACT	压缩模式，代码为近程，数据允许为远程，但任一数据段不可超过 64KB
LARGE	大模式，数据与代码均允许为远程，但任一个数据段不可超过 64KB
HUGE	巨型模式，数据与代码均为远程，且数据数组所占内存也可大于 64KB

内存模式语句一般放在程序的其他简化段定义语句之前，用来指定数据段和代码段允许使用的长度。程序中凡数据或代码的长度不大于 64KB 时为近程，否则为远程。近程的数据通常定义在一个段中，对应一个物理段，只要程序一开始设置其段值于 DS 中，以后数据的访问只改变偏移量，不改变段值。

当独立的汇编语言源程序不与高级语言程序连接时，多数情况下只用小模式 SMALL 即可，而且小模式的效率也最高。

3）简化的段定义语句

简化的段定义语句用来表示一个段的开始，同时也说明前一个段的结束，若这个段是程序中的最后一个段，则该段以 END 伪指令结束。集体简化段语句见表 4-6。

表 4-6　简化段语句

段 语 句 名	格　　式	功　　能
代码段语句	.CODE [名字]	定义一个代码段，如果有多个代码段，要用名字区别
堆栈段语句	.STACK [长度]	定义一个堆栈段，并形成 SS 及 SP 初值，SP＝长度，若省略长度，则 SP＝1024
初始化近程数据段语句	.DATA	定义一个近程数据段，当用于与高级语言程序连接时，其数据空间要赋初值

续表

段语句名	格 式	功 能
非初始化近程数据 段语句	.DATA?	定义一个近程数据段,当用于与高级语言程序连接 时,其数据空间只能有"?"定义,表示不赋初始值
常数段语句	.CONST	定义一个常数段,该段是近程的,用于与高级语言程 序连接,段中数据不能改变
初始化远程数据段 语句	.FARDATA [名字]	定义一个远程数据段。当用于与高级语言程序连接 时,其数据空间要赋初始值
非初始化远程数据 段语句	.FARDATA? [名字]	定义一个远程数据段。当用于与高级语言程序连接 时,其数据空间不赋初始值,只能用"?"定义数值

  不同的内存模式允许的段定义语句有所不同。表 4-7 给出了各种标准内存模式允许的段及其隐含的段名、段属性和组名。

表 4-7 标准内存模式允许的段及其隐含的内容

MODEL	段定义符	段隐含内容				
		段名	定位 类型	组合 类型	'类别'	组名
SMALL	.CODE	-TEXT	WORD	PUBLIC	'CODE'	
	.DATA	-DATA	WORD	PUBLIC	'DATA'	DGROUP
	.CONST	CONST	WORD	PUBLIC	'CONST'	DGROUP
	.DATA?	-BSS	WORD	PUBLIC	'BSS'	DGROUP
	.STACK	STACK	PARA	STACK	'STACK'	DGROUP
MEDIUM	.CODE	name-TEXT	WORD	PUBLIC	'CODE'	
	.DATA	-DATA	WORD	PUBLIC	'DATA'	DGROUP
	.CONST	CONST	WORD	PUBLIC	'CONST'	DGROUP
	.DATA?	-BSS	WORD	PUBLIC	'BSS'	DGROUP
	.STACK	STACK	PARA	STACK	'STACK'	DGROUP
COMPACT	.CODE	-TEXT	WORD	PUBLIC	'CODE'	
	.FARDATA	FAR-DATA	PARA	独立段	'FAR-DATA'	
	.FARDATA?	FAR-BSS	PARA	独立段	'FAR-BSS'	
	.DATA	-DATA	WORD	PUBLIC	'DATA'	DGROUP
	.CONST	CONST	WORD	PUBLIC	'CONST'	DGROUP
	.DATA?	-BSS	WORD	PUBLIC	'BSS'	DGROUP
	.STACK	STACK	PARA	STACK	'STACK'	DGROUP
LARGE 或 HUGE	.CODE	name-TEXT	WORD	PUBLIC	'CODE'	
	.FARDATA	FAR-DATA	PARA	独立段	'FAR-DATA'	
	.FARDATA?	FAR-BSS	PARA	独立段	'FAR-BSS'	
	.DATA	-DATA	WORD	PUBLIC	'DATA'	DGROUP
	.CONST	CONST	WORD	PUBLIC	'CONST'	DGROUP
	.DATA?	-BSS	WORD	PUBLIC	'BSS'	DGROUP
	.STACK	STACK	PARA	STACK	'STACK'	DGROUP

　　独立的汇编语言源程序(即不与高级语言连接的源程序)只用前述的 DOSSEG、.MODEL、.CODE、.STACK 和.DATA 5 种简化语句,并且不区分常数与变量以及赋初值与不赋初值。在.DATA 语句定义的段中,所有数据语句均可以使用。

　　使用简化段定义的程序框架如下:

```
DOSSEG
.MODEL      SMALL
.STACK      [长度]
.DATA
...
数据语句
...
.CODE
启动标号:   MOV      AX,DGROUP      ;或 MOV      AX,@DATA
            MOV      DS,AX
...
执行语句
...
END         启动标号
```

　　这种简化段的源程序结构中只用一个堆栈段、一个数据段和一个代码段。代码段长度可达 64KB,数据段和堆栈段为一个组,其总长度可达 64KB,组名为 DGROUP。组名 DGROUP 与数据段名@DATA 都代表组所对应物理段的段地址,装入内存时,系统给 CS 和 IP 赋初值,使其指向代码段。同时系统还给 SS 和 SP 赋初值,使 SS=DGROUP,SP=数据段长度+堆栈段长度,从而使堆栈段为对应的物理段。这样处理是使堆栈元素也能用 DS 寄存器访问,以便同高级语言程序连接。在代码段开始运行处(启动标号处),用户应该设置 DS 指向组的段地址。

　　例如,将数据段内变量名为 ABCD 所指的两个双字进行按位"与"运算,其结果存入紧接着的下一个双字存储区中,编程如下:

```
         DOSSEG
         .MODEL      SMALL
         .386                        ;承认 386 指令
         .STACK      200H            ;设置 200 个字节的堆栈空间
         .DATA ABCD  DD              11112222H,0000FFFFH
EFGP     DD          0
         .CODE
BEGIN:   MOV         AX,@DATA
         MOV         DS,AX           ;建立数据段寄存器 DS 的初值
         MOV         EAX,ABCD        ;取出第 1 个双字给 EAX
         MOV         EBX,ABCD+4      ;取出第 2 个双字给 EBX
         AND         EAX,EBX         ;与运算
         MOV         EBX,EBX         ;结果存入 EFGP 中
         MOV         AH,4CH
         INT         21H             ;返回到操作系统
         END         BEGIN
```

4.5　汇编语言程序设计基础

一个高质量的程序不仅应满足设计要求、实现预定的功能和正常运作,还应该满足程序的可理解性、可维护性和运行效率高等标准。因此,程序的结构与算法成为程序设计中必须研究的问题。本节将介绍汇编语言程序设计的常用结构与方法,并通过实例来说明。

4.5.1　概述

程序设计是在计算机上通过运行程序解决某一实际问题的完整过程。这个过程通常包括以下步骤:

1. 分析问题、确定算法

首先把要解决的问题进行分析整理并抽象出数学模型,然后在此基础上确定具体的解决此数学模型的算法及步骤。

2. 编制程序流程

程序流程是用图形方式表示解题的具体方法和步骤。在编制程序流程时,应采用"自顶向下"的程序设计方法。对较复杂的问题逐步细化,直到每一个流程可以较容易地编制出程序为止。编制出一个好的程序流程,不仅有利于程序中各语句的编写,而且对程序逻辑上的正确性也便于检查、修改。

3. 正确、合理地分配内存工作单元和寄存器

无论用什么程序设计语言编制程序,都应尽可能地使程序精练,内存占用空间少,运行速度快。汇编语言编制程序时,直接使用,存储单元,大量的数据从指定的存储单元中取出,中间结果或最终结果送入指定存储单元。要准确地使用存储单元地址,会用各种方式表示存储单元地址。在调试程序过程中,要学会对存储单元内容和地址的观察。

在程序中合理使用 CPU 中各寄存器,对数据进行各种操作、从存储器取出数据、向存储器存放数据等都要使用寄存器。而且,有些操作需要使用指定的寄存器。寄存器的数量有限,应该正确、合理地分配寄存器的用途。

在程序中直接访问存储单元和 CPU 中寄存器,也是汇编语言级程序设计的特点之一。正因为如此,用汇编语言编制的程序,可以更直接、更有效地充分利用计算机的硬件资源,使用汇编语言编制的程序比其他高级语言编制的程序更好、更精练。

4. 编写程序

根据程序流程,逐句编写程序,以段作为程序结构的基础,把整个程序分若干个独立的逻辑单位——逻辑段,然后在每个段内正确地编写各语句。

5. 调试程序

上述 4 个步骤仅完成源程序的编写工作,但编写的源程序是否正确,能否全部满足实际

问题的要求,则取决于程序的调试与运行。按照指令系统和汇编语言的语法规则编写出
＊.ASM 源程序。对编制出的程序先做静态语法检查,再上机并通过调试程序(如 DEBUG)进
行动态调试,直至运行正确。对一个程序的调试,是程序设计很重要、很仔细的一个步骤。

4.5.2　程序的基本结构

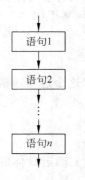

图 4-4　顺序程序
结构

任何一个复杂的程序都是由简单的基本程序构成的,汇编语言程序
的基本结构形式有 4 种,即顺序结构、分支结构、循环结构和子程序。

当程序的执行顺序完全依照代码顺序循序执行时称为顺序结构;而
执行序列与代码序列不一致时,则可能是出现了分支、循环或子程序
调用。

1. 顺序结构

顺序结构程序只做直线运行,无分支、无循环,也无转移,如图 4-4 所
示。这种程序一般是简单程序。

2. 分支结构

在一个实际问题中,程序始终是直线运行的情况是不多见的,通常都
会有各种分支。分支结构程序是按照给定的条件进行判断,然后根据不同的情况(条件成立
或不成立)转去执行不同的程序段。计算机的分析判断能力就是这样实现的。分支程序依
其支路的多少,可分为双分支和多分支两类,如图 4-5 所示。

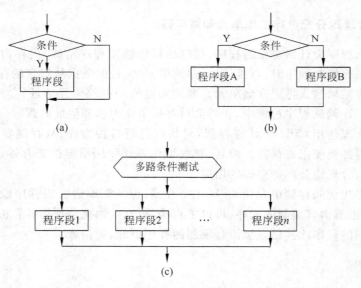

图 4-5　分支程序结构示意图

3. 循环结构

循环结构程序用以实现那些需要重复做的工作,形式如图 4-6 所示。循环结构可以缩

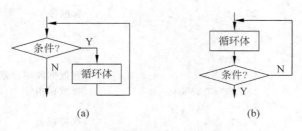

图 4-6 循环结构示意图

短程序长度且便于维护,但是由于循环结构中要有循环准备、结束判断等指令,执行速度较顺序结构程序略微慢一点。

应用实例中的程序结构往往不会是单一的顺序、或单一的分支、或单一的循环,而是多种基本结构的复合。所以这 3 种基本结构奠定了实现任何复杂程序的基础,或者说,任何复杂程序总可以用这 3 种基本结构来实现。

4. 子程序

子程序又称过程,相当于高级语言中的函数或过程,是具有独立功能的模块。在程序设计中,为了便于编写、调试和修改,使程序结构尽量简单、清晰,增强可读性,常采用模块化的程序设计方法,即按功能将程序化分为一个个独立的模块,还可进一步根据具体的任务划分成小的子模块,每个模块都可单独编辑和编译,生成自己的源文件(.ASM 和 .OBJ),然后通过链接形成一个完整的可执行文件。

4.5.3 程序设计基本方法

1. 顺序结构程序设计

按照顺序结构程序的含义,此类程序设计是根据时间发展的先后,选择合适的指令有序地加以组合。

例 4-1 内存中自 TABLE 开始的 16 个单元连续存放着 0~15 的平方值(称为平方表)。任给一数 $X(0 \leqslant X \leqslant 15)$ 在 XX 单元,查表求 X 的平方值,并把结果存入 YY 单元。

分析一下表的存放规律可知,表的起始地址与数 X 的和便是 X 的平方值所在单元的地址,由此可得程序如下:

```
DATA    SEGMENT
TABLE   DB 0,1,4,9,16,25,36,49,64,81,100,121,144,169,196,225   ;定义平方表
XX      DB ?
YY      DB ?
DATA    ENDS
STACK   SEGMENT PARA STACK 'STACK'
        DB 100 DUP(?)                          ;定义 100 个字节堆栈空间
STACK   ENDS
CODE    SEGMENT
        ASSUME CS:CODE,DS:DATA
START   PROC         FAR
```

```
        PUSH      DS                    ;标准序
        MOV       AX,0
        PUSH      AX
        MOV       AX,DATA
        MOV       DS,AX                 ;置数据段寄存器
        MOV       BX,OFFSET TABLE       ;置数据指针
        MOV       AH,0
        MOV       AL,XX                 ;取待查数
        ADD       BX,AX                 ;查表
        MOV       AL,[BX]
        MOV       YY,AL                 ;平方数存入 YY 单元
        RET
START   ENDP
CODE    ENDS
        END       START
```

例 4-2　将待输出到终端控制台的 ASCII 码′58′转换为机内二进制数。设缓冲区起始地址为 BUF,转换后的数存于 XX 单元中。

```
        DOSSEG
        .MODEL    SMALL
        .STACK    256                   ;定义堆栈段,长度为 256B
        .DATA                           ;定义数据段
BUF     DW ′58′                         ;待输出的字符 ′58′
XX      DB?                             ;二进制数存放单元
        .CODE                           ;定义代码段
START:  MOV       AX,DGROUP             ;设置 DS 指向 DGROUP 组的段地址
        MOV       DS,AX
        MOV       CL,10
        MOV       BX,BUF                ;BX = 3538
        AND       BH,0FH                ;BH = 05H
        MOV       AL,BH                 ;十位数 5→AL
        MUL       CL                    ;AX = 50 = 00000000 00110010B
        AND       BL,0FH                ;BL = 08H,个位数
        ADD       AL,BL                 ;AL = 00111010B
        MOV       XX,AL                 ;[XX] = 00111010B
        MOV       AH,4CH
        INT       21H
        END       START
```

2. 分支结构程序设计

除最基本的顺序程序外,经常还会碰到根据不同的条件转移到不同的程序段执行的各种分支程序。设计分支程序的关键是如何判断分支的条件。分支结构的实现有多种方法,常见的方法有比较/转移和跳转表转移两种。

1) 利用比较和转移指令实现分支

利用比较和转移指令实现分支程序设计的方法,是在需要分支的地方用比较指令CMP、串比较指令 CMPS 或串搜索指令 SCAS 等顺序进行分支条件的比较判断,然后利用

各种条件转移指令实现分支。这种方法简单明了但效率低,适合于程序中仅有少数分支的情况。

例 4-3 变量 X 的符号函数可用下式表示,编程实现根据 X 的值($-128 \leqslant X \leqslant 127$)给 Y 赋值。

这个问题中分支的条件非常简单,只需将给定的 X 与 0 比较即可。算法流程如图 4-7 所示。程序清单如下:

```
DATA      SEGMENT
XX        DB X                                    ;存放 X
YY        DB ?                                    ;存放 Y
DATA      ENDS
STACK     SEGMENT PARA STACK 'STACK'
          DB 100 DUP(0)
STACK     ENDS
CODE      SEGMENT
          ASSUMENT CS:CODE,DS:DATA
START:    MOV       AX,DATA
          MOV       DS,AX                         ;设置 DS
          MOV       AL,XX
          CMP       AL,0
          JGE       BIGER                         ;带符号数比较指令,不小于则转移
          MOV       AL,-1                         ;X<0,-1 送入 YY 单元
          JMP       EQUL
BIGER:    JE        EQUL                          ZF=1 相等转移
          MOV       AL,1                          ;X>0,0 送入 YY 单元
EQUL:     MOV       YY,AL                         ;X=0,0 送入 YY 单元
          MOV       AH,4CH
          INT       21H
CODE      ENDS
          END       START
```

$$Y = \begin{cases} 1 & X > 0 \\ 0 & X = 0 \\ -1 & X < 0 \end{cases}$$

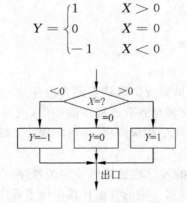

图 4-7 符号函数实现流程框图

例 4-4 数据块的传送。

把内存中某一区域的数据块传送到另一个区域中去。若源数据块与目标数据块之间地址没有重叠,可直接用数据传送指令实现。如果考虑它们之间的地址可能重叠,可以先判断一下源首址加数据块长度是否小于目标首址。若是,则按增量方式传送;反之,则要把指针

修改为指向数据块底部,然后采用减量方式传送。显然,分支的条件是源数据块与目标数据块是否有地址重叠。程序清单如下:

```
DATA      SEGMENT
STRG      DB 1000 DUP(?)                        ;数据区起始
STG1      EQU STRG + 7                          ;定义源串存放区
STG2      EQU STRG + 27                         ;定义目标串存放区
STRSE     EQU 50                                ;数据块的长度
DATA      ENDS
STACK     SEGMENT PARA STACK 'STACK'
          DB 100 DUP(?)
STACK     ENDS
CODE      SEGMENT
          ASSUME CS: CODE,DS: DATA,ES: DATA
MAIN:     MOV       AX,DATA
          MOV       DS,AX                       ;DS 指向数据段
          MOV       ES,AX                       ;ES 指向数据段
          MOV       CX,STRSE                    ;串长→CX
          MOV       SI,OFFSET STG1              ;源串首地址→SI
          MOV       DI,OFFSET STG2              ;目标串首地址→DI
          CLD                                   ;增量方式传送
          PUSH      SI
          ADD       SI,STRSE - 1                ;SI = 源串末地址
          CMP       SI,DI                       ;DI = 目标串首地址
          POP       SI                          ;源串地址与目标串地址不重叠,转 OK 处
          JL        OK
          STD                                   ;否则,按减量方式传送
          ADD       SI,STRSE - 1                ;指向数据块底部
          ADD       DI,STRSE - 1
OK:       REP       MOVSB                       ;重复传送 50 个数据
          MOV       AX,4C00H
          INT       21H
CODE      ENDS
          END       MAIN
```

2) 利用跳转表实现分支

这种方法常用于多路分支的情况。跳转表实为内存的一块连续单元,其中存放着一系列分支程序的入口地址,或是跳转至各分支程序的指令,或是与分支程序有关的关键字等。程序按一定的条件寻址到跳转表中相应的项,即可实现分支转移。

(1) 根据表内地址分支。

方法是:将各分支子程序的入口地址按照一定的顺序存放在内存区域中,若主程序需要转去执行某个子程序,可以根据一定的算法计算出该子程序地址在跳转表中的位置,从而得到相应子程序的入口地址,然后用 JMP 指令转去执行。若是段内分支,每个地址在表内占两个单元(IP 的值),若是段间分支,每个地址占 4 个单元(CS:IP 的值)。

例如,设有 8 种产品的产品编号分别为 0、1、2、…、7,各产品的加工子程序名分别为 SBR0、SBR1、…、SBR7。试编写由已知编号转至相应加工子程序处理的程序。

设所有分支为段内分支。将子程序的入口地址连续存放在以 BASE 为首地址的跳转

表中,如图 4-8 所示,则对应任一个产品编号,其子程序入口地址在表中的位置＝表基地址＋表内偏移量＝表基地址＋产品编号×2,依据此式可以得到子程序入口地址。程序设计流程图如图 4-9 所示。

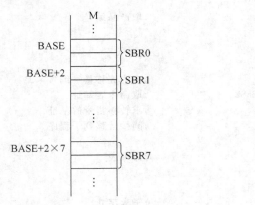

图 4-8　地址跳转表

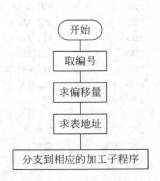

图 4-9　表分支流程图

程序清单如下:

```
DATA      SEGMENT
BASE      DW SBR0,SBR1,SBR2,SBR3,SBR4,SBR5,SBR6,SBR7    ;定义跳转表
BN        DB ?                                          ;BN 中存放某一产品编号
DATA      ENDS
STACK     SEGMENT PARA STACK 'STACK'
          DB 100 DUP(0)
STACK     ENDS
CODE      SEGMENT
          ASSUME CS: CODE,DS: DATA
START     PROC        FAR
          PUSH        DS
          MOV         AX,0
          PUSH        AX
          MOV         AX,DATA
          MOV         DS,AX
          MOV         BL,BN                             ;取产品编号
          MOV         BH,0                              ;16 位扩展
          SHL         BX,1                              ;表内偏移量＝产品编号×2
          JMP         BASE[BX]                          ;间接转移到相应的产品加工子程序
SBR0:     ...                                           ;子程序 0
          RET
...       ...                                           ...
SBR7:     ...                                           ;子程序 7
          RET
START     ENDP
CODE      ENDS
          END         START
```

(2) 根据表内指令分支。

跳转表中存放的也可以是分别转向各个子程序的转移指令。这时跳转表应定义在代码段,如图 4-10 所示,每 3 个单元存放一条转移指令(设 JMP 是 3 字节指令)。只要能寻址到跳转表中相应的项,即可执行转至某子程序的 JMP 指令,从而实现程序的转移。上例根据表内指令分支的相应程序如下:

```
        MOV         AL, BN              ;取产品编号
        MOV         AH, 0
        MOV         BL, AL
        ADD         AL, AL
        ADD         AL, BL              ;表内偏移量 = 编号×3
        MOV         BX, OFFSET BASE     ;取命令表基址
        ADD         BX, AX              ;求转移指令的基址
        JMP         BX                  ;间接转移到子程序
          ⋮
BASE:   JMP         SBR0                ;命令表
        JMP         SBR1
        JMP         SBR7
SBR0:   … …                            ;子程序 0
SBR1:   … …
        … …
SBR7:   … …                            ;子程序 7
```

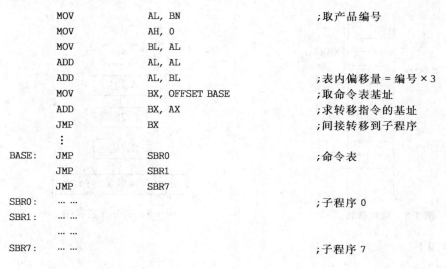
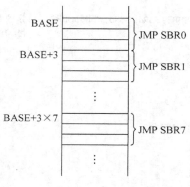

图 4-10　命令跳转表

3. 循环结构程序设计

1) 循环程序的组成

当在程序设计中碰到某些需要多次重复执行的工作时,就可用循环程序来实现。循环程序是在满足某些条件时对一段程序的重复执行,一般由三部分组成。

(1) 参数初始化部分。设置循环次数的计数值,以及为循环体正常工作而建立的初始状态等。

(2) 循环体。它是循环工作的主体,由循环的工作部分及修改部分组成。循环的工作部分是为完成程序功能而设计的主要程序段,循环的修改部分则是为保证每一次重复(循环)时,参加执行的信息能够发生有规律的变化而建立的程序段。

(3) 循环控制部分。循环控制应该属于循环体的一部分,它是循环程序设计的关键,每一个循环程序必须选择一个循环控制条件来控制循环的运行和结束。

2）循环程序的基本结构形式

由图 4-11 可见,循环程序有两种基本结构。

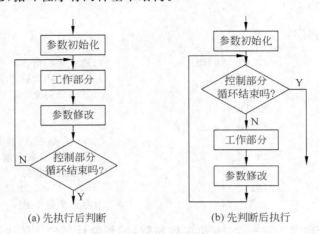

(a) 先执行后判断　　　　　(b) 先判断后执行

图 4-11　循环结构

（1）"先执行后判断"结构。

这种结构至少执行一次循环体。即进入循环后先执行一次循环体,再判断循环是否结束,如图 4-11(a)所示。在循环次数已知时常选用这种结构。

（2）"先判断后执行"结构。

这种结构的特点是进入循环后,首先判断循环结束的条件,再根据判断结果决定是否执行循环体的程序。如果一进入循环就满足循环结束条件,则将一次也不执行循环体,如图 4-11(b)所示。在循环次数未知,需要根据具体情况找出控制循环结束的条件时常选用这种结构。

3）循环控制方法

每个循环程序必须选择一个循环控制条件来控制循环的运行和结束,所以循环控制部分是设计循环程序的关键。循环控制方法通常有 4 种。

（1）计数控制。循环次数已知,每循环一次加/减 1。

（2）条件控制。循环次数未知,须根据条件真假控制循环。

（3）状态控制。根据事先设置或实时检测到的状态来控制循环。

（4）逻辑尺控制。在多次循环过程中需分别做不同的操作时,可通过建立位串（逻辑尺）控制循环。

循环控制方法的选择很灵活,有时可能的选择方案不止一种,需要通过分析比较,选择出一种效率最高的方案来实现。

例 4-5　统计字节数据块：$-1,-3,5,6,9,\cdots$ 中负元素的个数。

统计负数个数的方法之一是查看每个数的符号位,并统计符号位为 1 的数的个数。这种重复性的工作可用循环程序来实现。

数据段定义如下：

```
DATA    SEGMENT
BUF     DB -1,-3,5,6,9,…                        ;定义若干字节带符号数
```

```
        CUNT    EQU  $ - BUF                    ;计算数据块长度
        RESULT  DW?                             ;定义存放结果单元
        DATA    ENDS
```

对应的代码段程序：

```
        MOV     BX,OFFSET BUF                   ;建立数据指针
        MOV     CX,CUNT                         ;设置循环次数
        MOV     DX,0                            ;置结果初值
LP1:    MOV     AL,[BX]                         ;取数据
        AND     AL,AL
        JNS     PLUS                            ;SF = 0 是正数,转 PLUS
        INC     DX                              ;是负数,负数个数 + 1
PLUS:   INC     BX                              ;调整数据指针
        LOOP    LP1                             ;(CX-1)≠0,继续循环
        MOV     RESLT,DX                        ;存入负数个数
```

例 4-6　AX 寄存器中有一个 16 位二进制数,编程统计其中 1 的个数,结果存放在 CX 寄存器中。

这个程序最好采用"先判断后执行"的结构。如果 AX 中的数为全 0,则不必再做统计工作。相应程序段如下:

```
        MOV     CX,0                            ;置结果计数器初值
LP:     AND     AX,AX                           ;AX = 0 否
        JZ      EXIT                            ;是,退出循环
        SAL     AX,1                            ;否,AX 的最高位移至 CF 中
        JNC     ZERO                            ;CF = 0,转 ZERO 继续循环
        INC     CX                              ;CF = 1,结果计数器加 1
ZERO:   JMP     LP
EXIT:   :
```

循环的结束可以用计数值 16 来控制,但使用 AX 为全 0 这个特征条件可以提前结束循环,提高程序的效率。

例 4-7　某系统采集了 12 个数据(X_i)存于 BUFFER 起始的缓冲区中,处理时要求对第 1、2、5、7、10 个数据调用函数 1($Y_i = 2X_i$),对第 3、4、6、8、9、11、12 个数据调用函数 2($Y_i = 4X_i$)。

在 12 次循环中,每次循环可能调用函数 1,也可能调用函数 2。可建立与要求相对应的逻辑尺 0011010110110000,作为控制循环的条件。程序如下:

```
        .DATA
BUFFER  DW 11,22,33,44,55,66,77,88,99,1234,5678,9876 ;Xi 的值
RESULT  DW      12DUP(?)                        ;Yi 的保留单元
COUNT   EQU     12
LOGRUL  EQU     0011010110110000B               ;前 12 位为逻辑尺
        .CODE
        ...
        MOV     DX,LOGRUL                       ;逻辑尺→DX
        MOV     CX,COUNT                        ;循环次数→CX
        LEA     BX,BUFFER                       ;BX 指向 Xi
```

```
        LEA     SI,RESULT           ;SI 指向 Yᵢ
AGAIN:  MOV     AX,[BX]             ;取 Xᵢ
        ROL     DX,1                ;逻辑尺左移一位→CF
        JC      ANOTH               ;CF = 1,转 ANOTH
        CALL    FUN1                ;CF = 0,调用函数 1
NEXT:   MOV     [SI],AX             ;保存 Yᵢ
        ADD     BX,2                ;指向下一个 Xᵢ
        ADD     SI,2                ;指向下一个 Yᵢ
        LOOP    AGAIN
        ...
ANOTH:  CALL    FUN2                ;CF = 1,调用函数 2
        JMP     NEXT
FUN1    PROC                        ;Y = 2X
        ADD     AX,AX
        RET
FUN1    ENDP
FUN2    PROC
        ADD     AX,AX
        ADD     AX,AX
        RET
FUN2    ENDP
```

4) 多重循环程序设计

循环程序分为单重循环和多重循环。多重循环程序设计的方法和单重循环程序设计是一致的,应分别考虑各重循环的控制条件及程序实现,相互之间不能混淆。

多重循环中循环可以嵌套、并列,但不可以交叉。可以从内循环直接跳到外循环,但不能从外循环直接跳进内循环。特别是要分清循环的层次,千万不能使循环回到初始化部分,否则会出现死循环。

例 4-8 软件延时程序。程序中的每条指令都有一定的执行时间,因而利用软件可以实现延时。当要求延时时间较长时,可采用多重循环。

```
SOFTDLY PROC                        指令执行时间
        MOV     BL,10               4T
DELAY:  MOV     CX,2801             ;内循环延时 10ms    4T
WAIT:   LOOP    WAIT                17T    OR    5T
        DEC     BL                  3T
        JNZ     DELAY               16T    OR    4T
        RET                         20T
SOFTDLY ENDP
```

这是一个双重循环结构。内循环中 CX 由 2801 减至 0,BL 维持不变,大约可实现 10ms 的延时。外循环进行 10 次,共可实现 100ms 的延时(设 CPU 时钟周期 $T=210\mu s$)。

延时时间 t 计算如下:

$$t = \{4 + [10 \times ((4 + (2801 \times 17 - 12)) + 3 + 16) - 12] + 20\} \times T$$

内循环

外循环

4.5.4 子程序设计与调用技术

1. 概述

任何一个大程序均可分解为许多相互独立的小程序段,这些小程序段称为程序模块。可以将其中重复的或者功能相同的程序模块设计成规定格式的独立程序段,这些程序段可提供给其他程序在不同的地方调用,从而可避免编制程序的重复劳动。特别是对于那些经常要使用的程序段,如通用的算术运算程序,各种数制之间的转换程序以及通用数据处理和输入输出控制程序等,都可以编成这种特殊程序段供调用。把这种可以多次反复调用的,能完成指定操作功能的特殊程序段称为"子程序"。相对而言,就把调用子程序的程序称为"主程序"。把主程序调用子程序的过程称为"调用子程序",又常简称为"转子"。子程序执行完后,应返回到主程序的调用处,继续执行主程序,这个过程称为"返回主程序",也常简称为"返主"。值得注意的是,主程序的概念是相对于子程序而言的。例如,主程序调用子程序1,而子程序1中又调用子程序2。这里的子程序1相对于主程序来讲是子程序,而相对于子程序2来讲,它又是主程序。"调用子程序"的关键是如何保存返回地址,"返回主程序"的关键是如何找到调用时保存的返回地址。在汇编语言中,专门设置了调子——CALL指令和返主——RET指令,用以实现正确地转向子程序地址,执行后又正确地返回到主程序的断点。这些操作主要是通过堆栈操作来完成的。

综上所述,采用子程序结构,具有以下几个方面的优点:

- 简化了程序设计过程,使程序设计时间大量节省。
- 缩短了程序的长度,节省了程序的存储空间。
- 增加了程序的可读性,便于对程序的修改、调试。
- 方便了程序的模块化、结构化和自顶向下的程序设计。

1) 与子程序有关的术语

(1) 子程序嵌套。子程序中调用别的子程序称为嵌套,只要堆栈空间允许,嵌套层次不限。

(2) 子程序递归调用。子程序调用该子程序本身称为递归调用。

(3) 可重入子程序。能够被中断并可再次被中断程序调用的子程序。

(4) 可重定位子程序。全部采用相对地址、可重定位在内存任意区域的子程序。

2) 子程序文件

为了使用方便,常为子程序编写一说明文档。内容如下:

(1) 功能描述。包括子程序的名称、功能、性能指标(如执行时间)等。

(2) 子程序的入口、出口参数。

(3) 所用寄存器和存储单元。

(4) 子程序中又调用的其他子程序。

(5) 调用实例(可有可无)。

子程序文件由子程序说明文档和子程序本身构成,以利于子程序的正确使用和维护。

2. 子程序设计中的问题

1) 主程序与子程序的连接

子程序以过程的形式存放在代码段。当主程序与子程序在同一代码段时,为段内调用;若主程序与子程序各在不同的代码段,则为段间调用。无论哪种情况,主程序与子程序的连接由 CALL 和 RET(在中断子程序中是 IRET)指令来完成。

CALL 指令实现主程序向子程序的转移。它先将断点地址(即 CALL 下面一条指令的地址:段内调用是 IP,段间调用是 IP 与 CS)进堆栈,然后再将 CALL 指令中指定的子程序的入口地址送到 IP 或 IP 与 CS,将控制转移到子程序。子程序执行完毕后,通过 RET 指令返回。RET 指令从堆栈栈顶取出断点地址重新装入 IP 或 IP 与 CS,使控制回到断点处继续执行。

2) 子程序现场的保护与恢复

由于汇编语言所操作处理的对象主要是 CPU 寄存器,而主程序在调用子程序时,已经占用了一定的寄存器,子程序执行时又要使用寄存器,子程序执行完毕返回主程序后,又要保证主程序按原有状态继续正常执行,这就需要对这些寄存器的内容加以保护,称为现场保护。子程序执行完毕后再恢复这些被保护的寄存器的内容,称为现场恢复。

在子程序设计时,一般在子程序一开始就保护子程序将要占用的寄存器的内容,子程序执行返回指令前再恢复被保护的寄存器的内容。

保护现场和恢复现场的工作既可在主程序中完成,也可在子程序中完成。这可由用户在程序设计时自行安排。如果子程序设计时未考虑保护主程序的现场,则可在主程序调用子程序前先保护现场,从子程序返回后再恢复现场。通常在主程序中保护现场,就一定在主程序中恢复。在子程序中保护现场,则一定在子程序中恢复。这样安排程序结构清楚,不易出错。

通常采用下述方法进行现场保护和现场恢复:

利用入栈指令 PUSH 将寄存器的内容保存在堆栈中,恢复时再用出栈指令 POP 从堆栈中取出。这种方法较为方便,尤其在设计嵌套子程序和递归子程序时,由于进栈和出栈指令会自动修改堆栈指针,保护和恢复现场层次清晰,只要注意堆栈操作的先进后出的特点,就不会引起出错,故这是经常采用的一种方法。下面的例子是将 PUSH 和 POP 指令成对地安排在子程序的开始和结束。

例 4-9

```
DTOB    PROC
        PUSH        BX
        PUSH        AX
        ...
        POP         AX
        POP         BX
DTOB    ENDP
```

也可将现场的保护与恢复安排在主程序中 CALL 指令的前后,但不提倡这样做。特别是对中断服务子程序,一定要在子程序中安排保护和恢复指令。因为中断是随机出现的,主程序中转入子程序的地点是不固定的,无法在主程序中安排这一段指令。

3）主程序与子程序之间的参数传递

参数是主程序和子程序之间的数据通道。一般将子程序需要从主程序获取的参数称为入口参数,将子程序需要返回给主程序的参数称为出口参数。正因为可以接收参数才使子程序具有灵活、方便、通用的优点。参数传递的方法一般有 3 种。

（1）寄存器传递。选定某些通用寄存器,用来存放主程序和子程序之间需要传递给对方的参数。这种方法简单快捷,但因寄存器数量有限,仅适合于参数较少的情况。

（2）存储单元(参数表)传递。主程序和子程序之间可利用指定的存储变量传递参数。这适合于参数较多的情况,但要求事先在内存中建立一个参数表。

（3）堆栈传递。主程序和子程序可将需传递的参数压入堆栈,使用时再从堆栈中弹出。由于堆栈具有后进先出的特性,故多重调用中各种参数的层次很分明,这种方法很适合于参数多并且子程序有嵌套、递归调用的情况。

无论哪种方法,主程序和子程序要配合默契。子程序要求到哪里取参数,主程序就应将参数送到哪儿,而且要注意参数的先后顺序。

3. 子程序应用举例

例 4-10　寄存器传递参数。求数组 ARRAY 中所有元素之和并存于 SUM 单元中。

```
STACK    SEGMENT PARA STACK 'STACK'
         DB 100 DUP(?)
STACK    ENDS
DATA     SEGMENT
ARRAY    DB d1,d2,d3,…,dn
COUNT    EQU          $ - ARRAY
SUM      DW?
DATA     ENDS
CODE     SEGMENT
         ASSUME       CS: CODE, DS: DATA
START:   MOV          AX, DATA
         MOV          DS, AX
         LEA          SI, ARRARY       ;入口参数准备,将需要传递的参数送入寄存器
         MOV          CX, COUNT
         CALL         SUM1             ;调用子程序求和,返回值在 AX 中
         MOV          SUM, AX          ;和存入 SUM 单元
         MOV          AH, 4CH          ;返回 DOS
         INT          21H
;子程序名:SUM1.程序功能:求字数组和.入口参数:SI = 数组首址,CX = 数组长度
;出口参数:AX = 数组和.使用寄存器 AX、CX、SI
SUM1     PROC         NEAR
         CMP          CX,0
         JZ           EXIT
         MOV          AX,0
AGAIN:   ADD          AL,[SI]
         ADC          AH,0
         INC          SI
         LOOP         AGAIN
EXIT:    RET
```

```
SUM1      ENDP
CODE      ENDS
          END          START
```

例 4-11 利用存储单元传递参数的方法有两种：①直接存储单元传递：利用事先约定的存储单元直接进行数据本身传递，这种方法与寄存器传递相类似；②参数地址表传递：在调用子程序前，把所有参数的地址送入地址表，然后把地址表的偏移量通过寄存器带进子程序。子程序从地址表中取得所需参数的地址，继而取得参数。

本例用方法②求字数组和（假定和不溢出），结果送入 SUM 单元。

```
STACK     SEGMENT PARA STACK 'STACK'
          DB 100 DUP(?)
STACK     ENDS
DATA      SEGMENT
ARRAY     DW d1,d2,d3,…,dn
COUNT     DW           N
SUM       DW ?
TABLE     DW 3 DUP(?)                              ;定义地址表
DATA      ENDS
CODE      SEGMENT
          ASSUME       CS: CODE,DS: DATA
START:    MOV          AX,DATA
          MOV          DS,AX
          MOV          TABLE,OFFSET ARRAY          ;参数地址送地址表
          MOV          TABLE + 2,OFFSET COUNT
          MOV          TABLE + 4,OFFSET SUM
          LEA          BX,TABLE                    ;地址表首址→BX
          CALL         PRO_ADD                     ;求和并存储
          MOV          AH,4CH
          INT          21H                         ;返回
;子程序名：PRO_ADD.程序功能：求字数组和并保存.入口参数：BX 为地址表首地址,参数地址在地址表中
;出口参数：和在 SUM 单元中.使用寄存器 AX、CX、BP、SI、DI
PRO_ADD PROC           NEAR
          PUSH         AX                          ;保护现场
          …
          PUSH         DI
          MOV          SI,[BX]                     ;数组首地址→SI
          MOV          BP,[BX + 2]                 ;数组长度单元地址→BP
          MOV          CX,DS:[BP]                  ;数组长度→CX
          MOV          DI,[BX + 4]                 ;存储和单元地址→DI
          MOV          AX,0
ADDIT:    ADD          AX,[SI]
          ADD          SI,2
          LOOP         ADDIT                       ;循环求和
          MOV          [DI],AX                     ;存储和
          POP          DI
          …
          POP          AX                          ;恢复现场
```

```
                    RET
    PRO – ADDENDP
    CODE        ENDS
                END              START
```

例 4-12　利用堆栈传递参数。改写例 4-11 为堆栈传递参数，并令求和子程序在另一个代码段程序执行过程中堆栈变化示意图如图 4-12 所示。

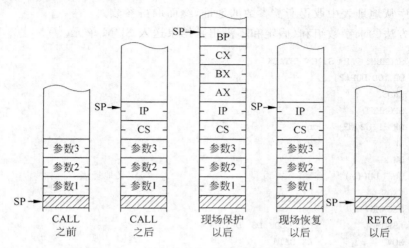

图 4-12　堆栈变化示意图

```
STACK      SEGMENT PARA STACK 'STACK'
           DB 100 DUP (?)
STACK      ENDS
DATA       SEGMENT
ARRAY      DW d1,d2,d3,…,dn
COUNT      DW              N
SUM        DW              ?
DATA       ENDS
EXTRN      PRO_ADD: FAR                      ;主程序和子程序在两个不同的段中
CODE1      SEGMENT
           ASSUME          CS: CODE1,DS: DATA
START:     MOV             AX,DATA
           MOV             DS,AX
           LEA             BX,ARRAY          ;地址参数 1 进栈
           PUSH            BX
           LEA             BX,COUNT          ;地址参数 2 进栈
           PUSH            BX
           LEA             BX,SUM            ;地址参数 3 进栈
           PUSH            BX
           CALL            FAR PTR PRO_ADD   ;段间调用,求和
           MOV             AH,4CH
           INT             21H
CODE1      ENDS
           END             START
```

```
                ;
        PUBLIC      PRO_ADD
        CODE2       SEGMENT
                    ASSUME          CS: CODE2
        ;子程序名：PRO_ADD.程序功能：数组求和.入口参数：数组,数组长度及存和单元地址在栈中
        ;出口参数：和在 SUM 单元.使用寄存器 AX、BX、CX、BP、SI
        PRO_ADD PROC          FAR                        ;子程序类型定义为 FAR
                PUSH          AX                         ;保护现场 AX、BX、CX、BP
                PUSH          BX
                PUSH          CX
                PUSH          BP
                MOV           BP, SP
                MOV           BX, [BP + 14]              ;取得地址参数
                MOV           CX, [BX]
                MOV           BX, [BP + 12]
                MOV           SI, [BP + 16]
                MOV           AX, 0
        ADDIT:  ADD           AX, [SI]                   ;求和
                ADD           SI, 2
                LOOP          ADDIT
                MOV           [BX], AX                   ;保存和
                POP           BP
                POP           CX                         ;恢复现场 BP、CX、BX、AX
                POP           BX
                POP           AX
                RET           6                          ;返回并废除地址参数
        PRO_ADD ENDP
        CODE2   ENDS
                END
```

利用堆栈传递参数需要注意的是,现场保护后(图 4-12),被传参数位于"高地址"区,被现场"覆盖",这时不能直接用 POP 指令弹出。可使 BP 指向栈顶,以 BP 加位移量的形式指向参数所在单元,再用 MOV 指令取出参数。

4. BIOS/DOS 功能子程序调用

在 80x86/Pentium 微机系统的 ROM 中固化有一组外部设备驱动与管理软件,组成微机基本输入输出系统(basic I/O system),称为 ROM BIOS,它处于系统软件的最底层。DOS 在此基础上开发了一组输入输出设备处理程序 IBMBIO.com,这也是 DOS 与 ROM BIOS 的接口,在 IBMBIO.com 的基础上,DOS 还开发有文件管理等一系列处理程序 IBMDOS.com。DOS 的命令处理程序 COMMAND.com 与 IBMBIO.com、IBMDOS.com 这两种程序就构成了基本 DOS 系统。

BIOS 和 DOS 这两组功能子程序主要是实现系统外部设备的输入/输出操作和文件管理等。用户可以不必了解这些设备的工作特点,连接这些设备的接口工作原理和工作方式,以及文件在磁盘上的存储格式等,只要正确地调用这些功能子程序逻辑,便能以短小的程序段(仅几条指令)完成数据的输入/输出或文件的存取。对这些功能子程序,不是用通常的调

用指令CALL,而是以中断工作方式调用这两组功能子程序。调用时,使用软中断指令INT,指令格式为:

INT n

其中,n 为中断类型码,其值为 00~FFH。执行 INT 指令时,首先把标志寄存器的内容压入堆栈,将 TF 和 IF 清零,再把调用程序的返回地址(即现行的 CS 和 IP 值)压入堆栈,然后按照指令给出的中断类型码 n,从中断向量表对应位置取出将要调用的功能子程序的入口地址,并分别置入 CS 和 IP 中,再开始执行功能子程序。在功能子程序运行结束后,用中断返回指令 IRET 返回调用程序。执行 IRET 指令时,先把堆栈顶部的内容(暂存有调用程序的返回地址)弹出,分别送入 CS 和 IP,再把堆栈中暂存的标志寄存器内容送回标志寄存器。这样便完成了从子程序返回调用程序的过程。

对应每一个中断类型码的功能子程序,包括若干个不同的子功能。例如,中断类型码 16H,是对应键盘输入的功能子程序,其中,在功能上又分为从键盘读字符、读键盘状态、读键盘功能转换键等。把这些不同的子功能用功能号来表示,所以在调用这些系统功能子程序时,除在软中断指令中选择相应的中断类型码 n 外,还需要指定功能号(功能号存放在 AH 中)。对有些功能子程序,如果需要入口参量,则在软中断指令前应把入口参量送入指定寄存器。调用系统功能子程序格式如下:

送入口参量到指定寄存器
AH←功能号
INT n

如果功能有出口参量,那么从功能子程序返回后,可直接到指定的寄存器或存储单元中取出。

1) 调用 BIOS/DOS 功能子程序的基本方法

一般地,对功能子程序的调用需要经过以下 3 个步骤:

(1) 子程序入口参数送规定寄存器。

(2) 子程序编号(也称为功能调用号)送 AH 寄存器。

(3) 发软中断命令: INT n。

其中软中断命令 INT n 中的 n 值因子程序不同而可能不同,比如 ROM BIOS 的软中断类型号有 n=5~1FH,DOS 的软中断类型号有 n=20H、21H、23~2AH、2EH、2FH、33H 和 67H 等几种情况。有的软件中断命令只对应一个子程序,这时的功能调用无需上列步骤(2);有的软中断命令则对应很多子程序,如 INT 10H 对应有近 20 个子程序,INT 21H 对应有 100 多个子程序等,这时的功能调用就必须经过上述 3 个步骤。

例 4-13　将一个 ASCII 字符显示于屏幕的当前光标所在位置。

使用 ROM BIOS 的中断类型号 10H、功能调用号 0EH 时的程序段如下:

```
MOV     AL, '?'                          ;要显示的字符送入 AL
MOV     AH, 0EH                          ;功能号送入 AH
INT     10H                              ;调用 10H 软中断
```

有的子程序不需要入口参数,这时(1)可略去。

例 4-14

```
MOV     AH, 4CH
INT     21H                                 ;调用 21H 软中断对应的 4CH 号子程序,返回 DOS
```

子程序调用结束后一般都有出口参数,这些出口参数常放在寄存器中,通过出口参数可以知道功能调用的成功与否。

2) 常用的 DOS 功能子程序调用

DOS 功能子程序调用在更高层次上提供了与 BIOS 类同的功能,因此使用起来很方便,但它只是 ROM BIOS 的一部分,并没有完整地揭示 BIOS 的功能。与 BIOS 的功能调用相比,两者有几点区别:①调用 BIOS 功能子程序比调用 DOS 功能子程序要复杂一些,但运行速度快、功能更强;②DOS 功能调用只是在 DOS 的环境下适用,而 BIOS 功能调用不受任何操作系统的约束;③某些功能只有 BIOS 具有。

在 DOS 功能子程序调用中,把通过 INT 21H 软中断命令来实现的子程序调用称为 DOS 系统功能调用。DOS 系统功能调用体现了 DOS 的核心功能,它对应的 100 多个子程序包括磁盘的读/写及控制管理、内存管理和基本输入/输出管理等,并已全部顺序编号。现介绍 DOS 系统功能调用中几个常用的子程序。

(1) 键盘输入并显示(01H 号功能调用)。

01 号功能调用等待从键盘输入一个字符,调用返回时该字符的 ASCII 码值送入 AL 寄存器,同时将该字符显示在屏幕上。若按下的键是 Ctrl-Break,则执行 INT 23H。

入口参数:无

调用方式:

```
MOV     AH,01H
INT     21H
```

(2) 直接控制台输入/输出(06H 号功能调用)。

06H 号调用可以从键盘输入字符,也可以向屏幕输出字符。并且不检查 Ctrl-Break。

入口参数 DL=FFH 时,表示从键盘输入。若当前标志 ZF=0,表示 AL 中为输入的字符值。若标志 ZF=1,表示 AL 中不是输入的字符值,即尚无输按下。DL≠FFH 时表示向屏幕输出,这时 DL 中为输出字符的 ASCII 码值。

执行 06H 号功能调用时,CPU 不等待用户按键。

例 4-15

```
MOV     DL,0FFH                             ;从键盘输入字符
MOV     AH,6
INT     21H
```

或:

```
MOV     DL,24H                              ;将 24H 对应的字符 '$' 输出到屏幕上
MOV     AH,6
INT     21H
```

(3) 显示或打印输出单个字符(02H 号和 05H 号功能调用)。

将寄存器 DL 中的单个字符输出到显示器(02H)或打印机(05H)上。

例 4-16

```
MOV    DL,'A'                                    ;字符送入参数 DL
MOV    AH,5                                      ;打印输出字符 A
INT    21H
```

（4）字符串输入（0AH 号功能调用）。

从键盘接收字符串后存入以 DS:DX 为首址的内存缓冲区，同时显示该字符串，输入过程以回车键结束。

使用时，要求事先在数据段定义一个输入缓冲区，其中第一个字节指出缓冲区能容纳的字符个数，不能为零。第二个字节保留用以存放实际输入的字符个数（不包括回车键）。从第三个字节开始存放从键盘上接收的字符。若实际输入的字符数少于定义的字节数，缓冲区内其余字节填 0；若多于定义的字节数，则响铃并忽略超出长度的字符。

入口参数：DS:DX 指向缓冲区首址。

（5）字符串输出（09H 号功能调用）。

将一个以 '$' 字符结尾的字符串（不包括 $）输出到显示器。

入口参数：DS:DX 指向内存中一个以 '$' 字符结尾的字符串。

例 4-17　利用 DOS 系统功能调用实现人机对话，根据屏幕上显示的提示信息，从键盘输入字符并存入内存缓冲区。

```
DATA     SEGMENT
BUF      DB 100                                  ;定义输入缓冲区长度
         DB ?                                    ;保留为填入实际输入的字符个数
         DB 100 DUP(?)                           ;准备接受键盘输入信息
MESG     DB 'WHAT IS YOUR NAME? $ '              ;要显示的提示信息
DATA     ENDS
CODE     SEGMENT
START:   MOV        AX,DATA
         MOV        DS,AX
         ...
         MOV        DX,OFFSET MESG
         MOV        AH,9
         INT        21H                          ;屏幕显示提示信息
         MOV        DX,OFFSET BUF
         MOV        AH,10                         ;接受键盘输入
         INT        21H
         ...
CODE     ENDS
```

关于其他 DOS 和 BIOS 的功能调用，请参阅附录 D 和附录 E 及有关参考资料。

4.6　模块化程序设计技术

4.6.1　概述

1. 模块化程序设计的特点与步骤

模块化程序设计是指将一个较大的"任务"分解成 N 个具有独立功能的子任务，每个子

任务命名为一个模块,对每个模块单独编辑和编译,生成各自的源文件.asm和.obj,然后由LINK程序将各模块有效地链接在一起,形成一个完整的可执行文件。

1) 模块化程序设计技术的特点

(1) 可以将程序分配给多人编写,以缩短程序设计周期。

(2) 有利于程序的编写、调试、修改与更新,提高软件设计质量。

(3) 便于多种程序语言的联合使用。

(4) 模块程序可放在库里供多个程序使用。

2) 模块化程序设计的一般过程

(1) 分析与确定程序总体设计目标。

(2) 将总体目标划分为若干个任务(模块),画出模块层次图。

(3) 定义每个模块的具体任务,明确它和其他模块间的通信方式,写出模块说明。

(4) 编写汇编语言源程序,并进行调试。

(5) 实现模块连接,形成完整的程序。

(6) 编写程序文档,形成软件产品。

2. 模块化程序设计的原则

好的模块化程序设计能保证软件简单可靠、结构清晰、可读性和可维护性好。在进行模块化程序设计时要考虑的主要问题是模块划分、模块设计及模块间的关系,一般应遵循以下几个原则:

(1) 模块划分要适中,不宜过大或过小,主要根据其功能而定。每个模块的功能要明确,且尽量单一。

(2) 模块的独立性要强,即模块的功能由该模块自身完成,不依赖其他模块。

(3) 模块内部的聚合性要好。聚合性体现了模块的专一性和统一性的程度,聚合程度的高低标志着模块构成质量的优劣,聚合性好说明模块内部结构紧凑,整体性好,独立性强。

(4) 每个模块最好只有一个入口和一个出口,这样既有利于程序调试,也不易出错。

(5) 模块间的关系要明确,划分模块是一个自顶向下的设计过程,在主模块确定后,其余各模块最好再分层,形成树型层次结构。各层间是单向依赖关系,每个模块只归其上一级模块或同层模块调用。

(6) 将结构化程序设计思想引用于模块,使模块程序由3种基本结构(顺序结构、分支结构和循环结构)组合或嵌套而成,程序设计中还可结合子程序结构的使用。

4.6.2　程序中模块间的关系

具体进行模块化程序设计时,应处理好程序中各模块间的连接关系,包括全局符号的定义与引用、模块间的转移、各模块的组合形成及模块间的通信等。

1. 全局符号的定义与引用

单个模块中使用的符号(变量、标号或子程序名)为局部符号。一个模块中定义的符号如不另加说明,均为局部符号,局部符号只能在定义它的模块中使用。

多个模块可共同使用的符号为全局符号。只要将局部符号在定义和使用它的模块中分别用 PUBLIC 和 EXTRN 语句说明,即可作为全局符号(又称外部符号)使用,全局符号构成了模块间通信的主要渠道。

2. 模块间的转移

模块间的转移有两种:近(段内)转移和远(段间)转移。它们都是通过转移语句来实现的。具体实现转移的语句是 JMP、CALL 和 INT。

3. 多个模块的组合形式

程序中的各模块有多种连接形式。例如,同类型的段相连形成一个"段组";各模块的段保持独立,通过模块的调用进行工作;模块间的某种段相连,某些段独立等。段定义伪指令 SEGMENT 中的属性可选项"组合类型"等提供了选择多个模块组合形式的可能性,现简单回顾如下:

NONE:表示本段为独立段,不与其他模块段发生连接逻辑。

PUBLIC:表示将本段与其他模块中说明为 PUBLIC 的同名段邻接在一起,共用一个段地址。组成一个大的物理段("段组")。

STACK:表示将该段与其他同名的堆栈段连接在一起,组合后的物理段的长度等于参与组合的各堆栈段的长度之和。

COMMON:各模块中由 COMMON 方式说明的同名段重叠覆盖,重叠部分的内容取决于参与覆盖的最后一个段的内容,复合段的长度等于参与覆盖的最长的段的长度。

MEMORY:表示该段将位于被链接在一起的其他段之上(高地址处),如果链接时出现多个段有 MEMORY 组合类型,将对第一个 MEMORY 的段赋予这一属性,其他段作 COMMON 段处理。

例 4-18　模块组合示例。

```
;模块 A,文件名为 A.ASM
DSEG      SEGMENT  COMMON
VAR1      DB 10H, 20H
VAR2      DW 4 DUP(20H)
DSEG      ENDS
CSEG      SEGMENT PARA PUBLIC 'CODE'
          ...
CSEG      ENDS
;模块 B,文件名为 B.ASM
DSEG      SEGMENT  COMMON
NUM1      DB 40H,20H
NUM2      DW 5 DUP(45H)
DSEG      ENDS
CSEG      SEGMENT PARA PUBLIC 'CODE'
          ...
CSEG      ENDS
```

在例 4-18 中,由于两个模块中的数据段段名相同(为 DSEG)且组合类型均为 COMMON,链接后两个模块的数据段将以覆盖的形式组合。组合后的数据段长度为 12 个字符,段内第一个单元的内容为 40H;第二个单元的内容为 20H;自第三个单元开始,依次是 5 个值为 0045H 的字数据。两个模块中的代码段同名、同组合类型且同类别,链接后被邻接在一起,组成了一个统一的代码段。这时,若模块 A 中有对模块 B 中的过程进行调用,应为近(段内)调用。

4.6.3 模块化程序设计举例

下面介绍的例子可以帮助我们了解模块化程序设计的方法。

例 4-19 键盘输入十进制数,以十六进制形式在屏幕上显示。

为了说明模块化程序设计思想,将本程序分成两个模块来编写:模块 A 为主程序,负责从键盘输入一个十进制数到 DEC_NUM 单元,这通过调用本模块内的子程序 DECBIN 来实现。屏幕提示和十进制数到十六进制数的转换及显示放在模块 B 中。程序如下:

```
;模块A  文件名 MAIN.ASM
EXTRN    PROMPT: FAR, BINHEX: FAR          ;引用外部符号
PUBLIC   DEC_NUM, KEY_IN                   ;定义外部符号
SSEG     SEGMENT PARA STACK 'STACK'
         DB 100 DUP(?)
SSEG     ENDS
DSEG1    SEGMENT
DEC_NUM DW?
DSEG1    ENDS
CSEG1    SEGMENT
         ASSUME CS: CSEG1, DS: DSEG1
START:   MOV       AX, DSEG1
         MOV       DS, AX                  ;装入段基址
         PUSH      DS
         JMP       FAR PTR PROMPT
KEY_IN:  CALL      DECBIN                  ;键盘输入十进制数
         MOV       DEC_NUM, BX             ;二进制数→DEC_NUM
         CALL      FAR PTR BINHEX          ;以十六进制数显示
         MOV       AH, 4CH
         INT       21H                     ;返回 DOS
;从键盘输入十进制数,将其转换为二进制数并送 BX
DECBIN   PROC      NEAR
         MOV       BX, 0                   ;累加和 BX(已转换的二进制数)初始化
GETCHAR: MOV       AH, 1
         INT       21H
         SUB       AL, 30H                 ;输入值是否在 0~9 之间?
         JL        EXIT                    ;否,转至 EXIT
         CMP       AL, 09H
         JG        EXIT
         MOV       AH, 0                   ;是,AX 中的 BCD 数与 BX 内容交换
         XCHG      AX, BX
         MOV       CX, 0AH                 ;累加和 AX 乘以当前权值
         MUL       CX
         XCHG      AX, BX
         ADD       BX, AX                  ;送累加和→BX
         JMP       GETCHAR
EXIT:    RET
```

```
        DECBIN    ENDP
        CSEG1     ENDS
                  END              START
;模块 B　文件名 SUB.ASM
        EXTRN     DEC_NUM: WORD, KEY_IN: FAR
        PUBLIC    PROMPT, BINHEX
        SSEG      SEGMENT PARA STACK 'STACK'
                  DB 200 DUP(?)
        SSEG      ENDS
        DSEG2     SEGMENT
        MSG       DB 'PLEASE INPUT: $ '
        DSEG2     ENDS
        CSEG2     SEGMENT PARA
                  ASSUME CS: CSEG2, DS: DSEG2
        PROMPT:   MOV        AX,DSEG2              ;装入段基址
                  MOV        DS,AX
                  LEA        DX,MSG
                  MOV        AH,09H
                  INT        21H
                  POP        DS
                  JMP        FAR PTR KEY_IN
;将 DEC_NUM 中的二进制数转换为十六进制数的 ASCII 码并输出
        BINHEX    PROC       FAR
                  MOV        BX,DEC_NUM
                  MOV        CH,04H                ;共有 4 位十六进制数
        ROTATE:   MOV        CL,04H
                  ROL        BX,CL                 ;取高 4bit 二进制数待转换
                  MOV        AL,BL
                  AND        AL,0FH
                  ADD        AL,30H                ;十六进制→ASCII 码
                  CMP        AL,3AH                ;十六进制数在 0～9 之间吗?
                  JL         PRINTIT               ;是,输出
                  ADD        AL,07H                ;否,再加上 07H
        PRINTIT:  MOV        DL,AL                 ;输出单个字符
                  MOV        AH,02H
                  INT        21H
                  DEC        CH
                  JNZ        ROTATE                ;继续下次转换
                  RET
        BINHEX    ENDP
        CSEG2     ENDS
                  END
```

例 4-19 中两个模块中的代码段和数据段的段名各不相同,在段定义伪指令 SEGMENT 后的组合类型位置上未设置任何参数,所以在汇编、链接后,仍然是彼此独立的数据段和代码段。而两个模块中的堆栈段段名相同,以 STACK 为组合类型,故汇编、链接后将组成一个统一的长度为 300 个字节的堆栈段。

在模块 A 中,由于要引用模块 B 中说明的符号"PROMPT"、"BINHEX",因此,在模块 A 中要用 EXTRN 对它进行外部说明,而在模块 B 中要用 PUBLIC 伪指令对它进行全局说

明。同样,由于模块 A 中的 DEC_NUM 和 KEY_IN 符号要被模块 B 引用,因此在模块 A 中被说明成全局的,而在模块 B 中要被说明成外部的。另外,由于主程序在模块 A 中,因此该模块的 END 伪指令使用了标号这一可选项,用来指定该程序执行的入口点为 START 标号所指的指令。而模块 B 只作为一个子程序,因此该模块中只用 END 来标志模块的结束。

可用 MASM 命令对程序 MAIN.asm 和 SUB.asm 分别进行编译,格式如下:

```
C:>MASMMAIN ↙
C:>MASMSUB ↙
```

再用 LINK 命令将它们链接成文件名为 MAIN 的可执行文件 MAIN.EXE:

```
C:>LINKMAIN+SUB
```

例 4-20 求无序表中的最大元素及其位置。

```
;模块 A,文件名 MAIN.ASM
EXTRN      FOUND: NEAR
DATA1      SEGMENT
ARRAY      DB d1,d2,d3,…,dn
COUNT      EQU              $ - ARRAY              ;数据个数
DATA1      ENDS
CODE       SEGMENT WORD PUBLIC 'CODE'
           ASSUME CS: CODE, DS: DATA1
MAIN:      MOV              AX,DATA1
           MOV              DS,AX                  ;装入段基址
           MOV              CX,COUNT
           LEA              SI,ARRAY
           CALL             FOUND                  ;找出最大元素及位置
           MOV              AH,4CH
           INT              21H
CODE       ENDS
           END              MAIN
;模块 B,文件名 SUB.ASM
PUBLIC     FOUND
DATA2      SEGMENT
MAX        DB?
PLACE      DB?
DATA2      ENDS
CODE       SEGMENT WORD PUBLIC 'CODE'
           ASSUME CS: CODE
FOUND      PROC             NEAR
           MOV              DH,1
           MOV              DL,0
           DEC              CX
           MOV              AL,[SI]
COMP:      CMP              AL,[SI+1]
           JG               BIGGER
           MOV              AL,[SI+1]
           MOV              DL,DH
BIGGER : INC              SI
           INC              DH
```

187 页

```
            LOOP        COMP
            ASSUME      DS：DATA2
            MOV         BX,DATA2
            MOV         DS,BX
            MOV         MAX,AL
            MOV         PLACE,DL
            RET
FOUND       ENDP
CODE        ENDS
            END
```

本例两个模块各自有独立的数据段,但代码段被合并成为一个段。因此,模块 A 中的主程序对模块 B 中过程 FOUND 的调用实际上是一个近(段内)调用。同时要注意在模块 B 中求最大值时,用的是模块 A 中数据段定义的数据,所以在模块 B 的开始处,无需设置 DS 的值。

4.7 实用程序设计举例

本节给出的几个实例涉及一些常用程序的设计方法,希望通过对它们的学习来了解如何根据具体需要去选择和组织一个实用程序,并掌握实际应用中程序设计的方法与技巧。

例 4-21   BCD 码转换为二进制数。

设 AX 寄存器中存放着 4 位 BCD 码(0~9999),将其转换成二进制数并仍存于 AX 中,BCD 码即用 4 位二进制数表示一个十进制数的编码。所以 AX=9827H 表示值为 9827。该程序算法是:{[(万位数×0+千位数)×10+百位数]×10+十位数}×10+个位数。

```
W10         DW          10
;子程序名：BCDTO2.入口参数：AX = BCD 码.出口参数：AX = 二进制数
BCDTO2      PROC        NEAR
            PUSH        BX
            PUSH        CX
            PUSH        DX
            MOV         BX,AX               ;保存 AX 中的 BCD 码到 BX
            MOV         AX,0                ;结果单元清零
            MOV         CX,4                ;共处理 4 位 BCD 码
RETRY：     PUSH        CX
            MOV         CL,4
            ROL         BX,CL               ;1 位 BCD 码移到 BX 中的低半字节
            POP         CX
            MUL         W10                 ;累加和 AX×10→DX:AX
            PUSH        BX
            AND         BX,000FH            ;取出 BX 中的 1 位 BCD 码
            ADD         AX,BX               ;累加到 AX 中
            POP         BX
            LOOP        RETRY
            POP         DX
            POP         CX
```

```
            POP              BX
            RET
BCDTO2      ENDP
```

例 4-22 二进制数转换为 BCD 码。

编程将 AX 中的二进制数转换成 4 位 BCD 码,转换的结果放在 AX 中(设 AX 中的数值小于十进制数 10000)。

算法:将 AX 中的二进制数除以 1000 得到的商是千位上的 BCD 码,所得余数除以 100 得到的商是百位上的 BCD 码,所得余数再除以 10 得到的商是十位上的 BCD 码,最后所得的余数是个位上的 BCD 码。

```
W1000    DW              1000,100,10 1              ;十进制数千、百、十、个位权值
;子程序名:AX2TOBCD.入口参数:AX = 二进制数.出口参数:AX = 压缩 BCD 码
AX2TOBCD PROC            NEAR
         … …                                         ;保护现场
         XOR             BX,BX                       ;BCD 码暂存单元清零
         MOV             SI,OFFSET W1000             ;权值首地址送 SI
         MOV             CX,4                        ;循环次数 4→CX
RETRY:   PUSH            CX
         MOV             CL,4
         SHL             BX,CL                       ;逻辑左移
         MOV             DX,0                        ;DX:AX 组成被除数
         DIV             WORD PTR[SI]                ;除以权值,商、余数在 AX、DX 中
         OR              BX,AX                       ;压缩 BCD 码
         MOV             AX,DX                       ;余数送 AX
         POP             CX
         ADD             SI,2                        ;地址加 2,指向下一权值
         LOOP            RETRY
         MOV             AX,BX                       ;BCD 码由 BX→AX
         … …                                         ;恢复现场
         RET
AX2TOBCD ENDP
```

例 4-23 二进制数转换为 ASCII 码。

编程将 AX 中的二进制数转换成 ASCII 码,转换的结果放在从 ASCBUF 开始的连续 5 个内存单元中。

AX 中的二进制数最大数值为 65535,转换为 ASCII 码需 5 个字节单元。程序首先将 AX 中的数除以 10,所得余数为个位上的数,加上 30H 变为相应的 ASCII 码,所得的商再作为被除数除以 10,得到的余数为十位上的数,加上 30H 变为相应的 ASCII 码,所得的商再作为被除数除以 10,得到的余数为百位上的数,……,直到被除数小于 10 时,得到最后的一位数。

```
ASCBUF   DB 5 DUP(0)
;子程序名:BINTOASC.入口参数: AX = 二进制数.出口参数:无
BINTOASC PROC            NEAR
         MOV             CX,10                       ;除数送 CX
         LEA             SI,ASCBUF + 4               ;SI 指向 ASCII 码个位数地址
BTOA1:   CMP             AX,10                       ;二进制数小于 10 吗?
```

```
            JB          BTOA2                           ;小于 10 转 BTOA2
            XOR         DX,DX                           ;被除数高字清 0
            DIV         CX                              ;除以 10
            OR          DL,30H                          ;余数变 ASCII 码
            MOV         [SI],DL                         ;存 1 字节 ASCII 码
            DEC         SI                              ;ASCII 码地址减 1
            JMP         BTOA1
BTOA2:      OR          AL,30H
            MOV         [SI],AL                         ;存最高位的 ASCII 码
            RET
BINTOASC ENDP
```

例 4-24　计算 $[W-(X+120)\times Y+200]/Z$，其中 W、X、Y、Z 均为 16 位带符号数。将计算结果的商和余数分别存放在 RESULT 单元开始的数据区中。

```
D_SEG       SEGMENT                                     ;数据定义
W           DW   8120
X           DW   -40
Y           DW   -16
Z           DW   480
RESULT      DW 2 DUP(?)
D_SEG       ENDS
S_SEG       SEGMENT PARA STACK 'STACK'
            DW 100 DUP(?)
S_SEG       ENDS
C_SEG       SEGMENT
            ASSUME CS: C_SEG,DS: D_SEG                  ;添入段基址
START:      MOV         AX,D_SEG
            MOV         DS,AX
            MOV         AX,X                            ;X + 120
            ADD         AX,120
            IMUL        Y                               ;(X + 120)× Y
            MOV         CX,AX                           ;乘积暂存 BX: CX
            MOV         BX,DX
            MOV         AX,W                            ;将 W 带符号扩展
            CWD
            SUB         AX,CX                           ;实现 W -(X + 120)× Y
            SBB         DX,BX                           ;结果在 DX: AX 中
            ADD         AX,200                          ;实现 W -(X + 120)× Y + 200
            ADC         DX,0                            ;结果在 DX,AX 中
            IDIV        Z                               ;最后除以 Z,结果商在 AX,余数在 DX 中
            MOV         RESULT,AX                       ;存放结果到数据区
            MOV         RESULT + 2,DX
            MOV         AH,4CH                          ;返回到 DOS
            INT         21H
C_SEG       ENDS
END         START                                      ;汇编结束
```

例 4-25 在字节数组中找出第一个非零元素,并显示它的下标。

```
        .MODE L SMALL
        .DATA
ARRAY   DB 0,0,0,25H,0,0,34H,36H,45H
COUNT   EQU 9
        .CODE
START:  MOV         AX,DATA
        MOV         DS,AX
        MOV         CX,COUNT
        MOV         DI,-1           ;DI 为元素下标
NEXT:   INC         DI              ;从 0 号元素起,逐个与 0 比较
        CMP         ARRAY[DI],0
        LOOPZ       NEXT            ;CX≠0,ZF=1 时转移
        JNE         OK              ;ZF=0,即有非零元素,转 OK
        MOV         DL,'0'          ;没有找到非零元素,显示一个'0'
        JMP         SHOW
OK:     MOV         DX,DI
        OR          DL,30H          ;将下标字符转换成 ASCII 码
SHOW:   MOV         AH,02H
        INT         21H             ;显示下标
        MOV         AX,4C00H        ;返回 DOS
        INT         21H
        .STACK
        END         START
```

例 4-26 在目的串中指定位置上插入字符串。

```
;子程序名:STR_INSERT
;入口参数  DS:BX 指向源串,ES:BP 指向目的串,ES:DX 指向目的串中插入源串的位置.每个串的前两
个字节内为 16 位的串长度
;出口参数  在目的串指定位置上插入了源串
STR_INSERT  PROC    FAR
            … …                     ;保护现场
            MOV     SI,BP           ;当前目的串首地址→SI
            ADD     SI,ES:[SI]      ;加目的串长度
            INC     SI              ;调整目的串指针,使其指向目的串尾
            MOV     DI,SI
            MOV     AX,[BX]         ;源串长度→AX
            ADD     DI,AX           ;新目的串尾指针→DI
            ADD     ES:[BP],AX      ;新目的串长度→ES:[BP]
            MOV     CX,SI           ;在插入点 ES:DX 处空出位置
            SUB     CX,DX
            INC     CX
            STD                     ;反向传送
            REP     MOVSB
            MOV     DI,DX           ;插入源串
            MOV     SI,BX
            CLD                     ;正向传送
            LODSW                   ;源串的长度→AX
            MOV     CX,AX
```

```
               REP     MOVSB
               … …                                          ;恢复现场
               RET
STR_INSERT     ENDP
```

例 4-27 无序表中的元素排序。

排序的方法有很多,冒泡排序是最常用的一种。设从地址 ARRAY 开始的内存缓冲区中有一个字数组,要使该数据表中的 N 个元素按照从小到大的次序排列,用冒泡算法实现的过程如下:

从第一个数开始依次进行相邻两个数的比较,即第一个数与第二个数比,第二个数与第三个数比,……,比较时若两个数的次序对(即符合排序要求),则不做任何操作;若次序不对,就交换这两个数的位置。经过这样一遍全表扫描比较后,最大的数放到了表中第 N 个元素的位置上。在第一遍扫描中进行了 $N-1$ 次比较。用同样的方法再进行第二遍扫描,这时只需考虑 $N-1$ 个数之间的 $N-2$ 次比较,扫描完毕后次大的数放到了表中第 $N-1$ 个元素的位置上,……,依此类推,在进行了 $N-1$ 遍的扫描比较后则完成排序。

下面是对有 7 个元素的无序表进行冒泡排序的过程。

表的初始状态: [49 38 65 97 76 13 27]
第一遍扫描比较后: [38 49 65 76 13 27] 97
第二遍扫描比较后: [38 49 65 13 27] 76 97
第三遍扫描比较后: [38 49 13 27] 65 76 97
第四遍扫描比较后: [38 13 27] 49 65 76 97
第五遍扫描比较后: [13 27] 38 49 65 76 97
第六遍扫描比较后: 13 27 38 49 65 76 97

冒泡法最大可能的扫描遍数为 $N-1$。但是,往往有的数据表在第 I 遍($I<N-1$)扫描后可能已经成序。为了避免后面不必要的扫描比较,可在程序中引入一个交换标志,若在某一遍扫描比较中一次交换也未发生,则表示数据已按序排列,在这遍扫描结束时,就停止程序循环,结束排序过程。

可用双重循环实现冒泡算法。程序清单如下:

```
DATA       SEGMENT
ARRAY      DW d1,d2,d3, …,dn
COUNT      EQU ( $ - ARRAY)/2                       ;数据个数
FLAG       DB - 1                                   ;交换标志,初值为 - 1
DATA       ENDS
STACK      SEGMENT PARA STACK 'STACK'
           DB 1024 DUP(?)
STACK      ENDS
CODE       SEGMENT
           ASSUME  CS:CODE,DS:DATA
SORT:      MOV     AX,DATA
           MOV     DS,AX
           MOV     BX,COUNT
LP1:       CMP     FLAG,0                           ;数组已有序?
           JE      EXIT                             ;是,排序结束
```

```
        DEC     BX                          ;否,置本遍扫描比较次数
        MOV     CX,BX
        MOV     SI,0                        ;置数组的偏移地址
        MOV     FLAG,0                      ;预置交换标志为 0
LP2:    MOV     AX,ARRAY[SI]                ;取一个数据→AX
        CMP     AX,ARRAY[SI+2]              ;与下一个数比较
        JLE     NEXT                        ;后一个数大,转 NEXT
        XCHG    AX,ARRAY[SI+2]              ;逆序,交换两个数
        MOV     ARRAY[SI],AX
        MOV     FLAG,-1                      ;置交换标志为 -1
NEXT:   ADD     SI,2                        ;修改地址指针
        LOOP    LP2                         ;循环进行两两数据的比较
        JMP     LP1                         ;内循环结束,继续下一遍排序
EXIT:   MOV     AH,4CH                      ;排序完成,返回 DOS
        INT     21H
CODE    ENDS
        END     SORT
```

例 4-28 在分辨率为 640×480、16 色的屏幕上绘制一个周期的正弦波。

为简化程序设计,可在绘图之前计算曲线各点的 (X,Y) 坐标值,并将它们列成表格。绘图时只需要访问这个表即可。设正弦波图形范围为 360×400,则表 SINE 中为从 $0° \sim 90°$ 的已扩大 200 倍的正弦值(且都已取整为 2 位或 3 位整数)。程序如下:

```
.486
SETSCREEN       MACRO                       ;宏定义,置屏幕分辨率为
                MOV     AH,00               ;640×480,16 色图形方式
                MOV     AL,12H
                INT     10H
                ENDM
WRITEDOT MACRO                              ;画点的宏定义,点的坐标(列号 X,行号 Y)
                MOV     AH,0CH
                MOV     AL,02               ;像素颜色代码
                MOV     CX,ANGLE            ;像素点对应的列号→CX
                ADD     CX,140              ;X 方向屏幕中心(640-360)/2
                MOV     DX,TEMP             ;置像素点所在行号→DX
                INT     10H
                ENDM
STACK           SEGMENT PARA STACK 'STACK'
                DB 64 DUP(?)
STACK           ENDS
DATA            SEGMENT PARA 'DATA'
SINE            DB 00,03,07,10,14,17,21,24,28,31,35,38,42,45,48,52
                DB 55,58,62,65,68,72,75,78,81,85,88,91,94,97,100
                DB 103,106,109,112,115,118,120,123,126,129,131,134,136,139,141
                DB 144,146,149,151,153,155,158,160,162,164,166,168,170,171,173
                DB 175,177,178,180,181,183,184,185,187,188,189,190,191,192,193
                DB 194,195,196,196,197,198,198,199,199,200,200,200,200,200
ANGLE           DW 0                        ;定义角度变量并赋初值为 0
TEMP            DW 0                        ;定义点的正弦函数值变量,并赋初值 0
DATA            ENDS
```

```
CODE            SEGMENT PARA 'CODE'
                ASSUME CS:CODE,DS:DATA,SS:STACK
MAIN            PROC    FAR
                PUSH    DS
                SUB     AX,AX                    ;标准序
                PUSH    AX
                MOV     AX,DATA
                MOV     DS,AX
;查表确定正弦波函数值,逐点绘制正弦波
                SETSCREEN                        ;置屏幕为 640×480 的彩色图形方式
AGAIN:          LEA     BX,SINE                  ;找到表的起始点
                MOV     AX,ANGLE                 ;把角度值送 AX 寄存器
                CMP     AX,180                   ;是否>180°
                JLE     NEWQUAD                  ;不大于,角度在 1 或 2 象限
                SUB     AX,180                   ;若大于 180°,调整角度
NEWQUAD:
                CMP     AX,90                    ;大于 90°?
                JLE     FSTQUAD                  ;若小于等于,在第 1 象限
                NEG     AX                       ;否则,在第 2 象限
                ADD     AX,180                   ;调整角度为(180 - ANGLE)
FSTQUAD:
                ADD     BX,AX                    ;形成查表偏移量送 BX
                MOV     AL,SINE[BX]              ;把函数值放在 AL 中
                PUSH    AX
                MOV     AH,0
                CMP     ANGLE,180                ;若值> 180(在 3、4 象限)
                JGE     BIGDIS                   ;转移到 BIGDIS
                NEG     AL                       ;否则,在 1、2 象限
                ADD     AL,240                   ;调整显示点的纵向坐标 Y 为(240 - AL)
                JMP     READY
BIGDIS:         ADD     AX,240                   ;调整显示点的纵向坐标 Y 为(240 + AL)
READY:          MOV     TEMP,AX                  ;存到 TEMP
                POP     AX
                WRITEDOT                         ;调用画点宏操作
                ADD     ANGLE,1                  ;角度加 1
                CMP     ANGLE,360                ;超过 360°吗?
                JLE     AGAIN                    ;不超过继续绘点
;在返回 DOS 并转换成文本屏幕前,等待按键输入
                MOV     AH,07                    ;有键按下时,继续执行程序
                INT     21H                      ;否则,等待按键输入
                MOV     AH,00                    ;屏幕参数
                MOV     AL,03                    ;设置 80×25 彩色文本方式
                INT     10H
                RET                              ;返回 DOS
MAIN            ENDP                             ;名为 MAIN 的过程结束
CODE            ENDS                             ;名为 CODE 的代码段结束
                END     MAIN                     ;整个程序结束
```

对程序分析说明如下:

(1) 正弦波一个周期的角度值范围为 0°~360°,函数值范围是 0~1。要使曲线居于分

辨率为 640×480、左上角坐标为(0,0)的屏幕正中,必须调整保存水平和垂直方向坐标值的 CX、DX 寄存器的内容,这与包含在 ANGLE 和 TEMP 中的值相关。

(2) 在给定 0°～90°的函数值情况下,绘制正弦曲线时必须先知道角度所在象限。

若角度 X 在第一象限,函数值为正。这时可直接查表取出函数值。

若角度 X 在第二象限,函数值为正。这时利用 $\sin(X)=\sin(180°-X)$,将角度转换到第一象限后再查表取出函数值。

若角度 X 大于 180°,则在第三或第四象限,函数值为负。先将 X 减去 180°转换到第一或第二象限,再依次前述(1)、(2)处理。因为这时函数值是负数,必须注意对相应函数值的处理。

思考题与习题

4-1 写出在 BLOCK 开始的连续 8 个单元中依次存放数据 20H、30H、40H、50H、60H、70H、80H、90H 的数据定义语句(分别用 DB、DW、DD 伪指令)。

4-2 以图示说明下列语句实现内存分配和预置数据:

```
VAR1     DB 12, - 12H, 3DUP(0,FFH)
VAR2     DB 100 DUP(0,2 DUP(1,2,),0,3)
VAR3     DB 'WELCOME TO'
VAR4     DW VAR3 + 6
VAR5     DD VAR3
```

4-3 写出具有下列功能的伪指令语句(序列):

(1) 将字数据 2786H、23H、1A24H 存放在定义为字节变量 DATA 的存储区中。

(2) 将字节数据 30H、0B4H、62H、10H 存放在定义为字变量 DATA2 的存储单元中(要求不改变字节数据存放次序)。

(3) 在 DATA3 为起始地址的存储单元中连续存放以下字节数据:4 个 20H,20,0,6 个(1,2)。

4-4 对于下列数据定义,在括号内写出各指令语句独立执行后的结果:

```
    NUM_B      DB 2 DUP(?)
    NUM_W      DW 10 DUP(42H)
    ARRAY_B    DB 'DISP_IMAGE'
(1) MOV BX,TYPE NUM_W                          ;BX = (  )
(2) MOV AL,LENGTH NUM_B                         ;AL = (  )
(3) MOV CX,SIZE ARRAY_B                         ;CX = (  )
(4) MOV DL,LENGTH NUM_W                         ;DL = (  )
```

4-5 设某数据段定义如下:

```
D_SEG           SEGMENT PARA 'DATA'
                ORG 30H
DATA1           EQU 10H
DATA2           EQU DATA1 + 20H
VAR1            DB 10 DUP(?)
```

```
VAR2            DW 'AB',2,2000H
CNT             EQU $ - VAR1
D_SEG           ENDS
```

试回答：(1) VAR1、VAR2 的偏移量是多少？

　　　　(2) 符号常量 CNT 的值为多少？

　　　　(3) VAR2＋2 单元的内容为多少？

4-6　代码段中开始的一段程序有通用性，试将此段定义为一条宏指令。

4-7　请定义一条宏指令，它可以实现任一数据块的传送（假设无地址重叠），只要给出源数据块和目标数据块的首地址及数据块的长度即可。

4-8　下列语句中，哪些是无效的汇编语言指令？并指出无效指令中的错误。

```
(1) MOV SP,AL
(2) MOV WORD_OP[BX + 4 × 3][SI],SP
(3) MOV VAR1,VAR2
(4) MOV CS,AX
(5) MOV DS,BP
(6) MOV SP,SS: DATA_WORD[SI][DI]
(7) MOV AX,[BX - SI]
(8) INC [BX]
(9) MOV 25,[BX]
(10) MOV [8 - BX],25
```

4-9　若数组 ARRAY 在数据段中已作如下定义：

```
ARRAY DW 100 DUP (?)
```

试指出下列语句中各操作符的作用，指令执行后有关寄存器产生了什么变化？

```
...
MOV         BX,OFFSET ARRAY
MOV         CX,LENGTH ARRAY
MOV         SI,0
...
ADD         SI,TYPE ARRAY
```

4-10　设 X、Y、Z 已定义为字节变量。若 X 和 Y 各存放一个 32 位(4B)的无符号数，存放顺序是低位字节在先。试写出将 X 和 Y 相加、结果存入 Z 的程序段。

4-11　若题 4-10 中 X、Y 各存放一个 32 位的有符号数（低字节数在前），试编写 $X-Y$，结果存入 Z 的程序段。同时判断运算结果是否发生溢出，若不溢出使 DL 清零，否则（溢出）以 -1 作为标志存入 DL 中。

4-12　某软件共可接受 10 个键盘命令（分别为 A、B、C、…、J）完成这 10 个命令的程序分别为过程 P0、P1、…、P9。编程从键盘接收命令，并转到相应的过程去执行，要求用两种方法：

(1) 用比较、转移指令实现。

(2) 用跳转表实现。

4-13　若已定义以下数据段：

```
DATA            SEGMENT
```

```
BUF              DB 100 DUP(?)
GOOD             DB?
PASS             DB?
BAD              DB?
AVRG             DB?
DATA             ENDS
```

若已将某年级 100 名学生电路分析的成绩以压缩 BCD 数形式存入变量 BUF 中,试编写程序段统计成绩高于 85 分、低于 60 分和介于 60～85 分的学生人数,仍以压缩 BCD 数形式存入 GOOD、BAD 和 PASS 变量中(假定任一档的人数都达不到 100 人),并计算全年级平均成绩,也以压缩 BCD 形式存入变量 AVRG 中(假定平均成绩低于 100 分,且舍去小数点以后的数)。

4-14 试编写一程序段,完成两个以压缩 BCD 格式表示的 16 位十进制(8 个字节)的加法运算,相加的两数 x 和 y 可定义为字节变量,并假定高位在前,和数 SUM 也同样定义为字节变量。

4-15 从 FIRST 开始的 100 个单元中存放着一个字符串,结束符为 '$',编写一个程序,统计该字符串中字母"A"的个数。

4-16 试编写统计 AX 中 0、1 个数的程序。0 的个数存入 CH,1 的个数存入 CL 中。

4-17 试编制一程序,统计 DATA_W 字数组中正数、负数和零的个数,并分别保存在变量 COUNT1、COUNT2、COUNT3 中。

4-18 试找出无符号字节数组 ARRAY 中的最大和最小数组元素,最大数组元素送 MAX 单元,最小数组元素送 MIN 单元。

4-19 从 BLOCK 开始,存放着 256 个字节的带符号数,编写程序从这些数中找出绝对值最大的数,将其存入 MAX 单元中。

4-20 编写一个程序,将变量 ABC 中的 16 位无符号数用"连续除 10 取余"的方法转换成十进制数,要求结果用压缩 BCD 码保存在 RESULT 开始的单元中。

4-21 假定有一个由 100 个元素组成的字节数组(且是无符号数),该数组已在数据段中定义为字节变量 TABLE。试编写一段程序,把出现次数最多的数存入 CH 中,出现次数存入 CL 中。

4-22 假定有一最大长度为 80 个字符的字符串已定义为字节变量 STRING,试编写一程序段,找出第一个空格的位置(以 00H～4FH 表示),并存入 POINT 中,若该串无空格符,则以 -1 存入 POINT 中。

4-23 对题 4-22,若该字符串以回车结束,试编写一程序段,统计该串的实际长度(不包括回车符),统计结果存入 LENGTH 中。

4-24 假定在数据段中已知字符串和未知字符串的定义如下:

```
STRING1          DB 'MESSAGE AND PROCCESS'
STRING2          DB 20 DUP(?)
```

使用串操作指令编写完成下列功能的程序段(设 DS 和 ES 重叠):

(1) 从左到右把 STRING1 中字符串搬到 STRING2 中。

(2) 从右到左把 STRING1 中字符串搬到 STRING2 中。

（3）搜索 STRING1 字符串中是否有空格。如有则记下第一个空格的地址，并放入 BX 中。

（4）比较 STRING1 和 STRING2 字符串是否相同。

4-25　设在模块 MODULE_1 中定义了字变量 VAR1 和标号 LABEL_1，它们将由模块 MODULE_2 和 MODULE_3 调用；在模块 MODULE_2 定义了双字变量 VAR3 和标号 LABEL_2，VAR3 被 MODULE_1 引用，LABEL_2 被 MODULE_3 引用；在 MODULE_3 中定义了标号 LABEL_3，在 MODULE_2 中要引用到它。根据上述访问关系，试写出每个模块必要的 EXTRN 和 PUBLIC 说明。

4-26　用模块化编程方法实现显示字符串"ASSEMBLER"，要求模块 1 为主程序，负责数据初始化工作；模块 2 中定义了子程序 DISPLAY 显示字符串；主程序与子程序 DISPLAY 在不同的代码段中。

4-27　编写一个程序从键盘输入 4 位十六进制数的 ASCII 码，并将其转换成 4 位十六进制数存入 DX 寄存器中。

4-28　写出符合下列要求的指令序列：

（1）在屏幕上显示当前光标位置的坐标值。

（2）在屏幕中央以反相属性显示 'ABC'。

（3）屏幕向上滚动 5 行、100 列。

（4）在 640×350、16 色方式下画一矩形框，框左上角坐标 (x_1, y_1) 和右下角坐标 (x_2, y_2) 分别为 (100,50) 和 (400,200)。

4-29　读取系统日期并显示。

4-30　已知某数据段定义如下：

```
D_SEG      SEGMENT      PARA
NUM1       DB           26H
NUM2       DW           168AH
VAR        DB           8,16
ASCBUF     DB           32 DUP(0)
TABLE      DW           3 DUP(0)
D_SEG      ENDS
```

编程将二进制数 NUM1、NUM2 转换为二进制数的 ASCII 码（转换过程以子程序形式），用地址表和堆栈两种方式进行参数传递。

4-31　在有序表中插入一个元素，使新表仍有序。

4-32　编程实现 BCD 码的加法运算。要求：①从键盘输入两个 6 位的十进制数；②将键盘输入的 ASCII 码转换成压缩 BCD 码格式；③两个 BCD 码相加；④将压缩 BCD 码转换成 ASCII 码形式；⑤显示计算结果。

第 5 章

Proteus应用指南

Proteus 是英国 Labcenter 公司于 1989 年开发的嵌入式系统仿真软件,组合了高级原理图设计工具 ISIS、混合模式 SPICE 仿真、PCB 设计以及自动布线,形成了一个完整的电子设计系统。它运行于 Windows 操作系统上,可以仿真、分析各种模拟和数字电路,并且对 PC 机的硬件配置要求不高。Proteus 现已经在全球 50 多个国家得到应用。该软件具有以下主要特点:

(1) 实现了单片机仿真和 SPICE(Simulation Program with Integrated Circuit Emphasis)电路仿真相结合,具有模拟电路仿真、数字电路仿真、单片机及其外围电路仿真、RS232 动态仿真、I^2C 调试器、SPI 调试器、键盘和 LCD 系统仿真的功能。

(2) 支持主流单片机系统的仿真。分别是 80C51 系列、AVR 系列、PIC 系列、Z80 系列、68000 系列、HC11 系列以及各种外围芯片。

(3) 可以提供大量的元器件,涉及各种门电路和各种终端、各种放大器、各种激励源、各种微控制器、电阻、电容、二极管、三极管、MOS 管、变压器、继电器等;同时,也提供了许多虚拟测试仪器,如电流表、电压表、示波器、逻辑分析仪、信号发生器、定时/计时器等。

(4) 具有软、硬件调试功能。支持第三方软件编译和调试环境,如 Keil C51 软件。

(5) 具有强大的原理图编辑及原理图后处理功能。

(6) Proteus VSM 虚拟系统模型组合了混合模式的 SPICE 电路仿真、动态器件和微控制器模型,实现了完整的基于微控制器设计的协同仿真,真正使在物理原型出来之前对这类设计的开发和测试成为可能。

Proteus 主要由 ISIS 和 ARES 两大部分组成。ISIS 为原理图设计、仿真系统。它用于电路原理图的设计并可以进行电路仿真(SPICE 仿真);ARES 为印制电路板设计系统。它主要用于印制电路板的设计,产生最终的 PCB 文件。本书主要针对 Proteus 的原理图设计和利用 Proteus 实现数字电路、模拟电路及单片机实验的仿真,故只对 ISIS 部分进行详细介绍。

5.1 Proteus ISIS 工作界面

正确安装 Proteus 软件后,启动 Proteus ISIS 的方法非常简单,只要运行 Proteus ISIS 的执行程序即可。如图 5-1 所示,在 Windows 桌面选择"开始"→"所有程序"→Proteus 7 Professional →ISIS 7 Professional 选项,即可启动 Proteus ISIS。

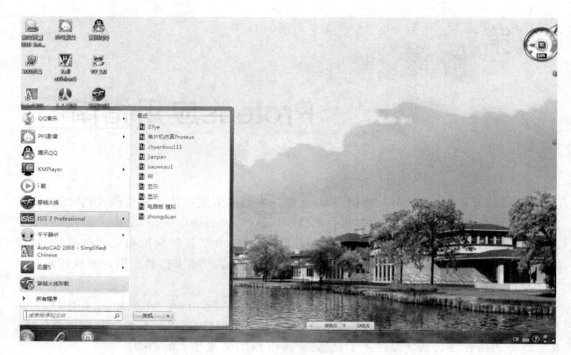

图 5-1　启动 Proteus ISIS 7 Professional 界面

　　Proteus ISIS 的工作界面是一种标准的 Windows 界面,如图 5-2 所示,主要包括标题栏、菜单栏、工具栏(包括命令工具栏和模式选择工具栏)、状态栏、原理图编辑窗口、预览窗口、对象选择窗口、仿真控制按钮以及旋转和镜像控制按钮。

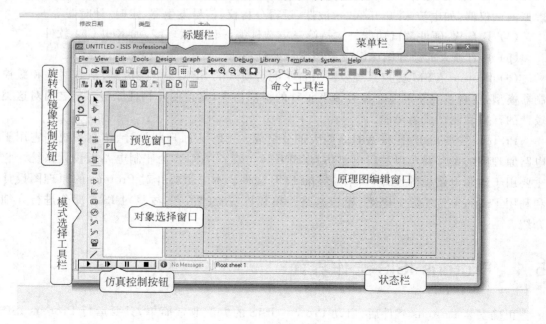

图 5-2　Proteus ISIS 的工作界面

其中,标题栏用于指示当前设计的文件名;状态栏用于指示当前鼠标的坐标值;原理图编辑窗口用于放置元器件,进行连线,绘制原理图;预览窗口用于预览选中对象,或用来快速实现以原理图中某点为中心显示整个原理图。

ISIS 中的大部分操作与 Windows 的操作类似。本章主要介绍 ISIS 命令工具栏、原理图编辑窗口、预览窗口、对象选择窗口、ISIS 模式选择工具栏、仿真控制按钮以及旋转和镜像控制按钮。

5.1.1 ISIS 命令工具栏

ISIS 的标准工具栏含四部分,分别为 File Toolbar、View Toolbar、Edit Toolbar、Design Toolbar,工具栏的显示与隐藏可通过 View→Toolbars 菜单实现。如图 5-3 所示,勾选或去掉相应工具栏前面的"√",即可实现工具栏的显示或隐藏。

工具栏中每个按钮都对应一个具体的菜单命令,各个按钮的功能如表 5-1 所列。

图 5-3　工具栏菜单

表 5-1　工具栏按钮功能

工具栏	按　　钮	对应菜单项	功　　能
File Toolbar	◻	File/New Design	新建一个设计文件
	📂	File/Load Design	打开已有设计文件
	💾	File/Save Design	保存设计文件
		File/Import Section	导入部分文件
		File/Export Section	导出部分文件
	🖨	File/Print	打印文件
		File/Set Area	选择打印区域
View Toolbar		View/Redraw	刷新编辑窗口和预览窗口
		View/Grid	栅格开关
	⊕	View/Origin	改变图纸原点(左上角点/中心)
	✛	View/Pan	选择图纸显示中心
	🔍	View/Zoom In	放大图纸
	🔍	View/Zoom Out	缩小图纸
	🔍	View/Zoom All	显示整张图纸
		View/Zoom to Area	整个视窗显示选中区域

续表

工具栏	按　钮	对应菜单项	功　能
Edit Toolbar		Edit/Undo	撤销
		Edit/Redo	恢复
		Edit/Cut to clipboard	剪切
		Edit/Copy to clipboard	复制(与粘贴按钮一起使用)
		Edit/Paste from clipboard	粘贴(与复制按钮一起使用)
		Copy Tagged Objects	复制粘贴选中对象(黏滞按钮)
		Move Tagged Objects	移动选中对象
		Rotate/Reflect Tagged Objects	旋转/镜像选中对象
		Delete All Tagged Objects	删除所有选中对象
		Library/Pick Devices/Symbol	从元器件库挑选元器件、设置符号等
		Library	将选中器件封装成元件并放入元件库
		Library/Packaging Tool	显示可视的封装工具
		Library/Decompose	分解元器件
Design Toolbar	U1	Tools/Real Time Annotation	实时捕捉开关
		Tools/Wire Auto Router	自动布线开关
		Tools/Search and Tag	查找
		Tools/Property Assignment Tool	属性分配工具
		Design/New Sheet	新建图层
		Design/Remove Sheet	删除图层
		Design/Goto Sheet	转到某个图层或其他层次图层
		Design/Previous sheet	转到所指对象所在上个图层
		Design/Exit to Parent	转到当前父图层
		Tools/Bills of Materials/HTML Output	生成元件列表(按 HTML 格式输出)
		Tools/Electrical Rule Check	生成电气规则检查报告
	ARES	Tools/Netlist to ARES	借助网络表转换为 ARES 文件

5.1.2　原理图编辑窗口

原理图编辑窗口是用来绘制和编辑原理图的。蓝色方框内是可编辑区,元器件需要放在该区域内。特别注意:对此窗口的操作与其他 Windows 应用软件不同的是此窗口没有滚动条,可通过预览窗口来改变原理图的可视范围。为了方便作图,在原理图编辑窗口内设置有点状栅格,点与点之间的间距由当前捕捉的设置决定。捕捉的尺度可以由 View 菜单的 Snap 命令设置,或者直接使用快捷键 F4、F3、F2 和 Ctrl+F1,如图 5-4 所示。

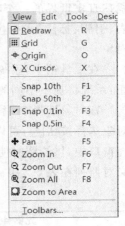

图 5-4　View 菜单命令

若单击 F3 键或者选择 View→Snap 100th 菜单命令（1th＝25.4×10^{-3}mm）,当鼠标指针在编辑窗口内移动时,可以注意到在状态栏中的坐标值是以固定的步长值 100th 变化的,这称为栅格间距捕捉。通过不同间距的设置以满足不同作图过程的需要。如果想要确切地看到捕捉位置,可以选择 View→XCursor 菜单命令。一次选择,将在捕捉点显示一个小的交叉十字;再次选择,捕捉点显示一个大的交叉十字;再次选中,则恢复到不显示交叉点状态。编辑窗口内有无点状栅格,可以通过选择 View→Grid 菜单命令进行切换。

在绘制原理图过程中,经常要用的操作是调整原理图编辑窗口所显示的区域,可以通过对视图的移动和缩放来实现,常用 3 种操作方式。

(1) 选择 View→Pan 菜单命令,然后将光标移到指定位置单击,或者将光标移到指定位置后按快捷键 F5,此操作是以光标所在位置为中心点,对原视图进行移动。

(2) 单击预览窗口中想要显示的位置,使编辑窗口显示以单击处为中心的内容。

(3) 用鼠标指向编辑窗口并按缩放键或者操作鼠标的滚动键,则会以鼠标指针位置为中心,对视图进行缩放,并重新显示。

5.1.3　预览窗口

预览窗口可以显示两个内容:一个是从对象选择窗口中选中的对象（一般是元件的预览图;另一个是原理图编辑窗口中的全部原理图。当从对象选择窗口中选中对象时,预览窗口显示的是选中的对象;此时,如果在原理图编辑窗口内单击,预览窗口内的对象将被放置到编辑窗口,这就是 Proteus ISIS 的放置预览特性。当预览窗口显示全部原理图时,在预览窗口中有两个框,蓝框表示当前页的边界,绿框表示当前原理图编辑窗口显示的区域,此时在绿框内单击,可改变原理图的可视范围。

Proteus ISIS 的放置预览特性可以在下列情况下被激活:

(1) 当为一个可以设定朝向的对象选择类型图标时。

(2) 当使用镜像或旋转按钮时。

(3) 当一个对象在对象选择窗口中被选中。

(4) 当放置对象或者执行其他非以上操作时,放置预览会自动消除。

5.1.4 对象选择器

在程序设计中的对象,是一种将行为(操作)和状态(数据)合成到一起的软件构造,用来描述真实世界的一个物理或概念性的实体。在 Proteus ISIS 中,元器件、图形符号、终端、图表、引脚、标注、虚拟仪器和发生器等都被赋予了物理属性和操作方法,它们就是一个软件对象。

在工具箱中,系统集成了大量的与绘制电路图有关的对象。选择相应的工具箱图标按钮,系统将提供不同的操作功能。

在对象选择中,系统根据选择不同的工具箱图标按钮决定当前状态显示的内容。通过对象选择按钮 P ,可以从 Proteus 提供的元器件库中提取需要的元器件,并将其置入对象选择窗口中,供绘图时使用。为便于寻找和使用元器件,将元器件目录及常用元器件名称中英文对照列在表 5-2 中。

表 5-2 元器件目录及常用元器件名称中英文对照

元器件目录名称		常用元器件名称	
英 文	中 文	英 文	中 文
Analog Ics	模拟集成芯片	AMMETER	电流计
Capacitors	电容	Voltmeter	电压计
CMOS 4000 series	CMOS 4000 系列	Battery	电池/电池组
Connectors	连接器(座)	Capacitor	电容器
Data Converters	数据转换器	Clock	时钟
Debugging Tools	调试工具	Crystal	晶振
Diodes	二极管	D-FilpFlop	D 触发器
ECL 10000 Series	ECL 10000 系列	Fuse	熔丝
Electromechanical	电机类	Ground	地
Inductors	电感器(变压器)	Lamp	灯
Laplace Primitives	常用拉普拉斯变换	LED	发光二极管
Memory ICS	存储芯片	LCD	液晶显示屏
Microprocessor Ics	微处理器	Motor	电机
Miscellaneous	杂类	Stepper Motor	步进电机
Modelling Primitives	模块原型	POWER	电源
Operational Amplifiers	运算放大器	Resistor	电阻器
Optoelectronics	光电类	Inductor	电感
PLDs&FPGAs	PLDs 和 FPGAs 类	Switch	手动按钮开关
Resistors	电阻类	Virtual Terminal	虚拟终端
Simulator Primitives	仿真器原型类	PROBE	探针
Speakers&Sounders	声音类	Sensor	传感器
Switches&Relays	机械开关,继电器类	Decoder	解(译)码器
Switching Devices	电子开关器件	Encoder	编码器
Thermionic Valves	真空管	Filter	滤波器
Transistors	晶体管	Optical Coupler	光耦合器
TTL 74 series	TTL 74 系列	Serial port	串行口
TTL 74ALS series	TTL 74ALS 系列	Parallel port	并行口

5.1.5　ISIS 模式选择工具栏

ISIS 模式选择工具栏包括主模式图标、部件图标和 2D 图形工具图标,用来确定原理图编辑窗口的编辑模式,即选择不同的模式图标,在编辑窗口单击鼠标将执行不同的操作。例如,选择 Junction dot 图标(选中图标呈凹陷状态),然后在编辑窗口单击,所执行的即为放置连接点操作。需要注意的是:和命令工具栏不同,模式选择工具栏没有对应的菜单命令,并且该工具栏总呈现在窗口中,无法隐藏。各个模式图标所具有的功能如表 5-3 所示。

表 5-3　各模式图标功能

类　　别	图　　标	功　　能
主模式图标	⊸▷	选择元器件
	✛	在原理图中放置连接点
	LBL	在原理图中放置或编辑连线标签
	☷	在原理图中输入新的文本或者编辑已有文本
	╬	在原理图中绘制总线
	▯	在原理图中放置子电路框图或者放置子电路元器件
	▶	即时编辑任意选中的元器件
部件图标	▤	使对象选择器列出可供选择的各种终端(如输入、输出、电源等)
	⊸▷	使对象选择器列出 6 种常用的元件引脚,用户也可从引脚库中选择其他引脚
	⩘	使对象选择器列出可供选择的各种仿真分析所需的图表(如模拟图表、数字图表、A/C 图表等)
	🖾	对原理图电路进行分割仿真时采用此模式,用来记录前一步仿真的输出,并作为下一步仿真的输入
	 Ⓢ	使对象选择器列出各种可供选择的模拟和数字激励源(如直流电源、正弦激励源、稳定状态逻辑电平、数字时钟信号源和任意逻辑电平序列等)
	 ⟋⟋	在原理图中添加电压探针,用来记录原理图中该探针处的电压值,可记录模拟电压值或者数字电压的逻辑值和时长
	⟋⟋	在原理图中添加电流探针,用来记录原理图中该探针处的电流值,只能用于记录模拟电路的电流值
	🖳	使对象选择器列出各种可供选择的虚拟仪器(如示波器、逻辑分析仪、定时/计数器等)

续表

类 别	图 标	功 能
2D图形工具图标	/	使对象选择器列出可供选择的连线的各种样式,用于在创建元器件时画线或直接在原理图中画线
	■	使对象选择器列出可供选择的方框的各种样式,用于在创建元器件时画方框或直接在原理图中画方框
	●	使对象选择器列出可供选择的圆的各种样式,用于在创建元器件时画圆或直接在原理图中画圆
	◰	使对象选择器列出可供选择的弧线的各种样式,用于在创建元器件时画弧线或直接在原理图中画弧线
	∞	使对象选择器列出可供选择的任意多边形的各种样式,用于在创建元器件时画任意多边形或直接在原理图中画多边形
	A	使对象选择器列出可供选择的文字的各种样式,用于在原理图中插入文字说明
	S	用于从符号库中选择符号元器件
	✛	使对象选择器列出可供选择的各种标记类型,用于在创建或编辑元器件、符号、各种终端和引脚时产生各种标记图标

5.1.6 仿真控制按钮

交互式电路仿真是 ISIS 的一个重要组成部分,用户可以通过仿真过程实时观测到电路的状态和各个输出,仿真控制按钮主要用于交互式仿真过程的实时控制,其按钮功能如表 5-4 所示。

表 5-4 仿真控制按钮功能

类 别	按 钮	功 能
仿真控制按钮	 ▶	开始仿真
	 ▯▶	单步仿真,单击该按钮,则电路按预先设定的时间步长进行单步仿真,如果按住该按钮不放,电路仿真一直持续到松开该按钮
	 ‖	可以暂停或继续仿真过程,也可以暂停仿真之后以单步仿真形式继续仿真,程序设置断点后,仿真过程也会暂停,可以单击该按钮,继续仿真
	 ■	停止当前的仿真过程,使所有可动状态停止,模拟器不占用内存

5.1.7 ISIS 旋转、镜像控制按钮

对于具有方向性的对象,ISIS 提供了旋转、镜像控制按钮,来改变对象的方向。需要注意的是,在 ISIS 原理图编辑窗口中,只能以 90°间隔(正交方式)来改变对象的方向。各按钮

的功能如表 5-5 所示。

表 5-5　旋转、镜像按钮功能表

类　　别	按　　钮	功　　能
旋转按钮	↻	对原理图编辑窗口中选中的方向性对象以 90°间隔顺时针方向旋转(或在对象放入原理图之前)
	↺	对原理图编辑窗口中选中的方向性对象以 90°间隔逆时针方向旋转(或在对象放入原理图之前)
编辑框	[0]	该编辑框可直接输入 90°、180°、270°,逆时针方向旋转相应角度改变对象在放入原理图之前的方向,或者显示旋转按钮对选中对象改变的角度值
镜像按钮	↔	对原理图编辑窗口中选中的对象或者放入原理图之前的对象以 Y 轴为对称轴进行水平镜像操作
	↕	对原理图编辑窗口中选中的对象或者放入原理图之前的对象以 X 轴为对称轴进行垂直镜像操作

5.2　原理图设计

原理图设计的好坏会直接影响到整个系统的工作。电路原理图的设计是 Proteus VSM 和印制电路板设计中非常重要的第一步。首先,原理图的正确性是最基本的要求,因为在一个错误的基础上进行的工作是没有意义的;其次,原理图布局应该是合理的,以便于读图、查找和纠正错误;再次,原理图要力求美观。

5.2.1　原理图设计的方法和步骤

(1) 创建设计文件并设置图纸参数和相关信息。

(2) 放置元器件。

(3) 对原理图进行布线。

(4) 调整、检查和修改。利用 ISIS 提供的电气规则检查命令对前面所绘制的原理图进行检查,并根据系统提供的错误报告修改原理图,调整原理图布局,以同时保证原理图的正确和美观。最后视实际需要,决定是否生成网络表文件。

(5) 存盘和输出。

5.2.2　ISIS 鼠标使用规则

在 ISIS 中,鼠标操作与传统的方式不同,右键选取、左键编辑或移动。

右键单击:选中对象,此时对象呈红色;再次右击已选中的对象,即可删除该对象。

右键拖曳:框选一个块的对象。

左键单击:放置对象或对选中的对象编辑对象属性。

左键拖曳:移动对象。

5.2.3　原理图设计过程

下面以 8086 驱动 LED 显示原理图(图 5-5)为例介绍原理图的设计过程。图中,LED
显示器是 8 位共阳 7 段 LED 显示器(7SEG-MPX8-CA-BLUE);74HC373 是锁存器;
8255A 是可编程并行接口;处理器类型是 8086;使用了两条总线和 8 个 NPN 型三极管。

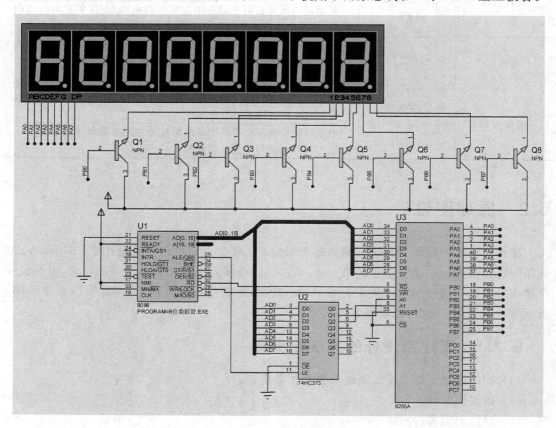

图 5-5　8086 驱动 LED 显示原理

1. 创建新设计文件

进入 Proteus ISIS 编辑环境。选择 File→New Design 菜单命令或者单击工具栏中的
□ 按钮,弹出如图 5-6 所示"创建新设计文件"对话框,选择 DEFAULT 模板,并将新建的
设计文件设置好保存路径和文件名。Proteus ISIS 设计文件的扩展名为.dsn。

2. 设置图纸类型

选择 System→Set Sheet Sizes 菜单命令,弹出如图 5-7 所示"图纸设置"对话框。根据
原理图中的元器件的多少,合理选择图纸的类型。本例选用 A4 类型的图纸。

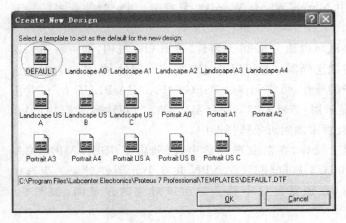

图 5-6　创建新设计文件对话框

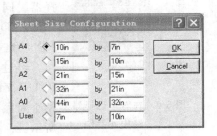

图 5-7　"图纸设置"对话框

3．将所需元器件加入到对象选择器窗口

单击对象选择器按钮 P，在弹出的 Pick Devices 对话框中使用搜索引擎，在 Keywords 栏中输入 8086，单击 OK 按钮，在搜索结果 Results 栏中找到该对象，并将其添加到对象选择器窗口，如图 5-8 所示。也可以通过选择 Library→Pick Device→Symbol 菜单命令进行。

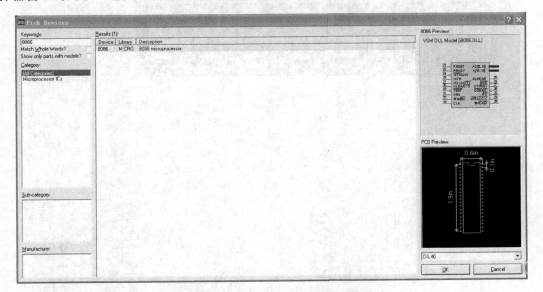

图 5-8　将所需元器件加入到对象选择器窗口

从图 5-8 中可以看出，元器件列表区域列出名称中含有关键字 8086 的元器件，系统将元器件 8086 划分在 Microprocessor ICs 类别中。当选择不同的元器件类别或者子类别时，元器件列表区域将列出与之相对应的元器件。如果将光标指向列表区域内的 8086 元器件并稍作停留，那么可以从弹出的显示框中看到关于这个元器件的基本信息，同时，在元器件预览区域，可以看到该器件的实形；而在元器件 PCB 封装预览区域，可以看到其 PCB 预览图。

　　在查找元器件的过程中,若选中 Match Whole Words? 复选框,则元器件列表区域只列出与关键字完全匹配的元器件。

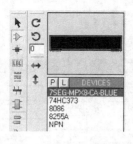

图 5-9　在对象选择器
选中元器件

　　在列表区域内选中 8086 元器件,单击 OK 按钮,则可将该元器件添加至对象选择器。也可以通过双击该元器件,将其加入对象选择器。同样的操作,可将元器件 7SEG-MPX8-CA-BLUE(8 位共阳 7 段 LED 显示器)、74HC373(锁存器)、8255A(可编程并行接口)和 NPN 型三极管添加到对象选择器中。

　　经过以上操作,在对象选择器中,已列出了 7SEG-MPX8-CA-BLUE、74HC373、8086、8255A、NPN 共 5 个元器件对象。当选中某个对象时,在预览窗口中就会显示该对象的预览图,如图 5-9 所示。

4. 放置元器件至原理图编辑窗口

　　选中对象选择器中 7SEG-MPX8-CA-BLUE,在原理图编辑窗口将鼠标指针置于该对象的欲放位置处单击,则完成 7SEG-MPX8-CA-BLUE 的放置。用同样的方法,将 74HC373、8086、8255A 和 NPN 放置到原理图编辑窗口中,如图 5-10 所示。

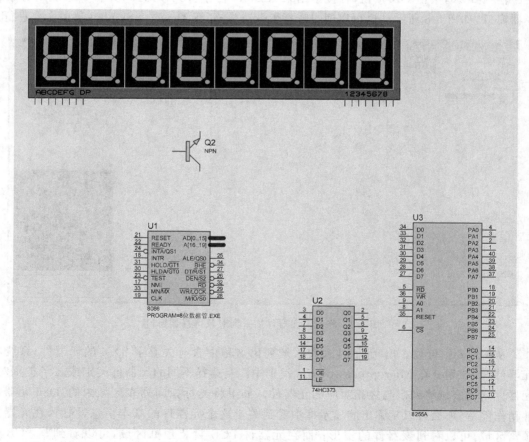

图 5-10　放置元器件至原理图编辑窗口

因 NPN 型三极管 Q1~Q8 的型号均相同,可利用复制功能作图。将鼠标指针移到 Q1 处右击选中 Q1,在工具栏中单击复制按钮 ![复制按钮],按下鼠标左键拖动,将对象复制到新位置,如此反复,直到右击结束复制,如图 5-11 所示。

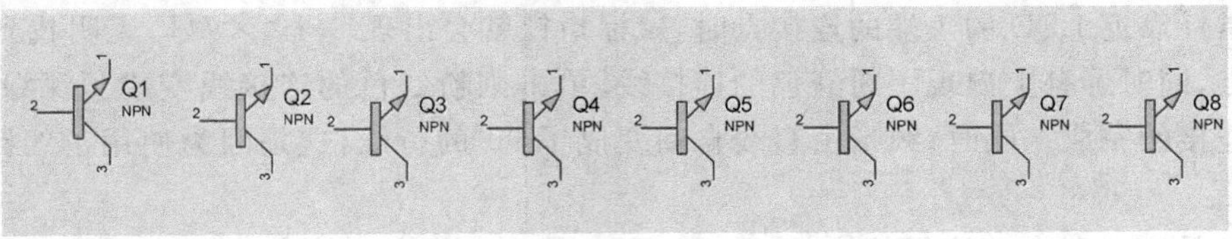

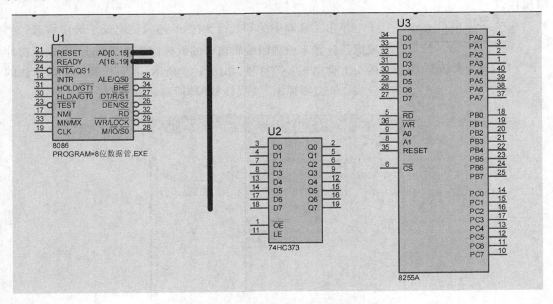

图 5-11　复制三极管

5. 放置总线至原理图编辑窗口

单击绘图工具箱中的总线按钮 ![总线按钮],使之处于选中状态。将鼠标置于原理图编辑窗口,在总线的起始位置单击,然后移动鼠标指针,屏幕出现粉红色细直线,并且随着鼠标指针的移动而变化。将鼠标指针移到总线的终止位置,先单击再右击,以确认结束绘制总线操作。此后,粉红色细直线被蓝色的粗直线所替代,总线绘制完成,如图 5-12 所示。在绘制多段连续总线时,只需要在拐点处单击,步骤与绘制一段总线相同。

图 5-12　放置总线至原理图编辑窗口

6. 导线连接与导线标注

在原理图编辑窗口中完成各对象之间的连线,ISIS 具有智能化特点,在想要绘制导线的时候能够进行自动检测。当鼠标指针指向元器件引脚末端或者导线时,在鼠标指针的头上会出现一个"×"符号,这种功能称为实时捕捉。利用此功能可以方便地实现导线和引脚之间的连接。也可以通过按 Ctrl＋S 组合键或者选择 Tools→Real Time Snap 菜单命令切换该功能。

这里将三极管 Q1 的 1 端连接到 LED 显示器的 1 端。当鼠标指针靠近 Q1 1 端的连接点时，鼠标指针的头上出现"×"号，表明找到了 Q1 的连接点，单击再移动（不用拖动鼠标）；当鼠标指针靠近 LED 的 1 端的连接点时，鼠标指针就会出现一个"×"号，表明找到了 LED 的连接点，同时屏幕上出现了粉红色的连接线，单击则粉红色的连接线变成了深绿色，标志着导线连接的完成。同时，线形由直线自动变成了 90°的折线，这是因为使用了线路自动路径功能。

ISIS 具有线路自动路径功能（简称 WAR），当选中两个连接点后，WAR 将选择一个合适的路径自动完成连线。WAR 可通过单击工具栏里的 WAR 命令按钮 来关闭或打开，也可以通过选择 Tools→WireAuto Router 菜单命令来切换其关闭或打开。

导线与总线连接时，习惯用斜线来表示分支线，此时线路中出现拐点。在绘制有拐点的导线时，只需要在设置拐点处单击即可。

需特别注意的是：当线路出现交叉点时，若出现实心小黑圆点，表明导线接通；否则表明导线无接通关系。可以通过绘图工具栏中的连接点按钮 ，使两交叉点接通。

导线标签按钮 用于对一组线或一组引脚编辑网络名称，以及对特定的网络指定网络属性。

图 5-13　选中要标注的导线

单击工具箱中的导线标签按钮 ，使之处于选中状态。将鼠标指针置于原理图编辑窗口的欲标标签的导线上，则鼠标指针的头上会出现"×"符号，如图 5-13 所示，表明找到了可以标注的导线；单击则弹出"导线标签编辑"对话框，如图 5-14 所示。

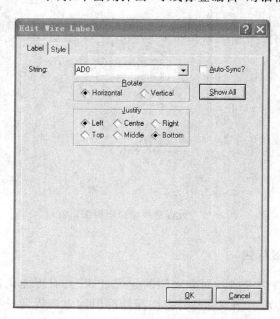

图 5-14　"导线标签编辑"界面

在"导线标签编辑"对话框内,String 文本框中输入标签名称(如 AD0),标签名放置的相对方位可以通过其下拉按钮进行选择,本例采用默认方式,单击 OK 按钮,结束对该导线的标签标定。

注意:

(1) 不可将导线标签放置在线以外的对象上。

(2) 在标定导线标签的过程中,相互接通的导线必须标注相同的标签名。

(3) 一条线可以放置多个导线标签。如果想要线上的标签具有同样的名称,并且当其中任一名称改变时,其他名称自动更新,则须选中 Auto-Sync 复选框。

(4) 当导线被选中时,其标签也随之被选中,可以分别对导线和标签进行拖动操作。

图 5-15 是导线连接与导线标注后的原理图。

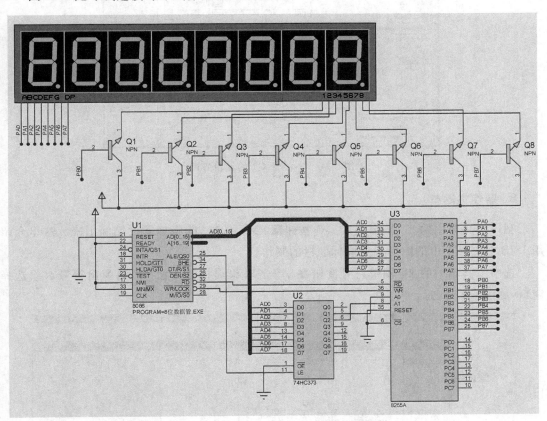

图 5-15   导线连接与导线标注的原理图

7. 编辑对象的属性

对于任意一个对象,系统都赋予它许多属性。例如,电阻有电阻名和电阻值等属性;单片机有类型和时钟频率等属性。对于这些属性,系统通常赋予一个默认属性值,用户可以通过对象属性编辑界面给对象的属性重新赋值。

对象属性编辑的步骤如下:

(1) 在工具箱中单击 Instant Edit mode 图标 ▶ ,进入属性对象编辑模式。

（2）选中对象然后单击，在弹出的对象编辑对话框内，完成对属性值的重新设定。

前面所绘制的原理图，三极管类型默认为 NPN，不用修改，如果是电阻可在此修改其默认值。修改三极管属性具体步骤为：先选中 Q1 再单击，弹出电阻 Q1 的编辑界面，如图 5-16 所示。在 Component Value 文本框中修改，单击 OK 按钮，完成编辑。同理，在 Resistance 文本框中修改完成电阻的编辑。

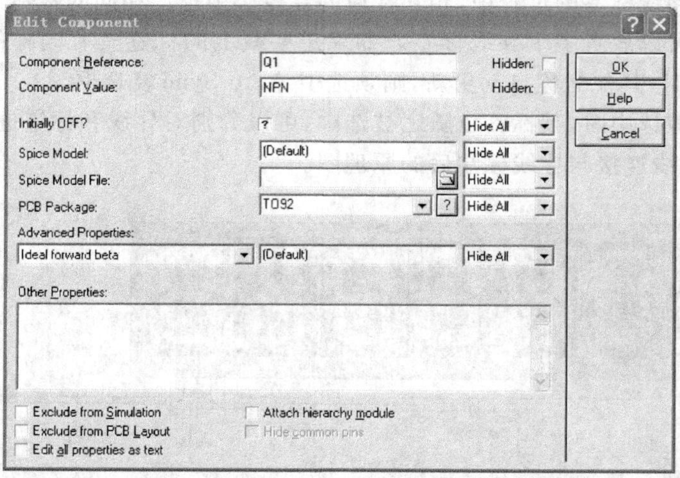

图 5-16   三极管 Q1 的编辑界面

8．制作标题栏

利用工具箱中的 2D 图形模式操作按钮■、／和 **A**，能将标题栏绘制出来。这里介绍用 ISIS 中符号库中的图形来完成标题栏的制作。

选中工具箱中的 2D 图形符号按钮 ⬛，单击对象选择器按钮 P，则弹出符号对象选择窗口，如图 5-17 所示。

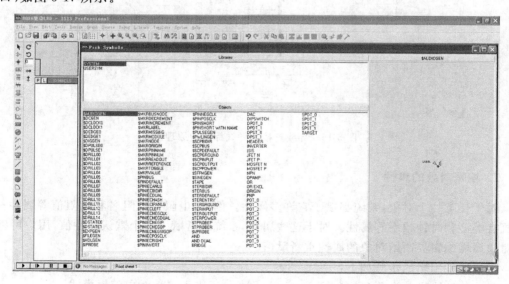

图 5-17   符号对象选择窗口

在 Libraries 列表框中选择 SYSTEM 库,在 SYSTEM 库中存放了大量的图形符号。在 Objects 列表框中选择 HEADER,则在预览窗口显示出该对象的图形。双击 HEADER,便可将其加入至对象选择器中。选择 Design→Edit Design Properties 菜单命令,在弹出的"设计属性"对话框中,对 Title(设计标题)、Doc. No(文档编号)、Revision(版本)和 Author(作者)进行设置,如图 5-18 所示。

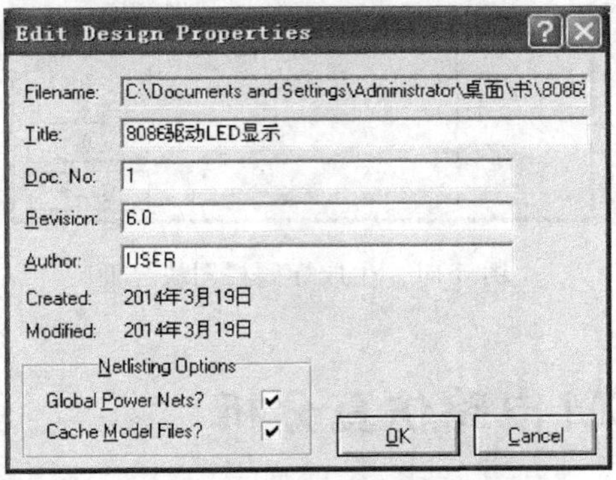

图 5-18 "设计属性"对话框

将 HEADER 放置到编辑区域,如图 5-19 所示。需要对其进行编辑,选中 HEADER 图块单击,在状态栏中会出现黄色作为背景色,并显示"This graphic object can not be edited"的警告,表明图块不能被编辑。欲编辑此图块,可先选中该图块,单击工具栏中的分解图块按钮 ↗,或者选择 Library→Decompose 菜单命令,执行此命令后,可任意编辑该图块中的任意元素,如图 5-20 所示。

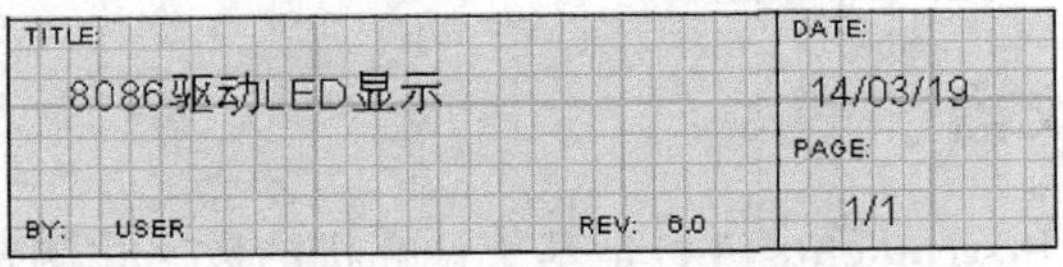

图 5-19 将 HEADER 放置到编辑区域

图 5-20 标题栏

为了今后调用方便,可以将新制作出来的标题栏生成图块。其操作过程为:先选中标题栏中的所有内容,再选择 Library→Make Symbol 菜单命令,在符号制作对话框内选中 USERSYM 选项,在 Symbol name 文本框中输入标题栏,选择"类型"为 Graphic,如图 5-21 所示。

单击 OK 按钮后,一个名为"标题栏"的图块便在 USERSYM 库中生成了,可以为今后使用提供更多方便。至此,图 5-5 的内容绘制完成。

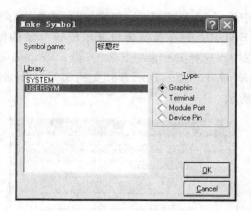

图 5-21 生成标题栏图块界面

5.3 Proteus VSM 电路仿真分析

Proteus VSM(虚拟系统模型)能够仿真数字电路、模拟电路、数模混合电路,包括所有相关器件的基于微处理器设计的协同仿真。Proteus 有两种仿真方式:交互仿真和高级仿真。交互仿真用来定性分析电路,高级仿真用来定量分析电路,同时也可以结合两种方式进行仿真。

Proteus VSM 电路仿真分析是在 ISIS 原理图设计基础上进行的,在仿真过程中所需要的虚拟仪器、电路激励源、曲线图及直接设置在线路上的探针一起出现在电路中,任何时候都可以通过仿真控制按钮完成实时仿真。

5.3.1 虚拟仪器

虚拟仪器(Virtual Instruments,VI)是基于计算机的数字化测量测试仪器,通常具有数据采集、数据测试和分析、显示输出结果等功能。选择模式工具栏中的 Virtual Instrument 图标,对象选择器中列出如图 5-22 所示虚拟仪器。

Proteus VSM 中的各种虚拟仪器分别是 OSCILIOSCOPE(虚拟示波器)、LOGIC ANALYSER(逻辑分析仪)、COUNTER TIMER(定时/计数器)、VIRTUAL TERMINAL (虚拟终端)、SPI DEBUGGER(串行设备接口调试器)、I²C DEBUGGER(I²C 调试器)、SIGNAL GENERATOR(信号发生器)、PATTERN GENERATOR(模式发生器)、DC VOLTMETER(直流电压表)、DC AMMETER(直流电流表)、AC VOLTMETER(交流电压表)和 AC AMMETER(交流电流表)。

1. 示波器的操作步骤

这里仅以 OSCILIOSCOPE 虚拟示波器为例,使用示波器显示模拟波形。

(1) 在对象选择器中列出如图 5-22 所示虚拟仪器,选择 OSCILLOSCOPE。

(2) 在编辑区单击放置示波器,并把被测信号连到示波器的输入端,图 5-23 所示为通过示波器观察正弦信号发生器产生的波形。

图 5-22 Proteus VSM 中的各种虚拟仪器

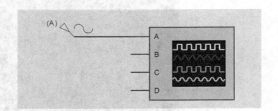

图 5-23 观测正弦信号发生器的波形

（3）单击仿真工具栏中的"开始"按钮开始交互仿真，将出现示波器窗口。如果示波器窗口没有出现，可以从 Debug 菜单中选择 Digital Oscilloscope 命令，窗口即可出现，如图 5-24 所示，图中有 4 种颜色的线，分别对应 4 个通道，即 Channel A、Channel B、Channel C 和 Channel D。

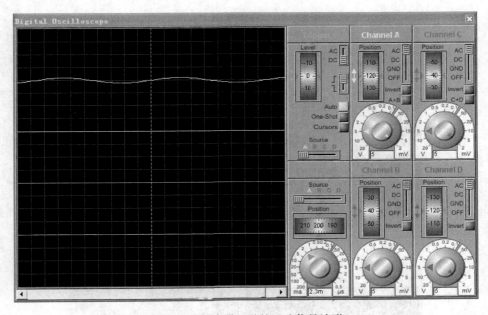

图 5-24 示波器显示的正弦信号波形

（4）调节水平时间轴（图 5-25），可使图中出现更多的正弦波，如图 5-26 所示。同样，将光标置于波形上，滑动滑轮，或者通过直接输入数值的方法，也可进行调节。

（5）调节波形的幅值可通过调节其对应通道的旋钮，图 5-26 所示波形对应通道 A，可以调节通道 A 的旋钮，或直接输入数值，改变其幅值，图 5-27 所示为改变幅值后的波形。

（6）测量波形上任意点的时间和电压，可将 Cursors 点亮后，将鼠标置于要测量的点上单击即可，如图 5-28 所示。

（7）使用通道面板上的"Position"可调节波形位置（图 5-29），方便多通道时波形的比较。

图 5-25 水平时间轴

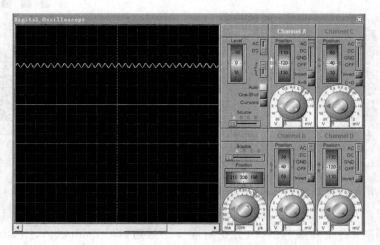

图 5-26　调节水平时间轴后的正弦信号波形

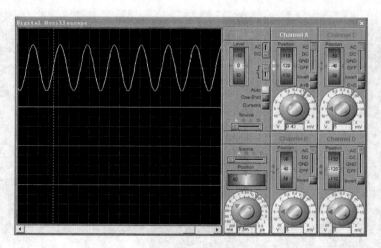

图 5-27　改变幅值后的正弦波

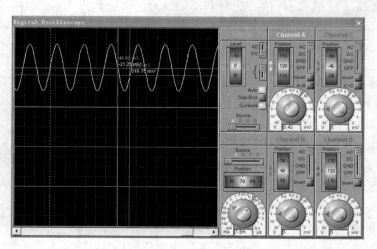

图 5-28　测量波形图上任意点的值

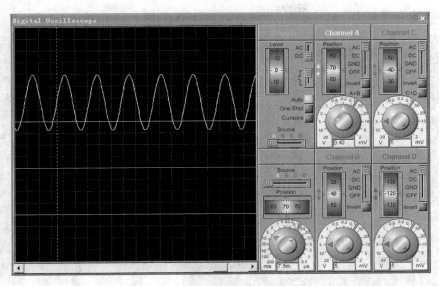

图 5-29 调节波形位置

（8）如果需要显示两个输入信号，可将信号源 B 接入示波器的 B 端（图 5-30），波形如图 5-31 所示。

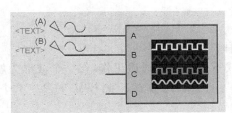

图 5-30 双信号输入

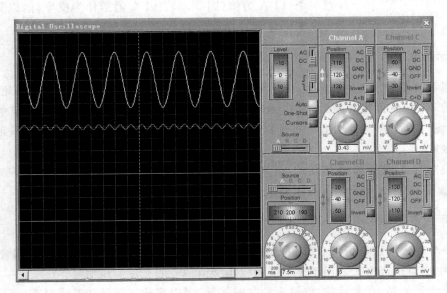

图 5-31 双通道正弦信号波形

（9）通过 A 通道上"A＋B"按钮可将两波形叠加，如图 5-32 所示。

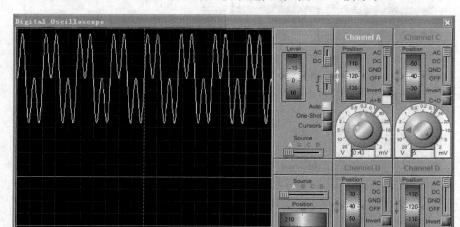

图 5-32　叠加后的波形

2. 示波器的工作模式

示波器工作模式有 3 种：

（1）单踪模式。此模式下仅有一个通道工作，仅一个波形为触发信号。

图 5-33　X-Y 模式选择

（2）多踪模式。此模式下 2～4 个通道的信号被用作触发信号。

（3）X-Y 模式。此模式下 Horizontal 面板选择 A、B、C、D 中的任意一个，以 A 为例（图 5-33）：以 A 通道作为横坐标，以其他通道作为纵坐标显示。

3. 示波器的触发

虚拟示波器触发条件比较简单，一般来说，触发电平在其波形范围内，就是稳定的。

旋转 Trigger 面板的指针，设置触发发生的电平和触发方式，"Level"可调节触发电平（图中虚线），右边的"AC 和 DC"可选择交流或直流，一般为直流，下面选择为上升沿触发或下降沿触发。

示波器有 3 种可选触发方式，可在 Trigger 面板中选择：Auto 自动触发方式；One-Shot 仅触发一次；Cursors 可显示触发电压的。

4. 示波器的输入耦合

每一个输入通道都可以直接直流耦合（DC 耦合）或者通过仿真电容交流耦合（AC 耦合）。其中交流耦合方式适用于显示载有较小交流信号的直流偏压信号。

需要注意的是，在测量前，将输入端临时接地，可以将输入信号和基线对准。

5.3.2　Proteus 信号发生器

信号发生器用来产生各种激励信号并允许使用者对其参量进行设置，这类元器件属于有源器件，Proteus 工具栏中找到 ⊘ 包含了数字和模拟两大类激励源，对象选择器中列出图 5-34 所示的 Proteus VSM 中的各种信号发生器。

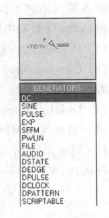

图 5-34　Proteus VSM 中的各种信号发生器

Proteus VSM 中的各种信号发生器分别如下：

DC：直流信号发生器，即直流电压源。

SINE：幅值、频率、相位可调的正弦信号发生器。

PULSE：幅值、周期和上升/下降沿时间可控的模拟脉冲发生器。

EXP：指数脉冲发生器。产生与 RC 充电/放电电路相同的脉冲波。

SFFM：单频率调频信号发生器，即单频率调频波激励源，产生正弦调频波。

PWLIN：分段线性信号发生器，即分段线性激励源，产生任意形状的脉冲或波形。

FILE：FILE 信号发生器，按照 ASCII 码文件产生任意形状的脉冲或波形。

AUDIO：音频信号发生器，使用 Windows. WAV 文件作为输入文件。借助 Audio graphs；结合音频分析图表，可以直接听到被测电路对音频信号处理后的音频效果。

DPULSE：单周期数字脉冲发生器。

DEDGE：数字单边沿信号发生器。

DSTATE：数字单稳态逻辑电平发生器。

DCLOCK：数字时钟信号发生器。

DPATTERN：数字模式信号发生器。

Scriptable：模式信号发生器。

1. 放置信号发生器

单击 Generator 图标，在对象选择器中会显示图 5-34 所列的信号发生器，选择相应的信号发生器，在编辑窗口单击，即可放置选定的信号发生器，可以直接把信号发生器和已有的元器件相连，也可以放在空白区域，然后再进行连线操作。

如果该信号发生器没有连到任何已有元器件，系统会自动以"?"号为其命名，表示还没有标明该信号发生器。如果该信号发生器和已有网络相连，则系统会自动以该网络的网络名称对其命名，或者是以该网络的元器件参考值或第一个引脚的引脚名作为其名称。如果信号发生器从一个网络移到另一个网络，其名称会自动更新。但在编辑对象对话框内，用户为信号发生器指定的名称是永久性的，不具有自动更新功能。

2. 编辑信号发生器

右击选中待编辑的信号发生器，并单击，即可打开该信号发生器的编辑对话框，可在该对话框内进一步设置信号发生器。编辑对话框的各项参数如下。

（1）Generator Name：可以直接在该文本框内输入信号发生器的名称，指定的名称不会随所连接网络的不同而变换，不具有自动更新功能。如果希望信号发生器具有自动更新名称的功能，只需要把该框的内容清空即可。

（2）Digital Types：选择信号发生器的类型。

（3）Current Source：除了数字信号发生器，其他几种信号发生器都可以作为电压源或电流源。

（4）Isolate Before：该选项控制信号发生器是否在连接点处把电路和原来网络断开，但是通过一根连线和网络相连的信号发生器不具有该功能。

（5）Manual Edits：选中该选项，用户可以在 Properties 文本框内手动编辑信号发生器的各种属性，如图 5-35 所示。

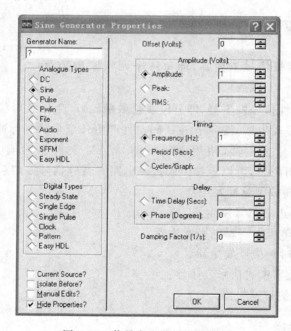

图 5-35　信号发生器属性编辑框

5.3.3　探针

探针在电路仿真时用来记录连接网络的状态，即端口的电压值或者电路中的电流值。通常被用于仿真图表分析中，也可用于交互仿真以显示操作点的数据，并可以分割电路。ISIS 系统提供了两种探针，即电压探针（Voltage probes）和电流探针（Current probes）。

电压探针：既可在模拟仿真中使用，也可在数字仿真中使用。在模拟电路中电压探针用来记录电路两端的真实电压值，而在数字电路中，电压探针记录逻辑电平及其强度。

电流探针：仅在模拟电路中使用，可显示电流方向。电流探针必须放置在电路中的连线上，也就是连线必须经过电流探针，测量方向由电流探针中的箭头方向来标明，且箭头不可垂直于连线。

可对探针进行旋转、移动和编辑等操作。

1. 放置探针

（1）单击模式工具栏中的 Voltage Probe 按钮或者 Current Probe 按钮，此时在对象预览窗口可以看到探针。电压探针和电流探针分别如图 5-36 和图 5-37 所示。

图 5-36　电压探针

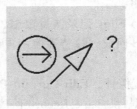

图 5-37　电流探针

（2）根据需要，对探针进行旋转或镜像操作。注意：必须保证电流探针上带有圆圈的箭头所指的方向和电路中的电流方向一致。

（3）在编辑窗口的合适区域单击，放置探针，如果按住左键不放就可以拖动探针。可以直接把探针放在已有的连线上，或者先把几个探针放好，再进行连线操作。

如果探针没有放置在连线上，ISIS 自动分配给它的名称为"?"，表示此时探针还没有被标注。当探针被放置到网络上时（直接放置在连线上时），ISIS 将分配该网络名称作为探针的名称。如果探针放置的网络还没有被标注，ISIS 则分配第一个连接到该网络的元器件的参考值或者引脚的名称作为探针名称。如果移动探针到别的网络，探针的名称将随所连接网络自动更新。

同样用户也可以自己编辑探针名称，右击选中探针，在选中探针上单击，弹出相应的 Edit Voltage Probe 或 Edit Current Probe 对话框，分别如图 5-38 和图 5-39 所示，在 Name 栏中输入探针的名称，单击 OK 按钮即可。注意：该方法分配的探针名称不再具有自动更新的功能，其名称具有永久性。

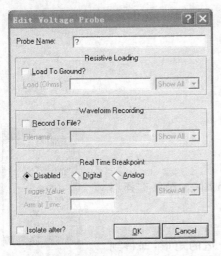

图 5-38　"编辑电压探针"对话框

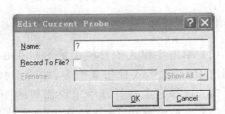

图 5-39　"编辑电流探针"对话框

2. 编辑探针

（1）编辑电压探针。Edit Voltage Probe 对话框还可以进行以下设置。

① Load(Ohms)：负载电阻。电压探针可被设置为含有负载电阻，当探针的连接点没有到地的直流通路时，需要采用这种方式。即选中 Load To Ground 复选框后，可以设置电压探针的负载电阻。

② Record To File：记录测量数据。电流或电压探针都可以把测量数据记录成文件，用于供 Tape Record 回放。该特性使用户可以用一个电路创建测试波形，在另一个电路中回放该波形。

（2）编辑电流探针。Edit Current Probe 对话框也可以进行 Record To File 设置，同样用来记录测量数据，供 Tape Record 回放。

5.3.4　仿真图表分析

图表(Graph)分析可以记录仿真过程，以图形化方式显示仿真分析的结果；仿真图表还可自由缩放，方便设计人员进行一些细节上的分析。另外，对于交流小信号分析、噪声分析和参数扫描等在实时仿真中难以完成的分析任务，也可借助图表分析来完成。

在原理图中放置不同类型的仿真图表，可以观测到电流、电压信号各方面的特性。对单片机初学者而言，图表分析主要用于观察各种信号的波形和信号间协同工作的时序关系。

Proteus 提供了以下图表分析。

ANALOGUE：模拟信号分析。

DIGITAL：数字信号分析。

MIXED：模拟、数字信号混合分析。

FREQUENCY：频率分析。

TRANSFER：转移特性分析。

NOISE：噪声分析。

DISTORTION：失真分析。

FOURIER：傅里叶分析。

AUDIO：音频分析。

INTERACTIVE：交互式分析。

CONFORMANCE：一致性分析。

DC SWEEP：DC 直流扫描分析。

AC SWEEP：AC 交流扫描分析。

1. 放置图表

（1）单击主模式工具栏中的 Simulation Graph 图标，对象选择器中列出以上所述 13 种仿真图表，如图 5-40 所示。

（2）选择对象选择器中电路需要的图表。

（3）在编辑区单击，并按住左键拖放出大小合适的矩形，即得到需要到图表。

图 5-40　各种图表

2. 编辑图表

各种图表都可以被移动、缩放或者通过编辑属性对话框更改它的属性值。右击选中编辑区的图表，并单击相应命令即可打开相应的编辑对话框。以 ANALOGUE 图表为例，其编辑对话框如图 5-41 所示，可以设置仿真开始时间、停止时间、左轴标签、右轴标签以及左右两轴的 y 值的最大值和最小值。

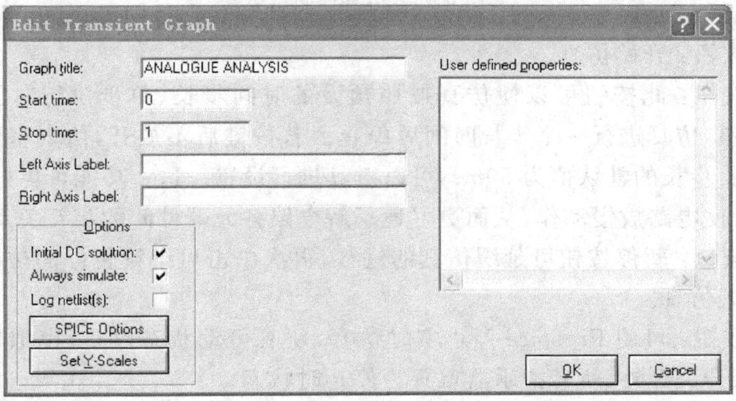

图 5-41 ANALOGUE 图表编辑对话框

5.3.5 电源与地

所有的仿真均需定义接地网络(参考电压点)，用电压探头去测量没有参考点的电路的电压是毫无意义的。事实上，电路中的所有器件都必须有对地的直流通道，对悬浮电路上的某点进行电压测量是没有意义的。

理论上，可以利用两个探头来测量电压差(像现实中的万用表)，但仿真软件在分析无参考地的电路时会遇到严重的数学困难。所有的电路网络均要有对地的直流通道，Proteus 的 Prospice 包含了这项错误检查功能，并且以警告的形式告诉用户不满足这一标准的电路网络。出现这样的警告时，在大多数情况下仿真都会失败。

可用显式或隐式方式为电路定义接地网络。

在仿真电路中放置不加标注的接地端子 ⏚ 或在导线上标注 GND 标签可为电路定义显示接地网络。仿真图中使用电源端子、单端连接的信号发生器、内部已有接地点的仿真器件等方法可为电路定义隐式接地网络。

在 Proteus 中，给电源端子 ⏛ 标注 V_{CC}、V_{DD}、V_{EE}、$+5V$、$-5V$ 或是 $+10V$、$-10V$ 等标签，可得到所需的电源。V_{SS} 默认和 GND 相连；V_{CC}/V_{DD} 默认为 $+5V$，V_{CC} 默认为 $-5V$。标准模块库中的 TTL 和 CMOS 逻辑器件、微处理器无需连接电源就可进行仿真。

5.3.6 交互式电路仿真

交互式电路仿真是电路分析的一个最重要部分。输入原理图后，通过在期望的观测点放置电流/电压探针或虚拟仪器,再单击"运行"按钮,即可观测到电路的实时输出。

1. 仿真控制按钮

交互式仿真由一个貌似播放机操作按钮的控制面板控制,如图 5-42 所示。

图 5-42　仿真控制按钮

(1) 运行按钮:开始仿真。

(2) 步进按钮:此按钮可以使仿真按照预设的时间步长(单步执行时间增量)进行仿真。单击该按钮,仿真进行一个步长时间后停止。若按键后不放开,仿真将连续进行,直到按停止键为止。步长的默认值为 50ms,可以对其进行设置。这一功能可更好地细化监控电路,同时也可以使电路放慢动作,从而更好地了解电路各元器件间的相互关系。

(3) 暂停按钮:暂停按钮可延缓仿真的进行,再次单击可继续暂停的仿真,也可在暂停后接着进行步进仿真。

(4) 停止按钮:可使 Prospice 停止实时仿真,所有可动状态停止,模拟器不占用内存。除激励元器件、开关等外,所有指示器重置为停止时状态。

2. 仿真设置

1) 元器件引脚逻辑状态

在仿真过程中,连接在数字或混合网络的元器件引脚会显示一个有色小正方形,默认蓝色表示逻辑 0,红色表示逻辑 1,灰色表示不固定。以上 3 种颜色可通过选择 Template→Edit Design Defaults 菜单命令改变,如图 5-43 所示。

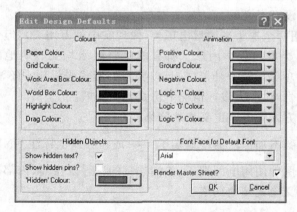

图 5-43　设置元器件引脚状态对话框

2) 用不同颜色电路连线显示相应电压

在仿真过程中,可以用不同颜色电路连线显示相应电压。默认的蓝色表示−6V,绿色表示 0V,红色表示+6V。连线颜色按照从蓝到红的颜色深浅随电压由小到大的规律渐变。上述颜色可通过图 5-43 进行设置。若须改变电压的上下限,可以选择 System→Set Animation Options 菜单命令进行设置,如图 5-44 所示。

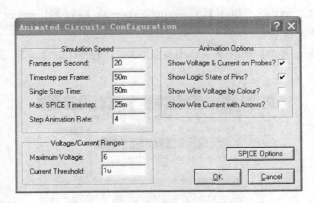

图 5-44　设置电压的上、下限

3）用箭头显示电流方向

此功能可使电路连线显示出电流的具体流向。应当注意,当线路电流小于设置的起始电流(默认值为 $1\mu A$)时,箭头不显示。起始电流也可在图 5-44 中修改。

4）设置仿真帧频及每帧仿真时间

帧频(Frames per Second)即每秒屏幕更新次数,一般取默认值即可,但有时在调试过程中可适当减小。每帧仿真时间(Timestep per Frames)可使电路运行更慢或更快,必要时可根据具体需要更改数值,通过图 5-44 进行设置。

在交互式电路仿真过程中,需注意以下几项:

(1)运行时间方面。在增加每帧仿真时间时应保证 CPU 能够实现。另外,模拟分析要比数字分析慢得多。

(2)电压范围。如果想用连线颜色来显示节点电压,则须预先估计电路中可能出现的电压范围,因为默认范围仅为 $-6\sim +6V$,因此,必要时可重新设置。

(3)高阻抗点。电路中若有未连接处,系统仿真时自动加入高阻抗电阻代替,而不会提示连线错误,所以产生错误结果而不容易被发现,连线时应特别注意。

5.4　Proteus 8086 源代码调试方法

8086 微处理器仿真所支持的文件类型是. EXE 文件,它是. ASM 文件生成的文件格式。Proteus 本身不带有 8086 的汇编器和 C 编译器,因此必须使用外部的汇编器和编译器。汇编器有很多,如 TASM、MASM 等。C 编译器也有很多,如 Turbo C 2.0、Borland C、VC++、Digital Mars C Compiler 等。本节选用的是免费的 MASM 和 Digital Mars C Compiler,重点就是让大家学会怎样在 Proteus 中调用外部的编译器进行编译,生成可执行文件. EXE。

5.4.1　Proteus 8086 汇编源代码调试方法

1. Proteus 配置 8086 汇编编译工具

Source 菜单命令有 Add/Remove Source files(添加/移出源文件)、Define Code

Generation Tools（定义代码产生工具）、Setup External Text Editor（设置外部文本编辑器）和 Build All（编译所有文件）。

首先选择 Proteus 下的 Source→Define Code Generation Tools 菜单命令，如图 5-45 所示。

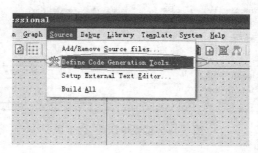

图 5-45　Source 菜单命令

其次，在出现的如图 5-46 所示的对话框中单击 New 按钮，选择实验箱配送光盘下 Projects\tools 目录下的 make.bat 文件，然后在源程序（Source Extn）扩展名下写入 ASM，目标代码（Obj Extn）扩展名写入 OBJ，最后单击 OK 按钮配置完成，如图 5-47 所示。

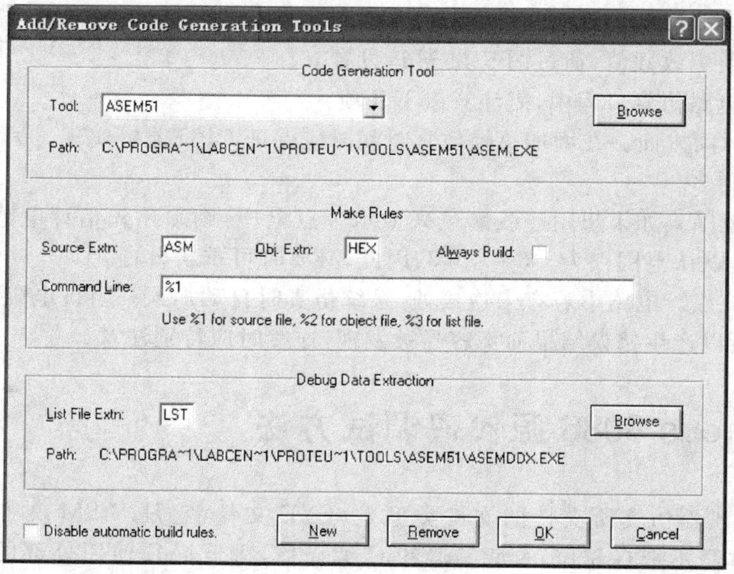

图 5-46　定义代码生成工具

2. 编译 8086 汇编文件

选择 Source→Add/Remove Source Files 菜单命令，为本仿真系统添加汇编语言源程序，如图 5-48 所示。

在出现的对话框中单击 New 按钮，加入之前做好的后缀为.ASM 的汇编文件，如图 5-49 所示，再选择代码生成工具，找到建好的 8086 汇编生成工具 MAKE，如图 5-50 所示。最后单击 OK 按钮。

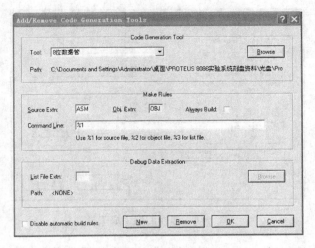

图 5-47　配置完成

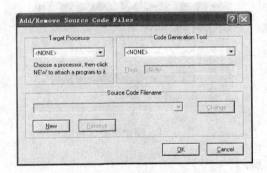

图 5-48　添加汇编语言源程序对话框

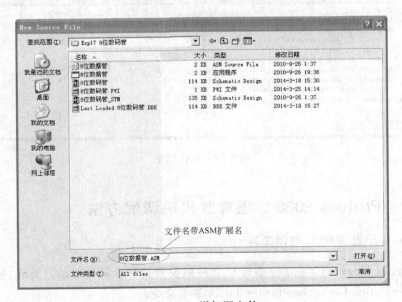

图 5-49　增加源文件

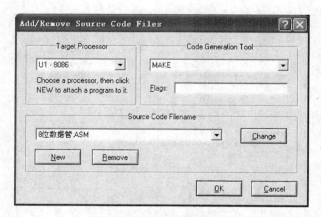

图 5-50　选择汇编生成工具

如图 5-51 所示，选择 Source→Build All 菜单命令编译代码。

图 5-51　编译所有文件

编译结果如图 5-52 所示。

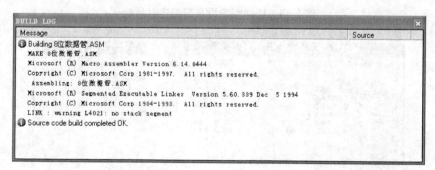

图 5-52　编译结果

5.4.2　Proteus 8086 C 语言源代码调试方法

1. Proteus 配置 8086 C 编译工具

使用 Digital Mars C Compiler 编译 C 文件的设置过程也是类似的。首先，执行 Proteus 下的 Source→Define Code Generation Tools 菜单命令。

其次，在出现的对话框中单击 New 按钮，选择实验箱配送光盘下 C_Projects\tools 目录下的 make_c.bat 文件,然后在源程序(Source Extn)扩展名下写入 C,目标代码(Obj Extn)扩展名写入 EXE,最后,单击 OK 按钮配置完成,如图 5-53 所示。

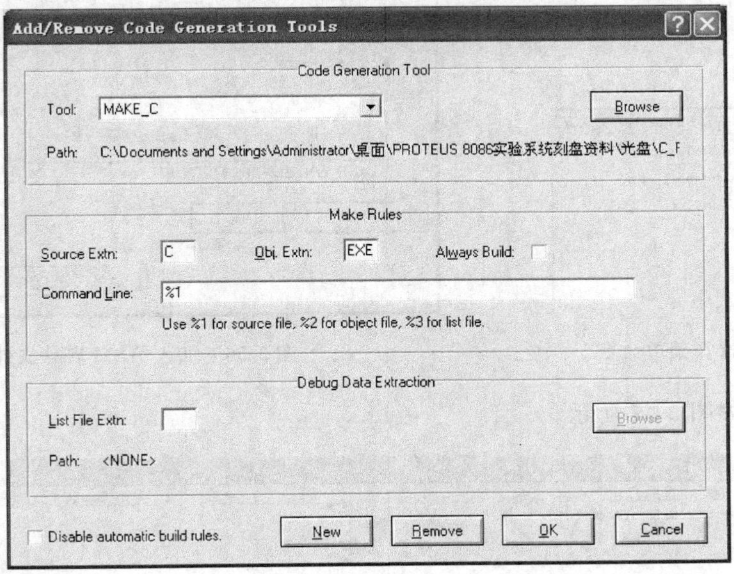

图 5-53　配置完成

2. 编译 8086 汇编文件

选择 Source→Add/Remove Source files 菜单命令,在出现的对话框中单击 New 按钮,加入之前做好的后缀为.C 的 C 文件,再选择代码生成工具,找到建好的 8086 汇编生成工具 MAKE_C,其中和汇编不同的是,这里还要加入一个汇编启动文件,但代码生成工具则为空(加入的汇编启动文件为 RTL.ASM)。

先加入 C 文件,如图 5-54 所示。

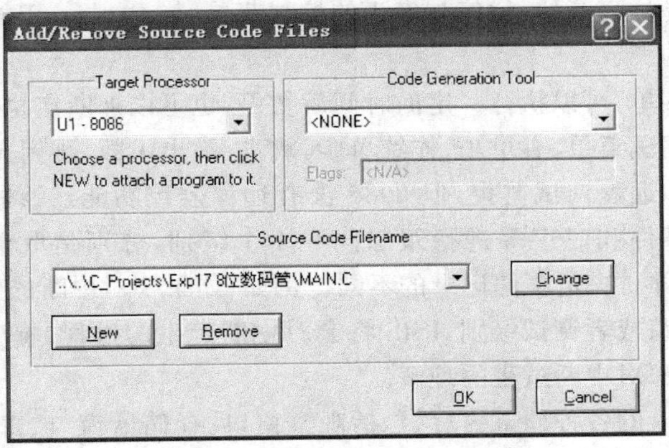

图 5-54　加入 C 文件

编译代码操作如图 5-55 所示。

再加入 ASM 启动文件,如图 5-56 所示。

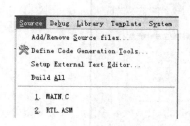

图 5-55　选择菜单命令

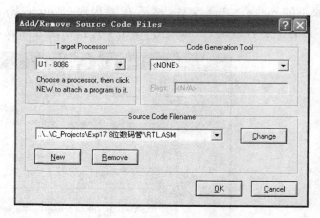

图 5-56　加入 ASM 启动文件

编译结果如图 5-57 所示。

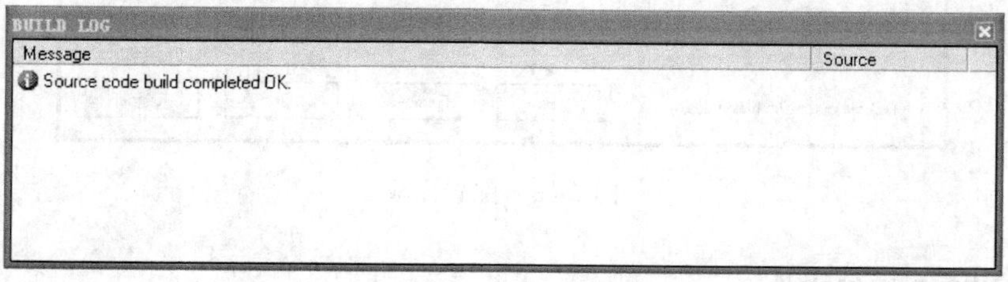

图 5-57　编译结果

5.4.3　Proteus 仿真与调试技巧

　　Proteus 中提供了很多调试工具和手段,这些工具的菜单都放在 Proteus 的 Debug(调试)菜单下,如图 5-58 所示。

　　第一栏的菜单是仿真开始、暂停与停止的控制菜单,与 Proteus ISIS 左下角的仿真控制按钮的功能是一样的。

　　第二栏是执行菜单,可以执行一定的时间后暂停,也可以加断点执行和不加断点执行。

　　第三栏是代码调试菜单,有单步、连续单步,跳进/跳出函数,跳到光标处等功能。

　　第四栏是诊断和远程调试监控,但 8086 没有远程监控功能。诊断可以设置对总线读写、指令执行、中断事件和时序等进行跟踪。有 4 个级别,分别是取消、警告、跟踪和调试(图 5-59)。级别的不同,决定事件记录的不同。例如,如果要对中断的整个过程进行详细的分析,则可以选择跟踪或者调试级别,ISIS 将会对中断产生的过程、响应的过程进行完整的记录,有助于学生加深对中断过程的理解。

　　最后一栏是 8086 的各种调试窗口,包括观察窗口、存储器窗口、寄存器窗口、源代码窗口和变量窗口。

　　其中,观察窗口(图 5-60)可以添加变量进行观察,并且可以设置条件断点(图 5-61)。这在调试程序时非常有用。

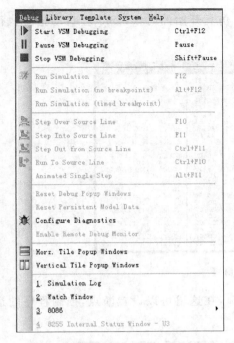

图 5-58 Debug 菜单命令

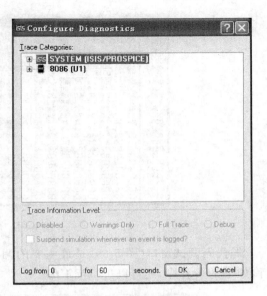

图 5-59 设置诊断选项

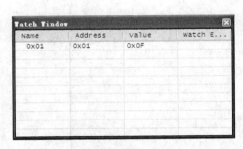

图 5-60 观察窗口

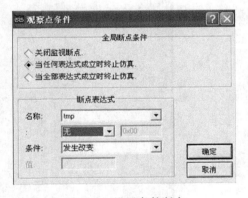

图 5-61 设置条件断点

变量窗口(图 5-62)会自动把全局变量添加进来,并实时显示变量值,但不能设置条件断点。

寄存器窗口(图 5-63)实时显示 8086 各个寄存器的值。

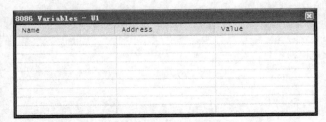

图 5-62 变量窗口

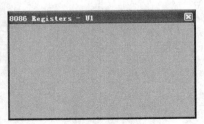

图 5-63 寄存器窗口

存储器窗口(图 5-64)实时显示存储器的内容,仿真开始的时候,ISIS 会自动把可执行文件. EXE 加载到 0x0000 地址开始的一段空间内。

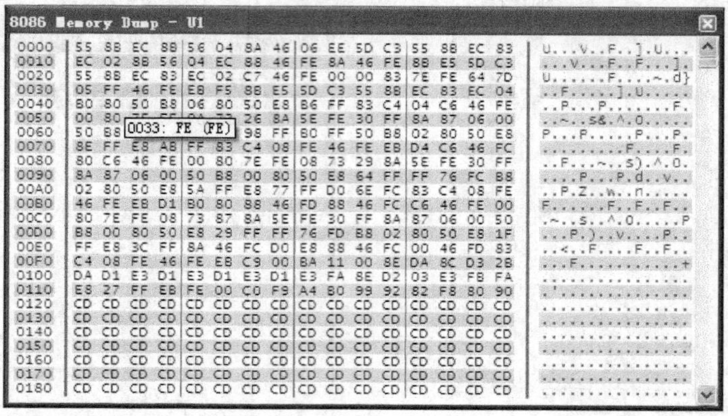

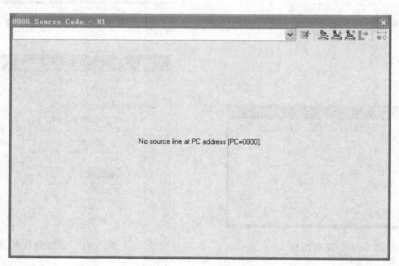

图 5-64　存储器窗口

源代码调试窗口(图 5-65)是最主要的调试窗口,在这里可以设置断点,控制程序的运行,如果是 C 程序,还可以进行反汇编。

图 5-65　源代码调试窗口

以上几个工具配合起来,比起任何的 IDE 都要实用得多,可以大大提高学习者的学习效率。

第 6 章

存储器

存储器(Memory)是计算机的重要组成部件,是计算机实现记忆功能的部件,它用来存放程序指令、处理数据和运算结果及各种需要计算机保存的信息(统称为信息)。有了它计算机才能"记住"程序,并按程序的规定自动运行。存储器的容量越大,表明能存储的信息越多,计算机的处理能力也就越强。由于计算机大部分操作要和存储器交换信息,所以存储器的工作速度越快,计算机的处理速度也就越快。因此,计算机总是希望它的存储器容量要大、速度要快。

本章重点讨论半导体存储器的分类以及随机存储器(RAM)、只读存储器(ROM)的工作原理和 CPU 与半导体存储器的连接等。

6.1 概述

随着 CPU 速度的不断提高和软件规模的不断扩大,人们当然希望存储器能同时满足速度快、容量大、价格低的要求。但实际上这一点很难办到,解决这一问题的较好方法是,设计一个快慢搭配、具有层次结构的存储系统。微型计算机中的信息是分级存储的,所以存储系统是以层次结构进行组织的。典型的存储系统层次结构是:高速缓冲存储器(Cache)-内存储器-外存储器 3 级。

图 6-1 显示了新型微机系统中的存储器组织。CPU 中的寄存器位于顶端,它有最快的存取速度,但数量极为有限:向下依次是 CPU 内的 Cache(高速缓冲存储器)、主板上的 Cache(由高速 SRAM 组成)、内存储器(简称内存)又称主存储器(简称主存),是计算机主机

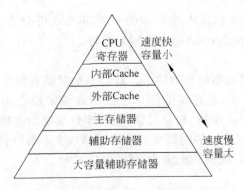

图 6-1 微机存储系统的层次结构

的一个组成部分,用于存放当前与 CPU 频繁交换的信息。CPU 可以通过三总线(地址总线、数据总线、控制总线)直接对它进行访问,因此要求它的工作速度和 CPU 的处理速度接近,但其容量相对于外存储器要小得多。外存储器(简称外存)又称辅助存储器(简称辅存),属于计算机的外部设备,用来存储相对来说不经常使用的可永久保存的信息。外存中的信息要通过专门的接口电路传送到内存后,才能供 CPU 处理。因此它的速度可以低一些,但容量相对于内存却要大得多。

6.1.1 存储器的分类

1. 按制造工艺分类

半导体存储器可以分为双极型和金属氧化物半导体型两类。

1) 双极型

双极(Bipolar)型由 TTL(Transistor-Transistor Logic,晶体管逻辑)电路构成。该类存储器件的工作速度快,与 CPU 处在同一数量级,但集成度低、功耗大、价格偏高,在微机系统中常用作高速缓存器(Cache)。

2) 金属氧化物半导体型

金属氧化物半导体(Metal-Oxide-Semiconductor,MOS)型有多种制作工艺,如 NMOS、HMOS、CMOS、CHMOS 等,可用来制作多种半导体存储器件,如静态 RAM、动态 RAM、EPROM 等。该类存储器的集成度高、功耗低、价格便宜,但速度较双极型器件慢。微机的内存主要由 MOS 型半导体构成。

2. 按存取方式分类

半导体存储器可以分为随机存取存储器(Random Access Memory,RAM)和只读存储器(Read Only Memory,ROM)两大类。

1) 随机存取存储器 RAM

随机存取存储器 RAM 中的内容可以读出,也可以写入,所以也称为读写存储器。它里面存放的信息会因断电而消失,因此又叫做易失性存储器或叫做挥发性存储器。为此,在微型计算机中,常用它暂时性地存放输入、输出数据,中间计算结果,用户程序等以及用它来同外存储器交换信息和用作堆栈。通常人们所说的微机内存容量就是指 RAM 存储器的容量。

按照 RAM 存储器存储信息电路原理的不同,RAM 可分为静态 RAM(Static RAM,SRAM)和动态 RAM(Dynamic RAM,DRAM)两种。

(1) SRAM 的特点。

SRAM 的存储元由双稳态触发器构成。双稳态触发器有两个稳定状态,可用来存储一位二进制信息。只要不掉电,其存储的信息可以始终稳定地存在,故称其为"静态"RAM。SRAM 的主要特点是工作速度快、稳定可靠,不需要外加刷新电路,使用方便。但它的基本存储电路所需的晶体管多(最多的需要 6 个),因而集成度不易做得很高,功耗也较大。一般地,SRAM 常用作微型机系统的高速缓冲存储器(Cache)。

(2) DRAM 的特点。

DRAM 的存储元以电容来存储信息,电路简单。但电容总有漏电存在,时间长了存放的信息就会丢失或出现错误。因此需要对这些电容定时充电,这个过程称为"刷新",即定时地将存储单元中的内容读出再写入。由于需要刷新,所以这种 RAM 称为"动态"RAM。DRAM 的存取速度与 SRAM 的存取速度差不多。其最大的特点是集成度非常高,目前DRAM 芯片的容量已达几百兆比特,功耗低,价格便宜等。因此,现在微型计算机中的内存主要由 MOS 型 DRAM 组成。

2) 只读存储器 ROM

ROM 是一种一旦写入信息之后,就只能读出而不能改写的固定存储器。断电后,ROM 中存储的信息仍保留不变,所以,ROM 是非易失性存储器。因此,微型机系统中常用 ROM 存放固定的程序和数据,如监控程序、操作系统中的 BIOS(基本输入/输出系统)、BASIC 解释程序或用户需要固化的程序。

按照构成 ROM 的集成电路内部结构的不同,ROM 可分为以下几种:

(1) 掩膜 ROM。利用掩膜工艺制造,由存储器生产厂家根据用户要求进行编程,一经制作完成就不能更改其内容。因此,只适合于存储成熟的固定程序和数据,大批量生产时成本较低。

(2) 可编程 ROM (PROM)(Programable ROM)。该存储器在出厂时器件中没有任何信息,是空白存储器,由用户根据需要,利用特殊的方法写入程序和数据。但只能写入一次,写入后不能更改。它类似于掩膜 ROM,适合于小批量生产。

(3) 紫外线可擦除的 PROM(EPROM)。这是可以进行多次擦除和重写的 PROM。为了重写,就应先擦除原来写入的信息。擦除时应把器件从应用系统上拆卸下来(称为脱线),放在紫外线下照射约 20min,然后用专门的设备——编程器(写入器)进行写入。EPROM 的写入速度较慢,但由于它可以多次改写,特别适合科研工作的需要。

(4) 电可擦除的 PROM(E²PROM)。这是一种可用特定电信号进行擦除的 PROM。擦除时不必将器件从应用系统上拆卸下来,而是直接进行(称为在线)擦除和写入。一次可以擦去一字,也可以全部擦去,然后以新数据的电信号重新写入。E²PROM 具有在线擦除和写入的特点,比 EPROM 使用起来更为灵活,因而得到人们的重视。E²PROM 也可作为RAM 用,但由于它的写入时间(含擦除)很慢,约 10ms,而且总的写入次数也是有限的,为$10^4 \sim 10^6$ 次,所以将 E²PROM 作为 RAM 使用不是十分适合。

无论是哪一种形式的 ROM,在使用时都只能读出,不能写入;断电时,存放在 ROM 中的信息都不会丢失,所以,它是一种非易失性存储器。

图 6-2 所示为微型计算机中半导体存储器的分类。

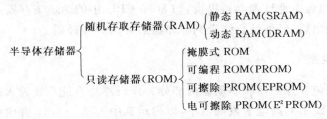

图 6-2 半导体存储器的分类

6.1.2　存储器的基本结构

如图 6-3 所示,半导体存储器由地址寄存器、译码电路、存储体、读/写控制电路、数据寄存器、控制逻辑等 6 个部分组成。

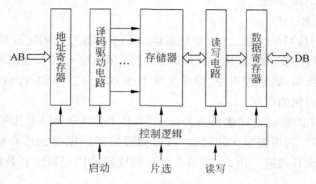

图 6-3　存储器的基本组成

1．存储器

存储单元的集合体。它由若干个存储单元组成,每个存储单元又由若干个基本存储电路(或称存储元)组成,每个存储单元可存放一位二进制信息。通常,一个存储单元为一个字节,存放 8 位二进制信息,即以字节来组织。为了区分不同的存储单元和便于读/写操作,每个存储单元有一个地址(称为存储单元地址),CPU 访问时按地址访问。为了减少存储器芯片的封装引线数和简化译码器结构,存储体总是按照二维矩阵的形式来排列存储单元电路。体内基本存储单元的排列结构通常有两种方式:一种是“多字一位”结构(简称位结构),即将多个存储单元的同一位排在一起,其容量表示成 N 字×1 位,如 1K×1 位、4K×1 位;另一种排列是“多字多位”结构(简称字结构),即将一个单元的若干位(如 4 位、8 位)连在一起,其容量表示为 N 字×4 位/字或 N 字×8 位/字,如静态 RAM 的 6116 为 2K×8、6264 为 8K×8 等。

2．地址寄存器

用于存放 CPU 访问存储单元的地址,经译码驱动后指向相应的存储单元。通常,在微型计算机中,访问地址由地址锁存器提供,如 8086 CPU 中的地址锁存器 8282;存储单元地址由地址锁存器输出后,经地址总线送到存储器芯片内直接译码。

3．译码驱动电路

该电路实际上包含译码器和驱动器两部分。译码器将地址总线输入的地址码转换成与它对应的译码输出线上的高电平或低电平,以表示选中了某一单元,并由驱动器提供驱动电流去驱动相应的读/写电路,完成对被选中单元的读/写操作。

4. 读/写电路

包括读出放大器、写入电路和读/写控制电路,用以完成对被选中单元中各位的读出或写入操作。存储器的读/写操作是在 CPU 的控制下进行的,只有当接收到来自 CPU 的读/写命令$\overline{RD}$和$\overline{WR}$后,才能实现正确的读/写操作。

数据寄存器用于暂时存放从存储单元读出的数据,或从 CPU 或 I/O 端口送出的要写入存储器的数据。暂存的目的是为了协调 CPU 和存储器之间在速度上的差异,故又称之为存储器数据缓冲器。

控制逻辑接收来自 CPU 的启动、片选、读/写及清除命令,经控制电路综合和处理后,发出一组时序信号来控制存储器的读/写操作。

虽然现在微型机的存储器多由芯片构成,但任何存储器的结构都保留这 6 个基本部分,只是在组成各种结构时做一些相应的调整。

6.1.3 主要技术指标

衡量半导体存储器性能的指标很多,如功耗、可靠性、容量、价格、电源种类、存取速度等,但从功能和接口电路的角度来看,最重要的指标是存储器芯片的容量和存取速度。

1. 存储容量

存储容量是指存储器(或存储器芯片)存放二进制信息的总位数,即

$$存储器容量 = 存储单元数 \times 每个单元的位数(或数据线位数)$$

例如,SRAM 芯片 6264 的容量为 $8K \times 8$,即它有 8K 个单元($1K = 1024$),每个单元存储 8 位(一个字节)二进制数据。DRAM 芯片 NMC41257 的容量为 $256K \times 1$,即它有 256K 个单元,每个单元存储一位二进制数据。各半导体器件生产厂家为用户提供了许多种不同容量的存储器芯片,用户在构成计算机内存系统时,可以根据要求加以选用。当然,当计算机的内存确定后,选用容量大的芯片则可以少用几片,这样不仅使电路连接简单,而且功耗也可以降低。存储容量这一概念反映了存储空间的大小。

2. 存取时间

存取时间是反映存储器工作速度的一个重要指标。它是指从 CPU 给出有效的存储器地址启动一次存储器读/写操作,到该操作完成所经历的时间称为存取时间。具体来说,对一次读操作的存取时间就是读出时间,即从地址有效到数据输出有效之间的时间,通常在 $10 \sim 100 ns$ 之间。而对一次写操作,存取时间就是写入时间。

3. 存取周期

指连续启动两次独立的存储器读/写操作所需的最小间隔时间,对于读操作,就是读周期时间;对于写操作,就是写周期时间。通常,存取周期应大于存取时间,因为存储器在读出数据之后还要用一定的时间来完成内部操作,这一时间称为恢复时间。读出时间加上恢复时间才是读周期。由此可见,存取时间和存取周期是两个不同的概念。

4. 功耗

功耗一般指每个存储单元的功耗,单位为微瓦/单元(μW/单元)。也有给出每块芯片的总功耗,单位为毫瓦/芯片(mW/芯片)。功耗是半导体存储器的一个重要指标,它不仅涉及消耗功率的大小,也关系到芯片的集成度,还要考虑微机的电源容量;由此产生的热量和在机器中的组装和散热问题。手册中常给出工作功耗和维持功耗。

5. 可靠性

可靠性是指存储器对电磁场、温度等外界变化因素的抗干扰能力。半导体存储器由于采用大规模集成电路结构,可靠性高。可靠性一般用平均无故障时间来描述。半导体存储器的平均无故障时间通常在几千小时以上。

6.2 随机存储器

随机存储器(RAM)主要用来存放当前运行的程序、各种输入/输出数据、中间运算结果及堆栈等,其存储的内容既可随时读出,也可随时写入和修改,掉电后内容会全部丢失。随机存储器 RAM 可进一步分为静态 RAM(SRAM)和动态 RAM(DRAM)两类。

6.2.1 静态 RAM

1. 基本存储单元

图 6-4 所示为 6 管静态 RAM 基本存储电路。在这个电路中,T_1、T_2 为工作管,构成一个双稳态触发器,T_3、T_4 分别为 T_1、T_2 的负载电阻。$T_1 \sim T_4$ 构成的双稳态触发器,可以存储一位二进制信息 0 或 1。当 T_1 截止时,是一个稳定状态;反之,当 T_1 导通 T_2 截止时,B 点为高,而 A=0 又保证了 T_1 可靠截止,这也是一个稳定状态。也就是说,该电路具有两个稳定状态——T_1 截止 T_2 导通的状态(称为"1"状态)和 T_1 导通 T_2 截止的状态(称为"0"状态)。T_5 和 T_6 为两个控制门,起两个开关的作用。

该基本存储电路的工作过程如下:

(1) 当该存储单元被选中时,字选择线(也叫行线)为高电平,门控管 T_5、T_6 导通,触发器与 I/O 线(位线)接通,即 A 点与 I/O 线接通,B 点与 $\overline{\text{I/O}}$ 接通。

(2) 写入时,写入数据信号从 I/O 线和 $\overline{\text{I/O}}$ 线进入。若要写入"1",则使 I/O 线为 1(高电平),$\overline{\text{I/O}}$ 线为 0(即低电平),它们通过 T_5、T_6 管与 A、B 点相连,即 A=1,B=0,从而使 T_1 截止、T_2 导通。而当写入信号和地址译码信号消失后,T_5、T_6 截止,该状态仍能保持。若要写入"0",使 I/O 线为 0,$\overline{\text{I/O}}$ 为高,这时 T_1 导通,T_2 截止,只要不断电,这个状态会一直保持下去,除非重新写入一个新的数据。

(3) 对写入内容进行读出时,需要先通过地址译码使字选择线(行线)为高电平,于是 T_5、T_6 导通,A 点的状态被送到 I/O 线上,B 点的状态被送到 $\overline{\text{I/O}}$ 线上,这样,就读取了原来存储器的信息。读出以后,原来存储器内容不变,所以,这种读出是一种非破坏性读出。

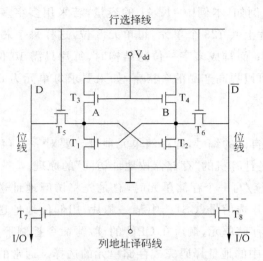

图 6-4　6 管静态 RAM 基本存储单元电路

由于 SRAM 的基本存储电路中所含晶体管较多,故集成度较低。而且由 T_1、T_2 管组成的双稳态触发器总有一个管子处于导通状态,所以,会持续地消耗功耗,从而使 SRAM 的功耗较大,这是 SRAM 的两个缺点。静态 RAM 的主要优点是工作稳定,不需要外加新电路,从而简化了外电路设计。

2. 静态 RAM 的结构

静态 RAM 通常由地址译码、存储矩阵、读/写控制逻辑及三态数据缓冲器 4 部分组成。图 6-5 所示为 $1K \times 1$ 的静态 RAM 芯片的内部组成框图。

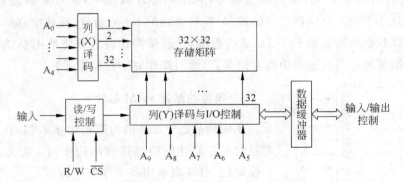

图 6-5　静态 RAM 内部结构框图

1) 存储矩阵

存储矩阵是存储器芯片的核心部分。一个基本存储电路仅能存放一位二进制信息。在计算机中为了保存大量的信息,需要由许多图 6-4 所示的基本存储元电路组成,通常排列成二维矩阵形式。本例中采用位结构,即将所有单元(1024 个)的同一位制作在同一芯片上,并排成 32×32 方阵,1024 个单元需要 10 条地址线,其中,5 条($A_4 \sim A_0$)用于列(X),5 条($A_9 \sim A_5$)用于列(Y)译码,行、列同时选中的单元为所要访问的单元。这种结构的优点是芯片封装时引线较少。例如,本例中 1K×1 的容量,若采用多字多位结构,如排成 128×8 的矩阵结构,即一个芯片上共 128 个单元,每单元 8 位,这样每个芯片封装时的引线数为 7 位地址线和 8 位数据线;而排成多字一位的结构时,每片只需 10 位地址线和 1 位数据线。芯片的封装引线数少,可以提高产品的合格率,如果要求每单元为 8 位,则只需用 8 片相同的芯片并联即可满足要求。

2) 地址译码器

每个存储单元都有自己的编号,即存储单元地址。要对一个存储单元进行读/写,必须先给出它的地址,这就是计算机的"存储器按地址访问"的原理。

如前所述,CPU 在读/写一个存储单元时,总是先将访问地址送到地址总线上,然后将高位地址经译码后产生片选信号($\overline{CS}$)选中某一芯片,用低位地址送至存储器,经片内地址译码器译码选中所需的存储单元,最后在 CPU 的读/写命令控制下完成对该单元的读出或写入。由此可见,RAM 中的地址译码完成存储单元的选择。通常的译码方法有两种:单译码和双译码。不同的译码方法对译码器的结构和输出线的要求是不同的。单译码是把所有地址都输入到一个译码器进行译码,这样,若地址为 n 位,则要求译码器有 $2n$ 个输出,结构就比较复杂。双译码是将所有地址线分为行、列两个方向进行译码,如图 6-5 所示。1024 个单元共需 10 位地址线,分为行、列两个方向,每个方向 5 条,经行列译码,各输出 32 条线到存储矩阵中,只有行、列方向同时选中的单元才是所要访问的单元。因此,双译码可以简化译码器结构。

3) 读/写控制与三态数据缓冲器

存储器的读/写操作由 CPU 控制。CPU 送出的访问地址中用高位部分经译码后送到读/写控制逻辑的$\overline{CS}$输入端,作为片选信号,表示该芯片被选中,允许对其进行读/写。当读/写命令$\overline{RD}/\overline{WR}$送入存储器芯片的读/写控制电路的 R/W 端时,被选中存储单元中的数据经三态 I/O 数据缓冲器的 $D_7 \sim D_0$ 端送数据总线(读操作时),或将数据总线上的数据经三态 I/O 数据缓冲器写入被选中的存储单元(即写操作时的存储单元)。

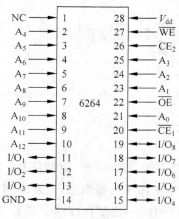

图 6-6 SRAM 6264 引脚排列

3. 典型的静态 RAM 芯片

不同的静态 RAM 的内部结构基本相同,只是在不同容量时其存储体的矩阵排列结构不同。即有些采用多字一位结构,有些则采用多字多位结构。

典型的静态 RAM 芯片有 6116(2K×8)、6264(8K×8)、62128(16K×8)和 62256(32K×8)。

图 6-6 所示为 SRAM6264 芯片的引脚排列,其容量为 8K×8 位,即共有 8K(2^{13})个单元,每单元 8 位。因此,共需地址线 13 条,即 $A_{12} \sim A_0$;数据线 8 条即 $I/O_8 \sim I/O_1$、$\overline{WE}$、$\overline{OE}$、$\overline{CE_1}$、CE_2 的共同作用决定了 SRAM 6264 的操作方式,如表 6-1 所示。

表 6-1　SRAM 6264 操作方式

$\overline{\text{WE}}$	$\overline{\text{CE}_1}$	CE_2	$\overline{\text{OE}}$	方式	$\text{I/O}_1 \sim \text{I/O}_8$
×	1	×	×	未选中	高阻
×	×	0	×	未选中	高阻
1	0	1	1	输出禁止	高阻
1	0	1	0	读	OUT
0	0	1	1	写	IN
0	0	1	0	写	IN

6.2.2　动态 RAM

1. 基本存储单元

最简单的动态 RAM(DRAM)基本存储电路由一个 MOS 晶体管和一个电容 C_S 组成，如图 6-7 所示。在这个电路中，存储信息依赖于电容 C_S，电容 C_S 上的电荷(信息)是能够维持的。该电路的工作过程如下：

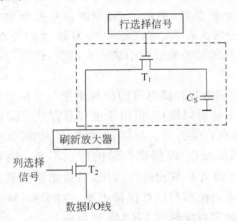

图 6-7　单管 DRAM 基本存储元件

(1) 写入时，行、列选择线信号为"1"。行选管 T_1 真导通，该存储单元被选中，若写入"1"，则经数据 I/O 线送来的写入信号为高电平，经刷新放大器和 T_2 管(列选管)向 C_S 充电，C_S 上有电荷，表示写入了"1"，若写入"0"，则数据 I/O 线上为"0"，C_S 经 T_1 管放电，C_S 上便无电荷，表示写入了"0"。

(2) 读出时，先对行地址译码，产生行选择信号(为高电平)。该行选择信号使本行上所有基本存储单元电路中的 T_1 管均导通，由于刷新放大器具有很高的灵敏度和放大倍数，并且能够将从电容上读取的电压值(此值与 C_S 上所存"0"或"1"有关)折合为逻辑"0"，或逻辑"1"，于是连接在列线上的刷新放大器就能够读取对应于电容 C_S 上的电压值。若此时列地址(较高位地址)产生列选择信号，则行和列均被选通的基本存储单元电路得以驱动，从而读出数据送入数据 I/O 线。

(3) 读出操作完毕，电容 C_S 上的电荷被泄放完，而且选中行上所有基本存储单元电路

中的电容 C_S 都受到打扰,故是破坏性读出。为使 C_S 上读出后仍能保持原存信息(电荷),刷新放大器又对这些电容进行重写操作,以补充电荷使之保持原信息不变。所以,读出过程实际上是读、回写过程。回写也称为刷新。

这种单管动态存储单元电路的优点是结构简单、集成度高且功耗小。缺点是列线对地间的寄生电容大,噪声干扰也大,因此,要求 C_S 值做得比较大,刷新放大器应有较高的灵敏度和放大倍数。

2. 动态 DRAM 的结构

1) DRAM 芯片的结构特点

DRAM 芯片的结构特点是设计成位结构形式,即一个芯片上含有若干字,而每个存储单元只有一位数据位,如 4K×1 位、8K×1 位、16K×1 位、64K×1 位或 256K×1 位等。存储体的这一结构形式是 DRAM 芯片的结构特点之一。

DRAM 存储体的二维矩阵结构也使得 DRAM 的地址线总是分成行地址线和列地址线两部分,芯片内部设置有行、列地址锁存器。在对 DRAM 进行访问时,总是先由行地址选通信号 $\overline{RAS}$(CPU 产生)把行地址打入内置的行地址锁存器,随后再由列地址选通信号 $\overline{CAS}$ 把列地址打入内置的列地址锁存器,再由读/写控制信号控制数据读出/写入。所以,访问 DRAM 时,访问地址需要分两次打入,这也是 DRAM 芯片的特点之一。行、列地址线的分时工作,可以使 DRAM 芯片的对外地址线引脚大大减少,仅需与行地址线相同即可。

2) DRAM 的刷新

所有的 DRAM 都是利用电容存储电荷的原理来保存。信息虽然利用 MOS 管栅-源间的高阻抗可以使电容上的电荷得以维持,但由于电容总存在泄漏现象,时间长了其存储的电荷会消失,从而使其所存信息自动丢失。所以,必须定时对 DRAM 的所有基本存储单元电路进行补充电荷,即进行刷新操作,以保证存储的信息不变。刷新是不断地每隔一定时间(一般每隔 2ms)对 DRAM 的所有单元进行读出,经读出放大器放大后再重新写入原电路中,以维持电容上的电荷,进而使所存信息保持不变。对 DRAM 必须设置专门的外部控制电路和安排专门的刷新周期来系统地对 DRAM 进行刷新。

刷新类似于读操作,但刷新时不发送片选信号或不发送列地址。对 DRAM 的刷新是按行进行的,每刷新一次的时间称为刷新周期。从上一次对整个存储器刷新结束到下一次对整个存储器全部刷新一遍所用的时间间隔称为最大刷新时间间隔,一般为 2ms。设相继刷新两行之间的时间间隔为 T_n,单片存储器的行数为 L_R,则整个存储器刷新一遍的时间为:$T = T_n \times L_R$。不论行数多少,均应保证 $T < 2ms$。

3) DRAM 芯片举例

一种典型的 DRAM 是 Intel 2164,2164 是 64K×1 位的 DRAM 芯片。片内含有 64K 个存储单元,所以,需要 16 位地址线寻址。为了减少地址线引脚数目,采用行和列两部分地址线各 8 条,内部设有行、列地址锁存器。利用外接多路开关,先由行选通信号 $\overline{RAS}$ 选通 8 位行地址并锁存。随后,再由列选通信号 $\overline{CAS}$ 选通 8 位列地址并锁存,16 位地址选中 64K 存储单元中的任何一个单元。2164 芯片的读/写周期为 300ns,存取时间为 150ns,从 $\overline{RAS}$ 到 $\overline{CAS}$ 的延时范围为 35~65ns。2164 芯片的引脚和内部结构示意如图 6-8 所示。

在图 6-8 中,64K 的存储体由 4 个 128×128 的存储矩阵组成,每个 128×128 的存储矩

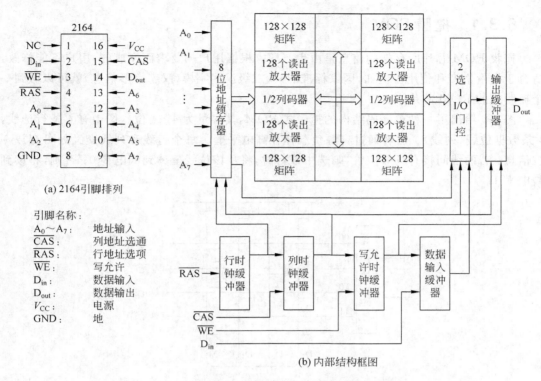

图 6-8　Intel 2164 DRAM 芯片引脚及内部结构

阵由 7 条行地址线和 7 条列地址线进行选择,在芯片内部经地址译码后,可分别选择 128 行和 128 列。

　　锁存在行地址锁存器中的 7 条行地址线 $RA_6 \sim RA_0$ 同时加到 4 个存储矩阵上,在每个矩阵中选中一行,则共有 $4 \times 128 = 512$ 个基本存储元电路被选中,存放信息被选通到 512 个读出放大器,经过鉴别后锁存或重写。

　　锁存在列地址锁存器中的 7 条列地址线 $CA_6 \sim CA_0$ 在每个存储矩阵中选中一列,然后再由 4 选 1 的 I/O 门控电路(由 RA_7、CA_7 控制)选中一个单元,对该单元进行读写。

　　2164 数据的读出和写入是分开的,由 $\overline{WE}$ 控制读写,当 $\overline{WE}$ 为高电平时读出,即所选中单元的内容经过三态输出缓冲器在 D_{out} 引脚读出。当 $\overline{WE}$ 为低电平时实现写入,D_{in} 引脚上的信号经输入三态缓冲器对选中单元进行写入。2164 没有片选信号,实际上用行选通信号 $\overline{RAS}$ 作为片选信号。

6.3　只读存储器

　　只读存储器(ROM)是一种非易失性半导体存储器件。其内容是预先写入的,一旦写入,使用时只允许读出不能改变,掉电也不会丢失信息,常用来保存固定的程序和数据。对 ROM 内容的写入称为编程,根据编程方式的不同,ROM 可分为 4 类:掩膜 ROM、可编程 ROM(PROM)、可擦除可编程 ROM(EPROM)和电可擦除可编程 ROM(E^2PROM)。

6.3.1 掩膜 ROM

掩膜 ROM 芯片所存储的信息是由生产厂家根据用户的要求而完成的,用户不能修改,适合于批量生产和使用。例如,国家标准的一、二级汉字字模(汉字字形信息)就可以做到一个掩膜式的 ROM 芯片中。

图 6-9 给出了一种单译码结构的掩膜式 ROM,其容量为 4×4 位。图中有 4 条行选线,4 条数据位线(列线)。后者通过有源负载挂在高电平上。每个行线和列线交叉处可存放一位信息:若两线间接有场效应管,则选中该行时,将从该位线上读到低电平 0;否则,将读到高电平 1。

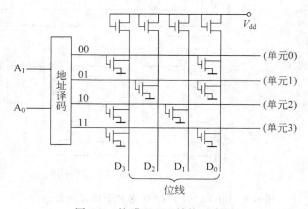

图 6-9 掩膜 ROM 结构示意图

若地址线 $A_1 A_0 = 00$,则选中 0 号单元,即字线 0 为高电平,则凡与该行相连的 MOS 管导通,对应位输出为 0,而不与该行相连的位因没有 MOS 管而输出为 1。表 6-2 所列为图 6-9 存储矩阵的存放内容。

表 6-2 掩膜 RAM 的内容

单元 \ 位	D_3	D_2	D_1	D_0
0	0	1	1	0
1	1	0	1	0
2	0	1	0	1
3	0	1	1	0

6.3.2 可编程 ROM

可编程 ROM(PROM)是一种允许用户编程一次的 ROM,其存储单元通常用二极管或三极管实现。图 6-10 所示存储单元用双板型三极管的发射极串接一个可熔金属丝,因此这种 PROM 也称为"熔丝式"PROM。

出厂时,所有存储单元的熔丝都是完好的。编程时,通过字线选中某个晶体管。若准备

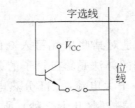

图 6-10　熔丝式 PROM 的基本存储结构

写入 1,则向位线送高电平,此时管子截止,熔丝将被保留;若写入 0,则向位线送低电平,此时管子导通,控制电流使熔丝烧断。也就是说,所有的存储单元出厂时均存放信息 1,一旦写入 0 即使熔丝烧断,也不可能恢复。所以,它只能进行一次编程。

6.3.3　可擦除可编程 ROM

掩膜型 ROM 和 PROM 内容一旦写入就无法改变,而可擦除可编程 ROM(EPROM)可由用户进行编程,并可用紫外光擦除。因为它能长久保持信息,又可以多次擦除和重新编程,所以在微机产品的研制、开发和生产中应用广泛。

1. 基本存储电路和工作原理

EPROM 的基本存储电路如图 6-11(a)所示,关键部件是 FAMOS 场效应管。FAMOS (Floating grid Avalanche injection MOS)的意思是浮置栅雪崩注入型 MOS。图 6-11(b)显示了 FAMOS 管(简称浮置栅场效应管)的结构。

(a) EPROM的基本存储结构　(b) 浮置栅雪崩注入型场效应管结构

图 6-11　EPROM 的基本存储电路和 FAMOS 结构

该管是在 N 型的基底上做出两个高浓度的 P 型区,从中引出场效应管的源极 S 和漏极 D;其栅极 G 则由多晶硅构成,悬浮在 SiO_2 绝缘层中,故称为浮置栅。出厂时,所有 FAMOS 管的栅极上没有电子电荷,源、漏两极间无导电沟道形成,管子不导通,此时它存放信息 1;如果设法向浮置栅注入电子电荷,就会在源、漏两极间感应出 P 沟道,使管子导通,此时它存放信息 0。由于浮置栅悬浮在绝缘层中,所以一旦带电后,电子很难泄漏,使信息得以长期保存。至于能够保存多长时间,与芯片所处的环境(温度、光照)有关。例如,在 20℃的温度下信息可保存 10 年以上;若将芯片置于紫外灯下照射,则信息将在几十分钟内丢失。

2．编程和擦除过程

EPROM 的编程过程实际上就是对某些单元写入 0 的过程,也就是向有关的 FAMOS 管的浮置栅注入电子的过程。采用的办法是:在管子的漏极加一个高电压,使漏区附近的 PN 结雪崩击穿,在短时间内形成一个大电流,一部分热电子获得能量后将穿过绝缘层,注入浮置栅。由于该过程的时间被严格控制(几十毫秒),所以不会损坏管子。

擦除的原理与编程相反,通过向浮置栅上的电子注入能量,使得它们逃逸。擦除时,一般采用波长为 2537Å 的 15W 紫外灯管,对准芯片窗口,在近距离内连续照射 15～20min,即可将芯片内的信息全部擦除。出于同样的道理,编程后的芯片窗口应贴上不透光的封条,以保护它不受紫外线的照射。由于每一次紫外光照射时是通过石英窗口对整个芯片照射,所以不能实现部分擦除,这是 EPROM 的不足之处。

3．典型的 EPROM 芯片

常用的典型的 EPROM 芯片有 2716(2K×8)、2732(4K×8)、2764(8K×8)、2718(16K×8)、27256(32K×8)、27512(64K×8)等。这些芯片多采用 NMOS 工艺,但如果采用 CMOS 工艺,其功耗要比前者小得多。这样的芯片,常在其名称中加一个 C,如 27C64。下面以 Intel 2764 芯片为例说明 EPROM 的性能和工作方式。图 6-12 所示为 Intel 2764 的引脚和功能示意图。

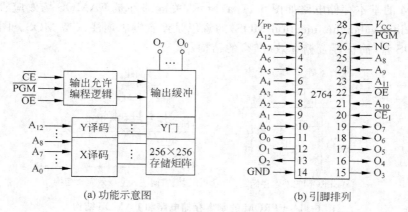

(a) 功能示意图　　　　(b) 引脚排列

图 6-12　Intel 2764 的引脚和功能

引脚定义如下:

- $A_{12} \sim A_0$——地址线,13 位(对应 8K 存储单元),输入,连系统地址总线。
- $O_7 \sim O_0$——数据线,8 位,双向,编程时作数据输入线,读出时作数据输出线,连数据总线。
- $\overline{CE}$——片选允许(功能同 $\overline{CS}$),输入,低电平有效,连地址译码器输出。
- $\overline{OE}$——输出允许,输入,低电平有效,连信号端 $\overline{RD}$。
- $\overline{PGM}$——编程脉冲控制端,输入,连编程控制信号。
- V_{PP}——编程电压输入端。
- V_{CC}——电源电压,+5V。

2764 共有 4 种工作方式：读方式、编程方式、检验方式和备用方式，如表 6-3 所示。

表 6-3　Intel 2764 工作方式

信　号　端	V_{CC}	V_{PP}	$\overline{CE}$	$\overline{OE}$	$\overline{PGM}$	数据端($O_7 \sim O_0$)功能
读方式	+5V	+25V	0	0	0	数据输出
编程方式	+5V	+25V	1	1	正脉冲	数据输入
检验方式	+5V	+25V	0	0	0	数据输出
备用方式	+5V	+5V	×	×	1	高阻状态
未选中	+5V	+5V	1	×	×	高阻状态

1）读方式

这是 2764 最常用的方式。在读方式下，V_{CC} 和 V_{PP} 均接 +5V 电压，$\overline{PGM}$ 接低电平，从地址线 $A_{12} \sim A_0$ 接收 CPU 送来的地址信息，然后使 $\overline{CE}$、$\overline{OE}$ 均有效（为低电平），于是经过一个时间间隔，所选单元的内容即可读到数据总线上。图 6-13 所示为 2764 读方式时的时序，由图可知，芯片允许信号 $\overline{CE}$ 必须在地址稳定后有效，以保证正确读出所选单元数据。

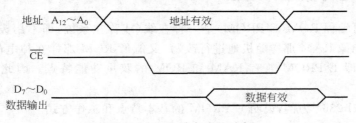

图 6-13　2764 读方式的时序

2）备用方式

2764 工作于低功耗方式。该方式与芯片未选中时类似，这时芯片从电源所取的电流从 100mA 下降到 40mA，功耗降为读方式下的 25%。只要使 $\overline{PGM}$ 端输入一个 TTL 高电平信号，即可使 2764 工作于备用方式，该方式使数据输出呈高阻态。由于读方式时 $\overline{CE}$ 和 $\overline{PGM}$ 是连在一起的，所以，当某芯片未被选中时 $\overline{CE}$ 和 $\overline{PGM}$ 处于高电平状态，则此芯片就相当处于备用方式，可大大降低功耗。

3）编程方式

在编程方式下，只要将 V_{PP} 接 25V（不同型号芯片所加电压不同，有的芯片仅需加 12.5V），V_{CC} 加 +5V，$\overline{CE}$ 端和 $\overline{OE}$ 端为高电平，从地址线 $A_{12} \sim A_0$ 端输入需要编程的单元地址，从数据线 $D_7 \sim D_0$ 上输入编程数据，在 $\overline{PGM}$ 端加入编程脉冲宽度为 50ms、幅度为 TTL 高电平，便可实现编程（写入）功能。注意：必须在地址和数据稳定之后，才能加入编程脉冲。

图 6-14 所示为 2764 的编程时序。

4）编程校验方式

在编程过程中，为了检查编程时写入的数据是否正确，通常在编程过程中包含校验操作。在每个字节写入完成后，电源电压接法不变，而将 $\overline{OE}$、$\overline{CE}$、$\overline{PGM}$ 均改为低电平，便可紧接着将写入的数据读出，以检查写入的信息是否正确，检查时序如图 6-14 所示。

2764 除以上工作方式外，实际上还有输出禁止方式和编程禁止方式。

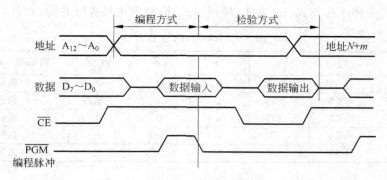

图 6-14 2764 的编程和编程检查时序

编程禁止方式就是禁止编程,因此,在编程过程中,只要使$\overline{\text{CE}}$为低电平,编程就被立即禁止。

6.3.4 电可擦除可编程 ROM

电可擦除可编程 ROM(E^2PROM)是一种在线(或称在系统,即不用拔下来)可编程只读存储器。它能像 RAM 那样随机地进行改写,又能像 ROM 那样在掉电的情况下所保存的信息不丢失,即 E^2PROM 兼有 RAM 和 ROM 的双重功能特点。因此,使用起来十分方便。

下面以 Intel 2864 为例,说明 E^2PROM 的基本特点和工作方式。

Intel 2864A 容量为 $8\text{K}\times 8$,28 引脚双列直插式封装,图 6-15 所示为 2864A 的引脚排列,其引脚与 EPROM 2764 兼容。

图 6-15 2864A E^2PROM 的引脚排列

- $A_{12}\sim A_0$——地址线,输入。其中,$A_7\sim A_0$ 为行地址,$A_{12}\sim A_8$ 为列地址,8K 容量的 2864 内部结构为 256(行)$\times$32(列)的矩阵。
- $\text{I/O}_7\sim\text{I/O}_0$——数据输入/输出线,双向,读出时为输出,写入/擦除时为输入。

2864 内部设有地址和数据输入锁存器,所以,在进行较长时间的写入/擦除操作时,可以释放这些总线。

- $\overline{\text{CE}}$——片选和电源控制端,输入。

- $\overline{WE}$——写入允许控制端，输入。当对 2864A 进行擦/写、功率下降操作时，控制逻辑可以根据 $\overline{CE}$ 和 $\overline{WE}$ 线的电平状态和时序状态控制 2864A 的操作。
- $\overline{OE}$——数据输出允许端。

2864A 使用单一的 +5V 电源，因为将编程时所需的 21V 编程升压电路已集成在芯片内。

- $R/\overline{B}$——$R/\overline{B}$ 是 $RDY/\overline{BUSY}$ 的缩写，用来向 CPU 提供状态信号，即指示 2864A 的准备就绪/忙状态。其擦写过程是：当擦除时，将 $R/\overline{B}$ 置为低电平，然后将新的数据写入，写入完成后，再置 $R/\overline{B}$ 为高电平。因此，CPU 可以通过检测此引脚的状态控制芯片的擦写操作。

此外，2864A 芯片内的写周期定时器还可以通过 $R/\overline{B}$ 引脚向 CPU 表示它所处的工作状态。在写一个字节的过程中，此引脚为低电平，写完后该引脚变为高电平，利用 $R/\overline{B}$ 的这一功能，可在每写完一个字节后向 CPU 请求外部中断，以继续写入下一个字节。

2864A 有 4 种工作方式：读方式、写方式/字节擦除、整片擦除和维持方式，如表 6-4 所示。

表 6-4　2864A E² PROM 的工作方式

引脚信号	$\overline{CE}$	$\overline{OE}$	$\overline{WE}$	$R/\overline{B}$	数据线功能
读方式	0	0	1	高阻	输出
维持方式	1	x	x	高阻	高阻
字节写入	0	1	0	低	输入
字节擦除	字节写入前自动擦除				

(1) 读方式。

在读方式时，$\overline{WE}=1$，$\overline{OE}=\overline{CE}=0$，允许 CPU 读取 2864A 的数据。当 CPU 发出地址信号和相应控制信号，经一定延时（读取时间约 250ns）2864A 即可将数据送入数据总线。

(2) 写方式/字节擦除。

擦除和写入是同一种操作，即都是写入，只不过擦除是固定写"1"即数据输入恒为 TTL 高电平，写入时，数据线上是 0 或 1。所以，2864A 具有以字节为单位的擦写功能。

以字节为单位进行擦除/写入时，$\overline{CE}$ 为低电平，$\overline{OE}$ 为高电平，$\overline{WE}$ 脉冲宽度最小为 2ms（低电平），最大一般不超过 70ms。

(3) 整片擦除方式。

整片擦除时，所有 8KB 单元全置"1"。整片擦除时，不考虑地址信号，数据线置为 TTL 高电平（即写 1），$\overline{WE}=\overline{CE}=$"0"（低电平），$\overline{OE}$ 为低（字节擦/写时为高），$\overline{WE}$ 写脉冲宽度的典型值为 10ms，其他信号与字节擦/写方式相同。

(4) 维持方式。

维持方式也就是低功耗方式。通常，2864A 在进行擦/写或读操作时的最大电流消耗为 100mA。当器件不操作时，只需将 $\overline{CE}$ 端加一 TTL 高电平，2864A 便进入维持状态，此时最大电流消耗为 40mA。可见，维持状态可将功耗降低 60%，维持状态时，输出端为浮空状态。

6.4　半导体存储器与 CPU 的连接

6.4.1　需要考虑的问题

1. 总线驱动

在微型机系统中,CPU 通过总线与存储器芯片、I/O 接口芯片连接,而 CPU 的总线驱动能力是有限的。一般是带一个标准 TTL 门或 20 个 MOS 器件。由于存储器芯片多为 MOS 电路,在小型系统中,CPU 可直接与存储器芯片连接,但与大容量的存储器连接时就应考虑总线的驱动问题。对于单向传送的地址和控制总线,常采用单向缓冲器(如74LS244、74LS367)或驱动器(如 74LS373、Intel 8282);对双向传送的数据总线,必须采用双向总线驱动器(如 74LS245、Intel 8286/8287)加以驱动。

2. 时序配合

在微机工作过程中,CPU 对存储器的读/写操作是最频繁的基本操作。因此,在考虑存储器与 CPU 连接时,必须考虑存储器芯片的工作速度是否能与 CPU 的读/写时序相匹配。这是关系到整个微机系统工作效率的关键问题。

关于存储器工作速度与 CPU 读/写时序匹配问题,应从存储器芯片工作时序和 CPU 时序两个方面来考虑。

对 CPU 来说,由于 CPU 的取指周期和读/写操作都有固定的时序,也就决定了对存储器存取速度的要求。具体来说,CPU 在对存储器进行读操作时,CPU 在发出地址和读命令后,存储器必须在规定的时间内给出有效数据(即将读出数据送入数据总线);而当 CPU 对存储器进行写操作时,存储器必须在写脉冲规定的时间内将数据写入指定的存储单元,否则就无法保证迅速、准确地传送数据。所以,应考虑选择速度能与 CPU 相匹配的存储器芯片。若芯片已选定,则应考虑如何插入等待周期问题。

对存储器芯片来说,存储器芯片对输入信号的时序也是有严格要求的,而且不同的存储器件,其时序要求也不相同。为确保整个微机系统能正常、高效地工作,要求给存储器提供的地址信号和控制信号必须满足存储器所规定的时序参数,其中最重要的参数是存取时间。存取时间是指存储器从接收到稳定的地址输入到读/写操作完成所需要的时间。具体来说,在存储器读周期中就是读取时间,在写周期中就是写入时间。存取时间与存储器件的制造工艺有关,一般双极型的器件速度快、功耗大,MOS 型器件速度慢但功耗低。

图 6-16 所示为 SRAM 读周期的时序图。

- t_{RC}——读出周期,指启动一个读操作到启动下一个内存操作(读/写)的时间间隔。
- t_A——读取时间,从地址有效到数据有效(稳定在数据总线上)的时间,MOS 器件一般在 50~500ns 之间。
- t_{CO}——从片选有效到数据输出稳定的时间。
- t_{CX}——从片选有效到数据输出有效的时间。

由图 6-16 可知,存储器对读周期的时序要求如下:

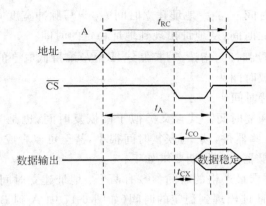

图 6-16　SRAM 读周期的时序

（1）在读出数据（输出数据）有效后，不能立即进行新的地址输入启动下一次读操作。因为存储器件在输出数据之后要用一段时间来完成内部操作，这段时间称为读恢复时间（t_{AR}），读出时间（t_A）加上恢复时间（t_{AR}）才是读周期时间，即 $t_{RC} = t_A + t_{AR}$。所以，内存读周期和读取时间是两个不同的时间概念。读周期比读取时间长。

（2）为了保证在 t_A 时间后读出的数据真正在数据总线上稳定，要求在地址信号有效后（A 点），不超过 $t_A - t_{CO}$ 的时间段中，片选信号 $\overline{CS}$（或 $\overline{CE}$）必须有效。若片选信号 $\overline{CS}$ 不能及时到达，则可能在 t_A 之后，仅在内部数据总线上出现数据，而不能将数据送到系统数据总线上。

（3）只要地址信号和输出允许信号（$\overline{OE}$）不撤销，输出数据便一直保持有效。

（4）在整个读周期内，要求读/写控制信号（R/$\overline{W}$）保持有效高电平。

（5）从地址信号有效到 CPU 要求的数据稳定之间的时间间隔必须大于 t_A。

当时序满足上述要求时，CPU 对存储器的读操作可以正常完成，否则需要在 t_3 之后插入等待周期 t_W 进行等待。

对于存储器的写周期除了要加地址信号和片选信号外，还应在读/写控制线 R/$\overline{W}$ 上加一个低电平有效的写入脉冲，并提供写入数据。存储器芯片要求的写周期时序如图 6-17 所示。

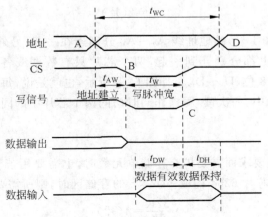

图 6-17　SRAM 写周期时序

- t_{WC}——写周期时间。t_{WC}＝地址建立时间 t_{AW}＋写脉冲宽度 t_W＋写恢复时间 t_{WR}。
- t_{AW}——地址建立时间,从地址出现到地址稳定的时间。
- t_W——写脉冲宽度时间,指读/写控制线(R/$\overline{W}$)维持低电平的时间($\overline{WE}$信号)。
- t_{DW}——数据有效时间。
- t_{DH}——数据保持时间。
- t_{WR}——写操作恢复时间。其含义类似于读恢复时间,也是为了器件的内部操作而设置的。对于有些器件,读、写恢复时间很小,甚至可以看成为零。

由图 6-17 可知,存储器在写周期要求如下:

(1) 在写周期时,要求最严格的时间参数有两个:地址建立时间 t_{AW} 和写脉冲宽度时间 t_W。地址建立时间是从地址出现到稳定的时间(如图 6-17 中 A 到 B 点的时间)。在写操作时,要求在写脉冲($\overline{WE}$)出现之前(即 $\overline{WE}$ 由高电平变低电平之前),地址就应稳定。写脉冲宽度 t_W 即读/写控制线(R/$\overline{W}$)上维持低电平的时间(即 $\overline{WE}$),该时间不能小于器件的规定值,以保证可靠地写入。

(2) 为了保证可靠地写入,要求写入数据必须在片选 $\overline{CS}$ 和写信号 $\overline{WE}$ 有效前就稳定在数据总线上,并且在 $\overline{CS}$ 和 $\overline{WE}$ 变为无效(即变为高电平)之前必须一直保持有效。

需要指出的是,以上所讨论的读写周期时间均指存储器本身能达到的最小时间要求,当把存储器连入系统构成一个完整的微机系统时,由于还要涉及系统总线驱动电路和存储器接口电路延时等因素,所以,实际的读出/写入时间和读/写周期的时间要长得多。

除了上述两个问题外,在考虑存储器与 CPU 的连接时,还应考虑到存储器的扩展、地址分配、片选以及数据线和控制线与 CPU 的连接问题等。

6.4.2　存储器容量扩充

当一片存储器芯片的容量不能满足系统要求时,需多片组合以扩充位数或单元数。下面以 SRAM 为例说明容量扩充的方法,ROM 的处理方法与之相同。

1. 位数扩充

用 8K×8 的 SRAM 芯片 HM6116 扩充形成 8K×16 的芯片组,所需芯片为

$$\frac{16}{8}=2(片)$$

这两个芯片(0 号和 1 号)的地址线 $A_0\sim A_{12}$ 分别连在一起,另外,各芯片相应的片选信号以及读/写控制信号也都分别连到一起,两个芯片只有数据线各自独立,一片作低 8 位($D_0\sim D_7$),另一片作高 8 位($D_8\sim D_{15}$),如图 6-18 所示,也就是说,每个 16 位数据的高、低字节分别存储于两个芯片中,一次读/写操作同时访问两个芯片中的同地址单元。

2. 单元数扩充

当存储器位数满足要求而需要扩充存储单元数时,也需要用若干芯片(组)组成新的芯片组,如用上述 8K×8 芯片 6264 构成 32K×8 的存储区时,则所需要的 8K×8 芯片数为

$$\frac{32K}{8K}=4(片)$$

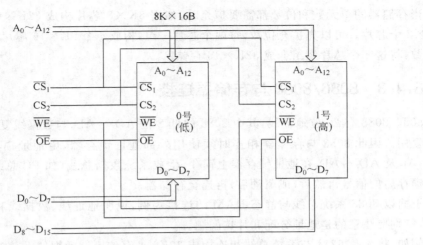

图 6-18 8K×8 芯片组成 8K×16 芯片组

这个 4 芯片(0 号～3 号)连成 32K×8 芯片组,如图 6-19 所示。即 4 片 6264 的地址线 A_0～A_{12}、数据线 D_7～D_0 及读/写信号都是同名信号连在一起。单元数的扩充使得 32K×8 芯片组较 8K×8 芯片增加了两位地址信号 A_{13}、A_{14},它们译码后产生 4 个片选信号,分别选中 4 个 8K×8 芯片中的一组,这 32K 的地址范围在 4 个芯片中的分配如表 6-5 所示。

表 6-5 4 个芯片的分配

8K×8 芯片	A_{14}～A_{13}	A_{12}～A_0	地址范围(空间)
0 号	0 0	00…0～11…1	0000H～1FFFH
1 号	0 1	00…0～11…1	2000H～3FFFH
2 号	1 0	00…0～11…1	4000H～5FFFH
3 号	1 1	00…0～11…1	6000H～7FFFH

称地址线 A_0～A_{12} 实现片内寻址,A_{13}～A_{14} 实现片间寻址。

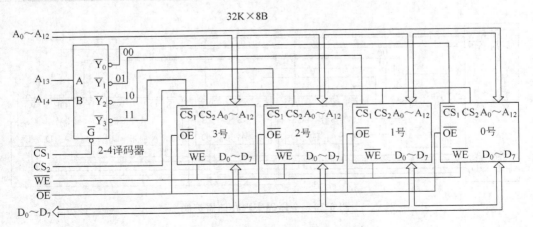

图 6-19 8K×8 芯片扩充成 32K×8 芯片组

当存储器的单元数和位数都需要扩充时,如用 8K×8 芯片构成 32K×16 存储区,则需要 4×2 个芯片。可以先扩充位数,每两个芯片一组,构成 4 个 8K×16 芯片组;然后再扩充单元数,将这 4 个芯片组组合成 32K×16 存储区。

6.4.3　8086/8088 与存储器连接

8086/8088 有 20 位地址线,其中 8088 的低 8 位 $AD_7 \sim AD_0$ 与数据线复用,高 4 位与状态位复用。因此 8088 与存储器相连时须使用外部地址锁存器,由地址锁存信号 ALE 把 $A_{19} \sim A_{16}$ 及 $AD_7 \sim AD_0$ 在地址锁存器上锁存,生成系统数据总线(如 PC 总线上的 $A_{19} \sim A_0$ 就是锁存后的信号),然后(或驱动后)再连至存储器。

下面以 8088 系统总线与静态 RAM 的连接为例,说明地址线、数据线和控制线的连接方法,特别要注意的是地址分配和片选问题。

例如,将 4 片 6264 与系统总线相连构成 32K×8 存储区。数据线及控制信号的连接比较简单,如图 6-19 所示,而地址线的连接则较为灵活。一般地,存储器芯片的地址线 $A_0 \sim A_{12}$ 与系统对应的地址线 $A_0 \sim A_{12}$ 相连(片内寻址),系统高位地址信号 $A_{13} \sim A_{19}$,译码后产生各片 6264 的片选信号(片间寻址)。一般有 3 种译码方式。

1. 全译码法

片内寻址未用的全部高位地址线都参加译码,译码输出作为片选信号、区分 4 片 6264(0~3 号),如图 6-20 所示,各片 6264 的地址范围如表 6-6 所示。

表 6-6　各片 6264 的地址范围

芯　　片	A19～A15	A14～A13	A12～A0	地址范围(空间)
0 号	0～0	0　0	00～0～11～1	0000H～01FFFH
1 号	0～1	0　1	00～0～11～1	02000H～03FFFH
2 号	1～0	1　0	00～0～11～1	04000H～05FFFH
3 号	1～1	1　1	00～0～11～1	06000H～07FFFH

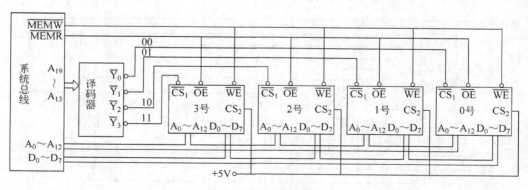

图 6-20　全译码实现存储器扩展

整个 32K×8 存储 2S 的地址范围为 00000H～07FFFH,仅占用于 8088 的 1MB 存储容量的 32KB 地址范围。

全译码的优点是每个芯片的地址范围是唯一确定,而且各片之间是连续的。缺点是译码电路比较复杂,一般可以用 3-8 译码器或可编程器件等实现,如图 6-21 所示。

2. 部分译码法

部分译码即用片内寻址外的高位地址的一部分译码产生片选信号。图 6-22 是用部分译码方法产生片选信号的原理图。由于 4 片 6264 需要 4 个片选信号,因此要用两位地址信号 A_{14}、A_{13} 来译码产生,而 $A_{19} \sim A_{15}$ 不参与译码。其他信号(数据线、读写信号)的连接同图 6-18。

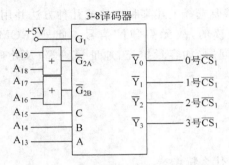
图 6-21　译码电路的一种形式

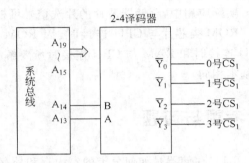
图 6-22　部分译码实现存储扩展

在图 6-22 中,由于寻址各片 6264 时未用到 8088 高位地址 $A_{19} \sim A_{15}$,所以只要 $A_{14} = A_{13} = 0$,而无论 $A_{19} \sim A_{15}$ 取何值,均选中第一片(0 号)(其他片同理)。也就是说,32KB RAM 中的任一个单元,都对应于 $2^{(20-15)} = 2^5$ 个地址,这种一个单元有多个地址的现象称为地址重叠。从地址分布来看,这 32KB 存储器实际上占用了 8088 全部 1MB 存储容量,每一片 6264 有

$$1MB/4 = 256KB$$

的地址重叠区。

令未用到的高位地址信号全为"0",这样确定出的存储器地址称为基本地址,本例 32K×8 存储器的基本地址即 00000H~07FFFH。

可见,部分译码较全译码简单,但存在地址重叠区。

3. 线选法

线选法就是高位地址线不经过译码,直接分别接各存储器芯片的片选端来区别各芯片的地址。必须注意的是,软件上必须保证这些片选线每次寻址时只能有一位有效(如本例中为低电平),绝不允许多于一位同时有效,才能保证硬件正常工作。

图 6-23 是用线选法产生 4 片 6264(0~3 号)片选信号的原理图。$A_{16} \sim A_{13}$ 用作片选,而 $A_{19} \sim A_{17}$ 未用。其他信号的连接同图 6-20。这时 32KB 存储器的基本地址范围如表 6-7 所示。

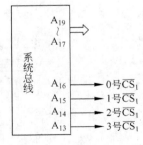
图 6-23　线选法实现存储器扩展

表 6-7   32KB 存储器的基本地址范围

8K×8 芯片	$A_{19} \sim A_{17}$	$A_{16} \sim A_{13}$	$A_{12} \sim A_0$	地址范围(空间)
0 号	000	0111	00~0~11~1	0E000H~0FFFFH
1 号	000	1011	00~0~11~1	16000H~17FFFH
2 号	000	1101	00~0~11~1	1A000H~1BFFFH
3 号	000	1110	00~1~11~1	1C000H~1DFFFH

线选法不仅会造成地址重叠,而且各芯片地址一般是不连续的。

实际应用中,存储器芯片的片选信号可根据需要选择上述某种方法或几种方法并用。

ROM 类芯片与 CPU 连接时,因 ROM 是只读的,故无需"写"信号。此外,ROM 与 CPU 连接时和 RAM 与 CPU 连接时所要解决的问题(如容量扩充、地址译码等)及处理方法基本相同。

思考题与习题

6-1   存储器是如何分类的?内存和外存各有什么特点?

6-2   RAM 和 ROM 各有何特点?静态 RAM 和动态 RAM 各有何特点?

6-3   如何判断有无地址重叠?有地址重叠时会出现什么问题?软件上应如何配合?

6-4   若存储空间首地址为 1000H,写出存储器容量分别为 1K×8、2K×8、4K×8 和 8K×8 时所对应的末地址。

6-5   试设计一片容量为 32K×8 的 EPROM 芯片与 8086 CPU 的连接。写出此 EPROM 芯片所占地址空间(设起始地址为 20000H)。

6-6   某系统的存储器中配备有两种芯片,容量分别为 2K×8 的 EPROM 和容量为 1K×8 的 RAM。它采用 74LS138 译码器产生片选信号:$\overline{Y}_0$、$\overline{Y}_1$、$\overline{Y}_2$ 直接接到 3 片 EPROM (1 号、2 号、3 号);$\overline{Y}_4$、$\overline{Y}_5$ 则通过一组门电路产生 4 个片选信号接到 4 片 RAM(4 号、5 号、

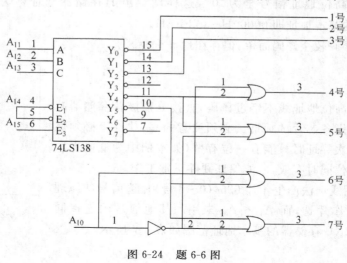

图 6-24   题 6-6 图

6 号和 7 号）。如图 6-24 所示，试确定每一片存储器的寻址范围。

　　6-7　试用 HM6116 芯片（SRAM,2K×8）组成 8K×8 的 RAM,要求画出它与 8086 CPU 的连线图。设起始地址为 80000H。

　　6-8　试设计 62256（32K×8）与 8086 CPU 相连接,绘出连线图,设起始地址为 40000H。

第7章

微机的中断系统

本章主要讨论微机中断的基本概念、中断系统功能、中断过程、中断管理以及 80x86 的中断系统,重点分析可编程控制器 8259A 的结构、功能、工作方式,讲述 8259A 的初始化命令字和操作命令字的格式和含义,并介绍 8259A 在微机系统中的应用。

7.1　中断系统

7.1.1　中断的基本概念

微型计算机为了提高 CPU 效率和使系统具有实时性能,设置了中断系统。中断是一个过程,中断系统是实现中断功能的软、硬件的统称。

在 CPU 执行程序的过程中,由于某些紧急事件发生,向 CPU 提出申请,CPU 停止当前正在执行的程序,转去执行处理紧急事件的程序,待处理完紧急事件后,再返回接着执行刚才被停止执行的原程序。上述过程中的"紧急事件"称为中断源,即引起中断的事件称为中断源。通常中断源有以下几种:

(1) 外部设备的要求,如 I/O 接口电路的请求、实时时钟中断等。

(2) 由硬件故障引起的,如电源掉电、硬件损坏等。

(3) 由软件引起的,如程序错、运算错、设置断点程序调试或执行事先安排好的"自陷"指令等软件中断源。

由中断源产生的中断信号,称为中断请求信号。CPU 接到中断请求信号后,若决定响应该中断请求,则向外设发出表示响应中断的信号,即中断响应信号,这一过程称为中断响应。CPU 处理"紧急事件"时,原程序的暂时中断处称为断点。CPU 执行"紧急事件"处理程序的过程称为中断处理。所执行的处理程序称为中断服务程序。CPU 处理完"紧急事件",返回原程序继续执行,称为中断返回。为了确保 CPU 能够正确地返回断点,在执行中断服务程序前要先保存断点,在微机系统中采用将断点地址(段地址 CS、偏移地址 IP)压栈的办法进行处理。

中断的过程可以简单地描述如下:中断源发生中断事件(中断请求)→CPU 响应中断(保护断点)→中断处理(执行中断服务程序)→中断返回,如图 7-1 所示。

为了进一步讨论问题的需要,在这里给出较严谨的中断的概念。中断是指 CPU 在正常执行程序的过程中,由于内部/外部事件的触发或由程序的预先安排,引起 CPU 暂时中断当前正在运行的程序,而转去执行为内部/外部事件或程序预先安排的事件的服务子程序,待中断服务子程序执行完毕后,CPU 再返回到被暂时中断的程序处(断点)继续执行原来的程序,这一过程称为中断。CPU 在每条指令的最后一个时钟周期都去检测是否有中断请求;有中断请求时,CPU 总是执行完当前指令后响应优先级最高的中断,也就是说,CPU 当前执行的指令不会被中断,保护断点实质上保存的是当前指令的下一条指令的地址。因而,断点可以说是 CPU 完成中断处理后的返回处。

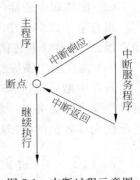

图 7-1 中断过程示意图

7.1.2 中断系统功能

微型计算机的中断系统具有并行处理、实时处理和故障处理能力。

(1) 并行处理能力。

有了中断功能,可以实现 CPU 和多个外设同时工作。CPU 和外设仅仅在它们相互需要交换信息时,才"中断"CPU 当前的工作。这样 CPU 可以控制多个外设并行工作,大大提高了系统的吞吐率和使用效率。

(2) 实时处理能力。

在应用于实时控制时,现场的许多信息需要 CPU 能迅速响应、及时处理,而提出请求的时间往往又是随机的。只有中断系统,才能实现实时处理。

(3) 故障处理能力。

在 CPU 运行过程中,往往会出现一些故障,如电源掉电(指电源电压下降幅度过大,220V 掉至 160V 还在继续下掉)、存储器读错、运算出错等,可以利用中断系统功能,自动转去执行故障处理程序,而不必停机。

中断系统还可以实现多道程序运行、多机连接等。因此,中断系统是微机系统中不可缺少的组成部分。

在实际的微机系统中,常常具有多个中断源。那么,就有可能出现多个中断源同时请求中断的情况,或出现在一个中断尚未被处理完时又有了一个新的中断请求的情况;系统中的 CPU 每次只能响应一个中断源的请求,响应哪一个中断请求好呢? 为了解决这一问题,采用了将中断源进行优先级排队的方法,也就是说,按照中断源工作性质的轻重缓急,事先给它们规定各自中断优先级别。当有多个中断源同时有中断发生时,CPU 就要识别出是哪些中断源并且同时要辨别比较它们的优先级,首先响应优先级别最高的中断源的请求。另外,当 CPU 正在处理中断时,也要能响应更高级别的中断请求,而屏蔽掉同级或较低级别的中断请求。

为了满足各种情况下的中断请求,中断系统应具有以下功能:

(1) 能实现中断响应、中断服务及中断返回。

当某一中断源发出中断请求时,CPU 能决定是否响应这一中断请求。若允许响应这个中断请求,CPU 能在保护断点后,将控制转移到相应的中断服务程序,中断处理完,CPU 能返回到原断点处继续执行原程序。

（2）能实现中断优先权排队。

当有两个或多个中断源同时提出中断请求时,中断系统要能根据各中断源的性质分清轻重缓急,给出处理的优先顺序,保证首先处理优先级别较高的中断请求。

（3）能实现中断嵌套。

若在中断处理过程中又有新的优先级较高的中断源提出请求,中断系统要能够使 CPU 暂停当前中断服务程序的执行,而转去响应和处理优先级较高的中断请求,处理结束后再返回原优先级较低的中断服务程序。这种情况称为中断嵌套或多重中断。

7.1.3　中断处理过程

对于不同的微型计算机系统,CPU 进行中断处理的具体过程是不完全相同的,即使是同一台微型计算机,由于中断方式的不同(如可屏蔽中断,不可屏蔽中断或软件中断等),中断处理也会有差别,但一个完整的中断处理的基本过程应包括中断请求、中断判优、中断响应、中断处理及中断返回 5 个基本阶段。图 7-2 给出了中断处理过程。

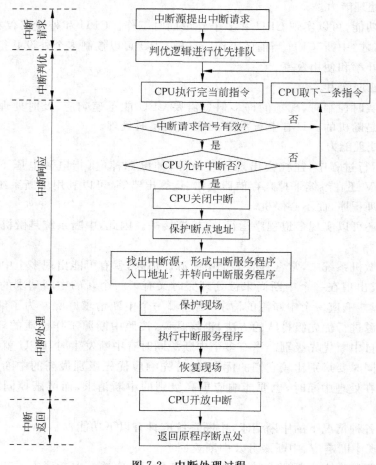

图 7-2　中断处理过程

1．中断请求

中断请求是中断过程的第一步。中断源产生中断请求的条件,因中断源而异。例如,输入/输出设备是在它们需要和 CPU 传送数据时,由接口电路产生中断请求信号;软件中断请求条件则是某个事件发生了等。当中断源发出中断请求信号被中断系统接收后,就进入中断判优过程。

2．中断判优

由于中断产生的随机性,可能出现两个或两个以上的中断源同时提出中断请求的情况。这时就必须要求设计者事先根据中断源的轻重缓急,给每个中断源确定一个中断级别——优先权。这样,在多个中断源同时发出中断请求时,CPU 能够识别出优先权级别最高的中断源,并首先响应它的中断请求。在它处理完毕后,再响应级别较低的中断源的请求。中断判优的另一作用是决定可否实现中断嵌套。当 CPU 响应了某一中断源的请求,正在进行中断服务时,若有一个优先权更高的中断源发出请求,则中断判优电路应允许该优先权更高的中断源向 CPU 提出中断请求,让 CPU 及时响应它;反之,若有一个优先权较低的中断源发出请求,则中断判优电路应屏蔽掉这一中断请求,直至原中断服务结束后再去响应该优先权较低的中断请求。

3．中断响应

通常,微型计算机的 CPU 有两个引脚接受中断申请信号,一个是非屏蔽中断(NMI),另一个是可屏蔽中断(INTR)。NMI 用来接受紧急的、"有求必应"的中断申请,即一旦有请求,CPU 立即予以响应,而 INTR 一般用来接受可以响应也可以不响应的中断请求。

CPU 是在每条指令执行的最后一个时钟周期检测是否有中断请求。但仅有中断请求,还不一定能实现中断,除了优先权级别高低的条件外,CPU 内部还有中断允许触发器。如80x86 CPU 的 IF 标志位。只有当其为"1"(即开中断)时,CPU 才能响应可屏蔽中断;否则,在其为"0"(即关中断)时,即使有可屏蔽中断请求信号,CPU 也不予响应。能否响应中断请求,必须满足以下 4 个条件:

(1) 一条指令执行结束。CPU 在一条指令执行的最后一个时钟周期对中断请求进行检测,当满足本条件和下述 3 个条件时,指令执行一结束,CPU 即可响应中断。

(2) CPU 处于开中断状态。只有在 CPU 的 IF=1,即处于开中断状态时,CPU 才有可能响应可屏蔽中断(INTR)请求(对 NMI 无此要求)。

(3) 当前没有发生复位(RESET)、保持(HOLD)和非屏蔽中断请求(NMI)。在复位或保持状态时,CPU 不工作,不可能响应中断请求;而 NMI 的优先级比 INTR 高,当两者同时发出时,CPU 会响应 NMI 而不响应 INTR。

(4) 若当前执行的指令是开中断指令(STI)和中断返回指令(IRET),则它们执行完后再执行一条指令,CPU 才能响应 INTR 请求。另外,对前缀指令,如 LOCK、REP 等,CPU会把它们和它们后面的指令看作一个整体,直到这个整体指令执行完,方可响应 INTR请求。

CPU 响应中断后,系统将自动完成以下几件事:

（1）关中断。这是因为 CPU 响应中断后要进行必要的中断处理，此时不允许别的中断请求来打断此时的处理，所以自动实现关中断。

（2）保存断点。CPU 响应中断时的原程序断点地址必须保存好，以确保中断结束后能正确返回到原程序。8086 CPU 是由 CS:IP 给出程序地址的，此时的 CS 和 IP 为断点地址。CPU 响应中断后，自动地把断点地址 CS 和 IP 压入堆栈保存起来。

（3）形成中断入口地址。CPU 响应中断后，根据判优逻辑提供的中断源的标识，以某种方式获得中断服务程序的入口地址，转到该中断程序去处理。这样就实现了中断响应。

4. 中断处理

中断处理通常是由中断服务程序完成的。在中断服务程序中需做以下几项工作：

（1）保护现场。一般是用入栈指令把中断服务程序中将要用到的寄存器内容压入堆栈，称为保护现场，以便返回到原程序时能正确运行。

（2）执行中断服务程序。这是中断处理的核心部分，完成中断源要求完成的任务。

（3）恢复现场。中断服务结束后，用出栈指令把保存现场时的有关寄存器内容恢复，并保证堆栈指针恢复到进入中断处理时的指向。

5. 中断返回

中断服务处理程序的最后是中断返回指令 IRET，其操作正好是 CPU 硬件在中断响应时自动保护断点的逆过程，即 CPU 会自动地将堆栈内保存的断点信息弹出到 IP、CS 和 FLAG 中，保证被中断的程序从断点处继续往下执行。

7.1.4　中断管理

中断处理过程是一个硬件电路和软件编程相结合的过程，有些步骤要通过硬件电路来完成，而有些步骤是由编程来实现的。这里结合有关硬件电路讨论中断的管理问题。

1. 中断请求接口

由于中断源向 CPU 发出中断请求信号是随机的，而 CPU 是在现行指令执行结束时，才检测有无中断请求信号发生，所以在现行指令执行期间，必须把随机产生的中断请求信号锁存起来，并保持到 CPU 响应这个中断请求后才能被清除。因此，在中断源的接口电路中应有一个中断请求触发器，用来记忆中断请求信号，见图 7-3 中的触发器 A。中断源发出中断请求脉冲，使中断请求触发器置"1"。

在多个中断源请求中断的情况下，为了能增加控制的灵活性，在中断源的接口电路中还设有一个中断屏蔽触发器，见图 7-3 中的触发器 B。中断屏蔽触发器的作用是可以控制该中断源的中断请求信号是否能发出。当中断屏蔽触发器为"1"时，中断请求信号被屏蔽了（INT＝0）；而当中断屏蔽触发器为"0"时，中断请求未被屏蔽（INT＝1），可以发送出去。可以把一组中断源的中断屏蔽触发器（如 8 个）组成一个中断屏蔽寄存器，用输出指令来设置它们各自的屏蔽状态。

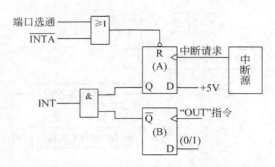

图 7-3 具有中断屏蔽的中断请求接口

2. 中断判优逻辑

当系统具有多个中断源时,由于中断产生的随机性,就有可能在某一时刻有两个以上的中断源同时发出中断请求,而 CPU 往往只有一条中断请求线,并且任一时刻只能响应并处理一个中断,这就要求 CPU 能识别出是哪些中断源申请了中断并找出优先级最高的中断源且响应之,在其处理完后,再响应级别较低的中断源的请求。中断判优就是要解决请求中断事件的识别及其优先级的顺序问题。中断判优逻辑具体实现方式可分为软件和硬件两种。

1) 软件判优

软件判优是指软件查询方式。在 CPU 响应中断后执行查询程序,以确定请求中断的中断源的优先权。使用软件查询方式需借助图 7-4 所示的硬件接口电路,把若干个中断源的中断请求触发器的状态 INT_i 组合起来作为一个中断状态端口,同时把它们"或"起来,作为一个公共的中断请求端口 INTR。这样,只要有任何一个中断请求,都可以向 CPU 发 INTR 信号。

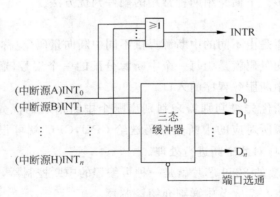

图 7-4 软件查询接口示意

CPU 响应中断后,进入一个公用的中断处理程序,程序流程见图 7-5。在该处理程序中 CPU 查询中断状态端口的内容,按照预先确定的优先权级别逐个检测各中断源的中断请求触发器状态。若某中断源有中断请求,则转到该中断源的中断处理。毫无疑问,先检测的优先权高,后检测的优先权低。

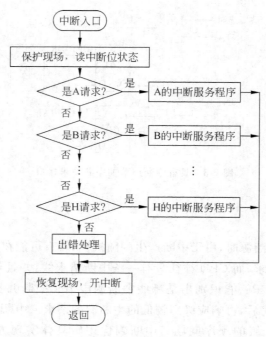

图 7-5　软件查询程序流程

软件查询的顺序也就反映了各中断源的优先权的高低。显然,最先查询的外设,其优先权级别最高。这种方法的优点是节省硬件、优先权安排灵活;缺点是查询需要耗费时间,在中断源较多的情况下,查询程序也会较长,故可能影响中断响应的实时性。

2) 硬件判优

硬件判优是指利用专用的硬件电路或中断控制器来安排各中断源的优先级别。硬件优先权判优电路形式很多。下面介绍两种常用的硬件判优方法。

(1) 中断向量法。

此方法的核心思想是由不同的中断源提供不同中断向量码(也称为中断类型码)的方法来确定中断源。中断向量码就是为每一个中断源分配的一个编号,通过该编号可方便地找到与中断源相对应的中断服务程序的入口。

电路中用一个中断优先级判别器来判别出哪个中断请求的优先级最高,然后在 CPU 响应中断时把此中断源所对应的中断矢量码送给 CPU,CPU 就可根据中断矢量码找到相应的中断服务程序入口,对此中断进行处理。

与 80x86 CPU 配套的 8259 芯片就是一种可编程的中断控制器,它可对多达 64 级的中断进行优先级管理。将在 7.3 节中详细介绍该芯片。

(2) 链式判优电路——菊花链法。

菊花链法的原理是在每个中断源的接口电路中设置一个称为菊花链的逻辑电路,由它来控制中断响应信号的传递通道。

图 7-6(a)是一个菊花链的优先权排队线路,图 7-6(b)是菊花链具体的逻辑电路。当某一接口有中断请求时,会产生中断请求信号发给 CPU 的 INTR 端。若 CPU 允许中断,则

CPU 会发出中断响应信号$\overline{INTA}$。$\overline{INTA}$信号在菊花链中传递,如果某接口中无中断请求信号,则$\overline{INTA}$信号可以通过该接口的菊花链逻辑电路,使之原封不动向后传递;如果某接口中有中断请求信号,则该接口中的逻辑电路就阻塞了$\overline{INTA}$信号向后的传递。这样就使得 CPU 发出的$\overline{INTA}$信号,可以从最靠近 CPU 的接口开始一直沿着菊花链向后传递,直至被一个当前最靠近 CPU 的且有中断请求信号的接口封锁为止。

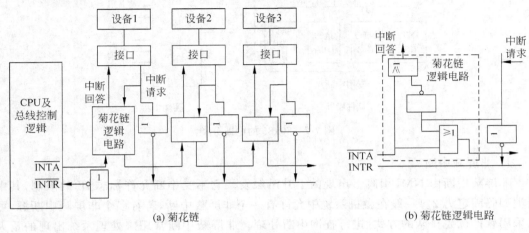

图 7-6 链式优先排队电路

当某接口有中断请求且接收到 CPU 的中断响应信号$\overline{INTA}$时,则产生中断回答信号。中断回答信号的作用是撤销本接口的中断请求信号,同时把该外设的中断识别标志送给 CPU,接着转到相应的中断服务程序去。因优先权较低而未接收到中断响应信号的接口,将保持中断请求信号,直到"截取"到中断响应信号,得到中断响应为止。

显然,在多个中断请求同时发生时,最靠近 CPU 的接口能最先得到中断响应信号,它的优先权最高,越远离 CPU 的接口,其优先权越低。可见,菊花链中各中断源接口不会竞争$\overline{INTA}$,因为菊花链从硬件的角度根据接口在链中的位置决定了它们的优先权。

7.2 80x86 中断结构

7.2.1 中断分类

80x86 微机具有一个简单而灵活的中断系统,它可以处理多达 256 个不同的中断源的中断请求。每个中断源都有对应的中断类型码(0~255)供 CPU 识别。中断源可以来自 CPU 内部,也可以来自外围芯片;可以用软件,也可以用硬件来启动中断。这些中断源可以分为两大类,即硬件中断和软件中断。图 7-7 给出了 80x86 的中断分类。

1. 硬件中断

硬件中断是由外部的硬件(主要是外设接口)产生的,所以也称为外部中断。它又可以分为非屏蔽中断 NMI 和可屏蔽中断 INTR 两种。

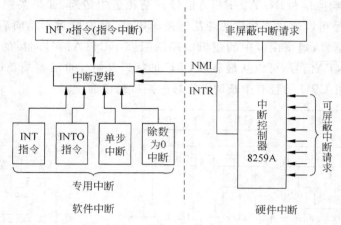

图 7-7　80x86 的中断分类

1) 非屏蔽中断

非屏蔽中断由 NMI 引脚上出现的上升沿触发。它不受中断允许标志 IF 的限制,其中断类型码固定为 2。一般在微机系统中允许有一个非屏蔽中断,若有多个非屏蔽中断源,可以采用软件优先排队的方式,进行查询中断处理。非屏蔽中断常用来处理系统出现的重大故障或紧急情况,如系统掉电处理、紧急停机处理等。

2) 可屏蔽中断

绝大多数外部设备提出的中断请求都是可屏蔽中断,可屏蔽中断的中断请求信号从 CPU 的 INTR 端引入,高电平有效。它受 CPU 中断允许标志 IF 的影响,即当 IF=1 时,CPU 才能响应 INTR 引脚上的中断请求,如果 IF=0,即使 INTR 上有请求信号,CPU 也不会响应,即中断被屏蔽了。80x86 系统中,采用 8259A 中断控制器作为可屏蔽中断 INTR 的多个中断源的管理,通过 8259A 的配合,可以安排 8~64 个可屏蔽的中断请求(参见 8259A 的级联)。

2. 软件中断

软件中断是 CPU 根据软件某条指令或者软件对某个标志位的设置而产生的,由于它与外部硬件电路完全无关,所以也称为内部中断。在 80x86 系统中,软件中断包括单步中断、除法出错、溢出出错(INTO)、断点中断等专用中断和指令中断(INT n)。当除法运算商过大时,CPU 产生除法出错中断,给出相应的出错信息。单步中断是由单步标志 TF=1 启动的中断,它和断点中断是为调试程序而设置的。溢出中断是由溢出标志 OF=1 启动的中断。指令中断是由系统或用户编程设定的软件中断。

7.2.2　中断管理过程

在微机中断系统中,由于中断源的数目常常很多,且中断发生的时间可能相同,而 CPU 在某一时刻只能处理一个问题。因此,必须有一个强大的中断管理系统对此统筹管理。

80x86 微机对多中断源系统的优先级别是这样确定的:其由高到低的顺序为除法错→ INTn→INTO→NMI→INTR→单步。可见,除单步中断外,软件中断的优先权最高,非屏蔽中断次之,可屏蔽中断再次之,单步中断优先权最低。

图 7-8 描述了 80x86 中断响应和处理过程。该图左边为中断源类型的判别次序,同样反映了中断系统中各类中断的优先权关系。

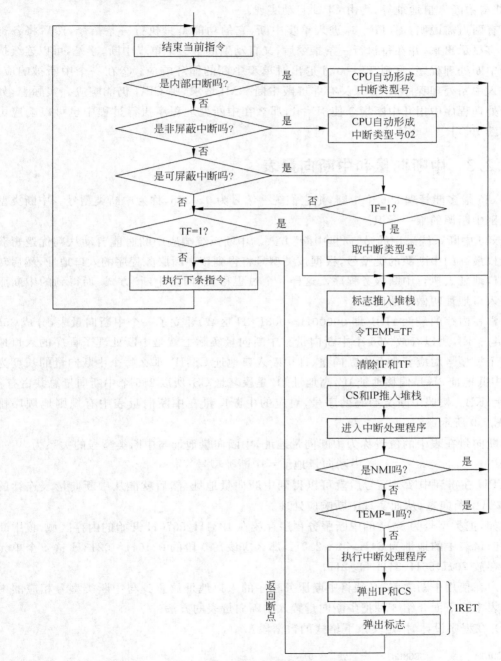

图 7-8 80x86 中断响应和处理流程图

CPU 在执行完当前指令后按优先级别的规定判别中断申请的性质,然后进行响应。没有中断申请或执行完中断处理返回后,执行下一条指令。软件中断和非屏蔽中断的类型号是自动获得的,而可屏蔽中断不仅要在 IF=1 前提下响应中断,而且还要从外部读取中断类型号。从"标志推入栈"到"弹出标志"之间的一系列操作,就是各类中断响应后相同的操作部分。其中,中断处理程序由各中断源处理要求编程确定,其他操作,如标志寄存器、CS、IP进栈,获得中断入口地址等,均由 CPU 自动实现。

还有两点需说明:①TF=1,进入单步中断,它的功能是只执行一条指令,然后将各寄存器内容显示出来,并在每执行一条指令后,又自动生成下一个单步中断,于是,可以连续执行单步中断处理程序,直到 TF=0 才退出对单步中断的循环响应;②在一个中断被响应,已经进入中断处理程序后,如果又有非屏蔽中断 NMI 请求,则 CPU 仍能响应。实际上,如果中断处理程序中用开中断指令使 IF=1,那么在中断处理程序执行过程中也可以响应可屏蔽中断 INTR。

7.2.3　中断向量和中断向量表

80x86 最多能管理 256 个中断,把它们统一编号为 0~255,称为中断类型号。中断类型号是识别中断源的唯一标识。

80x86 中断系统采用的是"向量中断"方式。中断系统响应中断时能自动从判优逻辑获得优先权最高的中断源的类型号,根据该类型号将得到该中断服务程序的入口地址,然后转到该入口地址去执行中断服务程序。这样一个过程称为"向量中断"方式,而得到的中断服务程序入口地址叫做中断向量。

通常在内存的最低 1KB(即 00000H~003FFH 区域)建立了一个中断向量表,分成 256组,每组占 4B,用以存放 256 个中断向量。中断向量实际上就是中断处理子程序的入口地址。每个类型号对应着一个中断向量,即中断入口地址 CS:IP,那么每个中断向量的长度为4B,其中低地址 2B 是偏移地址 IP,高地址 2B 是段基址 CS,所以 256 个中断向量总共占有 4×256=1KB。按照中断类型码的序号,对应的中断向量在中断向量表中有规则地顺序排列,如图 7-9 所示。

中断向量在表中的位置称为中断向量地址,中断向量地址与中断类型号的关系为

$$中断向量地址=中断类型号×4$$

所以,CPU 在得到中断类型号后就可以得到中断向量地址,然后就能从中断向量表连续的4B 中取出中断向量,从而实现中断响应处理。

例如,把类型号为 84H 的中断服务程序存放在 1234H:5670H 开始的内存区域,该中断向量在向量表中的地址为 84H×4=210H,那么应该在 0 段的 0210H~0213H 这 4 个单元中依次存放 70H、56H、34H 和 12H。

用户在使用中断之前,必须将中断服务程序的入口地址放置到与中断类型号相应的中断向量表中。下面介绍 3 种把中断向量置入中断向量表的方法。

(1) 在程序设计时,定义以下格式的数据段:

```
VECDATA        SEGMENT      AT      0
               ORG          N * 4
VINTSUB        DW           NOFFSET, NSEG
               ⋮
VECDATA        ENDS
```

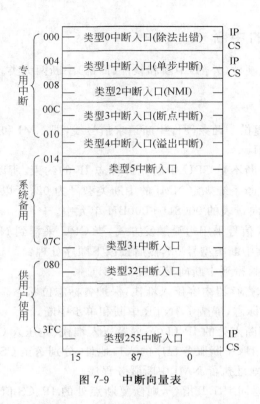

图 7-9 中断向量表

其中，N 为常数，是所分配的中断类型号；NSEG 为该中断向量的段基址常数；NOFFSET 为该中断向量的段内偏移地址常数。

(2) 借助于 DOS 功能调用，可以把中断服务入口地址置入中断向量表。DOS 功能调用指令 INT 21H 的 25H 号功能可以设置中断向量。在执行 INT 21H 前，预置参数是：AH 中预置功能号 25H；AL 中预置要设置的中断类型号；DS:DX 中预置中断向量。如果按要求预置了参数，指令 INT 21H 执行后，就把中断服务程序的入口地址置入了中断向量表的适当位置。

对于中断向量表中已经设置的中断向量，也可以用 DOS 功能调用指令 INT 21H 的 35H 号功能查知其中断向量。为此，需预置：AH 中置取中断向量功能号 35H；AL 中置中断类型号。这样，在 INT 21H 执行后，ES:BX 中分别是该中断向量。

(3) 编制一段程序为某个中断类型设置中断向量。设中断类型号 N，其中断入口的符号地址为 INT-TYPEN。设置中断向量的程序段如下：

```
MOV   AX,0
MOV   ES,AX                        ;中断向量表段地址为 0000H
MOV   BX,N * 4                     ;取中断类型 N 的中断向量地址
MOV   AX,OFFSET INT - TYPEN        ;将中断类型 N 的中断向量填入向量表
MOV   ES: WORD   PTR [BX], AX
MOV   AX,SEG     INT - TYPEN
MOV   ES: WORD   PTR [BX + 2], AX
```

7.2.4　8086 的中断

8086 中断系统分成硬件(外部)中断和软件(内部)中断两大类。

1. 硬件(外部)中断

8086 CPU 为外部提供了两条硬件中断请求信号线,即 NMI 和 INTR。

1) 非屏蔽中断 NMI

NMI 引脚引起的中断不受 CPU 中断允许标志 IF 的约束,所以 NMI 的中断优先权是高于 INTR 的。8086 中断系统规定 NMI 的中断类型号为 02,所以它的中断服务程序的入口地址应该存放在中断向量表的 0008H~000BH 单元中。

在 NMI 线上的请求信号采用边沿触发方式,当 CPU 采样到 NMI 有请求时,在内部把它锁存起来,并自动提供中断类型号 02,然后按以下顺序处理:

(1) 将类型号乘以 4,得到中断向量地址 0008H。

(2) 把 CPU 的标志寄存器内容压入堆栈,保护各标志位状态。

(3) 清除 IP 和 TF 标志,屏蔽了 INTR 中断和单步中断。

(4) 保存断点,即把断点处的 IP 和 CS 内容压入堆栈(先压入 CS,再压入 IP)。

(5) 从中断向量表中取中断服务程序的入口地址,分别送至 CS 和 IP 中。

(6) 按 CS 和 IP 的地址执行 NMI 中断服务程序。

(7) 当执行到中断返回 IRET 指令,则恢复断点处的 IP、CS 值,恢复标志寄存器内容,于是 CPU 就返回到中断断点处继续执行原来的程序。

IBM PC/XT 机系统中,NMI 主要用于解决系统主板上 RAM 出现的奇偶错,或 I/O 通道中扩展选件板上出现的奇偶校验错以及 8087 协处理器异常中断。

2) 可屏蔽中断 INTR

8086 的 INTR 中断请求信号来自中断控制器 8259A,是电平触发方式,高电平有效。所以多个外设的中断请求是由 8259A 集中管理,按预先的编程设置进行中断优先权排队,向 8086 发出 INTR 中断请求,并产生优先权最高的中断类型号。

可屏蔽中断 INTR 的响应及处理过程如下:

INTR 信号有效时,如果 CPU 的 IF=1,则 CPU 就在当前指令执行完毕后,响应 INTR 线上的中断请求(所以要求 INTR 线上的请求信号必须保持到当前指令结束)。CPU 响应 INTR 中断,则进入两个连续的中断响应总线周期(之间用 2~3 个空闲状态隔开)来获得中断类型号。CPU 在第一个总线周期发出一个负脉冲的 $\overline{INTA}$ 信号,通知请求中断的外部系统(8259A)准备好中断类型号;第二个总线周期,再发一个 $\overline{INTA}$ 信号,让外部中断系统把中断类型号送上数据总线(一般是低 8 位),CPU 在 T_4 状态的前沿采样数据总线,获得中断类型号。获得中断类型号后,CPU 就进入中断处理过程。所以,当一个可屏蔽中断被响应时,CPU 实际上要执行 7 个总线周期,即:

(1) 执行第一个 $\overline{INTA}$ 总线周期,通知外部中断系统做好准备。

(2) 执行第二个 $\overline{INTA}$ 总线周期,从外部中断系统获取中断类型号,并将它左移两位(即乘以 4),形成中断向量地址,存入暂存器。

(3) 执行一个总线写周期,把标志寄存器 F 内容压入堆栈,同时关中断(IF=0)和单步标志(TF=0)。

(4) 执行一个总线写周期,把 CS 内容压入堆栈。

(5) 执行一个总线写周期,把当前 IP 内容压栈。

(6) 执行一个总线读周期,从中断向量表中读取中断向量的偏移地址,送给 IP。

(7) 执行一个总线读周期,从中断向量表中读取中断向量的段基址,送给 CS。

对于 NMI 非屏蔽中断和下面要讨论的软件中断,因为它们的中断类型号是固定的,不需要从外部中断系统获得,所以 CPU 在响应时只要执行 5 个总线周期,不需要(1)、(2)两步,而仅仅从第(3)步开始顺序执行到第(7)步。

2. 软件(内部)中断

8086 CPU 的软件(内部)中断又分为专用中断和指令中断两种。

1) 专用中断

在中断向量表中,类型号 0～4 中除了类型号 2 的 NMI 非屏蔽中断外,其余均为专用的软件中断,它们通常是由某个标志位引起的中断。

(1) 0 型中断。除法出错中断。在执行除法指令时,若发现除数为 0 或商超出了寄存器所能表示的范围(双字/字的范围为 -32768～+65535;字/字节的范围为 -128～+255)时,CPU 会立即产生一个类型号为 00H 的 0 型中断,转入相应的除法出错处理程序。由于 0 型中断没有相应的中断指令,也不是由外部硬件引起的,通常称为"自陷"中断。

(2) 1 型中断。单步中断。当单步标志 TF=1 时,CPU 把程序的执行变为单步工作方式。单步方式能够通过逐条指令观察操作的"窗口",为系统提供了一种方便的调试手段。如 DEBUG 中的跟踪命令就是将 TF 标志位置 1,每执行一条指令后,就进入单步中断服务程序,显示寄存器等内容,从而跟踪程序的具体执行过程,调试程序。

由于中断响应时,CPU 自动地把标志寄存器压入堆栈,然后清除 TF,因此,当 CPU 进入单步中断程序时,不再处于单步方式,而以正常方式工作;只有在单步处理结束时,从堆栈中弹出原来的标志(当时的 TF=1),才使 CPU 又返回到单步方式中。

(3) 3 型中断。断点中断(INT)。3 型中断和单步中断一样,也是 8086 提供的一种调试手段。它用于设置程序中的断点,故称为断点中断,用 INT 或 INT 3 指令表示。

INT 指令是一条单字节指令,因而它能够很方便地被插入到程序的任何地方。插入 INT 指令的地方便是断点。在断点处,停止正常的程序执行过程,进入断点中断服务程序,显示寄存器、存储单元等内容。相比之下,单步方式适用于规模较小的程序调试,而断点方式适用于较长程序的调试。

(4) 4 型中断。溢出中断(INTO 指令)。溢出中断用 INTO 指令表示。若溢出标志 OF 为 1,那么当执行 INTO 指令时,立即产生一个 4 型中断,若标志 OF 为 0,则此指令不起作用。INTO 指令为程序员提供了一种处理算术运算出现溢出时的处理手段。它通常和带符号数的加、减法指令配合使用。

2) 指令中断

INT n。INT n 指令的类型号就是给定的 n。它和 INT 及 INTO 一样,都是引起 CPU 中断响应的指令中断,所不同的是 INT 和 INTO 是单字节指令,而 INT n 是两字节指令,第二字节是类型号 n。INT n 主要是用于系统定义或用户自定义的软件中断。

系统的基本 I/O——BIOS 中断调用,如 INT 13H 的磁盘 I/O 调用、INT 10H 的屏幕显示调用、INT 16H 的键盘输入调用等,为用户提供了直接与 I/O 设备打交道的功能,而不必了解设备硬件接口的具体细节。DOS 功能调用(INT 21H)则使得用户可以方便地实现对磁盘文件的存取管理、内存空间的申请或修改等操作。用户自定义的软件中断则是利用保留的中断类型号来扩充自己需要的中断功能。

对于 BIOS 功能调用和 DOS 功能调用这些系统定义的指令中断,在系统引导时就完成了装配,使用者只要遵从调用的格式,预置所需要的入口参数,直接用 INT n 指令完成调用;而用户自定义的软件中断调用,除了设计好中断服务程序外,还得把中断入口地址预置到中断向量表中,在需要调用时,用 INT n 指令实现。

3) 软件中断的特点

(1) 由于软件中断的类型号都是固定的或是在中断指令中指定的,不需要像 INTR 中断那样通过外部中断系统来获取类型号,因此,软件中断响应后不需要INTA总线周期。软件中断处理过程与 NMI 过程完全相同,在自动获得类型号后就进入中断处理。

(2) 软件中断与 NMI 同样不受中断允许标志位 IF 的影响。

(3) 软件中断没有随机性。这一点很容易理解,因为硬件中断一般是由外设发出中断请求信号而引起的,一个设备何时要求 CPU 服务,当然不会有约定,完全是随机的、无法预测的,所以,硬件中断总带有随机性。软件中断大多是由程序中的中断指令引起的,那么,中断处理程序何时执行,也就事先决定了,所以,软件中断失去了随机性。从这一点上讲,软件中断工作过程更类似于子程序的工作过程,中断指令(INT n)类似于段间过程调用指令(CALL)。有经验的程序员在设计程序时,总是把一些常用的较大规模的子程序设计成中断处理程序,用软件中断的方法来调用它们。

7.3　中断控制器 8259A

Intel 8259A 是一个采用 NMOS 工艺制造,使用单一 5V 电源且具有 28 个引脚的双列直插式芯片。用于管理可屏蔽中断 INTR 的中断请求。8259A 是可编程的中断控制器,"可编程的"就是说该芯片可以由 CPU 通过程序写入不同的数据控制字或命令字的方式控制其处于某种工作方式。

7.3.1　8259A 的功能

8259A 把中断源识别、中断优先权排队、中断屏蔽、中断向量提供等功能集于一身,因而中断系统无需附加任何电路,只需对 8259A 进行编程,就可以管理 8~64 级优先权中断。8259A 的中断请求方式和优先权判别模式等可以通过编程设定或变更,中断类型号也可以由用户任意指定。

8259A 的主要功能如下:

(1) 一片 8259A 可以接受 8 级可屏蔽中断请求,通过 9 片 8259A 级联可扩展至 64 级可屏蔽中断优先级控制。

(2) 对每一级中断都可以通过程序来屏蔽或允许。

（3）在中断响应周期，8259A 可为 CPU 提供相应的中断类型码。

（4）具有多种工作方式，并可通过编程加以选择。

8259A 既能实现查询中断方式，又能实现向量中断方式。向量中断方式是指 8259A 得到 CPU 的中断响应后，能自动提供中断类型号，从而快速得到中断服务程序的入口地址。在查询中断方式下，优先权的选定与向量中断方式一样，但软件将对 8259A 查询，而不是对外设查询。查询时，8259A 回送状态字，指出请求服务的最高优先权级别，然后根据这个状态字转移到相应的中断服务程序。

7.3.2　8259A 的内部结构和引脚特性

1. 8259A 的内部结构

图 7-10 所示为 8259A 的内部结构框图，它是由数据总线缓冲器、读/写电路、级联缓冲/比较器、中断请求寄存器 IRR、中断屏蔽寄存器 IMR、当前服务寄存器 ISR、优先权电路和控制逻辑等 8 个功能部件组成。下面分别介绍各部分的功能。

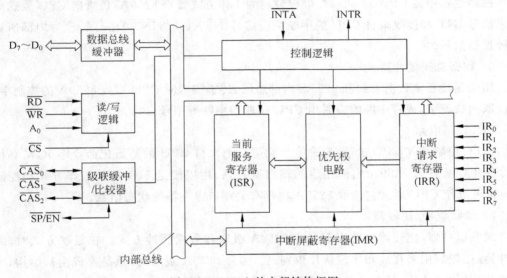

图 7-10　8259A 的内部结构框图

1）中断请求寄存器 IRR

IRR 是一个具有锁存功能的 8 位寄存器，用于寄存所有要求服务的中断请求信号。$IR_0 \sim IR_7$ 为 8 根中断请求输入线，可连接 8 个外设的中断请求信号。当 $IR_0 \sim IR_7$ 中任何一个上升为高电平时，IRR 中对应的位就置"1"。

8259A 通过中断请求寄存器 IRR 可同时接收外部输入的 8 个中断请求信号，外部中断请求输入 IRR 的方式有两种，即边沿触发和电平触发方式，IRR 的内容可用操作命令字 OCW_3 读出。

2）中断屏蔽寄存器 IMR

IMR 是一个 8 位寄存器，用于寄存要屏蔽的中断级。该寄存器的每一位对应一个中断级。当用软件将某位置"1"，表示屏蔽该级中断请求，清"0"则开放该级中断请求。该寄存器的内容可以通过屏蔽命令,由编程设置。

3）中断服务寄存器 ISR

ISR 是一个 8 位寄存器,用于寄存所有正在被服务的中断级。在中断响应时,判优电路把发出中断请求的中断源中优先级最高的中断源所对应的位设置为 1,以表示该中断请求正在处理中。ISR 的某一位 ISi 置 1 可阻止与它同级及更低优先级的请求被响应,但不阻止比它优先级高的中断请求被响应,即允许中断嵌套。在中断嵌套(即多重中断)时,有多个 ISR 位置 1,表示有多个正在处理的中断级。通过执行中断结束命令 EOI,可以使 ISR 相应位复位。

4）优先权电路

优先权电路监测从 IRR、ISR 和 IMR 来的输入,并确定是否应向 CPU 发出中断请求。在中断响应时,它要确定 ISR 寄存器哪一位应置 1,并将相应的中断类型码送给 CPU。在 EOI 命令时,它要决定 ISR 寄存器哪一位应复位。

5）控制逻辑电路

控制逻辑根据 CPU 对 8259A 编程设定的工作方式管理 8259A,负责向 CPU 发送中断请求信号 INT 和接收来自 CPU 的中断响应信号 $\overline{\text{INTA}}$,并将 $\overline{\text{INTA}}$ 信号转换为内部所需的各种控制信号。

6）数据总线缓冲器

用于连接系统数据总线和 8259A 内部总线,传输编程时 CPU 写入 8259A 的控制字,或者读取的状态字,或者中断响应时由 CPU 读取的中断类型号。

7）读/写电路

读/写控制接收 CPU 的读/写命令。它可以把来自 CPU 的初始化命令字 ICW 和操作命令字 OCW 存入 8259A 内部相应的端口寄存器,用以规定 8259A 的工作方式和控制模式;也可以使 CPU 通过它读取 8259A 内部有关端口寄存器的状态信息。

8）级联缓冲/比较器

级联缓冲器/比较器主要用于多片 8259A 级联和数据缓冲方式。在级联方式时,级联缓冲器/比较器用来存放和比较从片识别码。多片 8259A 级联时,总是连成主从结构,一片为主片,其他为从片,最多可有 8 个从片,共管理 64 级硬件中断。

2. 8259A 的引脚及其功能

8259A 是 28 脚双列直插式芯片,其引脚及其功能如下:

（1）$D_7 \sim D_0$。双向三态数据线,直接和系统数据总线的 8 位相连。如果微机系统的数据总线宽度大于 8 位,最简单的办法是让 CPU 和 8259A 的数据传送局限在数据总线的低 8 位上进行。例如,对于 16 位机 8086 系统,8259A 与数据总线的 $DB_7 \sim DB_0$ 相连,与 8086 传输所有的数据。

（2）$IR_0 \sim IR_7$：中断请求输入线,通常是 IR_0 为最高优先权,IR_7 为最低优先权。

（3）INT：中断请求输出线,与 CPU 的 INTR 中断请求端连接。

（4）$\overline{\text{INTA}}$：中断允许线,接收来自 CPU 的中断响应信号 $\overline{\text{INTA}}$。

(5) $\overline{CS}$、$\overline{WR}$、$\overline{RD}$、A_0：分别是片选、读命令、写命令信号线和端口地址线,它们相互配合使用实现对 8259A 中不同寄存器的读和写,其功能见表 7-1。

表 7-1 8259A 读/写控制引脚功能

引脚信号	名称	功能说明
$\overline{CS}$	片选线	$\overline{CS}=0$,芯片被选中,允许 CPU 读写,一般由高位地址译码得到
$\overline{WR}$	写线	$\overline{WR}=0$,允许 CPU 把命令字(ICW,OCW)写入相应寄存器
$\overline{RD}$	读线	$\overline{RD}=0$,允许 CPU 读取 IRR、ISR、IMR,3 个寄存器的内容或终端机的 BCD 码
A_0	端口地址线	用于片内端口选择,8086 系统将其接至地址总线 A_1 上

A_0 对应 8259A 的两个端口,$A_0=0$,为 8259A 的偶地址端口,$A_0=1$ 为 8259A 的奇地址端口。8259A 如果使用在 8086 系统中,由于 8086 的偶、奇地址的约定,为了保证用 $DB_7 \sim DB_0$ 和 8259A 交换数据,8086 系统是将地址总线的 A_1 与 8259A 的 A_0 相连。这样,从 CPU 这边看,对 8259A 的端口寻址,无论 A_1 为 1 或者 0,两个端口为相邻的偶地址(A_0 总为 0);从 8259A 这边看,地址总线上的 A_1 与自己的 A_0 相连,当 $A_1=1$ 时,8259A 认为是对自己的奇地址端口访问,$A_1=0$ 是对偶地址端口访问,从而将两个实质相邻的偶地址看成是自己一奇一偶两个相邻地址。

(6) $CAS_2 \sim CAS_0$ 为级联控制线。当多片 8259A 级联工作时,其中一片为主控芯片,其他均为从属芯片。对于主片 8259A,其 $CAS_2 \sim CAS_0$ 为输出;对各从片 8259A,它们的 $CAS_2 \sim CAS_0$ 为输入。主片的 $CAS_2 \sim CAS_0$ 与从片的 $CAS_2 \sim CAS_0$ 对应相连。当某从片 8259A 提出中断请求时,主片 8259A 通过 $CAS_2 \sim CAS_0$ 送出相应的编码给从片,使从片的中断被允许。

(7) $\overline{SP}/\overline{EN}$：主从/允许缓冲线,具有双向功能。$\overline{SP}/\overline{EN}$ 作为输入还是输出,取决于 8259A 是否采用缓冲方式。如果采用缓冲方式,$\overline{SP}/\overline{EN}$ 作为输出;反之作为输入。作为输入的 $\overline{SP}$ 使用时,用于区别主、从 8259A 片。对于主片,$\overline{SP}=1$;对于从片,$\overline{SP}=0$。作为输出的 $\overline{EN}$ 使用时,用于启动 8259A 至 CPU 之间的数据总线缓冲器。

3. 8259A 的工作过程

(1) 中断源在中断请求输入端 $IR_0 \sim IR_7$ 上产生中断请求。

(2) 中断请求被锁存在 IRR 中,并经 IMR"屏蔽",其结果送给优先权电路判优。

(3) 优先权电路检出优先权最高的中断请求位,设置 ISR 中的对应位。

(4) 控制逻辑接受中断请求,向 CPU 输出 INT 信号。

(5) CPU 从 INTR 引脚接收 8259A 的 INT 信号,进入连续两个 $\overline{INTA}$(中断响应)周期。若 8259A 作为主片中断控制器,则在第一个 $\overline{INTA}$ 周期将级联地址从 $CAS_2 \sim CAS_0$ 送出。若 8259A 是单片使用或是由 $CAS_2 \sim CAS_0$ 选择的从片,就在第二个 $\overline{INTA}$ 周期将一个中断类型号输出到数据总线(低 8 位)上。

(6) CPU 读取该中断类型号,转移到相应的中断处理程序。

(7) 通过向 8259A 送一条 EOI(中断结束)命令,使 ISR 相应位复位实现该中断结束。

7.3.3 8259A 的工作方式

8259A 的中断优先权管理是工作方式的核心内容。8259A 对中断优先权的管理概括起来为全嵌套方式、循环优先方式、中断屏蔽及查询方式。这些方式都可以用编程的方法来设置,而且使用十分灵活。因为可设置的工作方式多,使初学者感到难以理解,使用这些方式不太容易。为此,将从不同的角度对 8259A 的工作方式进行分类讲述。

1. 中断嵌套方式

8259A 中有两种中断嵌套方式,即全嵌套方式和特殊全嵌套方式。

1) 全嵌套方式

全嵌套工作方式下,中断优先权的级别是固定的,按 $IR_0 \sim IR_7$ 逐级次之,IR_0 最高,IR_7 最低。当 CPU 响应中断时,最高优先权的中断源在 ISR 中的相应位置位,而且把它的中断类型号送到数据总线。在此中断源的中断服务程序完成之前,可以把与它同级或优先权更低的中断请求屏蔽,只有优先权比它高的中断请求才被开放,实现中断嵌套。

全嵌套方式是 8259A 最常用的一种工作方式。如果对 8259A 进行初始化后没有设置其他优先级方式,那么 8259A 就按全嵌套方式工作。也可以用初始化命令字 ICW_4(SFNM=0)将 8259A 设置为全嵌套方式。

2) 特殊全嵌套方式

特殊全嵌套方式与全嵌套方式相比,"特殊"在于开放同级中断请求。因而,只屏蔽掉低级的中断请求。

特殊全嵌套方式一般是用于多片 8259A 级联系统中的主片。此时,从片的中断请求输出 INT 连接到主片的中断请求输入端 IR_i 上,每个从片的 8 个中断请求输入端 $IR_0 \sim IR_7$ 也有不同的优先级别。但作为主片看来,每个从片作为一级,这就是说,主片把从片的 8 个中断请求看做同一优先级。如果主片采用全嵌套方式,则从片中某一较低级中断请求经主片得到响应后,主片会把该从片的所有其他中断请求作为同一级而屏蔽掉,包括优先级较高的中断请求,因此无法实现从片上各级中断的嵌套。解决办法是主片采用特殊全嵌套方式,在此方式下从片的某一级中断请求经主片得到响应后,主片不会屏蔽从片中其他的中断请求,而是由从片内部本身的优先级关系确定该屏蔽哪些请求,开放哪些请求,从而实现从片级的中断嵌套。所以,系统中只有单片 8259A 时,通常采用全嵌套方式,而系统中有多片 8259A 时,主片则必须采用特殊全嵌套方式,而从片可采用全嵌套方式。

特殊全嵌套方式由 ICW_4 的 D_4 位(SFNM=1)设定。

2. 循环优先方式

在实际应用中,中断源的优先权关系是很复杂的。不一定有明显的级别,也不一定是固定不变的。所以不能总是规定 IR_0 优先权最高,IR_7 优先权最低,而是要根据实际情况进行处理。8259A 提供了两种改变优先权的方法。

1) 优先级自动循环方式

优先级自动循环方式实质上是等优先权方式。初始优先级队列,优先级从高到低的顺序规定为 IR_0、IR_1、IR_2、$\cdots$、IR_7。但优先级队列是变化的,当多个中断同时申请中断时,优先级高的先受到响应和服务;某一个中断受到中断服务后,它的优先级自动降为最低,而与之相邻的优先级就升为最高。例如,若当前 IR_0 优先权最高,IR_7 最低,当 IR_4、IR_5 同时有请求时响应 IR_4,在 IR_4 被服务后,IR_4 的优先权降为最低,而 IR_5 升为最高,以下依次为 IR_6、

IR_7、IR_0、IR_1、IR_2、IR_3。若 IR_5 被响应且被服务后，IR_5 又降为最低，IR_6 变为最高，其余以此类推。8259A 在设置优先权自动循环方式时，总是自动规定 IR_0 为最高优先权，IR_7 为最低。

优先级自动循环方式可通过操作命令字 OCW_2 来设定。

2) 优先级特殊循环方式

优先级特殊循环方式与优先级自动循环方式相比，"特殊"之处在于初始优先级队列的最低优先级是由编程指定的。可以用编程的方法设定 $IR_0 \sim IR_7$ 中的任意一个为最低级，从而最高优先级也由此而定。例如，编程时确定 IR_5 为最低优先级，则 IR_6 就是最高优先级。

优先级特殊循环方式也是通过操作命令字 OCW_2 来设定。

3. 中断屏蔽方式

8259A 的 8 个中断请求线上的每一个中断请求都可以写入相应的屏蔽字，实现是否屏蔽。中断屏蔽方式有两种。

1) 普通屏蔽方式

这种屏蔽方式是通过编程将中断屏蔽字写入 IMR 来实现的。若写入某位为 1，对应的中断请求被屏蔽，若为 0 则对应的中断请求被开放。

2) 特殊屏蔽方式

特殊屏蔽方式的"特殊"之处在于执行高级中断服务程序过程中，开放较低级的中断，即屏蔽掉较高级的中断，转而去响应较低级的中断请求。

采用普通屏蔽方式是不能实现这一要求的，因为用普通屏蔽方式时，即使把较低级的中断请求开放，但由于 ISR 中当前正在服务的较高中断级的对应位仍为"1"，它会禁止所有优先级比它低的中断请求。在采用特殊屏蔽方式后，再用屏蔽字对 IMR 中某一位置"1"时，会同时使 ISR 对应位清"0"，这样就不但屏蔽了当前被服务的中断级，同时真正开放了其他优先权较低的中断级。所以，先设置特殊屏蔽方式，然后建立屏蔽信息，这样就可以开放所有未被屏蔽的中断请求，包括优先级较低的中断请求。

4. 中断结束方式

当某个中断服务完成时，必须给 8259A 一个中断结束命令，使该中断级在 ISR 中的相应位清"0"，从而使中断结束。8259A 有两种不同的中断结束方式。

1) 自动中断结束方式（AEOI）

在自动中断结束方式下，任何一级中断被响应后，在第一个中断响应信号 $\overline{INTA}$ 送到 8259A 后，ISR 寄存器中的对应位被置"1"，而在第二个中断响应信号 $\overline{INTA}$ 送到 8259A 后，8259A 就自动将 ISR 寄存器中的相应位清"0"，此刻，该中断服务程序本身可能还在进行，但对 8259A 来说，它对本次中断的控制已经结束，因为在 ISR 寄存器中已没有对应的标志。若有低级中断请求时，就可以打断高级中断，而产生多重嵌套，而且嵌套的深度也无法控制，因而，这种方式只能用在系统中只有一片 8259A，并且多个中断不会嵌套的情况。

2) 非自动中断结束方式（EOI）

在这种工作方式下，从中断服务程序返回前，必须输出中断结束命令（EOI）把 ISR 当前优先权最高的对应位清"0"。

在全嵌套方式下，ISR 中的优先权最高对应位就是最后一次被响应的中断级，也就是当前正在处理的中断级，所以它的清"0"就是结束当前正在处理的中断，这是一般的中断结束方式。若 8259A 工作在特殊全嵌套方式下,就用特殊的中断结束 EOI 命令。因为此时 8259A 不能确定刚才服务的中断源等级,只有通过设定特殊中断结束命令,在命令中指出到底要对哪一个中断级清"0"。

5. 程序查询方式

在程序查询方式下,8259A 不向 CPU 发 INT 信号,而是靠 CPU 不断查询 8259A。当查询到有中断请求时,就转入相应的为中断请求的服务程序中去。设置查询方式的过程是:系统先关中断,然后把"查询方式命令字"写到 8259A,再对 8259A 执行一条读指令,8259A 便将一个 8 位的查询字送到数据总线上,查询字格式为:

D_7	D_6	D_5	D_4	D_3	D_2	D_1	D_0
I					W_2	W_1	W_0

$I=1$ 表示有中断请求,$W_2W_1W_0$ 表示 8259A 请求服务的最高优先级编码。CPU 读取查询字,判断有无中断请求。若有,便根据 $W_2W_1W_0$ 的值转移到对应的中断服务程序去。

6. 读 8259A 状态

IRR、ISR 和 IMR 的内容可以通过相应的读命令读取,以了解 8259A 的工作状态。

上述 8259A 各种工作方式的选择,是通过 8259A 的初始化命令字($ICW_1 \sim ICW_4$)和操作命令字($OCW_1 \sim OCW_3$)来设定的。

7.3.4 8259A 的编程

通过以上的学习已经知道,中断控制器 8259A 具有多种工作方式,但要想使用好 8259A,就要学会对它进行正确的编程。8259A 的编程就是通过软件编程对其进行初始化和工作方式设定,全部编程分为两大部分,即初始化编程和操作编程。

初始化编程是由 CPU 向 8259A 写入相应的初始化命令 ICW,使芯片处于一个规定的基本工作方式上。8259A 共有 4 个初始化命令字 ICW_1、ICW_2、ICW_3、ICW_4。要求 ICW_1 写入偶地址端口,其余写到奇地址端口。初始化时 $ICW_1 \sim ICW_4$ 依次写入,顺序固定不变,不可颠倒。然后进行工作方式编程,由 CPU 向 8259A 送操作命令字 OCW,以规定 8259A 的工作方式。OCW 可以在 8259A 已初始化后的任何时候写入。

1. 8259A 的初始化命令字 ICW

初始化命令字是由 8259A 初始化程序填写的,且在整个系统工作过程中保持不变。写入初始化命令字 ICW 的过程如图 7-11 所示。注意:ICW_1 应写入 8259A 的偶地址端口($A_0=0$),ICW_2、ICW_3、ICW_4 应写入 8259A 的奇地址

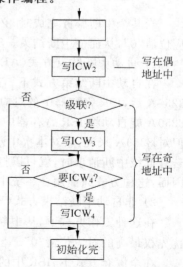

图 7-11 写 ICW 的流程

端口($A_0=1$)。下面讨论 ICW 的格式和写入规则。

(1) 初始化命令字 ICW_1——芯片控制字。

写 ICW_1 主要是：使 8259A 对中断请求信号边沿检测电路复位,使得中断请求信号由低变高时,方能产生中断;清除中断屏蔽寄存器 IMR,设置全嵌套方式。这两点实际上是对 8259A 的复位,并给出系统是单片还是多片 8259A 级联。

ICW_1 的格式如下：

A_0		D_7	D_6	D_5	D_4	D_3	D_2	D_1	D_0
0					1	LTIM	ADI	SNGL	ICW_4

$A_0=0$：表示 ICW_1 必须写入偶地址端口。

$D_4=1$ 时,ICW_1 命令字的特征位。

D_0：表示初始化过程是否需要写 ICW_4。$D_0=1$ 表示是 8086/8088 系统,必须写 ICW_4,$D_0=0$ 表示不需要写 ICW_4。

D_1：表示系统是使用单片 8259A 还是多片 8259A。$D_1=1$ 表示单片,$D_0=0$ 表示级联。

D_3：表示中断请求信号起作用的触发方式。$D_3=1$ 为电平触发,$D_3=0$ 为边沿触发。

D_2 和 $D_7 \sim D_5$：只在 8080/8085 CPU 模式下用,80x86 CPU 模式下这几位不起作用。

(2) 初始化命令字 ICW_2——中断类型命令字。

该命令字是用来设定中断类型号,其格式如下：

A_0		D_7	D_6	D_5	D_4	D_3	D_2	D_1	D_0
1		T_7	T_6	T_5	T_4	T_3			

$A_0=1$ 表示为奇地址。ICW_2 必须写入奇地址。

$D_7 \sim D_3$：中断类型号的高 5 位,由用户给出。

$D_2 \sim D_0$：中断类型号的低 3 位,由中断响应时自动填入。

8259A 管理的中断类型号的高 5 位由 $D_7 \sim D_3$ 确定,系统会根据中断引入端 $IR_7 \sim IR_0$ 自动确定 $D_2 \sim D_0$ 的值。例如,写入 ICW_2 的内容为 40H,则 $IR_0 \sim IR_7$ 对应的 8 个中断类型号依次为 40H、41H、…、47H。可见,设定的 8 个中断类型号一定是连号的(末位必是 0H~7H 或 8H~FH)。

(3) 初始化命令字 ICW_3——主/从片初始化字。

该命令字定义系统中主片、从片的级联。若系统中只有一片 8259A,则不需要 ICW_3;若有多片 8259A,则主片 8259A 和从片 8259A 的初始化都需要 ICW_3。主片和从片的 ICW_3 格式是不同的。

主片 ICW_3 的格式如下：

A_0		D_7	D_6	D_5	D_4	D_3	D_2	D_1	D_0
1									

$D_7 \sim D_0$：表示相应的 $IR_7 \sim IR_0$ 中断请求线上有无从片。$D_i=1$ 表示 IR_i 接一个从片,

$D_i=0$ 表示没有从片。例如，IR_5 中断请求线上级联有从片，则 ICW_3 为 00100000。

从片的 ICW_3 格式如下：

A_0		D_7	D_6	D_5	D_4	D_3	D_2	D_1	D_0
1		0	0	0	0	0	ID_2	ID_1	ID_0

$D_7 \sim D_3$：不起作用，常取 0。

$D_2 \sim D_0$：表示从片的识别码 $ID_2 \sim ID_0$，它对应于主片的 $IR_7 \sim IR_0$ 级联的从片的编码。例如，主片的 IR_5 中断请求线上级联有从片，此从片的 $ID_2 \sim ID_0$ 为 101。

（4）初始化命令字 ICW_4——方式控制字。

该命令字定义 8259A 是工作于 8080/8085 系统，还是工作于 80x86 系统，以及中断服务程序中是否需要输出 EOI 命令，以清除 ISR，允许其他中断。ICW_4 格式如下：

A_0		D_7	D_6	D_5	D_4	D_3	D_2	D_1	D_0
1		0	0	0	SFNM	BUF	M/S	AEOI	PM

D_0（PM）：定义 8259A 工作的系统，$D_0=1$ 为 80x86 系统，$D_0=0$ 为 8080/8085 系统。

D_1（AEOI）：表示是否采用自动结束中断方式，使 ISR 复位。若 $D_1=0$，表示非自动 EOI 方式，当 8259A 接收中断后将不再接收别的中断，直到中断服务程序送出 EOI 命令为止；若 $D_1=1$，表示中断响应结束后能自动使 ISR 复位，而不必发 EOI 命令。

D_2（M/S）：表示本片 8259A 是主片还是从片，$D_2=0$ 表示从片，$D_2=1$ 表示主片。

D_3（BUF）：表示本片 8259A 和系统数据总线之间是否有缓冲器。$D_3=1$ 表示有缓冲器，因此必须产生控制信号，以便中断时能打开缓冲器；$D_3=0$ 表示没有缓冲器。

D_4（SFNM）：表示 8259A 是否处于多片中断控制系统中。$D_4=1$ 表示是，其优先权顺序采用特殊的全嵌套方式；$D_4=0$ 表示不是。

$D_5 \sim D_7$：未用，一般取为 0。

综上所述，ICW_1 用偶地址端口（$A_0=0$），ICW_2、ICW_3、ICW_4 均用奇地址端口（$A_0=1$），为了区分它们，片内采用了先进先出的堆栈技术。编程时一定要严格按照图 7-12 所示的顺序完成初始化命令字的写入过程。

2．初始化流程

上面学习了对 8259A 进行初始化的 4 个 ICW 初始化命令字及其格式含义，那么如何利用 ICW 初始化命令对 8259A 进行初始化呢？初始化流程如图 7-11 所示。

对于初始化流程应注意以下几点：

（1）对系统中的每一片 8259A 都要按此流程进行初始化，$ICW_1 \sim ICW_4$ 的写入次序是固定不变的。

（2）对于每片 8259A，ICW_1 和 ICW_2 是必须设置的。ICW_3 和 ICW_4 是选择设置的。只有在级联方式下才需要设置 ICW_3（主片、从片分别设置）；只有在 ICW_1 的 $D_0=1$ 时才需设置 ICW_4。

（3）ICW_1 写入偶地址端口，ICW_2、ICW_3、ICW_4 写入奇地址端口。

下面总结初始化编程主要完成的任务：

(1) 设定中断请求信号的有效形式是高电平还是上升沿有效。

(2) 设置8259A是单片还是多片级联工作方式。

(3) 设定8259A管理的中断类型码基值，即0级中断IR_0所对应的中断类型号。

(4) 设定各级中断的优先级排序规则。

(5) 设定总线连接方式。

(6) 设定中断的结束处理方式。

3. 8259A的操作命令字OCW

在写完初始化命令字后，8259A在其中断输入端$IR_0 \sim IR_7$就可接受中断请求信号了。若不再写入任何操作命令字OCW，8259A便处于初始化设置的中断工作方式，这时中断源优先级是IR_0最高，IR_7最低，且清除了所有中断屏蔽。

若希望改变初始化的8259A中断控制方式，或为了屏蔽某些中断，或为了读出8259A的状态信息，则必须继续向8259A写入操作命令字OCW。

8259A的操作命令字有3个，即OCW_1、OCW_2、OCW_3。写OCW顺序上没有严格的要求(不像写ICW那样)，但是端口地址必须按规定取值，即OCW_1必须送奇地址端口($A_0=1$)，而OCW_2、OCW_3必须送偶地址端口($A_0=0$)。OCW_2和OCW_3通过命令字本身的D_4、D_3位来区分：D_4、D_3为00表示是OCW_2，D_4、D_3为01表示是OCW_3。

(1) 操作命令字OCW_1——屏蔽操作命令字。

OCW_1的格式如下：

A_0	D_7	D_6	D_5	D_4	D_3	D_2	D_1	D_0
1								

该命令字用来设置或清除对中断源的屏蔽。若OCW_1的某位为"1"，则对应的中断源被屏蔽；若为"0"，则中断被开放。例如，$OCW_1=80H$，则IR_7中断被屏蔽。

利用OCW_1操作命令字，可以通过编程在程序的任何地方实现对某些中断的屏蔽或开放，实际上也就改变了中断的优先级。

(2) 操作命令字OCW_2——中断方式命令字。

该命令字用来设置优先级是否进行循环，循环的方式及中断结束的方式。其格式下：

A_0	D_7	D_6	D_5	D_4	D_3	D_2	D_1	D_0
0	R	SL	EOI	0	0	L_2	L_1	L_0

D_4、D_3位是OCW_2的识别位，取00。

D_7(R)：中断排队是否循环的标志。$R=1$是优先级循环方式，$R=0$是固定优先级方式。

D_6(SL)：选择L_2、L_1、L_0编码是否有效的标志。若$SL=1$，则L_2、L_1、L_0选择有效，若$SL=0$，则无效，即优先级仍为IR_0最高，IR_7最低。

D_5(EOI)：中断结束命令。$D_5=1$时，则使现行的ISR中最高优先级的相应位复位(一般 EOI 命令),或者由 L_2、L_1、L_0 指定的 ISR 相应位复位(特殊 EOI 命令)。若写 OCW_2 中断结束命令,则必须写在中断服务程序的返回指令 IRET 之前,以给出 EOI 标志,让 8259A 把为此中断服务的 ISR 中的相应位清"0"。

D_2、D_1、D_0(L_2、L_1、L_0):对应 8 个二进制编码,有两个作用:一是用在特殊 EOI 命令中,表示清除的是 ISR 的哪一位;二是用在特殊循环方式中,表示系统中最低优先级的编码。

(3)操作命令字 OCW_3——状态操作命令字。

该命令字可以用来设置查询方式,设置或撤销特殊屏蔽方式,以及用来读 8259A 的中断请求寄存器 IRR、中断服务寄存器 ISR 的当前状态。其格式如下:

A_0		D_7	D_6	D_5	D_4	D_3	D_2	D_1	D_0
0		0	ESMM	SMM	0	1	P	IRR	ISR

D_4、D_3 位是 OCW_3 的识别位,取 01。

D_1、D_0 位选择读 8259A 内部寄存器的状态。D_1、D_0 为 10 时,表示要读 IRR;D_1、D_0 为 11 时,表示要读 ISR。当 OCW_3 命令字送给 8259A,再对 8259A 用输入指令读出,CPU 便可得到 8259A 相应寄存器的内容。

D_2 位决定 8259A 采用中断查询方式($D_2=1$)还是非查询方式,即向量中断方式($D_2=0$)。

D_6、D_5 两位决定 8259A 是否工作于特殊屏蔽方式。D_6、D_5 为 11 时,允许特殊屏蔽方式,D_6、D_5 为 10 时,撤销特殊屏蔽方式,返回到正常屏蔽方式。

4. 8259A 的编程举例

例 7-1　对 8259A 的最简单的工作方式——单片 8259A 全嵌套工作方式的流程作一讨论。

8259A 在全嵌套工作方式下,IR_0 的优先级最高,IR_7 最低。IBM-PC 微机系统的 8259A 初始化以后,就是处于这种单片、全嵌套中断工作方式。系统 8259A 的 $IR_0 \sim IR_7$ 中断类型号依次为 08H~0FH,见表 7-2。

表 7-2　IBM-PC 机外部中断源

中断源	中断类型号	中断功能	中断源	中断类型号	中断功能
IR_0	08H	时钟定时器	IR_4	0CH	异步通信(COM_1)
IR_1	09H	键盘	IR_5	0DH	键盘
IR_2	0AH	未定(保留)	IR_6	0EH	软盘
IR_3	0BH	异步通信(COM_2)	IR_7	0FH	并行打印机

设定 8259A 各命令字的口地址为:ICW_1 口地址 20H;ICW_2、ICW_3、ICW_3 口地址 21H;OCW_1 口地址 21H;OCW_2、OCW_3 口地址为 20H。8259A 初始化设定的工作方式为:边沿触发方式、缓冲器方式、中断结束 EOI 方式、中断全嵌套优先权管理方式。

根据以上要求,对 IBM-PC 微机 8259A 初始化的程序段如下:

```
MOV   AL,00010011B;        设 ICW₁ 为边沿触发方式,单片 8259A,需要 ICW₄
```

```
OUT    20H,AL
MOV    AL,00001000B;              设置 ICW₂ 中断类型号为 08H~0FH
OUT    21H,AL
MOV    AL,00001101B;              设置 ICW₄ 为 8086 模式,正常 EOI 缓冲,全嵌套
OUT    21H,AL
```

初始化以后,8259A 就处于全嵌套工作方式。如果允许定时时钟、键盘、异步通信卡(COM₁)中断,而屏蔽其他的中断,可以接着输入以下两条指令设置 OCW₁:

```
MOV    AL,11101100B
OUT    21H,AL
```

由于设定的是正常的 EOI 中断结束方式,所以,在中断服务程序结束返回断点之前,必须写入 OCW₂ 命令字,其值为 00100000B(20H):

```
MOV    AL,00100000B
OUT    20H,AL
IRET
```

例 7-2 BIOS 中检查中断屏蔽寄存器 IMR 的程序。

通过对 IMR 先写入一个屏蔽字,然后再读出 IMR 的屏蔽字,以检查 IMR 的工作是否正常。程序段如下:

```
MOV    AL, 00H                ;设 OCW₁ 为全"0",表示 IMR 为全"0"
OUT    21H,AL
IN     AL,21H                 ;读 IMR 状态
OR     AL,AL                  ;比较 IMR = 0?
JNZ    ERR                    ;若不为 0,则转出错程序 ERR
MOV    AL,0FFH                ;设 OCW₁ 为全"1",表示 IMR 为全"1"
OUT    21H,AL
IN     AL,21H                 ;读 IMR 状态
ADD    AL,01H                 ;IMR 是不是全"1"?
JNZ    ERR                    ;若不是,转出错程序 ERR
```

例 7-3 读中断服务寄存器 ISR 内容,并设置新屏蔽。

若要对 IRR 或 ISR 读出时,则必须写一个 OCW₃ 命令字,以便 8259A 处于被读状态,然后再用读指令取出 IRR 或 ISR 内容。程序段如下:

```
        MOV    AL,0BH             ;设 OCW₃ 为 0BH,表示要读 ISR
        OUT    20H,AL
        NOP
        IN     AL,20H             ;读 ISR 内容
        MOV    AH,AL              ;保存 ISR 内容入 AH 中
        OR     AL,AH              ;判 ISR 中内容是否为全"0"
        JNZ    HW_INT             ;否则转硬件中断处理程序
         ⋮                        ;是全"0",则不是硬件中断,做其他处理
HW_INT: IN     AL, 21H            ;读 IMR
        OR     AL,AH              ;产生新屏蔽字
        OUT    21H,AL             ;屏蔽掉正在服务的中断级
        MOV    AL,20H             ;设 OCW₂ 为 20H,表示中断结束命令 EOI
        OUT    20H,AL             ;发 EOI 命令
```

例 7-4 若主机每次响应 8259A 的 IR_2 中断时,显示字符串"THIS IS A 8259A INTERRUPT!",中断 10 次后退出。程序通过 DOS 功能调用 INT 21H 的第 25H 号功能来实现中断向量的设置,IR_2 的中断类型号为 0AH。程序流程见图 7-12,程序如下:

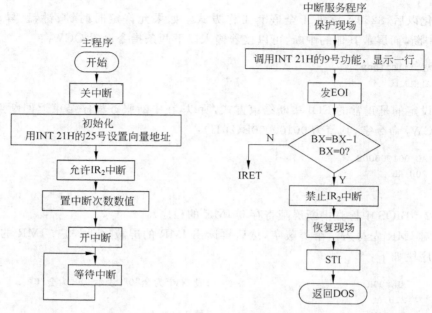

图 7-12 例 7-4 的程序流程图

```
INTA0    EQU    20H
INTA1    EQU    21H
DATA     SEGMENT
    MESS DB 'THIS IS A 8259A INTERRUPT! ',10,13,'$ '
DATA     ENDS
CODE     SEGMENT
         ASSUME    CS:CODE,DS:DATA
START:   CLI                              ;关中断
         MOV    AX,SEG    INT－PRO         ;取中断服务程序入口地址
         MOV    DS,AX
         MOV    DX,OFFSET INT－PRO         ;取中断服务程序入口偏移地址
         MOV    AX,250AH                  ;设置 0AH 中断类型号,25H 功能号
         INT    21H                       ;DOS 功能调用,设置中断向量
         MOV    AL, 13H
         OUT    INTA0,AL
         MOV    AL,08H
         OUT    INTA1, AL
         MOV    AL,01H                    ;ICW4 设为正常 EOI,全嵌套方式
         OUT    INTA1, AL
         MOV    DX,INTA1
         IN     AL,DX                     ;读 IMR
         AND    AL,0FBH                   ;开放 IR2,屏蔽其他中断级
         OUT    DX,AL
```

```
          MOV     BX,10                    ;中断次数
          STI                              ;开中断
LL:       HLT                              ;等待外部中断
          JMP     LL
          ⋮
INT-PRO: MOV AX,DATA                       ;中断服务程序
          MOV     DS,AX
          MOV     DX,OFFSET  MESS          ;取显示中断字符串首址
          MOV     AH,09H                   ;9 号 DOS 功能调用,显示字符串
          INT     21H
          MOV     DX,INTA0
          MOV     AL,20H                   ;设 OCW₂ 为 20H,
          OUT     DX,AL                    ;发中断结束命令 EOI
          SUB     BX,1                     ;中断次数减 1
          JNZ     NEXT                     ;不为 0,转 NEXT
          MOV     DX,INTA1                 ;禁止 IR₂ 中断
          IN      AL,DX
          OR      AL,04H
          OUT     DX,AL
          STI
          MOV     AH,4CH                   ;终止当前程序,返回 DOS
          INT     21H

NEXT:     IRET
          ⋮
CODE      ENDS
          END     START
```

7.3.5　8259A 的级联

在一个中断系统中,可以使用多片 8259A,使中断优先级从 8 级扩展到最多的 64 级,这需通过 8259A 的级联来实现。在级联时,只能有一片 8259A 作为主片,其余的 8259A 均作为从片。

主 8259A 的 3 条级联线 $CAS_0 \sim CAS_2$ 作为输出线,通过驱动器连接到每个从片的 $CAS_0 \sim CAS_2$ 的输入端。如只有一个从片,也可以不加驱动器。每个从片的中断请求信号输出线 INT,连接到主片的中断请求输入端 $IR_0 \sim IR_7$,主片的中断请求输出线 INT 连接到 CPU 的中断请求输入端 INTR。

图 7-13 给出了 8259A 级联的具体连接。图中未画出数据总线驱动器,在实际线路中要连接数据总线驱动器时,只要把主片的 $\overline{SP/EN}$ 端接数据总线驱动器的输出允许端 $\overline{OE}$,再把 8259A 的数据线 $D_0 \sim D_7$ 和驱动器的数据线 $D_0 \sim D_7$ 相连就可以了。从片的 $\overline{SP/EN}$ 接地。

主片和从片都必须通过设置初始化命令字 ICW 进行初始化,而且要通过操作命令字 OCW 来设置它们的工作方式。下面以 IBM PC/AT 微机的中断系统为例说明主片、从片的初始化编程。IBM PC/AT 机有两片 8259A,主片端口地址为 20H、22H,中断类型号为 08H~0FH,从片端口地址为 A0H、A2H,中断类型号为 70H~77H,主片的 IR_2 和从片级联。

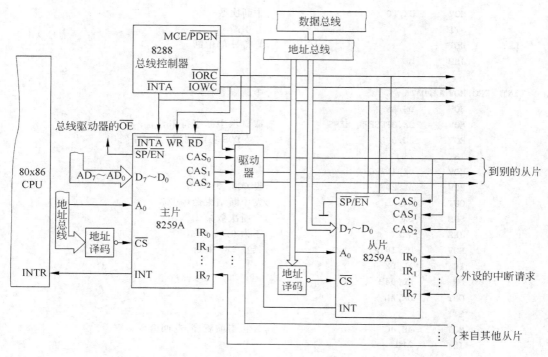

图 7-13　主从式中断系统

1）主片 8259A 的初始化

```
MOV  AL,11H          ;设置 ICW₁,级联方式,要 ICW₃、ICW₄
OUT  20H,AL
MOV  AL,08H          ;设置 ICW₂,中断类型码起始号为 08H
OUT  22H,AL
MOV  AL,04H          ;设置 ICW₃,从片连到主片的 IR₂ 上
OUT  22H,AL
MOV  AL,11H          ;设置 ICW₄,非缓冲,正常 EOI,特殊全嵌套方式
OUT  22H,AL
```

2）从片 8259A 的初始化

```
MOV  AL,11H          ;设置 ICW₁
OUT  0A0H,AL
MOV  AL,70H          ;设置 ICW₂,从片中断类型码起始号 70H
OUT  0A2H,AL
MOV  AL,02H          ;设置 ICW₃,从片识别码对应主片 IR₂
OUT  0A2H,AL
MOV  AL,01H          ;设置 ICW₄,非缓冲,正常 EOI,全嵌套方式
OUT  0A2H,AL
```

　　该主从式中断系统,当从片中任一输入端有中断请求,经内部优先权电路裁决后,产生从片的中断请求信号 INT。若主片的 IMR 对此从片 INT 连接的对应 IR 位不屏蔽,且经主片优先权电路裁决后,允许从片的请求 INT 通过,则从片的 INT 就通过主片的 INT 送给 CPU。当 CPU 响应中断后,在第一个中断响应总线周期,主片通过 3 条级联线 CAS₀~

CAS_2 输出被响应的从片标识码(此例从片连接在 IR_2,标识码为010),此标识码所确定的从片,在第二个中断响应总线周期输出被响应的中断类型号到数据总线。如果中断请求并非来自从片,则 $CAS_0 \sim CAS_2$ 线上没有信号,而在第二个 $\overline{INTA}$ 信号到来时,主片将中断类型号送上数据总线。

思考题与习题

7-1　什么是中断？简述一个中断的全过程。

7-2　8086/8088 的中断系统分为哪几类？各类中断的产生条件是什么？

7-3　8086/8088 的中断服务程序入口地址是如何得到的？

7-4　中断向量表的作用是什么？如何设置中断向量表？常用的方法有哪些？

7-5　中断服务程序的入口为什么通常要使用开中断指令？

7-6　在 8086 系统中,从中断申请到中断服务,哪些环境将由系统自动进行保护？哪些环境需由用户来进行保护？8086 的中断返回指令 IRET 和子程序返回指令 RET 的操作内容有何不同？

7-7　已知 SP=01000H,SS=3500H,CS=9000H,IP=0200H,(00020)=7FH,(00021H)=1AH,(00022H)=07H,(00023H)=6CH,在地址为 90200H 开始的连续两个单元中存放一条两字节指令 INT8。试指出在执行该指令并进入相应的中断程序时,SP、SS、IP、CS 及 SP 所指向的字单元的内容是什么？

7-8　简述 8259A 的主要功能。

7-9　8259A 中 IRR、IMR 和 ISR 3 个寄存器的作用是什么？

7-10　某时刻 8259A 的 IRR 内容是 08H,请具体说明。某时刻 8259A 的 ISR 内容是 08H,请具体说明。在两片 8259A 级联的中断电路中,主片的第 5 级 IR_5 作为从片的中断请求输入,则初始化主、从片时,ICW_3 的控制字分别是什么？

7-11　8259A 仅占用两个 I/O 地址,它是如何区别 4 条 ICW 命令和 3 条 OCW 命令的？在地址引脚 $A_0=1$ 时读出的是什么？

7-12　某一 8086 CPU 系统中,采用一片 8259A 进行中断管理。设定 8259A 工作在普通全嵌套方式,发送 EOI 命令结束中断,采用边沿触发方式请求中断,IR_0 对应的中断类型码为 90H。假设 8259A 在系统中的 I/O 地址是 FFDCH($A_0=0$)和 FFDDH($A_0=1$)。请编写 8259A 的初始化程序段。

7-13　8259A 的中断请求有哪两种触发方式？它们分别对请求信号有什么要求？XT 机中采用哪种方式？

第 **8** 章

输入／输出接口

外部设备是构成微型计算机系统的重要组成部分。程序、数据和各种外部信息通过外部设备输入(Input)给微型计算机。微型计算机把各种信息和处理的结果通过一定的物理载体反映出来,即通过外部设备进行输出(Output)。微型计算机和外部设备的数据传输,在硬件线路与软件实现上都有其特定的要求和方法。

计算机系统为了便于实现 CPU 处理和控制各种复杂外设的 I/O 信息,一般是通过挂接在总线上的各种接口电路与外部设备相连的。所以,一个微机系统,除了微处理器、存储器以外,还必须有接口(Interface)电路。

本章重点讨论连接微机系统总线和外部设备的硬件电路——I/O 接口的一般结构和组成以及 CPU 与外部设备之间数据传输的控制方式。

8.1 概述

输入(Input)和输出(Output)设备(称为 I/O 设备或外设)是计算机系统的重要组成部分,计算机通过它们与外界进行数据交换。如程序、原始数据及各种现场采集到的信息,都必须通过输入装置输入到计算机;而计算机也须把计算的结果或各种控制信号送到各个输出装置,以便显示、打印和实现各种控制动作。外部设备种类繁多,功能各异,有的作为输入设备,有的作为输出设备,也有些外设既作为输入设备又作为输出设备,还有一些外设作为检测设备或控制设备。每类外设又包括多种工作原理不同的具体设备。常见的 I/O 设备有键盘、鼠标、扫描仪、话筒、CRT 显示器、打印机、绘图仪、调制解调器、软/硬盘驱动器、光盘驱动器、模/数转换器和数/模转换器等。

8.1.1 I/O 信息

CPU 要能对 I/O 设备进行编程应用,就需要与 I/O 设备之间进行必要的信息传输。CPU 与 I/O 设备之间传输的信息可分为数据信息、状态信息、控制信息三类。

1. 数据信息

CPU 与外设交换的基本信息就是数据信息,它可分为数字量、模拟量和开关量 3 种形式。

(1) 数字量。数字量是按一定的编码标准(如以二进制格式或 ASCII 码标准),由若干位组合表示的数或字符,如键盘、CRT、打印机等 I/O 设备与 CPU 交换的信息就属于数字量。

(2) 模拟量。在计算机控制系统中,大量的现场信息经过传感器把非电量(如温度、压力、流量、位移等)转换成电量,并经放大处理得到模拟量的电压或电流。这些模拟量必须先经过 A/D 转换器转换才能输入计算机;计算机控制数据的输出也须经过 D/A 转换器把数字量转换成模拟量才能去控制执行机构。

(3) 开关量。这是一些两个状态的量,如开关的断开与闭合、阀门的打开与关闭等。通常这些开关量要经过相应的电平转换才能与计算机连接。这些开关量只要一位二进制数即可表示,故对字长为 8 位(或 16 位)的计算机,一次可输入或输出 8 位(或 16 位)开关量。

数据的传送可采用并行传送(n 位同时传送)和串行传送(一位一位地传送)两种形式,本章只讨论并行传送。

2. 状态信息

状态信息是指在 CPU 与外设之间交换数据时的联络信息。CPU 通过对外设状态信息的读取,可得知其工作状态。如了解输入设备的数据是否准备好,输出设备是否空闲,若输入设备数据未准备好则 CPU 暂缓取数,若输出设备正在输出信息则 CPU 暂缓送数。因此,了解状态信息是 CPU 与 I/O 设备正确进行数据交换的重要条件。

3. 控制信息

控制信息是指 CPU 发给外设的命令信息,如设置 I/O 设备工作模式的信息。CPU 通过发送控制信息控制外设的工作。

8.1.2 I/O 接口要解决的问题

外部设备的种类繁多,有机械式、电动式、电子式和其他形式。它们涉及的信息类型也不相同,可以是数字量、模拟量或开关量。因此 CPU 与外设之间交换信息时需要解决以下问题:

1. 速度匹配问题

CPU 的速度很高,而外设的速度有高有低,而且不同的外设速度差异甚大。

2. 信号电平和驱动能力问题

CPU 的信号都是 TTL 电平(一般在 0～5V 之间),而且提供的功率很小,而外设需要的电平要比这个范围宽得多,需要的驱动功率也较大。

3. 信号形式匹配问题

CPU 只能处理数字信号,而外设的信号形式多种多样,有数字量、开关量、模拟量(电流、电压、频率、相位),甚至还有非电量,如压力、流量、温度、速度等。

4．信息格式问题

CPU 在系统总线传送的是 8 位、16 位或 32 位并行二进制数据，而外设使用的信号形式信息格式各不相同。有些外设是数字量或开关量，而有些外设使用的是模拟量；有些外设采用电流量，而有些是电压量；有些外设采用并行数据，而有些则是串行数据。

5．时序匹配问题

CPU 的各种操作都是在统一的时钟信号作用下完成的，各种操作都有自己的总线周期，而各种外设也有自己的定时与控制逻辑，大都与 CPU 时序不一致。因此，各种各样的外设不能直接与 CPU 的系统总线相连。

在计算机中，上述问题是通过在 CPU 与外设之间设置相应的 I/O 接口电路来予以解决的。

8.1.3　I/O 接口的功能

接口电路应具有的功能如下：

1．I/O 地址译码与设备选择

所有外设都通过 I/O 接口挂接在系统总线上，在同一时刻，总线只允许一个外设与 CPU 进行数据传送。因此，只有通过地址译码选中的 I/O 接口允许与总线相通，而未被选中的 I/O 接口呈现为高阻状态，与总线隔离。

2．信息的输入输出

通过 I/O 接口，CPU 可以从外部设备输入各种信息，也可将处理结果输出到外设；CPU 可以控制 I/O 接口的工作（向 I/O 接口写入命令），还可以随时监测与管理 I/O 接口和外设的工作状态。必要时，I/O 口还可以通过接口向 CPU 发出中断请求。

3．命令、数据和状态的缓冲、隔离和锁存

因为 CPU 与外设之间的时序和速度差异很大，为了能够确保计算机和外设之间可靠地进行信息传送，要求接口电路应具有信息缓冲能力。接口不仅应缓存 CPU 送给外设的信息，也要缓存外设送给 CPU 的信息，以实现 CPU 与外设之间信息交换的同步。

4．信息转换

I/O 接口还要实现信息格式变换、电平转换、码制转换、传送管理及联络控制等功能。

在计算机中，上述问题是通过在 CPU 与外设之间设置相应的 I/O 接口电路予以解决的。

每个接口通常包含若干输入/输出端口（I/O Port）的寄存器，CPU 通过这些端口与该接口所连接的外设进行信息交换。其典型结构如图 8-1 所示。

需要强调的是，状态信息和控制信息通常也是通过数据总线传送的。由于它们的性质不同于数据信息，故在传送时赋予不同的端口。因此，一个外设往往占用几个如数据端口、

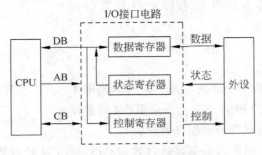

图 8-1　I/O 接口的典型结构

状态端口及控制端口等。这样一来，CPU 对外设的控制或 CPU 与外设间的信息交换，实际上就转换成 CPU 通过 I/O 指令读/写端口的数据而已。只是对不同的端口，读/写的数据性质不同罢了。在状态端口，读入的数据表示外设的状态信息；在控制端口，写出的数据表示 CPU 对外设的控制信息；只有在数据端口才能真正地进行数据信息的交换。CPU 与不同外设交换信息时使用端口的情况不一定相同，可以使用多个数据端口、控制端口或状态端口，也可以在外设的状态信息和控制信息位数较少时，将不同外设的状态或控制信息归并到一起，而共同使用一个端口。

8.1.4　I/O 端口的编址方法

由于 CPU 与外设间的信息交换是通过接口中的 I/O 端口来完成的，因此 CPU 必须对 I/O 端口进行寻址。CPU 寻址外设端口有两种方式。

1. I/O 端口独立编址

I/O 端口独立编址时，存储器地址空间和 I/O 端口地址空间为两个不同的独立地址空间，如 80x86 系统就是采用的独立编址方式。这种编址方式需要专门的 I/O 指令，在 CPU 的控制信号中，需专门的控制信号来确定是选择存储器空间还是选择 I/O 空间。如 80x86 CPU 的 $M/\overline{IO}$(8088)、$M/\overline{IO}$(8086、80286、80386 等)控制线。

这种方法的优点是：由于使用了专门的 I/O 指令，容易分清指令是访问存储器还是访问外设，所以程序易读性较好；又因为 I/O 口的地址空间独立且一般小于存储空间，所以其控制译码电路相对简单。其缺点是：访问端口的手段没有访问存储器的手段多。

2. I/O 端口与存储器统一编址

I/O 端口与存储器统一编址时，是把存储器单元地址和外设端口地址进行统一编址，优点是无需专用 I/O 指令，端口寻址手段丰富，相互之间依靠地址的不同加以区分，但由于外设端口占用了一部分地址空间，使得存储器能够使用的地址空间减小，且在程序中不易分清哪些指令是访问存储器、哪些指令是访问外设，所以程序的易读性受到影响。

8.1.5　简单的 I/O 接口

不同的 I/O 设备，所需采用的 I/O 接口电路复杂程度可能相差甚远，但分解到最基本

的功能,接口中应用最多的是三态缓冲器和数据锁
存器。

1. 三态缓冲器

图 8-2　三态门电路

三态是指电路输出端具有 3 种稳态,即 1 态(高电平
状态)、0 态(低电平状态)和第三态——高阻态(或称浮
空态)。三态门电路的逻辑符号如图 8-2 所示。

在微机系统中,每个输入设备都需通过数据总线向 CPU 传送数据,若不经过三态环节
进行缓冲隔离而直接和数据总线相连,就会造成总线上数据的混乱。因而必须经过缓冲隔
离,当 CPU 选通时,才允许某个选定的输入设备将数据送到系统总线,其他的输入设备此
时与数据总线隔离。

74LS244 是一种常用的三态缓冲器,其引脚及内部结构如图 8-3 所示。从图 8-3 中不
难看出该芯片由 8 个三态门构成。74LS244 有两个控制端 $1\overline{G}$ 和 $2\overline{G}$。每个控制端各控制 4
个三态门。当某一控制端有效(低电子)时,相应的 4 个三态门导通;否则,相应的三态门呈
现高阻状态(断开)。实际使用中,通常是将两个控制端并联,这样就可用一个控制信号来使
8 个三态门同时导通或同时断开。

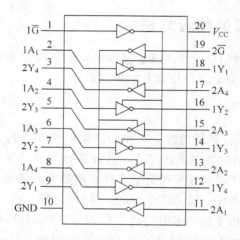

图 8-3　74LS244 引脚及内部结构

74LS244 的逻辑真值表如表 8-1 所示。

表 8-1　74LS244 真值表

使能 $\overline{G}$	操　作
L	A~Y
H	隔开

由于三态门具有"通断"控制能力的这个特点,所以可利用它构成简单的输入接口,如
图 8-4 所示。8 只开关 $K_1 \sim K_8$ 接三态缓冲器 74LS244 的输入,而其输出接到系统的数据总

线。当对此端口进行输入操作时，地址译码和 IOR 同时有效，于是，1$\overline{G}$、2$\overline{G}$ 有效，8 只开关的开合状态所表示的二进制数就被输入到计算机中。

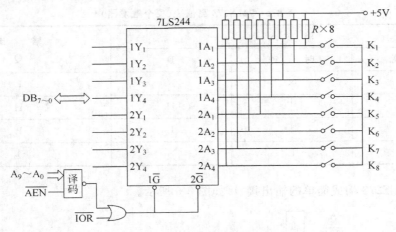

图 8-4　三态缓冲器构成输入接口

此接口电路只有数据端口，在进行输入操作时，若开关的状态正发生变化，则输入的数据不可靠。

2. 数据锁存器

数据总线是 CPU 和外部交换数据的公用通道，当 CPU 把数据送给输出设备时，只有执行总线周期的部分阶段总线会送出有效数据，因而必须利用数据锁存器及时把数据锁存起来，以便较慢的外设有足够的时间进行处理，使得 CPU 和总线能够脱身去做其他的工作。

74LS373 和 Intel 8282 都是常用的 8 位数据锁存器。常用锁存器还有 74LS273，其引脚及内部结构如图 8-5 所示，它内部包含 8 个 D 触发器。74LS273 共有 8 个数据输入端（1D～8D）和 8 个数据输出端 1Q～8Q。清除端，低电平有效。时钟为脉冲输入端，在每个脉冲的上升沿将输入端 D 的状态锁存在 Q 输出端，并将此状态保持到下一个时钟脉冲的上

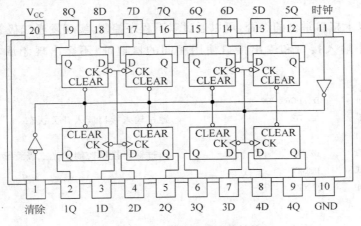

图 8-5　74LS273 引脚及其结构

升沿。74LS273常用来作为并行输出接口。

74LS273的逻辑真值表如表8-2所示。

表8-2　74LS273真值表(每个触发器)

| 输　入 | | | 输　出 |
清　除	时　钟	D	Q
L	×	×	L
H			H	H
H			L	L
H	L	×	Q_0

利用74LS273构成简单的输出接口,如图8-6所示。

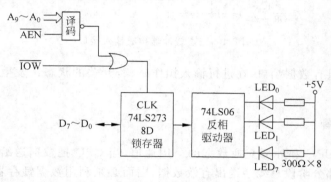

图8-6　数据锁存器构成输出接口

当微机对此端口进行输出操作时,地址译码和$\overline{IOW}$同时有效。在$\overline{IOW}$的后沿,将数据总线上的数据锁存到74LS273的输出端,再通过驱动电路控制发光二极管。此处取$\overline{IOW}$的上升沿锁存是为了等待数据总线稳定。

3. 简单接口举例

图8-7是以上接口举例的综合,可以通过以下程序控制,实现发光二极管显示开关的开合状况。该例中输入接口和输出接口使用相同的口地址,不会出现矛盾,读者可以自行分析。

```
NEXT:   MOV     DX,PORT_IN
        IN      AL,DX           ;通过输入接口读入开关状态
        NOT     AL
        OUT     DX,AL           ;通过输出接口控制发光二极管显示
        CALL    DELAY
        JMP     NEXT
```

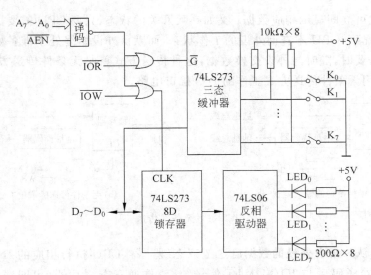

图 8-7　简单输入和输出接口举例

8.2　输入和输出的传送方式

在微机控制外设工作期间,最基本的操作是数据传输。但是各种外设的工作速度相差很大。有些外设工作速度相当高,如磁盘机的传输速度达到 $0.2 \sim 6\mathrm{Mb/s}$。而有些外设却由于机械和其他因素所致速度相当低,如键盘是人工输入数据的,通常速度为几十毫秒输入 1B。这样,CPU 与外设之间如何控制或者确保数据传输过程的高效进行,是个很重要的问题。通常微机系统与外设之间数据传输的控制方式有 3 种:

(1) 程序控制的输入和输出。

(2) 中断控制的输入和输出。

(3) 直接存储器存取(DMA)。

以上 3 种数据传送方式各有优、缺点。在实际使用时,可根据具体情况,选择既能满足要求,又尽可能简单的传送方式。读者通过以下的分析就能体会到这些。

8.2.1　程序控制的输入和输出

程序控制的输入和输出方式是指在程序中安排相应的 I/O 指令来控制输入和输出,完成和外设之间信息交换的传送方式。在这种方式中何时进行数据的传送是预先知道的,所以可以根据需要把有关的 I/O 指令插入到程序中相应位置。

根据外设的不同性质,这种传送方式又可分为无条件传送及查询传送两种。

1. 无条件传送

这种数据传送方式主要用于外部控制过程的各种动作时间是固定的而且是已知的情况,针对的是一些简单的、随时"准备好"的外设。比如数码管,只要 CPU 将数据的显示代码传送给它,就可立即显示相应数据;又如乒乓开关的状态,只要 CPU 需要,可随时读取其状态。这些情况下,CPU 不查询外设的工作状态,而默认外设始终处于准备好或空闲状态。在 CPU 认为需要时,随时与外设交换数据,这种传送方式就是无条件传送方式。图 8-8 所示电路就是采用无条件传送方式工作的 I/O 接口电路。

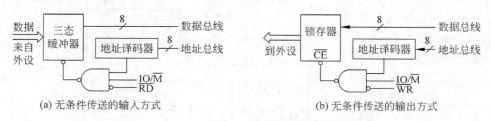

(a) 无条件传送的输入方式　　　　　　　　(b) 无条件传送的输出方式

图 8-8　无条件传送

在输入时,认为来自外设的数据已送至三态缓冲器,CPU 执行相应的 IN 指令,地址信号经地址译码器译码后与 IO/$\overline{\text{M}}$ 及 $\overline{\text{RD}}$ 信号结合,选通三态缓冲器(也即选中数据输入端口),从而使外设的数据经数据总线送往 CPU。显然,这样做的条件是 CPU 在执行 IN 指令时,外设的数据是准备好的;否则读取的数据没有意义。

同理,在输出时,认为锁存器是空的(也即前面的数据外设已处理完毕,可以接收新数据),CPU 执行 OUT 指令,地址信号经地址译码器译码后与 IO/$\overline{\text{M}}$ 及 $\overline{\text{WR}}$ 信号结合,选通数据锁存器(也即选中输出端口),使数据经数据总线送往锁存器,再由它送至外设。同样,这样做的条件是 CPU 在执行 OUT 指令时,前面的数据已由外设处理完毕;否则会影响前面数据的处理。

可见,由此种方式传送数据要求 CPU 与外设同步进行工作,一般只用于简单开关量的输入/输出。控制中,稍复杂一点的外设都不采用这种方式。

2. 查询传送

查询传输方式是为了保证 CPU 与外设能正确、及时传输数据的一种方式,即在外设的状态条件许可的前提下,CPU 与外设进行数据传输。使用条件传输方式时,CPU 通过执行程序不断读取并测试外设的状态,如果外设处于“准备好”状态(输入设备)或者“空闲”状态(输出设备),则 CPU 执行输入指令或输出指令与外设交换信息。为此,接口电路中除了有数据端口外,还必须有状态端口。对于条件传输来说,一个条件传输数据的过程一般由 3 个环节组成:

(1) CPU 从接口中读取状态字。

(2) CPU 检测状态字的相应位是否满足“就绪”条件,如果不满足则转①,再读取状态。

(3) 如状态位表明外设已处于“就绪”状态,则传输数据。

在查询方式中,CPU 首先对外设的状态进行查询,只有在外设处于就绪状态时,才与外设进行数据交换;否则,一直处于查询等待状态。外设处于就绪状态,对输入场合是指外设已准备好送往 CPU 的数据;对输出场合是指外设已做好接收新数据的准备。因而在查询方式中,CPU 除了须通过数据端口与外设交换数据外,还需要通过状态端口读取状态信息,从而了解外设的工作状态。通常,这两个 I/O 端口分别有自己的端口地址。

1)　查询式输入

图 8-9 是一种采用查询式输入的接口电路,其中有一个数据输入端口用以读取外设的数据信息,还有一个状态输入端口用以读取外设的状态信息。假设数据端口的口地址用符号 DATAS 表示,状态端口的口地址用符号 STATUS 表示。

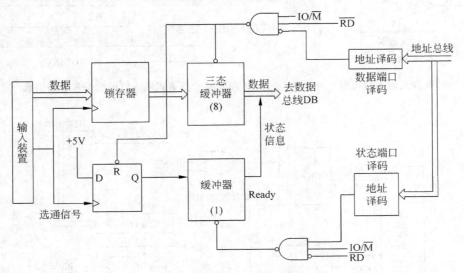

图 8-9　一种查询式输入接口电路

在工作时,当输入装置将数据准备好后,发出一个选通信号,此信号一边将数据送入数据锁存器,一边使 D 触发器置"1",发出"准备好(READY)"的状态信号。当 CPU 读取数据时,首先查询状态端口的 READY 信号(执行指令 IN AL,STATUS),当 READY 有效时(假设"1"为有效),才通过数据端口读取数据(执行指令 IN AL,DATA)。同时,清状态端口信息为"0",表示前面的数据已被取走,已无准备好的数据可取。

采用查询式输入,其工作流程如图 8-10 所示。

结合图 8-10 具体输入接口电路,编写查询式输入程序如下:

```
IN_TEST:  IN    AL,STATUS      ;读入状态信息
          TEST  AL,80H         ;检查 READY 是否为 1
          JZ    IN_TEST        ;条件不满足,继续查询
          IN    AL,DATAS       ;条件满足,读入数据
```

通常,外设的数据可能是 8 位、12 位或 16 位,而状态信息相对较少(如 1 位或 2 位),如图 8-11 所示。故 CPU 与某一外设交换数据时一般须占用数据端口 1~2 个,而不同外设的状态信息可以合用同一个状态端口(分别使用状态端口的不同位来反映各自的状态信息)。

2)　查询式输出

同理,采用查询式输出时也是首先查询状态端口(执行指令 IN AL,STATUS),了解外设的工作状态,在其为"空闲"时则通过数据端口输出数据(执行指令 OUT DATAS, AL),否则就继续查询。图 8-12 是一种采用查询式输出的接口电路,其中有一个数据输出端口,一个状态输入端口。

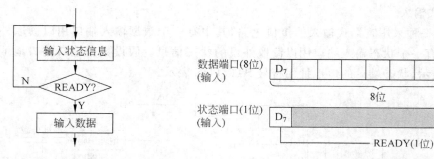

图 8-10　查询式输入流程图　　　　图 8-11　查询式输入时的数据和状态信息

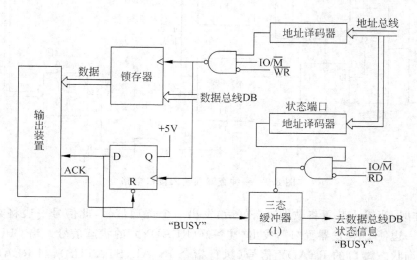

图 8-12　查询式输出接口电路

　　在工作时,CPU 首先通过状态端口查询 BUSY 是否为"0"(假设"0"表示空闲),空闲则 CPU 通过数据端口输出数据,否则就一直查询 BUSY 的状态。CPU 查询 BUSY 为"0"后,即可发出数据至输出装置,同时置 D 触发器输出 BUSY 为"1"。在输出装置输出数据以前,BUSY 一直为"1",以阻止 CPU 发出新的数据;当输出装置输出数据后,发出一个 $\overline{ACK}$ 信号,使 D 触发器置"0",表示再次进入空闲状态。

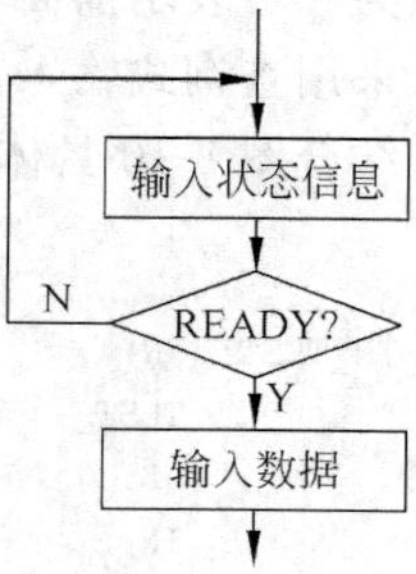

　　采用查询式输出,一般工作流程如图 8-13 所示。

　　结合图 8-13 具体输入接口电路,编写查询式输出程序如下:

图 8-13　查询式程序流程图

```
          MOV    BX,OFFSET STORE
OUT-TEST: IN     AL,STATUS        ;读入状态信息
          AND    AL,80H           ;检查 BUSY 位
          JNZ    OUT-TEST         ;BUSY 则等待
          MOV    AL,[BX]          ;空闲,则从缓冲区 STORE 中取数据
          OUT    DATAS,AL         ;输出数据
          INC    BX
```

由上述可知,利用查询方式进行数据的输入输出时,在整个查询过程中 CPU 都不能再做别的事,这就大大降低了 CPU 的效率。而且,在实时控制系统中,若采用查询方式工作,有时会由于一个外设的 I/O 未处理完毕,就不能处理下一个外设,从而可能延误和其他外设的数据传送,影响系统数据处理的实时性,甚至还会由于某外设出现故障而一直无法就绪,从而导致查询无限循环(为避免陷入这种循环,实际程序中常加入超时判断等措施)。因此,查询式传送只适用于 CPU 负担不重、要求服务的外设对象不多且任务相对简单的场合。

为了提高 CPU 的效率以及使系统具有更好的实时性能,通常采用中断传送方式。

8.2.2 中断控制的输入和输出

中断指 CPU 运行程序期间,遇到某些特殊情况(被内部或外部事件所打断),暂时中止原先程序的执行,而转去执行一段特定的处理程序,这一过程就叫做中断(Interrupt)。这段特定的处理程序也叫中断服务程序。

为了使 CPU 能有效地管理多个外设,提高 CPU 的工作效率,并使系统具有实时性,可以赋予系统中的外设某种主动申请、配合 CPU 工作的"权利"。赋予外设这样一种"主动权"之后,CPU 可以不必反复查询该设备状态,而是正常地处理系统任务,仅当外设有"请求"时才去"服务"一下。CPU 与外设处于这种"并行工作"状态,提高了 CPU 的工作效率。这就是中断方式的数据传输。

在中断传输方式下,当输入设备将数据准备好或者输出设备可以接收数据时,便可以向 CPU 发出中断请求,使 CPU 暂时停止执行当前程序,而去执行一个数据输入/输出的中断服务子程序,与外设进行数据传输操作,中断服务子程序执行完后,CPU 又转回继续执行原来的程序。中断方式的数据传输仍在程序的控制下执行,所以也称为程序中断方式,适应于中、慢速外部设备的数据传输。

中断控制的输入输出方式,也称中断传送方式,是指在外设就绪时,主动向 CPU 发出中断请求,从而使 CPU 去执行相应的中断服务程序,完成和外设间的数据传送。

图 8-14 是采用中断方式输入数据的一种接口电路。

当输入装置输入一个数据时,就发出选通信号,该信号一边把数据存入数据锁存器,一边又使 D 触发器置"1",发出中断请求。若中断是开放的,则 CPU 接收了中断请求信号后,就在现行指令执行完后,暂停正在执行的程序,发出中断响应信号 $\overline{INTA}$,由外设将一个中断类型码放到数据总线上,CPU 依据该中断类型码转入中断服务程序,通过数据端口读取数据,同时清除中断请求标志。当中断处理完毕后,CPU 返回被中断的程序继续执行。

和查询方式数据传送相比,中断传送方式提高了 CPU 的工作效率,系统具有更好的实时性。

但由于中断请求出现的时刻具有随机性,因而何时执行中断服务程序事先无法预知,相比之下,采用中断方式传送数据时程序设计应更为完善、周密;否则程序执行出现问题时会觉得难以捉摸,这一点应引起初学者的足够重视。

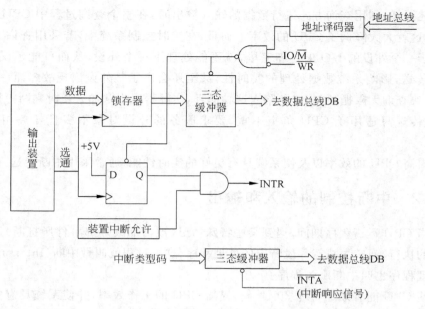

图 8-14　中断传送方式的接口电路

8.2.3　直接存储器存取(DMA)方式

对程序控制的数据输入输出方式,当主机与外设交换一批数据时,每交换一个数据都要经过 CPU 转一下。例如,主机读入外设数据时,先将外设数据读入 CPU 中的寄存器,然后再将 CPU 中寄存器的数据存到存储器中,接着还需修改存储器的地址以便读入下一个数据时存放。对于查询方式则还要不停地查询外设的状态 READY,看外设是否准备好数据,如未准备好数据还要等待。对程序控制的输入输出方式,主机与外设交换数据的速度较慢。

对程序中断的输入输出方式,当需要主机与外设交换数据时,外设通过可屏蔽中断请求引脚 INTR 向 CPU 发出触发信号,CPU 在执行中断处理子程序时,因中断处理子程序中要用到某些寄存器,因此就需要改变这些寄存器的值,这样可能会影响正常程序的执行,所以在执行 CPU 与外设交换数据的子程序时,要先将这些寄存器的内容存入堆栈,然后再进行数据的输入或输出,等数据输入或输出完成后,再将存入堆栈的寄存器内容恢复。每进行一次数据的输入或输出都要保护和恢复用到的寄存器的内容,大大降低了数据传输的效率。

直接存储器存取方式(Direct Memory Access,DMA)适用于存储器与高速外设间的批量数据传送,如磁盘与内存之间的信息交换。在外设与内存之间直接进行数据交换(DMA),而不通过 CPU 执行指令进行,这样数据传送的速度上限就取决于存储器的工作速度。对 PC/XT 来说,完成一次高速传送只需 $1.05/\mu s$(5 个 T)。

通常系统的数据和地址总线以及一些控制信号线(如 IO/$\overline{\text{M}}$、$\overline{\text{RD}}$、$\overline{\text{WR}}$ 等)是由 CPU 管理的,在 DMA 方式下,就要求 CPU 让出这些总线,也即要求 CPU 将与这些总线相连的引脚输出为高阻状态,而由 DMA 控制器(DMAC)接管这些总线。DMA 控制器是控制存储器和外设之间直接高速传送数据的硬件,通常应具有以下功能:

• 能接收外设的请求,向 CPU 发出 DMA 请求信号。

- 当 CPU 发出 DMA 响应信号后,接管总线,进入 DMA 方式。
- 能输出地址信息和修改地址。
- 能向存储器和外设发出相应的读/写控制信号。
- 能控制传送的字节数,判断 DMA 传送是否结束。
- 在 DMA 传送结束后,能结束 DMA 请求信号,释放总线,使 CPU 恢复正常工作。

通常 DMA 的工作流程如图 8-15 所示。

图 8-16 所示为某输入设备使用 DMA 方式,向存储器输入数据的接口电路示意图。

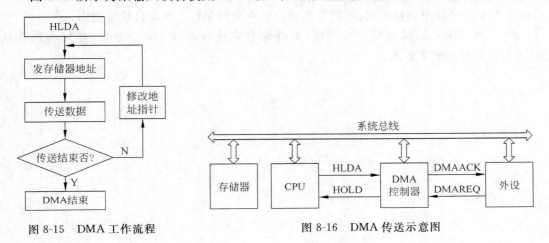

图 8-15　DMA 工作流程　　　　　　　图 8-16　DMA 传送示意图

其工作过程如下:

CPU 首先把 DMAC 的工作方式、要写入的存储单元的首地址以及传送字节数等写到 DMAC 的内部寄存器中。

一旦输入设备有传送要求,它将向 DMAC 发"DMA 请求"DMAREQ(该信号应维持到 DMAC 响应为止)。DMAC 收到请求后,向 CPU 发"总线请求"信号 HOLD,表示希望占用总线(该信号应在整个传送过程中维持有效)。CPU 在当前总线周期结束时响应请求,向 DMAC 回"总线响应"信号 HLDA,表示它已放弃总线。此时,DMAC 再向输入设备回"DMA 响应"信号 DMAACK,该信号将清除 DMA 请求触发器,意味着传送开始。

传送开始,DMAC 向输入设备送读控制信号($\overline{\text{IOR}}$),同时向存储器送存储单元地址和写控制信号($\overline{\text{MEMW}}$),于是完成一个字节的传送。

DMAC 自动增减内部地址和计数,并据此判断任务是否完成,如果传送尚未完成,则重复上一步继续进行传送;如果传送完成,则将使发往 CPU 的"总线请求"信号 HOLD 无效,从而结束 DMA 传送,CPU 重新接管总线。

思考题与习题

8-1　I/O 接口的主要功能包括哪些? 在 8086/8088 系统中,I/O 端口的编址方式是怎样的? 访问端口时使用的专门指令是什么? 有几种寻址方式? 具体形式是什么?

8-2　一般的 I/O 接口电路安排有哪三类寄存器? 它们各自的作用是什么?

8-3　基本的输入/输出方式有哪几种？各有什么特点？

8-4　参看图 8-7，若采用无条件传送方式，编程实现以下操作：若 K_0 键单独按下，发光二极管 $LED_0 \sim LED_7$ 将依次点亮，每个维持 200ms；若 K_1 键单独按下，发光二极管 $LED_0 \sim LED_7$ 将反向依次点亮，每个也维持 200ms；其他情况下 LED 不点亮（设延时 200ms 的子程序 DELAY 已知，可直接调用）。

8-5　已知 CPU 与打印机的连接如图 8-12 所示，打印机收到一个数据时，BUSY 信号变高，打印完以后，BUSY 自动变低。试编写一段程序，用查询方式将内存中从 STRING 开始的一个字符串输出到打印机，字符串的结束标志为回车符。回车符也要输出。

8-6　参看图 8-9，试编写一段程序，用查询方式从外设取 100 个数据，顺序存放在从 DATABUF 开始的单元内。

第 9 章

定时计数技术

可编程定时器/计数器 8253 为微机常用外围芯片,本章将详细介绍 8253 的内部结构、工作方式及编程设置,并举例介绍其应用。

9.1 概述

定时器在微型计算机中是必不可少的器件之一,没有定时器计算机中就不会有连续记录的时间和日期。另外,在计算机中使用的动态存储器也需要定时进行刷新;否则存储在动态存储器中的数据就会丢失。在工业自动控制系统、实时操作系统和多任务操作系统中,可以利用定时器产生的定时中断进行进程调度。

定时器和计数器都由数字电路中的计数电路构成,它们的工作原理一样,都是记录输入的脉冲个数。前者记录高精度晶振脉冲信号,因此可以输出准确的时间间隔,称为定时器。而当记录外设提供的具有一定随机性的脉冲信号时,它主要反映脉冲的个数(进而获知外设的某种状态),称为计数器。

微机控制系统中实现定时与计数的方法有 3 种。

1. 完全硬件定时

这种方法采用数字电路中的分频器将系统时钟进行适当的分频以产生需要的定时信号;也可以采用单稳态电路或简易定时电路(如常用的 555 定时器),由外接 RC 电路控制定时时间。这样的定时电路比较简单,利用分频不同或改变电阻、电容值,还可以使定时时间在一定范围内改变。但是,这种定时电路在硬件接好后,定时范围不易由程序来改变和控制,使用不甚方便。

2. 完全软件定时

利用 CPU 执行指令需要若干指令周期的原理,运用软件编程,然后循环执行一段程序而产生延时,再配合简单输出接口向外送出定时控制信号。这种方法的优点是不需要增加硬件,只需要编制相应的延时程序以备调用。缺点是执行延时程序会增加 CPU 的时间开销;并且,在定时精度不高时,在不同系统时钟频率下,同一延时程序的定时时间也会相去甚远,通用性较差。

3．可编程的定时器/计数器

可编程定时器/计数器是一个具有计数和定时功能的专用芯片。利用这种器件实现计数与定时，综合了完全硬件方式和完全软件方式的优点，克服了它们的缺点。可编程定时器/计数器的计数/定时功能是由程序灵活设置，并在设定之后与 CPU 并行工作，不占用 CPU 资源。应用可编程定时器/计数器，可以产生准确的计数或时间延时。

可编程定时器/计数器是根据需要的定时时间或计数数目，用软件对定时器/计数器设置计数常数，并在简单的控制下开始计数，当计数到确定值时，便产生一个确定的输出。在定时器/计数器开始工作以后，CPU 完全不必去管它。这种工作方法最突出的优点是计数时不占用 CPU 资源。如果利用定时器/计数器的定时输出产生中断信号，还可以建立多任务的工作环境，这大大提高了 CPU 的利用率。此外，加上定时器/计数器本身的软、硬件开销并不是很大。因此，这种计数/定时的方法在微机应用系统中被广泛应用。

9.2　可编程定时器/计数器 8253

可编程定时器/计数器 8253 是 Intel 公司生产的微机通用外围芯片之一，在它的内部设计有 3 个结构完全相同的 16 位的减计数器，因计算机中的数字往往都是从 0 开始，故 3 个计数器的称呼按编号分别称为 0 号、1 号和 2 号。每个计数器可独立工作，既可作二进制计数器用，也可作十进制计数器用。不论是作为二进制计数器用还是作为十进制计数器用，每个计数器又可有 6 种工作方式。无论是工作在 6 种工作方式中的哪一种，都需要在使用它之前，先向其写一个字节的控制字来设定。所以，8253 在使用前必须先向其写控制字。向其写控制字设定其工作方式就叫做可编程。读者今后看到的可编程器件也一定都有这样的特点，即它一定有多种工作方式供选择，需先向控制寄存器写控制字来决定其究竟工作在哪一种方式。

8253 计数脉冲的输入频率范围为 0～2MHz，为单一 5V 供电，NMOS 制造工艺。

9.2.1　内部结构

8253 的内部结构如图 9-1 所示，由数据总线缓冲器、读/写控制逻辑、控制寄存器和计数器等部分组成。

1．数据总线缓冲器

该缓冲器为 8 位双向三态的缓冲器，可直接挂在数据总线上。通过它，CPU 一方面可以向控制寄存器写入控制字，向计数器写入计数初值；另一方面也可由 CPU 通过该缓冲器读取计数器的当前计数值。

2．读/写控制逻辑

读/写逻辑的功能是接收来自 CPU 的控制信号，包括读信号$\overline{RD}$、写信号$\overline{WR}$、片选信号$\overline{CS}$和芯片内部寄存器寻址信号 $A_0 \sim A_1$，完成对 8253 各计数器的读/写操作。

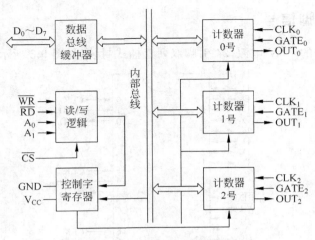

图 9-1　8253 的内部结构示意图

3. 控制字寄存器

控制字寄存器是一个 8 位的寄存器，它的内容只能写入不能读出。对 8253 的任何操作都要先向控制字寄存器写一个字节 8 位的控制字。控制字的内容包括 3 项：设置某个减法计数器作为二进制计数器用还是十进制计数器用；设定某个减计数器工作在 6 种工作方式中的哪一种；设定以下对 8253 某个减计数器的操作，即是给它送计数初值还是准备从其中读出当前的计数值。

4. 计数器

8253 有 3 个独立的计数器通道，每个通道的结构完全相同，如图 9-2 所示。每一个通道有一个 16 位减法计数器，还有对应的 16 位初值寄存器和输出锁存器。计数开始前写入的计数初值存于初值寄存器；计数过程中，减法计数器的值不断递减，而初值寄存器中的初值不变。输出锁存器则用于写入锁存命令时锁定当前计数值。

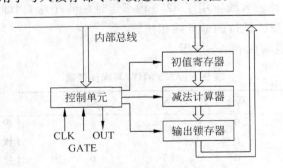

图 9-2　计数器内部逻辑框图

9.2.2　引脚信号

8253 使用单一的 +5V 电源,24 引脚双列直插式封装,如图 9-3 所示。

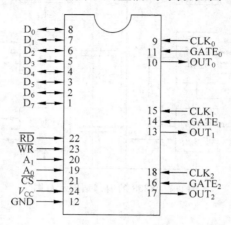

图 9-3　8253 的引脚排列

1. 与 CPU 的接口信号

(1) $D_0 \sim D_7$——三态双向数据线。与 CPU 数据总线相连,用于传送 CPU 与 8253 之间数据信息、控制信息和状态信息。

(2) $\overline{CS}$——片选信号,输入,低电平有效。表示 8253 被选中,允许 CPU 对其进行读/写操作。通常连接 I/O 端口地址译码电路输出端。

(3) $\overline{WR}$——写信号,输入,低电平有效。用于控制 CPU 对 8253 的写操作,可与 A_1、A_0 信号配合以决定是写入控制字还是计数初值。

(4) $\overline{RD}$——读信号,输入,低电平有效。用于控制 CPU 对 8253 的读操作,可与 A_1、A_0 信号配合读取某个计数器的当前计数值。

(5) A_1、A_0——地址输入线。用于 8253 内部寻址的 4 个端口,即 3 个计数器和一个控制字寄存器。一般与 CPU 低位的地址线相连。

8253 的读写操作逻辑如表 9-1 所示。

表 9-1　8253 的读/写操作逻辑

$\overline{CS}$	$\overline{RD}$	$\overline{WR}$	A_1	A_0	操 作 功 能
0	1	0	0	0	计数初值装入计数器 0
0	1	0	0	1	计数初值装入计数器 1
0	1	0	1	0	计数初值装入计数器 2
0	1	0	1	1	写控制字寄存器
0	0	1	0	0	读计数器 0
0	0	1	0	1	读计数器 1
0	0	1	1	0	读计数器 2

2. 与外部设备的接口信号

CLK_0(CLK_1、CLK_2)——时钟脉冲输入端,用于输入定时脉冲或计数脉冲信号。CLK可以是系统时钟脉冲,也可以由其他脉冲源提供。

$GATE_0$($GATE_1$、$GATE_2$)——门控输入端,用于外部控制计数器的启动计数和停止计数的操作。两个或两个以上计数器连用时,可以用此信号来同步,也可用于与外部某信号同步。

OUT_0(OUT_1、OUT_2)——计数输出端。在不同方式的计数过程中,OUT引脚上输出相应的信号。

9.2.3　8253计数器的计数启动方式和计数结束方式

8253的减计数器虽能减计数,但怎样才能使8253的减计数器开始减计数呢? 使8253的减计数器开始减计数的方式有两种:一种是当计数控制端GATE为1时,写入计数初值后,开始减计数,这种方式有的教材称为软件启动计数方式;另一种是写入计数初值后并不开始减计数,而是要由计数控制端GATE加一个从低电平到高电平变化的上跳沿后才开始减计数,这种方式有的教材称为硬件启动计数方式。

另外,当8253的减计数器减至0后,除了OUT端输出一个计数到0信号外,是否还自动进行新一轮计数呢? 即能否自动(不用重新写控制字及计数初值)将原计数初值从初值寄存器装入减计数单元中并开始新一轮计数呢? 如减计数单元减至0后不能自动将原计数初值寄存器中的初值装入减计数单元,不能重新开始新一轮计数,称之为一次性计数方式。如减计数单元减至0后,能自动将原初值寄存器中的初值自动装入减计数单元,并重新开始新一轮计数,称为自动重装方式。是否为一次性计数方式,对于6种工作方式有所不同。

9.2.4　工作方式

8253的每一个计数器都可以按照控制字的规定有6种不同的工作方式。下面结合时序波形图介绍各种方式的工作过程。

1. 方式0(计数结束中断方式)

方式0的工作时序如图9-4所示。

(1) 计数过程。

当写入方式0控制字后,OUT立即变为低电平,并且在计数过程中一直维持低电平。若GATE=1,写入初值后,CLK第1个下降沿到,计数值装入计数器,随后每一个CLK脉冲下降沿到,计数器减1。计数器减到零时,OUT输出变为高电平,并且一直保持到该通道重新装入计数值或重新设置工作方式为止。

(2) GATE信号的影响。

门控信号GATE可以用来控制计数过程,GATE为高电平,允许计数;GATE为低电平,暂停计数。当GATE重新为高电平时又恢复计数。

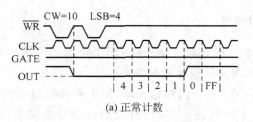

(a) 正常计数

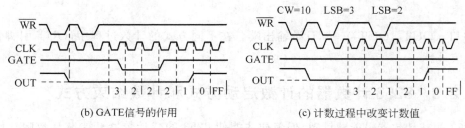

(b) GATE信号的作用 　　　　　　　(c) 计数过程中改变计数值

图 9-4　方式 0 波形

（3）新的初值对计数过程的影响。

方式 0 是写一次计数值，计一遍数，计数器不会自动重装初值重新开始计数。如果在计数过程中写入新的计数初值，则在写入新值后的下一个时钟下降沿计数器将按新的初值计数，即新的初值是立即有效的。

2. 方式 1（可编程单稳态触发器）

方式 1 的工作时序如图 9-5 所示。

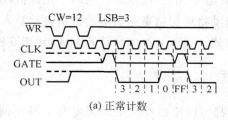

(a) 正常计数

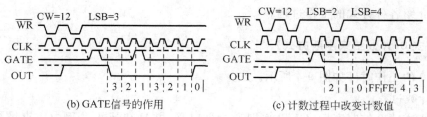

(b) GATE信号的作用 　　　　　　　(c) 计数过程中改变计数值

图 9-5　方式 1 波形

这种方式由外部门控信号 GATE 上升沿触发，产生一单拍负脉冲信号，脉冲宽度由计数初值决定。

（1）计数过程。

写入控制字后，OUT 输出为高电平。写入计数初值 N 后，计数器并不开始计数，而要等到 GATE 上升沿后的下一个 CLK 输入脉冲的下降沿，OUT 输出变低，计数才开始。计数结束时,OUT 输出变高,从而产生一个宽度为 N 个 CLK 周期的负脉冲。

(2) GATE 信号的影响。

方式 1 中,GATE 信号的作用可从两个方面进行说明。第一,在计数结束后,若再来一个 GATE 信号上升沿,则下一个时钟周期的下降沿又从初值开始计数,而不需要重新写入初值。即门控信号可重新触发计数。第二,在计数过程中,若来一个门控信号的上升沿,也在下一个时钟下降沿从初值起重新计数,即终止原来的计数过程,开始新一轮计数。

(3) 新的初值对计数过程的影响。

如果在计数过程中写入新的初值,不会立即影响计数过程。只有下一个门控信号到来后的第一个时钟下降沿,才终止原来的计数过程,按新值开始计数。若计数结束前没有触发信号,则原来计数过程正常结束,即新的初值下次有效。

3. 方式 2(频率发生器、分频器)

方式 2 的工作波形如图 9-6 所示。

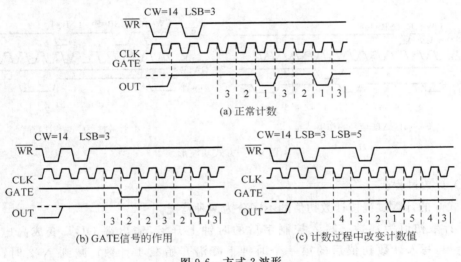

(a) 正常计数

(b) GATE信号的作用   (c) 计数过程中改变计数值

图 9-6 方式 2 波形

这种方式的功能如同一个 N 分频计数器,输出是输入时钟按照计数值 N 分频后的一个连续脉冲。

(1) 计数过程。

写入控制字后的时钟上升沿,输出端 OUT 变成高电平。若 GATE＝1,写入计数初值后的第一个时钟下降沿开始减 1 计数。减到 1 时,输出端 OUT 变为低电平,减到 0 时,输出端 OUT 又变成高电平,同时从初值开始新的计数过程。因此,方式 2 能自动重装初值,输出固定频率的脉冲,称为分频器。

(2) GATE 信号的影响。

方式 2 中,GATE 信号为低电平终止计数,而由低电平恢复为高电平后的第一个时钟下降沿重新从初值开始计数。由此可见,GATE 一直维持高电平时,计数器为一个 N 分频器。

（3）新的初值对计数过程的影响。

如果在计数过程中写入新的初值，且 GATE 信号一直维持高电平，则新的初值不会立即影响当前的计数过程，但在计数结束后的下一个计数周期将按新的初值计数，即新的初值下次有效。

4. 方式3（方波发生器）

方式 3 的工作波形如图 9-7 所示。

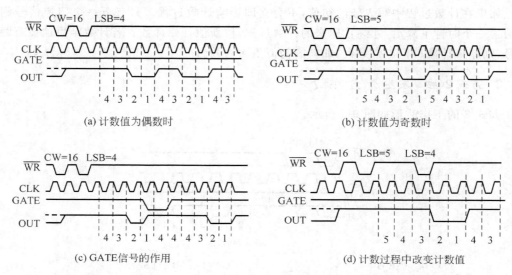

图 9-7　方式 3 波形

（1）计数过程。

方式 3 的计数过程按计数初值的不同分为两种情况。

① 计数初值为偶数。写入控制字后的时钟上升沿，输出端 OUT 变成高电平。若 GATE=1，写入计数初值后的第一个时钟下降沿开始减 1 计数。减到 $N/2$ 时，输出端 OUT 变为低电平；减到 0 时，输出端 OUT 又变成高电平，并重新从初值开始新的计数过程。可见，输出端 OUT 的波形是连续的方波，故称为方波发生器。

② 计数初值为奇数。写入控制字后的时钟上升沿，输出端 OUT 变成高电平。若 GATE=1，写入计数初值后的第一个时钟下降沿开始减 1 计数，减到 $(N+1)/2$ 以后，输出端 OUT 变为低电平；减到 0 时，输出端 OUT 又变成高电平，并重新从初值开始新的计数过程。这时输出的波形为连续的近似方波。

（2）GATE 信号的影响。

GATE=1，允许计数；GATE=0，禁止计数。如果在输出端 OUT 为低电平期间，GATE 变低，则 OUT 将立即变高，并停止计数。当 GATE 变高以后，计数器重新装入初值并重新开始计数。

（3）新的初值对计数过程的影响。

如果在计数过程中写入新的初值，而 GATE 信号一直维持高电平，则新的初值不会立即影响当前的计数过程,只有在计数结束后的下一个计数周期,才按新的初值计数。若写入新的初值后,遇到门控信号的上升沿,则终止现行计数过程,从下一个时钟下降沿开始按新的初值进行计数。

5. 方式4(软件触发选通方式)

方式4的工作波形如图9-8所示。

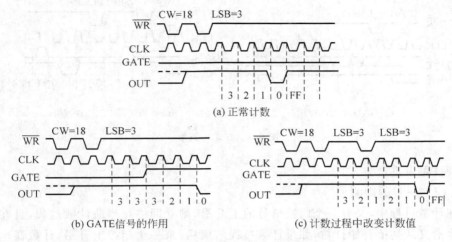

图9-8 方式4波形

(1) 计数过程。

写入方式控制字后,OUT 输出高电平。若 GATE=1,写入初值后的下一个 CLK 脉冲开始减1计数,计数到达0值(注意:不是减到1),OUT 输出为低电平,持续一个 CLK 脉冲周期后再恢复到高电平。

(2) 门控信号的影响。

GATE=1 时,允许计数;GATE 信号变低,禁止计数,输出维持当时电平。这种方式依赖于装入计数值触发工作,因此,称为软件触发选通方式。

(3) 新的初值对计数过程的影响。

在计数过程中改变计数值,则在写入新值后的下一个时钟下降沿计数器将按新的初值计数,即新值是立即有效的。

6. 方式5(硬件触发选通方式)

方式5的工作波形如图9-9所示。

(1) 计数过程。

写入控制字后,输出端 OUT 即为高电平。写入计数初值后,计数器并不立即开始计数,而是由门控脉冲的上升沿触发。计数结束(计数器减到0),输出一个持续时间为一个 T_{CLK} 的负脉冲,然后输出恢复为高电平。直到 GATE 信号再次触发。

输出负脉冲可以用作选通脉冲,它是通过硬件电路产生的门控信号上升沿触发得到的,

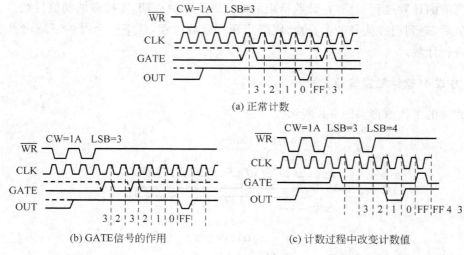

图 9-9　方式 5 波形

所以叫硬件触发选通方式。

（2）门控信号的影响。

若在计数过程中，又有一个门控信号的上升沿，则立即终止当前计数过程，且在下一个时钟下降沿又从初值开始计数，如果计数过程结束后，来一个门控上升沿，计数器也会在下一个时钟下降沿又从初值开始减 1 计数，即门控信号上升沿任何时候到来都会立即触发一个计数过程。

（3）新的初值对计数过程的影响。

如果在计数过程中写入新的初值，则新的初值不会立即影响当前的计数过程，只有到下一个门控信号上升沿到来后，才从新的初值开始减 1 计数。即新的计数初值在下一个门控信号上升沿触发后有效。

9.2.5　8253 的方式控制字

8253 的方式控制字有 4 个主要功能：

（1）选择计数器的计数方式。

（2）确定计数器的工作方式。

（3）确定计数器数据的读写格式。

（4）选择计数器。

方式控制字的格式如图 9-10 所示，其中，×表示无用位，通常设置为 0。

控制字的长度为 1B 内容，每位含义如下：

1. 数制选择（D_0）

D_0 位表示设置减计数器是否作为十进制计数器用，BCD 即十进制数的意思。若是作为十进制计数器用，则设置 $D_0=1$；若作为二进制计数器用，则设置 $D_0=0$。

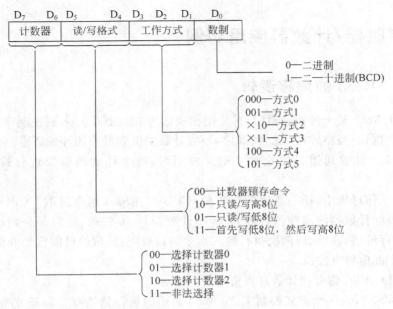

图 9-10　8253 控制字格式

在 BCD 时,写入初值范围为 0000~9999,其中 0000 代表最大值 10000。在二进制时,写入初值范围为 0000H~FFFFH,其中 0000H 是最大值,代表 65536。因为计数器是先减1,再判断是否为 0,所以写入 0 实际代表最大计数值。

2. 工作方式($D_3 D_2 D_1$)

$D_3 D_2 D_1$ 组合,用于设置某个减计数器工作于 6 种工作方式中的哪一种,$D_3 D_2 D_1$ 组合取值与计数器工作方式的关系如图 9-10 所示。

3. 读/写格式($D_5 D_4$)

CPU 向计数器写入初值和读取它们的当前状态时,有几种不同的格式。例如,写数据时,是写入 8 位数据还是 16 位数据。若是 8 位计数,可以令 $D_5 D_4 = 01$ 只写低 8 位,则高 8位自动置 0;若是 16 位计数,而低 8 位为 0,则可令 $D_5 D_4 = 10$,只写入高 8 位,低 8 位就自动为 0;令 $D_5 D_4 = 11$,则先写入低 8 位,后写入高 8 位;令 $D_5 D_4 = 00$,则把当前的计数值锁存,以后再读取。

4. 计数器选择($D_7 D_6$)

$D_7 D_6$ 组合决定这个控制字是哪一个通道的控制字。由于 3 个通道的工作是完全独立的,所以需要有 3 个控制字寄存器分别规定相应通道的工作方式。但它们的地址是同一个,即 $A_1 A_0 = 11$(控制字寄存器的地址)。所以,需要由这两位来决定是哪一个通道的控制字。

9.3　定时器/计数器应用实例

9.3.1　8253 的编程逻辑

当初始化 8253 某个计数通道时,首先把相应的方式控制字写入到控制字寄存器中,再根据控制字数据读/写格式($D_5 D_4$)的规定,写入计数初值到对应的计数通道。

8253 的 3 个计数通道是完全独立的。使用时,每个计数器都要进行这样的初始化操作。

在 8253 工作过程中,任一通道的计数值,CPU 可用输入指令读取。CPU 读到的是执行输入指令瞬间计数器的当前值。但 8253 的计数器是 16 位的,所以要分两次读至 CPU。因此,若不锁存的话,在前、后两次执行输入指令的过程中,计数值可能已经变化了。锁存当前计数值有下面两种方法:

（1）利用 GATE 信号使计数过程暂停。

（2）向 8253 写入一个方式控制字,令 8253 通道的锁存器锁存。8253 的每个通道都有一个 16 位锁存器,平时它的值随着通道计数器的值变化。当向通道写入锁存的控制字时,它把计数器的当前值锁存(计数器可继续计数),于是 CPU 读取的就是锁存器的值。当对计数器重新编程,或读取计数值后,自动解除锁存状态,它的值又随计数器变化。

可编程定时器/计数器 8253 可与各种微型计算机系统相连并构成完整的定时、计数或脉冲发生器。使用 8253 时,要先根据实际应用要求,设计一个包含 8253 的硬件逻辑电路或接口,再对 8253 进行初始化编程,只有初始化后 8253 才可以按要求正常工作。

9.3.2　8253 的实际应用

1. 8253 定时功能的应用

在计算机应用中,经常会遇到隔一定的时间重复某一个动作的应用。

例 9-1　设某应用系统中,系统提供一个频率为 10kHz 的时钟信号,要求每隔 10ms 完成一次扫描键盘的工作。为了提高 CPU 的工作效率,采用定时中断的方式进行键盘的扫描。

在系统中,采用 8253 定时器的通道 0 来实现这一要求。将 8253 芯片的 CLK_0 接到系统的 10kHz 时钟上,OUT_0 输出接到 CPU 的中断请求线上,8253 的端口地址为 10H～13H,如图 9-11 所示。

（1）选择工作方式。

由于系统每隔 10ms 完成一次动作,则扫描键盘的动作频率为 100Hz,可选用方式 2 来实现。当 8253 定时器工作在方式 2 时,在写入控制字与计数初值后,定时器就启动工作,每到 10ms 时间,即计数器减到 1 时,输出端 OUT_0 输出一个 CLK 周期的低电平,向 CPU 申请中断,完成键盘扫描,同时按原设定值重新开始计数,实现了计数值的自动重装。

（2）确定计数初值

已知 $f_{CLK_0} = 10\text{kHz}$,则 $T_{CLK_0} = 0.1\text{ms}$,所以,计数初值为

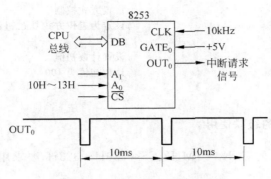

图 9-11　8253 用于定时中断

$$N = T_{\mathrm{OUT}_0} / T_{\mathrm{CLK}_0} = 10\mathrm{ms}/0.1\mathrm{ms} = 100$$

即 64H。

（3）初始化编程。

根据以上要求，可确定 8253 通道 0 的方式控制字为 00010100B，即 14H。

初始化程序段如下：

```
MOV   AL,14H          ;通道 0,写入初值低 8 位,高 8 位置 0,方式 2,二进制计数
OUT   13H,AL          ;写入方式到控制字寄存器
MOV   AL,64H
OUT   10H,AL          ;写入计数初值低 8 位到通道 0
```

2. 8253 计数功能的应用

例 9-2　通过 PC 系统总线在外部扩展一个 8253，利用其通道 0 记录外部事件的发生次数，每输入一个高脉冲表示事件发生一次。当事件发生 100 次后就向 CPU 提出中断请求（边沿触发），假设 8253 片选信号的 I/O 地址范围为 200H～203H，如图 9-12 所示，根据要求，可以选择方式 0 来实现，计数初值 $N=100$。8253 初始化程序段如下：

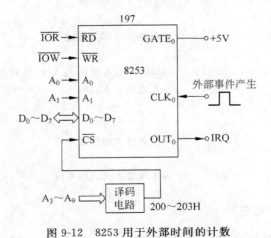

图 9-12　8253 用于外部时间的计数

```
        MOV   DX,203H                     ;设置方式控制字
        MOV   AL,10H                      ;设定为工作方式 0,二进制,只写入低字节计数值
        OUT   DX,AL
        MOV   DX,200H                     ;设置计数初值
        MOV   AL,64H                      ;计数初值为 100
        OUT   DX,AL
```

3. 8253 计数通道的级联使用

例 9-3 已知 8253 的 $CLK_1 = 1MHz$、$\overline{CS} = 320H \sim 323H$,要求用 8253 连续产生 10s 的定时信号。

8253 的一个通道的最大计数范围为 65 536,而初值 $N = 10^{-7}$,超过了 8253 一个通道的最大计数值,因此可以使用两个 8253 通道级联。级联线路如图 9-13 所示,若级联后两个通道的初值为 N_1 和 N_2,则 $N = N_1 \times N_2$。

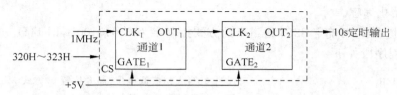

图 9-13   8253 通道的级联

设计数器初值 $N_1 = 500$,$N_2 = 20000$,使用方式 2,二进制计数,则通道 1、2 的初始化程序如下:

```
        MOV   DX,323H
        MOV   AL,74H           ;01110100B,通道 1,写入 16 位初值,方式 2,二进制计数
        OUT   DX,AL            ;写入通道 1 方式字
        MOV   DX,321H
        MOV   AX,500
        OUT   DX,AL            ;初值低 8 位写入通道 1
        MOV   AL,AH
        OUT   DX,AL            ;初值高 8 位写入通道 1
        MOV   DX,323H
        MOV   AL,0B4H          ;10110100B,通道 2,写入 16 位初值,方式 2,二进制计数
        OUT   DX,AL            ;写入通道 2 方式字
        MOV   DX,322H
        MOV   AX,20000
        OUT   DX,AL            ;写入通道 2 初值低 8 位
        MOV   AL,AH
        OUT   DX,AL            ;写入通道 2 初值高 8 位
```

4. 8253 在 PC 机中的应用

IBM PC/XT 机中使用了一个 8253,系统中 8253 的端口地址为 40H~43H,3 个通道的时钟输入频率为 1.19318MHz(系统时钟 PCLK 的二分频)。3 个计数通道分别用于日时钟

计时、DRAM 刷新定时和扬声器的音调控制。8253 在 PC/XT 机中的定时逻辑如图 9-14 所示。

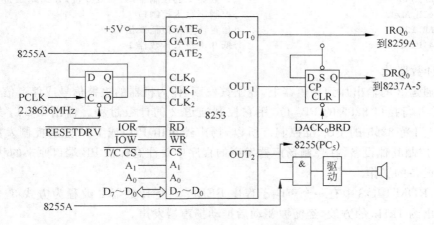

图 9-14   8253 在 PC/XT 中的应用

(1) 计数器 0——日时钟计时。

计数器 0 作定时器用来产生实时时钟信号。$GATE_0$ 端接 +5V,使计数器处于常开状态。开机初始化后,就一直处于计数状态,为系统提供时间基准,CLK_0 频率为 1.19318MHz。工作于方式 3,对计数器预置的初值 $N_0 = 0$,即相当于 65536,这样在 OUT_0 端可得到频率为 $CLK/N_0 = 1.19318MHz/65536 = 18.2Hz$。该信号经 PC 总线插槽上 IRQ_0 连到系统主板上 8259A 的 IR_0 端,使计算机每秒产生 18.2 次中断,也就是每隔约 55ms 产生一次 0 级中断。CPU 可以此作为时间基准,在中断服务程序中对该中断次数进行计数,计数单元为 16 位(2B),实际初始值为 0,每中断一次计数单元加 1,因此,当计满产生进位时,表示已产生了 65536 次中断,所经过的时间约为 $65536/18.2 \approx 3600s = 1h$,实际是 3599.98155s。

上电后 BIOS 对 8253 计数器 0 的初始化程序段如下:

```
MOV   AL,36H          ;计数器 0 的控制字,先写低字节,后写高字节,方式 3,二进制计数
OUT   43H,AL          ;控制字写入控制口
MOV   AL,00H          ;计数初值设定为 65536
OUT   40H,AL          ;写入低字节
OUT   40H,AL          ;写入高字节
```

(2) 计数器 1——动态 RAM 刷新定时。

计数器 1 用于动态 RAM 刷新定时控制。GATE=1 端接 +5V,使计数器 1 也处于常开状态,定时向 DMA 控制器提供动态 RAM 刷新请求信号,CLK_2 与 CLK_0 相同,频率为 1.19318MHz,初始化时,将计数器 1 设置为方式 2(频率发生器),计数初值 N_1 预置为 18 (即 0012H),于是 OUT_2 端输出一负脉冲序列,其周期为 $18/1.19318MHz = 15.8\mu s$,该信号作为 D 触发器的时钟信号 CP,使之每隔 15.08μs 产生一个正脉冲,送到系统板上的 DMA 控制器 8237A,由 DMA 控制器定时地对系统中动态 RAM 进行一次刷新操作。OUT_1 端的负脉冲频率为 $1.19318MHz/18 = 66.2878kHz$。计数器 1 的端口地址为 41H。

上电后系统 BIOS 对计数器 1 的初始化程序段如下：

```
MOV    AL,54H              ;计数器 1 的控制字,只写低 8 位,方式 2,二进制计数
OUT    43H,AL              ;控制字写入控制口
MOV    AL,12H              ;预置计数初值低 8 位
OUT    41H,AL              ;低 8 位写入计数器 1
```

（3）计数器 2。

计数通道 2 的输出加到扬声器上,控制其发声,作为机器的报警信号或伴音信号。门控 GATE$_2$ 接并行接口 8255 的 PB$_0$ 位,用它控制通道 2 的计数过程。输出 OUT$_2$ 经一个与门,这个与门受 8255 的 PB$_1$ 位控制。所以,扬声器可由 PB$_0$ 或 PB$_1$ 分别控制发声。由于 8255 还要控制其他设备,在控制扬声器发声的程序中要注意保护 PB 端口原来的状态,以免影响其他设备的工作。

例如,ROM BIOS 中有一个声响子程序 BEEP,它将计数器 2 编程为方式 3,作为方波发生器输出约 1kHz 的方波,经滤波驱动后推动扬声器发声。

```
BEEP   PROC
       MOV    AL, 10110110B     ;设定计数器 2 为方式 3,采用二进制计数
       OUT    43H,AL            ;按先低后高顺序写入 16 位计数值
       MOV    AX, 0533H         ;初值为 0533H = 1331,1.19318MHz/1331 = 896Hz
       OUT    42H,AL            ;写入低 8 位
       MOV    AL, AH
       OUT    42H,AL            ;写入高 8 位
       IN     AL, 61H           ;读 8255 的端口 B 原输出值
       MOV    AH, AL            ;存于 AH 寄存器
       OUT    61H, AL           ;输出以使扬声器能够发声,61H 为 8255 端口 B 地址
       SUB    CX,CX             ;CX = 0,最大循环计数 65536
GT:    LOOP   GT                ;延时
       DEC    BL                ;BL 为发声长短的入口条件
       JNZ    GT                ;BL = 6 为长声,B1 = 1 为短声
       MOV    AL,AH
       OUT    61H,AL            ;恢复 8255 的端口 B 值,停止发声
       RET
BEEP   END                      ;返回
```

思考题与习题

9-1　8253 初始化编程包含哪两项内容？

9-2　8253 每个计数通道与外设接口有哪些信号线？每个信号的用途是什么？

9-3　试按以下要求分别编写 8253 的初始化程序,已知 8253 的计数器 0~2 和控制字 I/O 地址依次为 04H~07H。

（1）使计数器 1 工作在方式 0,仅用 8 位二进制计数,计数初值为 128。

（2）使计数器 0 工作在方式 1,按 BCD 码计数,计数值为 3000。

（3）使计数器 2 工作在方式 2,计数值为 02F0H。

9-4　设 8253 计数器 0~2 和控制字的 I/O 地址依次为 F8H~FBH,说明以下程序的

作用。

```
MOV  AL, 33H
OUT  0FBH, AL
MOV  AL, 80H
OUT  0F8H, AL
MOV  AL, 50H
OUT  0F8H, AL
```

9-5 欲使用 8253 的 0 通道周期性地发出脉冲,周期为 1ms,试编写初始化程序(地址自定,$f = 2\text{MHz}$)。若要求 8253 的地址为 80H~83H,试用 3-8 译码器实现地址译码,并完成 8253 与 PC 机总线之间其他信号的连接。

9-6 用 8253 组成一个实时时钟系统。0 通道作为秒的计时器,1 和 2 通道作为计数器,分别用作分和时的计时,试画出硬件电路并编出主程序和中断服务程序。(设系统频率已分频为 50kHz)

9-7 假定一片 8253 连接一个 1kHz 的时钟,用该 8253 以 BCD 格式保持一天中的时间,精度为 s。在 HOURS(小时)、MINUTES(分)、SECOND(秒)、AM(上午)、PM(下午)等字节均装入当前时间以后,就立即开始计时。编写一个 8253 的初始化程序和一个在每秒结束时修改时间的中断程序。

9-8 试利用 8253 设计一多波群发生器。该发生器周期的输出 500kHz、200kHz、100kHz、50kHz、20kHz、10kHz、5kHz、2kHz、1kHz 的方波,每种频率的信号都持续 10ms。假定可提供给 8253 的时钟频率为 2MHz,8253 的端口地址为 2C0H~2C3H。试完成硬件和软件设计。

第 10 章

并行、串行(I/O)接口

10.1 并行(I/O)接口

10.1.1 并行接口的特点

在第 7 章中已经介绍了接口的概念和作用,这对于理解并行接口是一个很好的基础。输入/输出设备的种类繁多,性能各异,但大多不能与 CPU 的工作特性相匹配。比如,各种各样的外部设备,有着各不相同的结构(机械式的、电动式的);由于结构不同其信号也不相同(数字量、模拟量);不同的信号传输速率也不相同。另外,外部设备的信息字长也不一样。因此 CPU 很难直接与外部设备通信,一般都要通过接口才能完成彼此之间的通信。

接口电路一般包含一组能被 CPU 访问的称为输入/输出端口的寄存器或硬件电路。CPU 通过这些端口与接口所连接的外部设备通信,一些端口为输入/输出数据提供缓冲;一些端口用来保持设备和端口的状态信息,以供 CPU 查询;还有的端口用来保持 CPU 发出的命令,以控制接口和外部设备所执行的动作。按数据传输的方式分,接口可分为并行接口和串行接口。

并行接口的主要特点是能够并行传送数据。并行传送就是数据以字节(字)为单位同时在多根传输线上进行传送。即 n 个数位用 n 条线同时传输的机制称为并行通信,因而并行接口就是能够并行传输数据,位于系统总线(CPU)和外部设备之间,起到数据缓冲和匹配作用的接口电路。并行传输具有速度快、要求传输线较多的特点。因而并行接口适合于速度要求高、传输距离较近的一些场合,比如实时控制或快速采样等。

10.1.2 可编程并行接口芯片 8255A

8255A 是 Intel 公司为自己的微处理机系列研制的通用可编程并行接口芯片。它采用 NMOS 工艺制造,单一+5V 电源,40 只引脚,双列直插式封装。它具有方式 0、方式 1、方式 2 3 种工作方式,并且这 3 种工作方式可以通过软件编程来设定和改变。8255A 与 Intel 系列微处理器完全兼容,直接的位清 0/置 1 功能简化了控制应用接口,因而 8255A 的应用相当普遍。

1. 8255A 的内部结构

内部结构框图如图 10-1 所示,8255A 由以下几个部分组成。

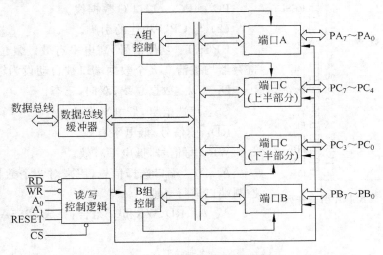

图 10-1　8255A 内部结构框图

(1) 3 个数据输入输出端口 A、B、C。

每个端口均为 8 位,可选择输入或输出操作。

端口 A:一个 8 位数据输出锁存/缓冲器和一个 8 位数据输入锁存器。

端口 B:一个 8 位数据输入/输出、锁存/缓冲器和一个 8 位数据输入缓冲器。

端口 C:一个 8 位数据输出锁存/缓冲器和一个 8 位数据输入锁存器(输入无锁存)。它可分为两个 4 位端口使用,或用作与 A 口和 B 口配合的控制或状态口,依工作方式而定。

(2) A 组控制和 B 组控制。

这两组控制部件接收读/写控制逻辑来的命令,接收数据总线上的控制字,然后向相应的端口发出命令,以控制其动作。A 组控制部件控制 A 口及 C 口高 4 位。B 组控制部件控制 B 口及 C 口低 4 位。

(3) 数据总线缓冲器。

该缓冲器为双向三态的 8 位数据缓冲器,它是 8255 与 CPU 系统数据总线之间的接口,所有的输入、输出数据,以及 CPU 发出的控制字和从 8255A 读回的状态信息都通过它来传送。

(4) 读/写控制逻辑。

接收 CPU 发出的地址 A_1、A_0 及控制($\overline{RD}$、$\overline{WR}$、RESET)和片选($\overline{CS}$)信号,产生给 A 组、B 组的控制信号,以完成对数据、状态及控制信息的传送。

2. 8255A 芯片引脚功能

8255A 的 40 条引脚如图 10-2 所示。除了电源和地线外,其他引脚信号可以分为两组:一组是与外设相连的引脚(24 条);另一组是与 CPU 相连的引脚(14 条)。

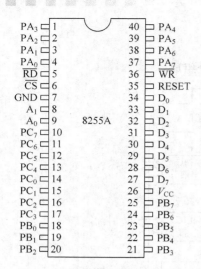

图 10-2　8255A 芯片引脚排列

（1）与外设相连的引脚。

$PA_7 \sim PA_0$：端口 A 数据线。

$PB_7 \sim PB_0$：端口 B 数据线。

$PC_7 \sim PC_0$：端口 C 数据线。

（2）与 CPU 相连的引脚。

RESET：复位信号，高电平有效。复位时，所有内部寄存器均被清 0，3 个数据端口被自动设为输入方式。

$D_7 \sim D_0$：数据总线，双向，三态。

$\overline{CS}$：片选信号，低电平有效。

$\overline{RD}$：读信号，低电平有效。

$\overline{WR}$：写信号，低电平有效。

A_1、A_0：端口选择信号，用来对 3 个数据端口及一个控制端口进行寻址。

A_1、A_0、$\overline{RD}$、$\overline{WR}$ 和 $\overline{CS}$ 组合，完成 8255A 的基本操作，如表 10-1 所示。

表 10-1　8255A 端口选择操作

$\overline{CS}$	$\overline{RD}$	$\overline{WR}$	A_1	A_0	端口选择及其操作
0	1	0	0	0	数据送端口 A
0	1	0	0	1	数据送端口 B
0	1	0	1	0	数据送端口 C
0	1	0	1	1	控制字送控制寄存器
0	0	1	0	0	端口 A 数据送数据总线
0	0	1	0	1	端口 B 数据送数据总线
0	0	1	1	0	端口 C 数据送数据总线
0	0	1	1	1	无操作（$D_7 \sim D_0$ 三态）
1	×	×	×	×	禁止（$D_7 \sim D_0$ 三态）
0	1	1	×	×	无操作（$D_7 \sim D_0$ 三态）

3. 8255A 的控制字

8255A 有两个 8 位控制字，即方式选择控制字和 C 口按位置位/复位控制字。这两个控制字共用一个端口地址，即控制字寄存器。为了区别这两个控制字，规定了 D_7 位为特征位，当 $D_7 = 1$ 时，则是方式选择控制字；当 $D_7 = 0$ 时，则是 C 口按位置位/复位控制字。

1）方式选择控制字

8255A 的工作方式选择控制字是用来设定通道的工作方式及数据传送方向的，其格式如图 10-3 所示。从控制字格式可知：

（1）8255A 可以分别设定 A 组、B 组（A 口和 C 口高 4 位、B 口和 C 口低 4 位）的工作方式。

（2）B 组只能工作在方式 0 和方式 1，由 D_2 位设定，A 组可以工作在方式 0、1、2 等 3 种工作方式，由 D_6、D_5 位设定。

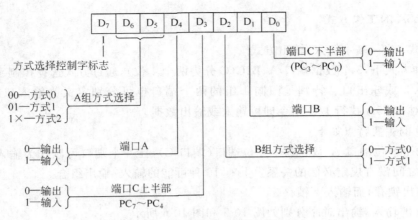

图 10-3　8255A 方式选择控制字

（3）在 A 组确定工作方式后，可用 D_4 位设定 A 口是输入口还是输出口。用 D_3 位设定 C 口高 4 位是输入还是输出。

（4）在 B 组确定工作方式后，可用 D_1 位设定 B 口是输入口还是输出口，用 D_0 位设定 C 口低 4 位是输入还是输出。

2）端口 C 置位/复位控制字

端口 C 置位/复位控制字格式如图 10-4 所示。

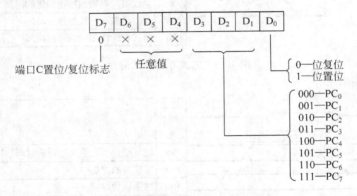

图 10-4　8255A 端口 C 置位/复位控制字

该控制字的 $D_3 \sim D_1$ 指明对端口 C 的哪一位进行操作，而 D_0 位则指明对端口 C 的操作是置 1 还是清 0，$D_6 \sim D_4$ 位为任意值，不影响操作。这一功能可使 8255A 实现对外设的按位控制。

例如，要使端口 C 的 $PC_7 = 1$，则控制字为 00001111B，即 0FH；然后使 $PC_3 = 0$，则控制字为 00000110B，即 06H。设 8255A 控制端口地址为 286H，程序段如下：

```
MOV   AL,0FH              ;置 PC₇ = 1 的控制字
MOV   DX,0286H            ;控制端口地址
OUT   DX,AL               ;置 PC₇ = 1
MOV   AL,06H              ;置 PC₃ = 0 的控制字
OUT   DX,AL               ;置 PC₃ = 0
```

4. 8255A 的工作方式

1) 方式 0——基本输入/输出方式

在这种方式下,3 个数据端口 A、B、C(C 分为两个 4 位),通过方式选择控制字可任意选择其为输入口或输出口。特别是归同一组的两个端口也可分别定义为输入口或输出口。CPU 只要对 8255A 执行 I/O 指令即可输入或输出数据。

方式 0 的主要特点如下:

(1) 两个 8 位端口 A、B 和两个 4 位端口(端口 C),任一个端口可以作为输入或输出端口,各端口之间没有规定必然的关系。共有 16 种可能的输入/输出组合。

(2) 输出锁存,而输入不锁存。

方式 0 的输入/输出时序分别如图 10-5 和图 10-6 所示。

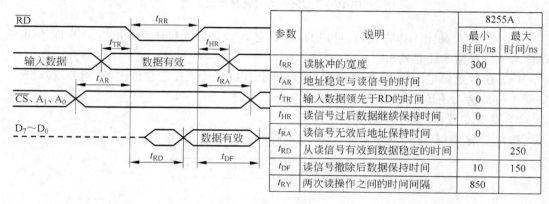

参数	说明	8255A 最小时间/ns	8255A 最大时间/ns
t_{RR}	读脉冲的宽度	300	
t_{AR}	地址稳定与读信号的时间	0	
t_{TR}	输入数据领先于RD的时间	0	
t_{HR}	读信号过后数据继续保持时间	0	
t_{RA}	读信号无效后地址保持时间	0	
t_{RD}	从读信号有效到数据稳定的时间		250
t_{DF}	读信号撤除后数据保持时间	10	150
t_{RY}	两次读操作之间的时间间隔	850	

图 10-5　方式 0 的输入时序

参数	说明	8255A 最小时间/ns	8255A 最大时间/ns
t_{AW}	地址稳定领先于写信号的时间	0	
t_{WW}	写脉冲的宽度	400	
t_{DW}	数据有效时间	100	
t_{WD}	数据保持时间	30	
t_{WA}	写信号撤除后的地址保持时间	30	
t_{WB}	写信号结束到数据有效的时间		350

图 10-6　方式 0 的输出时序

方式 0 主要用于同步传送数据的场合。这时,CPU 和外设都互相了解对方的工作状态,不需要应答信号,3 个数据端口可实现 3 个通道的数据传送。

方式 0 也可以用于查询式传送的场合。这时可令一个数据端口作为状态/控制口,另两个数据端口为数据输入/输出口,利用状态/控制口来配合数据输入/输出口的操作。例如,设端口 A 和 B 为数据口,端口 C 的高 4 位为控制输出口,低 4 位为状态输入口,则使端口 C 与端口 A 和 B 配合,即可以实现查询式传送。

2) 方式1——选通的输入/输出方式

在这种方式下,端口A和B输入/输出数据时,必须利用端口C提供的选通信号和应答信号(握手信号),而这些信号与端口C的各位有着规定的对应关系。

方式1的主要特点如下:

(1) 两组端口(A和B)都可工作于方式1,每一组包含一个8位数据端口和一个4位控制/数据端口。

(2) 8位数据口可以是输入或输出,输入、输出均带锁存。

(3) 4位端口用作8位端口的控制/状态位。未用作控制/状态的位仍可用作基本I/O位。

方式1输入时如图10-7所示。其中各个控制信号的意义如下:

(1) $\overline{STB}$——选通输入,低电平有效,这是外设提供的输入信号。当其有效时,把外设送来的数据送8255A的输入锁存器。

(2) IBF——输入缓冲器满,高电平有效。这是8255A输出到外设的联络信号。当其有效时,表示数据已输入锁存器,即输入缓冲器满,以通知外设暂停送数。

(3) INTR——中断请求信号。高电平有效。这是8255A的一个输出信号,用作向CPU提出中断申请、请求CPU读取8255A中的数据。它在$\overline{STB}$为"1"、IBF为"1"及INTE(中断允许)为"1"时被置为"1"(有效)。

(4) INTE——中断允许信号。由置位/复位控制字对PC_4(用于端口A)或PC_2(用于端口B)置1或置0来控制。置1时,允许中断;置0时,禁止中断。

8255A工作于方式1的输入时序如图10-7所示。

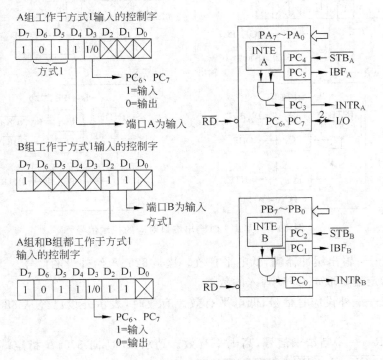

图 10-7　方式1时输入端口对应的控制信号

从方式 1 的输入时序图 10-8 可知,当外设的数据已送到 8255A 的端口(A 或 B)、用选通信号 $\overline{STB}$ 把数据锁存到 8255A 的输入锁存器,经过 t_{STB} 时间后,IBF 信号有效。①它既可通知外设,以阻止其输入新的数据,又可供 CPU 查询。在选通信号结束 t_{SIT} 时间后②,8255A 可向 CPU 发出 INTR 中断请求。如果中断允许,CPU 响应中断,发出 $\overline{RD}$ 信号,把数据读入 CPU。在 $\overline{RD}$ 信号有效 t_{RIT} 时间后③撤销中断请求。$\overline{RD}$ 信号结束 t_{RIB} 时间后,IBF 变低④,表示输入缓冲器已空,通知外设可输入新的数据。

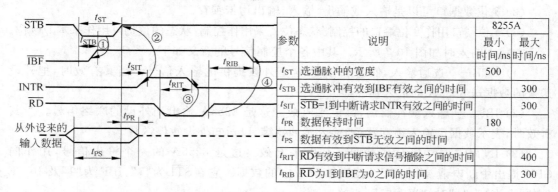

参数	说明	8255A	
		最小时间/ns	最大时间/ns
t_{ST}	选通脉冲的宽度	500	
t_{STB}	选通脉冲有效到IBF有效之间的时间		300
t_{SIT}	$\overline{STB}=1$到中断请求INTR有效之间的时间		300
t_{PR}	数据保持时间	180	
t_{PS}	数据有效到$\overline{STB}$无效之间的时间		
t_{RIT}	$\overline{RD}$有效到中断请求信号撤除之间的时间		400
t_{RIB}	$\overline{RD}$为1到IBF为0之间的时间		300

图 10-8 方式 1 的输入时序

方式 1 输出时的控制信号如图 10-9 所示。

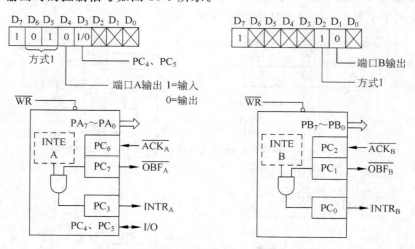

图 10-9 方式 1 时输出端口对应的控制信号

(1) $\overline{OBF}$——输出缓冲器满,低电平有效。这是 8255A 给外设的信号。当其有效时,表示外设可从指定端口取走 CPU 写入的数据。

(2) $\overline{ACK}$——外设应答信号,低电平有效。有效时,表示外设已经从 8255A 输出端口取走了数据。

(3) INTR——中断请求信号,高电平有效。请求 CPU 向 8255A 指定端口写入数据。其有效条件为 $\overline{ACK}=1$、$\overline{OBF}=1$ 及 INTE$=1$。

(4) INTE——中断允许。由 PC_6(端口 A)或 PC_2(端口 B)的置位/复位控制。

8255A 工作于方式 1 的输出时序如图 10-10 所示。

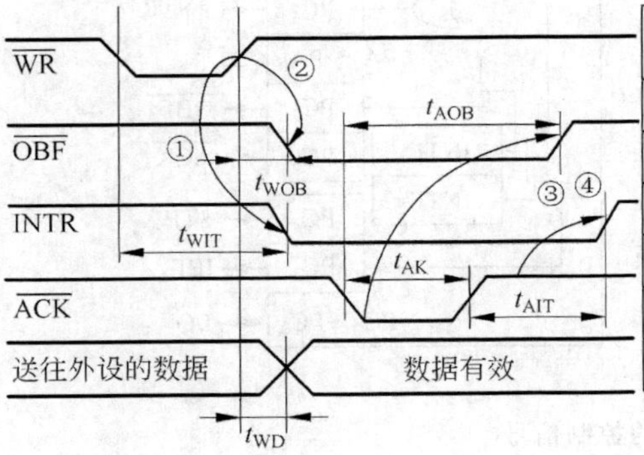

参数	说明	最大时间/ns	最小时间/ns
t_{WIT}	从写信号有效到中断请求无效的时间		850
t_{WOB}	从写信号无效到输出缓冲器清空的时间		650
t_{AOB}	从$\overline{ACK}$有效到$\overline{OBF}$无效的时间		350
t_{AK}	$\overline{ACK}$脉冲宽度	300	
t_{AIT}	$\overline{ACK}$为1到发新的中断请求的时间		350
t_{WD}	写信号撤除到数据有效时间		350

图 10-10　方式 1 的输出时序

在用中断控制方式工作时,8255A 的输出过程是由 CPU 响应中断开始的。在中断服务程序中,CPU 通过 OUT 指令输出数据并发出$\overline{WR}$信号,$\overline{WR}$信号一方面清除 INTR①,另一方面使$\overline{OBF}$有效②,通知外设接收数据(实际上$\overline{OBF}$信号是给外设的一个选通信号)。当外设接收数据后,发出$\overline{ACK}$信号,它一方面使$\overline{OBF}$失效③,表示数据已取走,当前输出锁存器空;另一方面在其上升沿使 INTR④有效,即发出新的中断请求,从而开始一个新的输出过程。

方式 1 的状态信号可通过读取端口 C 得到,其对应格式如图 10-11 所示。

D_7	D_6	D_5	D_4	D_3	D_2	D_1	D_0
I/O	I/O	IBF_A	$INTE_B$	$INTR_A$	$INTE_B$	IBF_B	$INTR_B$
$\overline{OBF_A}$	$INTE_A$	I/O	I/O	$INTR_A$	$INTE_B$	$\overline{OBF_B}$	$INTR_B$

（左侧行标签：输入方式 / 输出方式；下方组标签：A组　　B组）

图 10-11　8255A 方式 1 的状态信号

因此,方式 1 在异步传送数据时,既可工作于中断方式,也可工作于查询方式。

3) 方式 2——双向传输方式

此方式只适用于端口 A。这时,在 $PA_7 \sim PA_0$ 的 8 位数据线上,外设既可从 8255A 获取数据,也可向 8255A 发送数据。传输过程既可工作于查询方式,也可工作于中断方式。

方式 2 的主要特点如下:

(1) 仅限于组 A。

(2) 一个双向 8 位总线端口(A)和一个 5 位控制/状态端口(C)。

(3) 输入和输出均是锁存的。

方式 2 的控制和状态信息如图 10-12 所示。方式 2 的时序如图 10-13 所示。

方式 2 的控制信号功能类似于方式 1。其中 $INTE_1$ 和 $INTE_2$ 分别对应于方式 2 的输出中断允许 $INTE_A(PC_6)$ 和输入中断允许 $INTE_B(PC_4)$。INTRA 为输入和输出的中断请求信号,高电平有效。其有效条件为

$$INTR = IBF \cdot INTE_2 \cdot \overline{STB} \cdot \overline{RD} + \overline{OBF} \cdot INTE_1 \cdot \overline{ACK} \cdot \overline{WR}$$

方式 2 的时序实质上是方式 1 的输入和输出方式的组合。故各个时间参数的意义、数

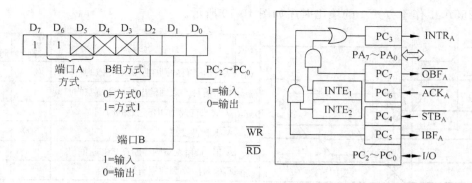

图 10-12　方式 2 的控制信号

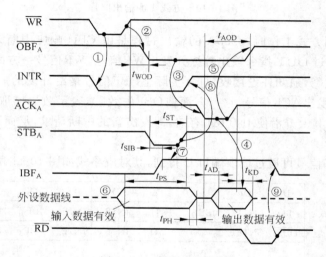

图 10-13　方式 2 的时序

值也相同,这里不再赘述。图 10-12 上输入、输出顺序是任意的。

方式 2 的状态格式如图 10-14 所示。可通过读端口 C 得到。

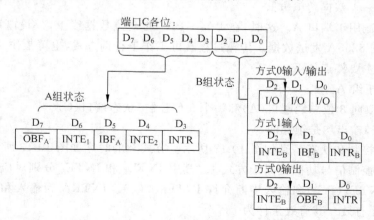

图 10-14　方式 2 时端口 C 的各种组态

各端口各种允许的工作方式和输入/输出方式可任意组合。C口未用作控制/状态位的位,可根据输入/输出定义,用C口读和C口复位/置位控制字实现输入/输出操作。

5. 8255A 初始化举例

设8255A工作于方式0,端口A为输入,端口B为输出,端口C为输出。试对其进行初始化。

首先确定方式选择控制字为10010000B,设8255A端口地址为80H~83H,则初始化程序如下:

```
MOV   AL,90H              ;方式选择控制字 10010000B
OUT   83H,AL             ;方式选择控制字送 8255A 控制端口
```

写完控制字后,CPU可通过IN/OUT指令来与8255A传送数据。例如:

```
IN    AL,80H             ;读端口 A 的数据
OUT   81H,AL             ;AL 中数据写入端口 B
OUT   82H,AL             ;写端口 C
```

10.2　8255A 应用举例

1. 打印机的主要接口信号与时序

以 TPμP-40P 微型打印机为例:

$D_7 \sim D_0$——数据总线,双向、三态。

$\overline{STB}$——数据选通触发脉冲,打印机在其上升沿读入数据。

$\overline{ACK}$——应答脉冲,"低"表示数据已被打印机接收,而且打印机准备好接收下一个数据。常用作打印机的中断申请信号。

BUSY——"高"表示打印机正"忙",不能接收数据,通常用作状态信号供CPU查询。其他还有在线、出错、缺纸等状态信号。打印机的基本时序如图10-15所示。

2. 查询方式打印字符串

CPU通过8255A与打印机的基本接口如图10-16所示。8255A的端口A作为数据通道,工作在方式0、输出;由PC_7读入BUSY状态、PC_0输出STB脉冲,故C口也工作在方式0,上半部输入、下半部输出;B口未用。

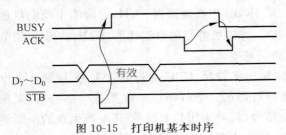

图 10-15　打印机基本时序　　　　　图 10-16　8255A 与打印机接口原理

设 8255 端口地址为 280H、281H、282H 和 283H。

打印子程序如下：

```
BUF       DB        'HELLO! '
          DB        0DH                   ;回车
          DB        0AH                   ;换行
NUM       EQU       $ - BUF
          ...
PRINT     PROC      FAR
          ...
          MOV       DX,283H
          MOV       AL,10001000B          ;8255 初始化,均为方式 0,
          OUT       DX,AL                 ;A 口输出,C 上半输入,下半输出
          MOV       AL,00000001B
          OUT       DX,AL                 ;控制口,初始 STB = 1
          MOV       SI,OFFSET BUF
          MOV       CX,NUM
NEXT:     MOV       DX,282H
          IN        AL,DX
          TEST      AL,80H
          JNZ       NEXT                  ;BUSY = 1(忙)?
          MOV       AL,[SI]
          INC       SI

          MOV       DX,280H
          OUT       DX,AL                 ;送出数据
          MOV       DX,283H
          MOV       AL,00000000B
          OUT       DX,AL                 ;STB = 0(低电平宽度≥0.5μs)
          NOP
          MOV       AL,00000001B
          OUT       DX,AL                 ;STB = 1
          LOOP      NEXT
          RET
PRINT     ENDP
```

3. 中断方式打印字符串

中断方式打印时,8255A 与打印机的基本接口如图 10-17 所示。8255A 的端口 A 作为数据通道,工作在方式 1、输出。PC_6 自动作为 $\overline{ACK}$ 信号输入端,而 PC_3 自动作为 INTR 信号输出端,连接至 8259 的中断请求信号输入端 IRQ_2(中断类型码 0AH,对应的中断向量放在 0000:0028H~0000:002BH 的 4 个单元中)。打印机需要的数据选通($\overline{STB}$)信号由 CPU 控制 PC_0 来产生。这时 PC_7($\overline{OBF}$)未用,故将其悬空。

其工作过程为：设数据放在输出缓冲区,输出字符时,CPU 通过对 PC_0 置 1/置 0 命令使其输出数据选通脉冲,把端口 A 的数据送到打印机。当打印机接收并打印字符后,发出 $\overline{ACK}$ 回答信号,由此信号清除 8255A 的 $\overline{OBF}$ 信号(此处未用),并使 8255A 产生新的中断请求。如果 CPU 的中断是开放的,则响应中断,进入中断服务子程序,再输出一个新的字符。

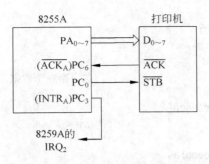

图 10-17 8255A 与打印机接口原理

在需要打印时,首先调用打印初始化子程序,对 8255A、中断向量表等进行初始化。之后 CPU 每次响应打印机中断申请,则在中断服务程序中输出给打印机一个字符。设 8255A 端口地址仍为 280H~283H。程序如下:

```
IRQ       EQU     0AH                              ;IRQ₂
IMR1      EQU     0FBH
IMR2      EQU     04H
BUF       DB      'HELLO! '
          DB      0DH,0AH                          ;回车,换行
NUM       EQU     $ - BUF
BUFPT     DW?                                      ;保存打印缓冲区当前的指针
BUF - N   DB      NUM                              ;打印字符计数器
          ...
PRI - INI PROC    FAR                              ;初始化子程序
          CLI
          MOV     DX,283H                          ;8255 初始化:A 口方式 1,输出
          MOV     AL,10100000B                     ;B 口方式 0,C 口下半部输出
          OUT     DX,AL
          MOV     AL,00001101B                     ;置 PC₆ 等于 1,允许 8255A 中断

          OUT     DX,AL
          PUSH    DS
          MOV     AX,CS
          MOV     DS,AX
          LEA     DX,PRI_INT                       ;设置中断向量
          MOV     AH,25H
          MOV     AL,IRQ
          INT     21H
          IN      AL,21H
          AND     AL,IMR1                          ;设置 8259 的中断屏蔽寄存器
          OUT     21H,AL                           ;(IRQ₂ 开中断)
          POP     DS
          STI
          MOV     DX,283H
          MOV     AL,00000001B                     ;初始STB = 1
          OUT     DX,AL
          MOV     SI,OFFSET    BUF
          MOV     AL,[SI]
```

```
            INC     SI
            MOV     BUFPT,SI
            MOV     BUF_N,NUM - 1
            MOV     DX,280H
            OUT     DX,AL                   ;送出第一个数据
            MOV     DX,283H
            MOV     AL,00000000B
            OUT     DX,AL                   ;STB = 0
            NOP
            MOV     AL,00000001B
            OUT     DX,AL                   ;STB = 1
            RET
PRI_INI     ENDP
;
PRI_INI     PROC    FAR                     ;中断服务子程序
            PUSH    AX
            PUSH    DX
            PUSH    SI
            MOV     SI,BUFPT
            MOV     AL,[SI]
            INC     BUFPT                   ;送一个数据
            MOV     DX,280H
            OUT     DX,AL
            MOV     DX,283H
            MOV     AL,00000000B
            OUT     DX,AL                   ;STB = 0
            NOP
            MOV     AL,00000001B
            OUT     DX,AL                   ;STB = 1

            DEC     BUF_H
            JNZ     NEXT                    ;字符串打印完毕?
            IN      AL,21H                  ;打印完毕
            OR      AL,IMR2                 ;打印完毕
            OUT     21H,AL                  ;中断屏蔽寄存器: IRQ₂ 关中断
NEXT:       POP     SI
            POP     DX
            MOV     AL,20H
            OUT     20H,AL                  ;通知 8259 中断服务结束
            POP     AX
            IRET
PRI - INT ENDP
```

10.3　键盘、显示及其接口

10.3.1　概述

微机的应用离不开人与计算机打交道,如人需要通过键盘将控制指令输入给微机,微机

通过显示器将运算结果显示给人,在这当中,键盘和显示器起到连接人与微机之间的桥梁作用,称之为人机接口。经常用到的人机接口作用的设备有键盘和显示器,另外还有打印机、鼠标器、触摸屏、扫描仪等。

在设计微机控制系统时,应考虑的问题之一是采用上述什么样的人机接口更为适用,即选择上述中的哪一种更为合适。例如,在使用中若需向微机输入一些控制信息或数据时,系统中应设计一个键盘;若使用中仅需操作者向微机输入的信息较少时,可考虑采用一个按键数量较少的小键盘,但若需操作者向微机不仅输入数据且需输入各种字符时,按键的数量就要增多。另外,输入的内容可以包括数字、英文字母及汉字,微机又是如何识别输入的内容是数字、英文字母还是汉字呢?

又如,控制系统在运行时,需要将一些数据实时显示出来,则系统中应设计一个显示器。而显示器有许多种类型,是采用一般的数码显示器,还是类似微机屏幕的显示器? 以上这些问题,通过本节的学习将会得到解决。

10.3.2　键盘识别原理

在微机的各种应用中,无论要它做什么事,都需要首先利用输入设备将程序或是数据或是控制信息输入微机,在所有不同的输入设备中,键盘是最常用的一种。微机又是如何理解从键盘输入的是什么内容呢? 众所周知,一个键盘由数个或数十个按键组成,这要求一是要能识别按键是否按下,二是要能识别出按下的不同按键。这样 CPU 才能根据不同的按键按下,去执行不同的操作程序。

计算机只能识别二进制数 0 和 1,识别按键是否按下的最基本原理就是利用键盘的按下与抬起产生低电平 0 或高电平 1。而识别不同的按键按下却有多种方法。

1. 单个按键的连接与应用

常用的按键存在两种状态,即断开和闭合。当某一键被按下,则为闭合状态;键释放,则为断开状态。键盘电路的功能就是将键的闭合和断开状态用"0"和"1"来表示,然后通过数据总线送到 CPU 内部进行键的识别。

图 10-18 所示为单个键的输入电路。

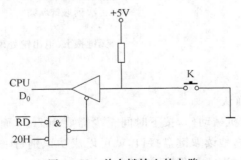

图 10-18　单个键输入的电路

图中,按键 K 通过三态门连到数据总线的 D_0 位,通过三态门,CPU 可以读取键的状态。当键处于断开状态时,三态门的输入值为"1";键处于闭合状态时,三态门的输入值为

"0"。因此,在下面两条指令可以识别按键是否被按下:

```
IN    AL,20H
AND   AL,01H
```

程序执行结果,若 AL 内容为零(ZF=1),说明键被按下;若 AL 内容为非零(ZF=0),说明键未被按下。

在键处理过程中,下面两个问题必须注意。

1) 键抖动的处理

在实际按键操作中,由于动作是一个机械动作,键在闭合或断开的过程中会发生抖动,如图 10-19 所示。

图 10-19　键抖动过程

键抖动时间的长短与开关的机械特性有关,一般为 5~10ms,然后达到稳定状态。在键盘接口中,为了保证 CPU 对键的闭合做一次且仅做一次处理,必须去除抖动,使 CPU 在键的稳定闭合或断开状态时读取键值。

消除抖动的方法很多,可用单稳态电路或双稳态电路完成消抖。在键盘接口中,使用较普遍的是采用软件延时方法完成消抖。其基本思想是:在检测到按键按下或释放时,记录按键的状态,延时 10~20ms,再次检测按键的状态。若与前一次的状态相同,说明按键的状态已经稳定,可以进行处理;否则,表示按键的状态不稳定,可能是误动作,不应被处理。这样,就可以消除键的抖动而读入正确的按键值。

对于图 10-18 所示电路中单个键的处理,可以使用以下程序:

```
IN    AL,20H              ;读取键状态
AND   AL,01H
JNZ   EXIT                ;无键按下,退出键处理程序

CALL  Delay               ;延时 10ms
IN    AL,20H              ;再次读取键状态
AND   AL,01H
JNZ   EXIT                ;无键按下,退出键处理程序
键处理程序
… …
```

2) 单个按键动作的确认

由于按键动作是一个机械动作,按下时间至少需要 102ms,而 CPU 执行指令的速度快得多,因此,只要 CPU 不断地读取键盘接口,就可以成功识别每一次的按键动作,而不至于有某一次按键动作没有被 CPU 的程序检测到。

另一方面,由于 CPU 的程序执行比按键的机械动作快得多,使得在一次按键动作期间,CPU 检测到有按键并执行了相应的键处理程序以后,按下的键可能还没有被释放;因此,在 CPU 再一次测试键盘状态时,该键又被认为是按下状态,从而出现按一次键而 CPU

进行两次或多次键处理的情况。这是一个明显的误操作,解决它的方法有多种,最简便的解决方法是CPU在检测到有键按下时,一直等到键释放才做相应的键处理。

对于图10-18,采用以下程序段实现单个按键动作的处理:

```
        IN      AL,20H              ;读取键状态
        AND     AL,01H
        JNZ     EXIT                ;没有键按下,退出键处理程序
        CALL    Delay               ;延时 10ms
        IN      AL,20H              ;再次读取键状态
        AND     AL,01H
        JNZ     EXIT                ;无键按下,作为误动作退出键处理程序
L1:     IN      A1,20H              ;读取键状态
        AND     AL,01H              ;等待键释放
        JZ      L1
        CALL    Delay               ;延时 10ms
        IN      AL,20H              ;再次读取键状态
        AND     AL,01H
        JZ      L1
        键处理程序
```

2. 线性键盘及其接口

线性键盘由若干独立的按键组成。每个按键将其一端与微机系统中某输入端口的一位数据线相连,另一端接地。其接口程序简单,只要查询该输入端口各位的状态,便可以判断是否有键按下,以及按下的具体是哪一个键。

图10-20所示为多键接口电路。其中,4个键 $K_3 \sim K_0$ 分别连至三态缓冲器的4条输入线。CPU读取三态缓冲器的值,并判别哪一条线上为"0",就可以知道当前是否有键被按下,是哪一个键被按下。键识别程序如下,程序转移的目标号 $K_3 \sim K_0$,分别表示4个键 $K_3 \sim K_0$ 的处理程序。

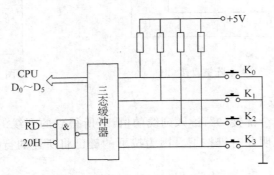

图 10-20 多键接口电路

```
IN      AL,20H
SHR     AL,1
JNC     K0                          ;转键 K0 的处理程序
SHR     AL,1
JNC     K1                          ;转键 K1 的处理程序
SHR     AL,1
JNC     K2                          ;转键 K2 的处理程序
```

```
SHR        AL, 1
JNC        K3                                          ;转键 K₃ 的处理程序
```

当然,上述程序段只是完成键识别工作。在实际应用中,还要考虑键抖动问题的处理,以及单个按键动作的确认问题。

线性键盘有多少按键,就有多少条连线与微机输入端口相连。因此,线性键盘只适合于按键少的场合,常用于某些微机化仪器或专用微机系统中。

3. 矩阵键盘及其接口

矩阵键盘的按键排成 n 行 m 列,每个按键占据行列的一个交叉点,需要的输入/输出线为 $n+m$,最大按键数为 $n \times m$。显然,在按键较多的应用场合,矩阵键盘可以减少与微机系统接口的连线,是一般微机常用的键盘结构。

图 10-21 所示为一个 3×4 矩阵键盘及其接口电路。图 10-22 是实现键处理工作的程序流程。从该工作流程可以看出,键盘接口处理的主要任务如下。

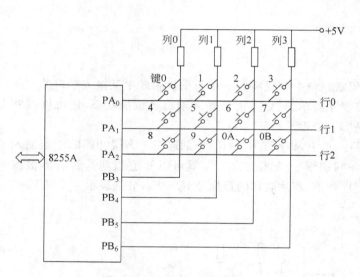

图 10-21   3×4 矩阵键盘接口

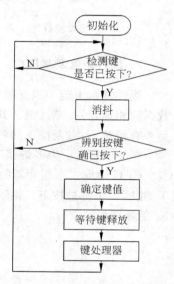

图 10-22   键处理程序流程

1) 检测是否有键按下

将键盘的所有行线全部接"0",读入列线的值,若所得到的列线的值全为"1",说明无键按下;若不全为"1",说明已有键按下。因为按下的键已将所连的行线与列线接通,使相应的列线变为"0"。

2) 去除键的机械抖动

在判别到键盘上有键闭合后,延时一段时间再判别键盘的状态,若仍有键闭合,则认为键盘上有一个键处于稳定的闭合状态;否则认为是键的抖动。

3) 确定被按下的键所在的行与列的位置

已有键按下时,为找出按下的键所在的行值与列值,可采用逐行扫描法,先将键盘的行线 0 接"0",读入列线的值,判断是否有键按下。若有键按下,找出列线中为"0"的列线,即为按下的键所在的列。由相应的行、列值可得到闭合键的键值。如果行线 0 无键按下,则依次扫描行线 1 和 2,判断哪一个键闭合并读取相应的键值。

设图 10-21 中 8255A 的端口地址为 00H(端口 A)、02H(端口 B)、04H(端口 C)和 06H (控制口),键处理的程序如下:

```
                                      ;确定按键闭合,等待键按下
        MOV     AL,82H
        OUT     06H,AL               ;8255A 初始化,选择方式 0,端口 A 为输出,端口 B 为输入
        MOV     AL,0
        OUT     00H,AL               ;使各行线接地(为零电平)
LOP1:   IN      AL,02H               ;读列线状态
        AND     AL,0FH               ;屏蔽无用位,保留列线位
        CAM     AL,0FH               ;查找列线为零电平
        JZ      LOP1                 ;没有则继续查列线状态,等待键按下识别按下的键
        MOV     BL, 3                ;行数送 BL
        MOV     BH, 4                ;列数送 BH
        MOV     AL, 11111110B        ;起始扫描码,第 1 次使行线 0 接地
        MOV     CL, 0FH              ;设置屏蔽码
        MOV     CH, 0FFH             ;取键号初值为 FFH

LOP2:   OUT     00H, AL              ;逐行扫描
        ROL     AL                   ;修改扫描码,准备扫描下一行
        MOV     AH, AL               ;扫描码送 AH 保存
        IN      AL, 02H              ;读列线数据
        AND     AL, CL               ;屏蔽无用位,保留列线位
        CMP     AL, CL               ;查找列线接地
        JNZ     LOP3                 ;有,转去找该列线
        ADD     CH, BH               ;没有则修改键号,以便适合下一行
        MOV     AL, AH               ;扫描码送 AL
        DEC     BL                   ;行数减 1
        JNZ     LOP2                 ;未扫描完,转下一行
        JMP     BEGIN
LOP3:   INC     CH                   ;键号加 1
        RCR     AL                   ;带进位循环右移一位
        JC      LOP3                 ;C=1,说明该列未接地,转去检查下一列线
        MOV     AL, CH               ;是,键号送 AL
        CMP     AL, 0                ;查找 0 号键
        JZ      KEY0                 ;转 0 号键处理程序
        CMP     AL, 1                ;查找 1 号键
        JZ      KEY1                 ;转 1 号键处理
        ⋮
        CMP     AL, 0BH              ;查找 B 号键
        JZ      KEY B                ;转 B 号键处理
```

10.3.3 LED 显示器及其接口

在微机系统中,发光二极管 LED 常常作为重要的显示手段,可以显示系统的状态以及数字和字符。由于 LED 显示器的驱动电路简单,易于实现且价格低廉,因此应用非常广泛。

1. LED 工作原理

LED 的主要部分是 7 段发光管,如图 10-23(a)所示。

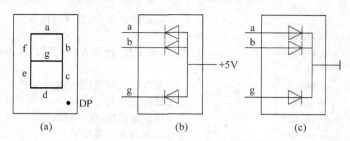

图 10-23　7 段 LED 发光管

这 7 段发光管分别为 a~g 段,有些产品还附带一个小数点 DP。通过 7 个发光段不同组合,可以显示 0~9 和 A~F 共 16 个字母、数字及其他特殊字符。

例如,当 a、b、c 段亮,显示"7";当 a、b、c、d、e、g 段亮,则显示"d"。

LED 可以分为共阳极和共阴极两种结构,如图 10-23(b)、(c)所示。其中,图 10-23(b)所示为共阳极结构,数码显示端输入低电平有效,当某一段得到低电平时,便发光。例如,当 a、b、g、e、d 为低电平,而其他段为高电平时,则显示数字"2"。图 10-23(c)所示为共阴极结构,数码显示端输入高电平有效,当某段处于高电平时便发光。

表 10-2 和表 10-3 分别为共阴极和共阳极 LED 显示数字与显示代码之间的对应关系。

表 10-2　共阴极数码管

显示数字	各段控制信号 g f e d c b a	显示代码
0	0 1 1 1 1 1 1	3FH
1	0 0 0 0 1 1 0	06H
2	1 0 1 1 0 1 1	5BH
3	1 0 0 1 1 1 1	4FH
4	1 1 0 0 1 1 0	66H
5	1 1 0 1 1 0 1	6DH
6	1 1 1 1 1 0 1	7DH
7	0 0 0 0 1 1 1	07H
8	1 1 1 1 1 1 1	7FH
9	1 1 0 1 1 1 1	6FH

表 10-3　共阳极数码管

显示数字	各段控制信号 g f e d c b a	显示代码
0	1 0 0 0 0 0 0	40H
10	1 1 1 1 0 0 1	79H
11	0 1 0 0 1 0 0	24H
12	0 1 1 0 0 0 0	30H
13	0 0 1 1 0 0 1	19H
14	0 0 1 0 0 1 0	12H
15	0 0 0 0 0 1 0	02H
16	1 1 1 1 0 0 0	78H
17	0 0 0 0 0 0 0	00H
18	0 0 1 0 0 0 0	10H

为了在 LED 上显示数据,首先必须把显示数据转换为 LED 的 7 位显示代码。实现这种转换可以采用下面两种方法。

1) 专用芯片

即采用专用的带驱动器的 LED 段译码器,如 CD 4511,可以实现对 BCD 码的译码,但不能对大于 9 的二进制数译码。CD 4511 有 4 位显示数据输入,7 位显示段输出,3 位控制信号输入。使用时,只要将 CD 4511 的输入端与微机系统输出端口的某 4 个数据位相连,而 CD 4511 的输出直接与 LED 的 a～g 相接,便可实现对 1 位 BCD 码的显示。具体电路如图 10-24 所示。

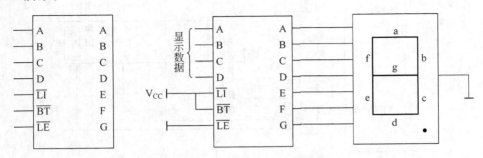

图 10-24　采用 CD 4511 的 LED 显示电路

2) 软件译码法

图 10-25 所示为采用 8255A 的 LED 接口,在软件设计时,在数据段定义 0～F 共 16 个数字(也可以为 0～9 或其他符号)的显示代码表,在程序中利用 XLAT 指令进行软件译码。假设用共阳极 LED 来显示数据,0～F 的显示代码表就可以按 0～F 的顺序定义如下:

```
DISPCODE  DB  0C0H,0F9H,…,06H,0EH
```

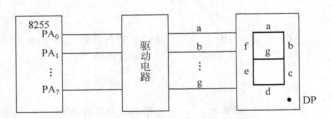

图 10-25　采用 8255A 的 LED 接口

利用 8086 的换码指令 XLAT,便可方便地实现数字到显示代码的译码。

假设要显示的数据存放在 BL 的低 4 位中,利用下面指令就可以实现软件译码:

```
MOV   AL,BL          ;把要显示的数据送入 AL
AND   AL,0FH         ;屏蔽无用位
LEA   BX,DISPCODE    ;显示代码表的首地址送 BX
XLAT                 ;换码,相应的显示代码即被存入 AL
```

2. LED 显示器接口

LED 显示器接口电路如图 10-26 所示,8255A 的端口 A 用来输出显示字符。设 TAB 为 LED 段选码码表的首地址,那么要显示的数字的地址正好为起始地址加数字值,其地址中存放着对应于该数字值的显示代码。例如,要显示"7",则它所对应的显示代码在 TAB+7 这个单元中,利用 80x86 换码指令 XLAT,可方便地实现数字到显示代码的译码。

8255A 的端口 B 用来控制 LED 的显示位,即位控端口。在软件的设计上通过扫描法逐个接通 8 位 LED,把端口 A 输出的代码送到相应的位上去显示,以减少硬件开销。这时,

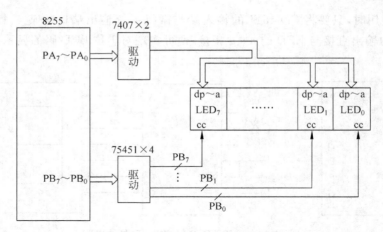

图 10-26 8255 用作 LED 显示器接口

8255A 端口 A 送出的一个代码尽管各个 LED 都收到了,但由于端口 B 只有一位输出低电平,所以,只有一个 LED 的相应段能够导通而显示数字,其他 LED 并不亮。这样,端口 A 依次输出段选码,端口 B 依次选中一位 LED,就可以在各位上显示不同的数据。利用眼睛的视觉惯性,当采用一定的频率循环地往 8 位 LED 输送显示代码和扫描代码时,就可见到稳定的数字显示。这种 LED 显示方式称为动态刷新。刷新一遍的显示子程序(现场保护略)如下:

```
        TAB     DB      3FH,06H,…,71H          ;0~F 的段选码表,共阴极 LED
        BUF     DB      8DUP(?)                ;显示缓冲区
          :
DISPLAY PROC    FAR
        MOV     SI,OFFSET  BUF                ;指向缓冲区首地址
        MOV     CL,7FH                         ;使最左边 LED 亮
DISI:   MOV     AL,[SI]                        ;AL 中为要显示的字符
        MOV     BX,OFFSET  TAB                ;段码表首址送 BX
        XLAT                                   ;段码送 AL
        MOV     DX,PORTA                       ;段码送段控端口 A: PORTA
        OUT     DX,AL
        MOV     AL,CL                          ;位扫描码送位控端口 B: PORTB
        MOV     DX,PORTB
        OUT     DX,AL
        CALL    DELAY                          ;延时 1m
        CMP     CL,0FEH                        ;扫描到最右边 LED?
        JZ      QUIT                           ;是,则已显示一遍,退出
        INC     SI                             ;否,则指向下一位 LED
        ROR     CL,1                           ;位码指向下一位
        JMP     DISI                           ;显示下一位 LED
QUIT:   RET
DISPLAY ENDP
```

10.4 串行接口和串行通信

10.4.1 串行通信的基本概念

微型计算机与外设之间的数据传送有两种方式,即并行传送和串行传送。并行传送是将 8 位数据或 16 位数据同时通过数据总线传送,在数据传送时,每一位数据占一根数据线。前面所讨论过的 CPU 与存储器、CPU 与并行接口(外设)间的数据传送都是采用并行传送方式。采用并行方式传送数据,传送的速度快,但一般只适用于微机与外设之间距离较近的数据传送。但是如果 CPU 与远距离外部设备的数据传输仍然采用并行方式,必然导致通信线路复杂,开销过大,系统的费用增加,而且这种增加是呈指数上升的。因此,距离在百米以上的数据传输中,一般采用串行传送方式。串行传送数据又常称为串行通信。

串行通信是将 8 位(或更多位)并行数据通过串行接口中的移位寄存器转换后放到一根数据线上,依次一位一位地从低位到高位按时间先后传送。串行通信虽然使系统的费用下降,但是随之带来了串→并、并→串转换和位计数等问题,使得串行通信技术比并行通信技术复杂得多。微机系统中普遍采用具备有串→并、并→串转换功能的接口(称之为串行输入/输出接口,简称为串行接口或串口),完成串行通信。

在串行数据传送时,传送每一位数据所用的时间是相同的,每秒钟传送的串行数据位数称为波特率 Baud Rate。例如,每秒钟传送 1200bit 串行数据,则称数据传送的波特率为 1200b/s,或简称波特率为 1200。

10.4.2 串行接口

串行接口是把串行通信的外设与系统总线相连的接口。

1. 串行接口的主要任务

(1) 进行串—并转换。串行传输,数据是一位一位依次顺序传输的,而计算机处理的数据是并行的。所以,当数据由数据总线送至串行接口时,要把并行数据转换为串行数据格式传输出去;而接收的串行数据要转换成并行数据,然后送给计算机处理。因此,串—并转换是串行接口最主要的任务。

(2) 实现串行数据格式化。在并行数据转换成串行数据后,串行接口要能实现不同通信方式下的数据格式化。

(3) 可靠性检验。在发送串行数据时,接口电路要能自动生成供检测的信息,而在接收串行数据时,接口电路要能进行检测,以确定是否发生了传输错误。

(4) 实施接口与通信设备之间的联络控制。串行接口是计算机与通信设备之间进行通信的连接电路。因此,应能提供符合通信标准的联络、控制信号线。

串行接口主要有数据总线收发器、控制逻辑、串行通信联络、时钟、数据串行→并行和并行→串行转换与检测的电路,以及控制寄存器,状态寄存器、数据输入寄存器、数据输出寄存器等。

2. 串行接口中各部分的作用和工作原理

（1）数据总线收发器是双向并行数据通道，负责 CPU 与串行接口之间并行信息传输。

（2）控制逻辑完成 CPU 与串行接口之间控制信息的联系。

（3）通信联络信号是串行接口与外设之间数据传输时所必需的各种控制信息的联系。

（4）串入/并出和并入/串出是串行接口与外设之间进行数据传输的通道，用来完成并行和串行两种数据格式的相互转换。

（5）发送时钟和接收时钟是串行通信中，数据传输必需的时钟脉冲信号。

（6）状态寄存器的各位分别指示当前传输过程中的某一状态。

（7）控制寄存器接收 CPU 在执行初始化程序时送入的各种控制信息，其中包括传输方式、工作要求等。

（8）数据输入寄存器与串入/并出移位寄存器相连接，完成串→并转换。串入/并出移位寄存器每次接收一位数据，同时移动一位并计数。当串入/并出移位寄存器中接收的位数据达到计数要求，将全部位数据组成一个完整的并行数据送给数据输入寄存器暂存，从而完成一次串→并转换。被转换好的并行数据可以经数据总线收发器被读入 CPU 进行处理。

（9）数据输出寄存器与并入/串出移位寄存器相连，完成并→串转换。并入/串出移位寄存器的操作与串入/并出移位寄存器正好相反，它将 CPU 送来的并行数据转换成一位位串行数据输出，每操作一次，完成一位输出并计数。当全部数据输出后，可以再接收下一个并行数据进行新的转换。

10.4.3　串行通信的 3 种方式

根据传输线路不同，串行通信可分为 3 种方式，如图 10-27 所示。

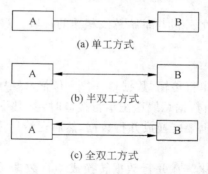

图 10-27　串行通信的 3 种方式

1. 单工传输方式

在参与串行传送数据的两个设备之间，只允许串行数据从一个设备向另一个设备单方向传送。例如，只允许从设备 A 将数据串行传送到设备 B，而不允许数据从设备 B 传送到设备 A。

2. 半双工传输方式

在参与串行传送数据的两个设备之间,允许数据在两个设备之间相互传送,但一个时刻只允许数据沿一个方向传送。例如,当设备 A 向设备 B 传送数据时,不允许设备 B 向设备 A 传送数据,等设备 A 向设备 B 传送数据完成后,才允许设备 B 向设备 A 传送数据。这是因为用于连接设备 A 和设备 B 的数据传输线只有一条。

3. 全双工传输方式

允许数据同时沿两个方向传送。例如,在设备 A 向设备 B 传送数据的同时,设备 A 还可以接收来自设备 B 的数据。

10.4.4 串行数据传送方式

为了使串行通信能顺利进行,通信的双方(发送方和接收方)必须共同遵守一定的通信规程(Protocol)。它包括收发双方的同步方式、传输控制步骤、差错检验、数据编码、传输速率、通信报元格式及控制字符的定义等。目前,有两类通信规程(或称协议):异步通信规程和同步通信规程。遵从这两类通信规程的串行通信方式分别称为异步通信和同步通信。

1. 异步通信

异步通信(Asynchronous Data Communication,简称 ASYNC)是把一个字符看作一个独立的信息单元,字符开始出现在数据流中的相对时间是任意的,每一个字符中的各位以固定的时间长度传输。这种传输方式在同一字符内部是同步的,而字符间是异步的。发送器和接收器之间可以允许不是同一个时钟。因此,在异步通信中收发双方取得同步的方法,是采用在字符的前后设置相应的标志,使字符成为"帧(Frame)"格式。

字符帧格式是在数据位前面加上一位用"0"作为标志的起始位,在数据位后面加上一位奇/偶校验位和用"1"作为标志的停止位(1 位或 1.5 位或 2 位)。"0"和"1"这两种标志也分别称为传号和空号。发送器在发送一个字符之前,先发送起始位,而在字符发送完之后,再发送奇/偶校验位、停止位。当接收器检测到起始位时,便确定一个字符的传输到来,于是开始接收字符,并进行规定的奇/偶校验和停止位检测,一个字符接收完成。

在字符帧格式的起始位和奇/偶校验位、停止位之间,是相应的字符信息,称为数据位。数据位通常由 7 位 ASCII 码组成,数据位传输是由低位向高位依次进行的。因此,传输一个字符,必须以完整的字符帧(10 位或 10.5 位或 11 位)格式依序传输。异步串行通信的数据格式如下:

					第n个字符							第n+1个字符	
空闲位	起始	b_0	b_1	b_2	b_3	b_4	b_5	b_6	校验	停止	空闲位	起始	b_0···
1···1	0	1/0	1/0	1/0	1/0	1/0	1/0	1/0	1/0	1	1···		0/1	···

传输开始后,接收设备不断地检测传输线,在一系列的"1"(称为空闲位)之后检测到一个"0"信息位,就确认一个字符开始传输了,于是以位时间为间隔移位接收所规定的数据位和奇/偶校验位,最后是规定长度的停止位"1"。接收方把数据位拼装成一个字符,并进行

奇/偶校验和停止位检测,只有既无校验位错,也无停止位错的接收才算是正确的。一个字符接收完毕后,接收设备又继续检测传输线,监视"0"信号的到来和下一个字符传输的开始,如此反复。

异步通信是按字符传输的,接收设备在收到起始位信号后,只要在一个字符的传输时间内能和发送设备保持同步就能正确接收。若接收设备和发送设备之间的时钟不一致,略有偏差,问题也不大。因为这种偏差不会产生累积效应。异步通信在每个字符的起始位都将重新校准内部时钟。

异步通信的关键问题在于如何及时、准确地检测到起始位的前沿。为此,起始位、空闲位或停止位应采用相反的电平。当新的字符出现在传输线上,或者一个字符紧跟着前一个字符时,它的前沿可被及时检测到。假设一个字符的前沿被检测到了,如何使用该前沿,作为以后各位的定时基准呢? 通常的做法是接收器使用比位时钟频率高若干倍的时钟来控制采样时间,比如使用 16 倍频或者 64 倍频。

例如,使用 16 倍频时钟,接收器在检测到电平由高到低变化后,便开始计数,计数时钟就是接收时钟。当计数到 8 个时钟时,就对传输信号进行采样。如果仍然为低电平,则确认这就是起始位而不是干扰信号。此后,每隔 16 个时钟接收器对传输线采样一次,接收数据位、校验位,直到停止位为止。当接收器再次检测到出现了由 1 到 0 的跳变时,重复上述过程。

异步通信方式中,每传输一个字符,需要额外增加起始位、校验位和停止位,若字符数据位是 8 位,则每传输一个字符至少要增加传输 20%～30% 的额外信息。因此,这种传输方式适用于数据较少和传输率较低的场合。

2. 同步通信

同步通信(Synchronous Data Communication,简称 SYNC)使用同一时钟作为收、发两端的同步信号。与异步通信方式不同,同步通信方式所用的数据格式没有起始位、停止位,一次传输的字符个数可以设定。在传输前,先按照一定的格式,将各种信息装配成一个数据包。数据包最前面是供接收方识别的同步字符,其后紧跟传输的 n 个字符(n 的大小可以设定),最后是校验字符。同步串行通信数据格式有 4 种。

(1) 单同步数据格式如下:

同步字符	数据 1	2	3	…	n	CRC 字符 1	CRC 字符 2

(2) 双同步数据格式如下:

同步字符 1	同步字符 2	数据 1	2	3	…	n	CRC 字符 1	CRC 字符 2

(3) 同步数据格式如下:

数据 1	2	3	…	4	n	CRC 字符 1	CRC 字符 2

(4) SDLS/HDLS 数据格式如下:

标志	地址	控制	数据 1…n	CRC 字符 1	CRC 字符 2	标志

同步通信按照相应的格式把要传输的数据打包完成后,进行发送。接收设备首先搜索同步字符,在得到同步字符后,开始接收数据。传输过程中,发送和接收设备必须保持完全同步。如果因某种原因造成错误,比如,干扰造成接收漏位,则其后的数据将全部出错。不过这种错误可用 CRC 校验符查出。

在同步传输的过程中,如果发送端的发送数据没有准备好,则发送器发送同步字符来填充,甚至准备好。

在同步通信中,因为要求发送和接收的时钟完全同步,不可以有一点误差。因此,在几百米甚至数千米的近距离通信中,增加一根时钟信号线,用同一时钟发生器驱动收、发设备;在数千米以上的远距离通信中,通过调制解调器从数据流中提取同步信号,从而可以得到和发送时钟频率完全相同的时钟信号。

10.4.5 信号的调制与解调

采用串行通信方式传输数据时,传输的数据都是二进制的 0 或 1。当传送 0 时,在传送线上传送的是低电平,传送 1 时,在传送线上传送的是高电平,当传送的数据从 0 变为 1 时,理论上在传送线上应是从低电平变为高电平的方波,但由于传送线间的电容效应,如果传送线很长,使得从 0 变到 1 的波形存在失真现象,从 1 变到 0 的波形同样也存在失真问题。这种数据传送的失真现象随着传输距离的延长会变得越来越严重,以至于影响到传送数据的可靠性。解决这一问题的办法是:对发送数字信号的一方,将要进行远距离传送的数字量通过一个装置将其变成正弦波信号,传送的数字 1 变成频率较快的正弦波,传送的数字 0 变成频率稍慢的正弦波。这种将数字信号变成正弦信号的装置称为调制器。对接收数字信号的一方,再经过一个装置,将频率较快的正弦波信号还原成数字 1,将频率较慢的正弦波还原为数字 0,这种将正弦波信号还原成数字信号的装置称为解调器。

计算机通信是一种数字信号的通信,要求传输线的频带很宽。在长距离通信时,通常借用电话线传输。电话线通频带在 30~3000Hz 之间,由于频带不宽,用来传输数字信号的矩形波时会畸变失真。但用来传输频率为 1000~2000Hz 的模拟信号(正弦波)时,就会有较小的失真。

为此,在发送时需要把数字信号调制成模拟信号,送到通信链路上传输:而接收时需要把从通信链路上接收的模拟信号解调成数字信号。在大多数情况下,通信是双向的,把调制功能和解调功能合成一个装置——调制解调器(MOdulation DEModulation,MODEM)。MODEM 也称为通信设备 DEC 或数传机。

MODEM 与计算机连接的方式可分为内接式和外接式。内接式 MODEM 就如同一块接口卡,插在计算机内的扩充槽上。外接式 MODEM 则通过 RS-232 接口与计算机的串行接口相连。

MODEM 的调制方式有 3 种:

(1) 振幅调制(ASK)。以两种振幅的大小来区别数字信号"0"与"1"。

(2) 频率调制(FSK)。利用两个固定的频率来分别代表数字信号"0"与"1"。

(3) 相位调制(PSK)。利用相位的差异来区别信号,当相位相差 180° 时代表位值的变化。

当波特率小于 300b/s 时,一般采用频率调制(FSK)方式,或者称为两态调频。它是把

"0"和"1"数字信号分别调制成不同频率的两个音频信号。

10.4.6 RS-232C 串行通信标准

RS-232C 标准(协议)是美国电子工业协会 EIA(Electronic Industry Association)在 1969 年制定的串行通信标准。RS(Recommended Standard)为推荐标准。RS-232C 标准在微机串行通信中获得了十分广泛的应用。

微型计算机作为存储数据的设备又称数据终端设备 DTE,微机与外设间或是两台微机间进行较远距离的数据传送一般要通过数据通信设备 DCE,如前面介绍的调制解调器 MODEM 就是常用的数据通信设备之一。RS-232C 标准是针对数据终端设备 DTE 与数据通信设备 DCE 之间的硬件连接标准,如图 10-28 所示。

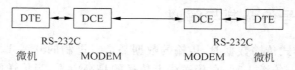

图 10-28 RS-232C 标准示意图

数据终端设备 DTE 与数据通信设备 DCE 之间在工作中需要通过插排连接起来,数据终端设备 DTE 一边的插排引脚与数据通信设备 DCE 一边的插排引脚信号的排列顺序是不同的,位于数据终端设备 DTE(微机)一边的通常采用 25 脚 D 型插排。表 10-4 中给出了位于数据终端设备 DTE(微机)一边的引脚定义。

表 10-4 中列出了标准的 RS-232C 引脚信号数为 25 脚,可以控制两个通信通道,第一通道用于异步通信,第二通道用于同步通信。

表 10-4 RS-232C 引脚及功能

引脚号	符号	引脚功能	方向
1	PG	保护地	
2	TxD	发送串行数据端	输出
3	RxD	接收串行数据端	输入
4	RTS	请求发送	输出
5	CTS	允许数据发送	输入
6	DSR	数据装置准备就绪	输入
7	GND	信号地	接地
8	DCD	数据载波检测	输入
9		未定义	
10		未定义	
11		未定义	
12		第二路载波检测	
13		第二路清除发送	
14		第二路发送数据	
15		发送时钟	
16		第二路接收数据	
17		接收时钟	

续表

引脚号	符号	引脚功能	方向
18		未定义	
19		第二路请求发送	
20	DTR	数据终端准备就绪	
21		信号质量检测	
22	RI	振铃指示通信线路接通	
23		数据信号速率检测	
24		发送时钟	
25		未定义	

属于数据通信设备 DCE 的典型代表是调制解调器。另外，RS-232C 标准还规定了电压信号的变化范围为：

逻辑 0：在 +3~+15V 之间。

逻辑 1：在 -3~-15V 之间。

数据传送速度为 50~19 200b/s。

电缆长度限制在 50m 内（即 DTE 与 DCE 间的距离不能超过 50m）。

在早期的微机中，都按完整的 RS-232C 标准配备有 25 脚 D 型插排，但由于一般微机间的简单通信很少用到同步通信方式，而且微机中配备的串行通信接口芯片也为异步通信接口，故现在的微机已将同步功能省略，只保留有异步通信功能，微机中（DTE 一方）的 RS-232C 标准插排也改成了 9 脚 D 型插排。

RS-232C 采用的 EIA 电平信号与通常的 TTL 电平不兼容。它采用负逻辑：规定 -5~-15V 为 1，+5~+15V 为 0。所以 TTL 信号和 RS-232C 信号之间要有相应的电平转换电路。

例如，MC1488 总线发送器可接收 TTL 电平信号，输出 EIA 电平信号；MC1489 总线接收器可接收 EIA 电平信号，输出 TTL 电平信号。

10.5 可编程串行 I/O 接口 8251A

Intel 系列的 8251A 是可编程串行通信接口，具有多种同步通信、异步通信的接收和发送功能。8251A 采用 28 脚双列直插式封装，使用单一 +5V 电源和单相时钟。

10.5.1 8251A 的基本工作原理

1. 8251A 的内部结构

8251A 的内部结构如图 10-29 所示。它由七部分组成：数据总线缓冲器、读/写控制逻辑、发送缓冲器、发送控制电路、接收缓冲器、接收控制电路和调制解调控制电路。

（1）数据总线缓冲器。数据总线缓冲器是 8251A 与 CPU 之间的数据通道。来自 CPU 的各种控制命令和待发送的字符信息经过该通道到达 8251A，8251A 接收到的各种字符信息经该通道由数据总线送往 CPU。

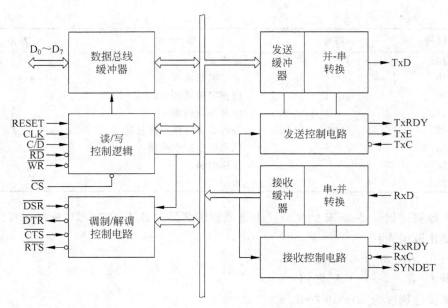

图 10-29　8251A 的内部结构

（2）读/写控制逻辑电路。它接收来自 CPU 的各种控制信息，从而确定 8251A 的操作方式。$\overline{WR}$、$\overline{RD}$、$\overline{CS}$、$C/\overline{D}$ 是选择端口进行读/写操作控制的；CLK 是提供给 8251A 作内部时序控制的时钟信号；RESET 的有效信号使 8251A 复位，即处于空闲状态。总之，读/写控制逻辑电路提供的各种信号的组合，构成了 CPU 对 8251A 的操作命令。

（3）发送缓冲器和发送控制电路。发送缓冲器由并行数据发送器和并→串移位寄存器组成。在发送数据时，按照发送的要求，将发送数据变成串行数据，经 TxD 引脚发送出去。

发送控制电路协调发送缓冲器工作，同时也为同步或异步方式传输提供必需的识别控制位信息，如起始位、同步字符等。

（4）接收缓冲器和接收控制电路。接收缓冲器由并行数据接收器和串→并移位寄存器组成。接收缓冲器与发送缓冲器功能相反，将 RxD 引脚接收到的串行数据转换成与计算机处理的数据格式相同的并行数据。接收控制电路协调接收缓冲器工作。

（5）调制解调控制电路。在进行较远距离的通信时，要用调制器将串行接口送来的数字信号变为模拟信号，再通过电话线或其他通信线路发送出去；反之，从通信线上接收到的模拟信号要由解调器变成数字信号，再由串行接口接收。这种情况下的全双工通信，每个收发站都须连接调制解调器。8251A 提供的调制解调控制电路，就是提供一组通用的控制信号，使 8251A 可直接与调制解调器相连完成远程通信任务。

2．8251A 的工作方式

（1）异步接收方式。当 8251A 工作于异步接收方式，在 CPU 允许接收并准备好接收数据时，它监视 RxD 线。没有字符信息时，RxD 为高电平。一旦 8251A 检测到 RxD 为低电平，先假定它是起始位开始，启动内部计数器开始计数。如果接收时钟频率是波特率的 16 倍，8251A 的内部计数器计数到第 8 个时钟脉冲时，再一次采样 RxD 线，看采样到的信号是否还是低电平。如果仍然是低电平,则表示一个起始位的到来。此后,每隔一位的时间(16个接收时钟),在每个数据位中间的一个接收时钟 RxC 的上升沿采样一次 RxD 线的输入,送至串→并移位寄存器。在移位寄存器中数据被转换成并行,并且进行奇/偶校验,除去停止位后,经 8251A 内部数据总线送至接收缓冲器,同时发出 RxRDY 信号,表示一个字符的接收和转换已经完成。如果对起始位进行第二次采样,发现 RxD 线为高电平,则表明第一次采样到的是一个干扰噪声,8251A 将不予理会,重新监视 RxD 线,准备进行下一次的采样。

(2) 异步发送方式。当 8251A 工作于异步发送时,首先必须由程序设置发送允许 TxEN 有效,并且在外设发来的响应信号 $\overline{CTS}$ 有效后方可发送。发送时,发送器为每个字符自动地加上起始位,并按照设定的要求在字符后加上奇/偶校验位和停止位,在发送时钟 TxC 的下降沿经发送移位寄存器从 TxD 线发出。

(3) 同步接收方式。8251A 串行同步通信数据格式有单同步、双同步和外同步 3 种格式,不支持 SDLC/HDLC 格式的同步通信。

采用内同步的单同步接收方式,是在允许接收后,8251A 由程序命令进入搜索方式,监视 RxD 线。每接收一个数据位就把它移入串→并移位寄存器,然后把移位寄存器与同步字符寄存器(同步字符由程序给定)相比较。如果相同,表示接收方和发送方已同步,接收方使 SYNDET 信号输出为高。如果不同,则接收下一位数据并且重新与同步字符比较。

采用内同步的双同步接收方式,则在比较第一个同步字符相同后,进行第二个同步字符的比较,若相等则表示已同步,如果不相等,则重新比较移位寄存器和第一个同步字符寄存器的内容。

采用外同步接收方式的情况有所不同。数据格式中没有同步字符,而是通过外加同步信号使 SYNDET 信号输出为高。一般是由调制解调器检测同步字符。当调制解调器接收到同步字符后,通过 SYNDET 向 8251A 发送一个高电平信号,表示实现了同步。8251A 收到 SYNDET 有效信号后,从下一个 RxC 周期起,开始直接接收数据,即通信双方进行数据传输。

8251A 同步接收方式在确认同步之后,利用接收时钟采样和移位 RxD 线上的数据位,并且按照规定的位数,把它送至接收数据缓冲器,同时在 RxRDY 线上发出信号,告知 CPU 接收到一个有效的字符。

(4) 同步发送方式。与异步发送方式一样,同步发送方式是在 TxEN 和 $\overline{CTS}$ 有效后开始的。首先发送的是用来进行同步识别的 1 个或 2 个同步字符,随后紧跟着发送若干个数据字符。

在传输过程中,可能会出现 CPU 来不及将下一个字符数据输出给 8251A 的情况。此时,8251A 能自动地在 TxD 线上插入同步字符,从而使发送字符之间没有间隙存在。

10.5.2 8251A 的引脚特性

8251A 作为串行通信接口,直接或通过调制解调器连接串行通信外设。8251A 除了电源与地信号以外,其引脚从功能上分成 5 组:与 CPU 相连的数据线组和控制线组、发送控制组、接收控制组以及对外设/调制解调器控制组。

1. 与 CPU 相连的数据线组

$D_7 \sim D_0$：双向三态数据线。作为 8251A 与 CPU 之间的数据通道，传输各种数据、控制命令和状态信息。

2. 与 CPU 相连的控制线组

控制线组有 6 个输入控制信号。

RESET：复位信号。当 RESET 有效时，8251A 的所有功能复位。

CLK：系统时钟信号。CLK 为 8251A 内部提供定时信号。在同步方式时，CLK 的频率必须大于发送和接收时钟的 30 倍；在异步方式时，必须大于发送和接收时钟的 4.5 倍。

$\overline{RD}$：读信号。当 $\overline{RD}=0$ 时，CPU 从 8251A 中读数据或状态信息。

$\overline{WR}$：写信号。当 $\overline{WR}=0$ 时，CPU 向 8251A 写入控制命令或数据。

C/$\overline{D}$：控制/数据寄存器的选择信号。当 C/$\overline{D}=0$ 时，选中数据寄存器；当 C/$\overline{D}=1$ 时，选中控制寄存器。

$\overline{CS}$：片选信号。当 8251A 选通时，$\overline{CS}$ 必须有效。$\overline{CS}$ 与 $\overline{WR}$、$\overline{RD}$、C/$\overline{D}$ 之间的信号组合与对应的操作功能见表 10-5。

表 10-5　8251A 控制信号的组合和对应的操作

$\overline{CS}$	C/$\overline{D}$	$\overline{RD}$	$\overline{WR}$	操作
0	0	0	1	读 8251A 数据
0	1	0	1	读 8251A 状态
0	0	1	0	写 8251A 数据
0	1	1	0	写 8251A 命令
1	×	×	×	未选通芯片

3. 发送控制组

发送控制组有 4 个信号，用于表示发送器工作状态或发送数据。

TxRDY(Transmitter ReaDY)：发送器准备好信号，高电平有效。TxRDY＝1，且 TxE 和 $\overline{CTS}$ 有效，表示"发送缓冲器空"状态。CPU 可以从状态寄存器中读取 TxRDY 状态，进行查询方式发送。也可以将 TxRDY 信号作为中断申请信号，进行中断方式发送。

TxE(Transmitter Empty)：发送器空信号，高电平有效。当 TxE 输出有效时，表明发送器中并→串转换器已空。TxE 和 TxRDY 是不同的，TxRDY 信号表示发送数据缓冲器的状态，而 TxE 表示经发送数据缓冲器后的并→串转换器的状态。TxRDY 较 TxE 之前有效。在同步方式时，若 CPU 来不及输出一个新的字符，则 TxE 输出变高，同时在发送输出线 TxD 上将自动插入同步字符，以填补传输空隙。在插入同步字符时，TxE 的输出仍为高，表示发送器此时在发送同步字符，而不是数据字符。

TxD(Transmitter Data)：发送器数据输出线。CPU 送给 8251A 的并行数据从 TxD 线上串行发出。

TxC(Transmitter Clock)：发送器时钟信号输入端。发送器时钟是发送速率的控制时钟。在同步方式下,TxC 的频率等于发送波特率,在异步方式下,TxC 的频率可以设定为发送波特率的 1 倍或 16 倍或 64 倍。

例如,波特率＝2400,则 1 倍频的 TxC 为 2400Hz,16 倍频的 TxC 为 38.4kHz,64 倍频的 TxC 为 153.6kHz。8251A 要求 TxC 时钟频率在 1 倍频方式,最大不超过 64kHz;在 16 倍频方式,≤310kHz;在 64 倍频方式,≤615kHz。

如果 8251A 接收器和发送器使用相同波特率,可以用同一个时钟发生器为 TxC 和 RxC 提供时钟信号。通常用系统时钟的分频作为 TxC 和 RxC 的时钟源。

4. 接收控制组

接收控制组也有 4 个信号,用于表示接收器工作状态或接收数据。

RxRDY(Receiver ReaDY):接收器准备好信号,高电平有效,RxRDY＝1,表示已经接收了一个数据字符。RxRDY 信号可以作为中断申请信号,让 CPU 从接收数据缓冲器中读取数据。当 CPU 读取数据之后,RxRDY 信号自动复位。

SYNDET(SYNchronous DETect):同步检测信号,高电平有效。SYNDET 信号仅用于同步方式,是双向信号。8251A 工作在内同步方式时,SYNDET 为输出信号。当检测到所要求的(1/2 个)同步字符的最后 1 位时,该信号输出有效高电平,表示接收、发送端同步。8251A 工作在外同步方式时,SYNDET 为输入信号。当从 SYNDET 端输入一个正跳变时,8251A 在下一个接收时钟 RxC 的下降沿开始接收数据。SYNDET 输入的高电平至少应保持一个 RxC 周期,直到 RxC 出现下一个下降沿方可变低。当 CPU 执行读状态操作时,SYNDET 复位。

RxD(Receiver Data):接收器数据输入线。8251A 经过 RxD 线接收来自发送方的串行数据。

RxC(Receiver Clock):接收器时钟信号输入端。控制 8251A 接收数据的速率。要求与 TxC 相同。

5. 对外设/调制解调器控制组

$\overline{DTR}$(Data Terminal Ready):数据终端准备好输出信号,低电平有效。当 CPU 准备好接收数据时,使 $\overline{DTR}$＝0,通知外设,CPU 已经准备就绪。

$\overline{DSR}$(Data Set Ready):数据装置准备好输入信号,低电平有效。该信号是外设通过 8251A 传输给 CPU 的状态信号。当 $\overline{DSR}$＝0,表示外设已经准备好。当外设与 $\overline{DSR}$ 相连时,CPU 可以查询 8251A 状态寄存器的 DSR 位,得到 DSR 状态。

$\overline{RTS}$(Request To Send):发送请求输出信号,低电平有效。当 CPU 准备好发送数据时,使 $\overline{RTS}$＝0,通知外设,CPU 将发送数据。

$\overline{CTS}$(Clear To Send):发送清除(或称为发送允许)输入信号,低电平有效。这是外设对 8251A 的 RTS 信号的应答信号。当 CPU 发送请求信号有效后,一旦外设发来 $\overline{CTS}$＝0,则发送器开始发送。在发送过程中,如果 $\overline{CTS}$ 无效,发送器将在已经写入的数据全部发送完后停止发送。

10.5.3　8251A 的控制字和状态字

8251A 是可编程串行接口,在使用之前必须经过初始化编程设定其工作状态,其中包括同步/异步方式、传输波特率、字符代码位数、校验方式、停止位位数等。如果是同步方式,需设定是内同步还是外同步,内同步随后还应给出所约定的同步字符。

8251A 的串行通信还要靠命令控制和状态查询等配合完成。因此,8251A 除了发送、接收数据字符以外,还有与之相关的方式控制字、命令控制字和状态字的操作。

1. 8251A 的方式控制字

由于同步和异步方式在操作上区别很大,所以方式控制字的基本格式分为异步方式格式和同步方式格式。它们是用方式控制字的最低两位来区别的:最低两位为 00 是同步方式控制字,非 00 是异步方式控制字。无论是同步方式还是异步方式控制字的设置,使用的都是同一个 $C/\overline{D}=1$ 的端口地址。方式控制字的格式如下:

D_7	D_6	D_5	D_4	D_3	D_2	D_1	D_0

D_1、D_0:首先是以 00 和非 00 区分同步和异步方式。其次是用非 00 的不同编码区分异步方式的倍频系数(时钟频率与波特率之间的系数),01、10、11 分别为 1、16、64 倍频系数。接收和发送的波特率可以不同,因此,接收时钟和发送时钟的频率也可以不同,但是接收和发送的波特率系数只能是同一个。

D_3、D_2:确定每个字符的位数。00、01、10、11 分别选择字符长度为 5、6、7、8 位。当程序指定字符位数小于 8 位时,接收到的数据位右对齐,高位以 0 补充。

D_4:确定是否使用奇/偶检验位。$D_4=1$,允许检验;$D_4=0$,禁止检验。

D_5:选择奇/偶校验方式。$D_5=1$,偶检验;$D_5=0$,奇检验。注意,校验位仅仅是提供传输过程中是否出错的判定,当接收到有效数据后,校验位的作用完成。因此,从 RxD 上接收的校验信号是不会混入数据的。

D_7、D_6:含义与采用的是异步/同步传输方式有关。当 $D_1D_0 \neq 00$ 为异步方式时,D_7、D_6 表示停止位的位数:$D_7D_6=00$ 无效,$D_7D_6=01$、10、11 分别选择 1 位、1.5 位、2 位停止位。当 $D_1D_0=00$ 为同步方式时,$D_6=1$ 为外同步(SYNDET 为输入),此时 D_7 位无效;$D_6=0$ 为内同步(SYNDET 为输出),D_7 位表示同步字符个数,$D_7=1$ 为单同步字符,$D_7=0$ 为双同步字符。

2. 8251A 的命令控制字

CPU 通过向 8251A 发命令控制字,控制 8251A 的实际操作。发命令控制字的端口地址与方式控制字的地址相同,它们的区别仅仅是靠写入的先后顺序。命令控制字格式如下:

D_7	D_6	D_5	D_4	D_3	D_2	D_1	D_0
EH	IR	RTS	ER	SBRK	RxEN	DTR	TxEN

TxEN 和 RxEN 位分别是发送允许和接收允许。为 1,则发送或接收允许;为 0,则发送或接收禁止。在发送或接收之前必须设置允许才行。

DTR 和 RTS 分别是控制 $\overline{DTR}$ 和 $\overline{RTS}$ 的输出状态的,根据通信是否受这些信号的控制来设置它们的值。DTR 为数据终端准备好信号,为 1,则使 $\overline{DTR}$ 为“0”;RTS 为请求发送信号,为 1,则使 $\overline{RTS}$ 为“0”。

SBRK 为 1,发送终止符,使 TxD 输出低电平作为“间断”信号;为 0,发送正常。

ER 为错误标志复位。为 1,将清除状态字中错误标志 PE,OE 和 FE 为 0。

IR 为 8251A 内部复位,与 RESET 有效信号的作用一样。为 1,8251A 复位,返回到方式命令格式,即表示再接收的控制字将是方式控制字。

EH(Enter Hunt)为进入搜索同步符的命令位。在设置同步方式后,第一个命令字的 EH 位应设为“1”,之后,8251A 进入测试同步字符的操作状态。

3. 8251A 的状态字

8251A 设有状态寄存器。CPU 可以通过 $C/\overline{D}=1$ 端口地址读取状态寄存器的内容,判定 8251A 当前的工作状态。状态寄存器中存放的状态字格式如下:

D_7	D_6	D_5	D_4	D_3	D_2	D_1	D_0
DSR	SYNDET	FE	OE	PE	TxEN	RxRDY	TxRDY

FE、OE 和 PE 状态标志分别是在出现字符帧错误、溢出错误、奇/偶校验错误时置位表示,由清除出错(ER=1)命令复位。

DSR 为数据装置准备好状态。当 $\overline{DSR}$ 为低电平时,此标志置位。

RxRDY、TxRDY、TxEN、SYNDET 与引脚定义基本相同,可供 CPU 查询。其中状态位 TxRDY 和输出引脚 TxRDY 有所不同:状态位 TxRDY 并不受命令字中允许发送位 TxEN 和允许发送引脚 $\overline{CTS}$ 的控制,它只反映发送数据缓冲器的状态,只要数据缓冲器一空就置位;而输出引脚 TxRDY 却要受到上述内部和外部两个条件限制,它不仅仅只反映发送过程中数据缓冲器的状态。

在发送前和发送后状态位 TxRDY 和输出引脚 TxRDY 的状态可能不一致,但在发送过程中二者总是一致的。前者可供 CPU 查询,后者可作为向 CPU 发出的中断请求信号。

状态位的置位比状态的实际出现总要滞后,最坏情况下要延迟 28 个 CLK 端的时钟周期。在读状态的操作过程中,状态位是不变的。

10.5.4　8251A 的初始化编程

8251A 要工作在规定的状态中,必须进行初始化编程。对 8251A 初始化编程的流程如图 10-30 所示。

当硬件复位或者通过软件编程对 8251A 复位后,首先向方式寄存器中写入方式控制字,设置 8251A 是异步方式还是同步方式。如果是同步方式,则必须指出同步字符的个数,并随后将同步字符送入 8251A 的同步字符寄存器中。

无论是异步方式还是同步方式,在设置方式控制字之后,应该写入命令控制字。命令控制字中包括对 8251A 操作的各种控制命令。其中如果 D_6 位(IR)为 1,则使 8251A 复位,8251A 将恢复到初始化状态,重新进行方式控制字、命令控制字的设置;否则将进入数据传输阶段。在数据传输过程中或数据传输完成后,可以通过向命令寄存器写入新的命令字,改变 8251A 的操作。

特别要注意,8251A 的方式寄存器、同步字符寄存器、命令寄存器均使用相同的端口地址,即在 $\overline{CS}=0$ 且 $C/\overline{D}=1$ 的端口地址。

由于 8251A 的内部操作需要一定的时间,各种控制字发送后,需要设置几条空操作命令,保证内部操作完成后再设置其他指令。

下面给出对 8251A 初始化编程的例子。由于 8251A 的方式字、命令字都必须写入奇地址端口,而在 8086 系统中,8251A 的 $C/\overline{D}$ 引脚要接系统地址总线的 A1,因此,8251A 端口地址代码的最低两位为 10 的是 8251A 的"奇"地址,这里设定为 52H。

若 8251A 采用异步通信方式,设定字符 7 位数据、1 位偶校验、2 位停止位,倍频系数(波特率因子)为 16。方式控制字为 FAH。

命令控制字 37H 使 TxEN 为 1,发送允许;使请求发送 $\overline{RTS}$ 处于有效电平;使 RxEN 为 1,让接收也允许;使数据终端准备好信号 $\overline{DTR}$ 处于有效电平,通知调制解调器,CPU 已经准备就绪;清除了出错标志等。

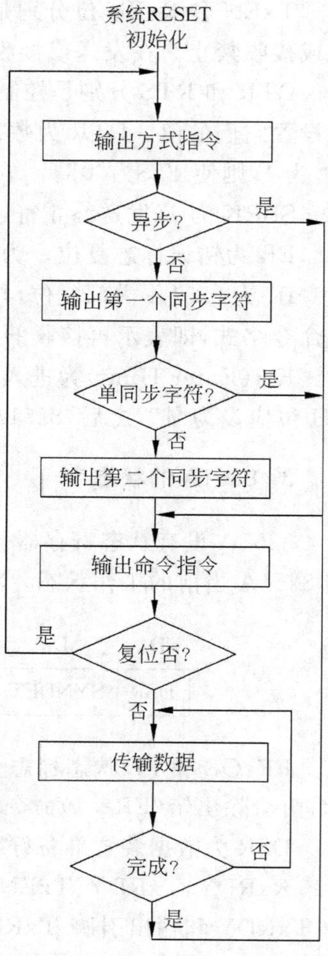

对 8251A 异步通信初始化程序段如下:

```
MOV   AL,0FAH                    ;设置方式字
OUT   52H,AL
MOV   AL,37H                     ;设置命令字,启动发送器、接收器
OUT   52H,AL
```

图 10-30 8251A 初始化流程

若 8251A 采用同步通信方式,"奇"端口地址仍为 52H。8251A 初始化程序往 52H 端口中设置的依次为方式字、同步字符和命令字。

方式控制字为 38H。它设置了内同步方式、2 个同步字符、7 位数据、偶校验。2 个同步字符可以相同,也可以不同,这里均为 16H。

命令控制字为 97H。它使 8251A 的发送器、接收器启动;开始对同步字符进行检索;CPU 当前已经准备好进行数据传输;使状态寄存器中的 3 个出错标志复位等。

对 8251A 同步通信初始化程序段如下:

```
MOV   AL,38H                     ;设置方式字
OUT   52H,AL
MOV   AL,16H                     ;两个同步字符均为 16H
OUT   52H,AL
```

```
OUT    52H,AL
MOV    AL,97H                              ;设置命令字,启动发送器、接收器
OUT    52H,AL
```

10.5.5　8251A 的应用举例

有一个用 8251A 作为串行接口的应用示例,线路如图 10-31 所示。

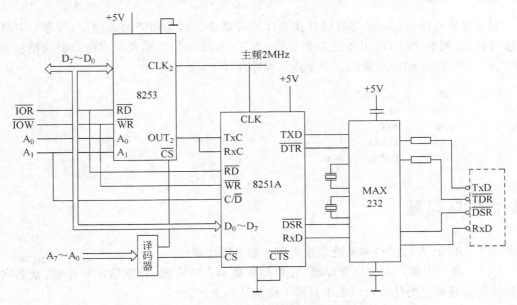

图 10-31　用 8251A 作为串行接口的线路

8251A 的主时钟 CLK 的输入频率 2MHz,其发送时钟 TxC 和接收时钟 RxC 由 8253 的计数器 2 的输出 OUT_2 提供。8253 的计数器 2 工作于方波方式,分频值 52,则 OUT_2 输出频率约为 38.46kHz。8251A 的片选信号 $\overline{CS}$ 由 CPU 的地址线 $A_7 \sim A_3$ 译码输出,奇端口地址为 0DAH,偶端口地址为 0D8H。

MAX232 是由 Maxim 公司生产的单 +5V 供电、双通道 RS-232 收/发芯片,实现 TTL 电平与 EIA 电平转换。

在实际应用中,对 8251A 设置方式字之前,通常采用先送 3 个 0,再送 40H 的方法使 8251A 确保复位,这是 8251A 的编程约定。此例要求 8251A 的波特率为 2400,波特率因子必须选 16。下面给出 8251A 的初始化程序段:

```
XOR    AL,AL
OUT    0DAH,AL
CALL   DELAY                              ;调延时子程序
OUT    0DAH,AL
CALL   DELAY
OUT    0DAH,AL
CALL   DELAY
MOV    AL,40H                             ;设置复位命令字
OUT    0DAH,AL
```

```
        CALL    DELAY
        MOV     AL,4EH                      ;设置方式字,异步、8 位数据、波特率因子 16 等
        OUT     0DAH,AL

        CALL    DELAY
        MOV     AL,27H                      ;设置命令字,启动发送器、接收器
        OUT     0DAH,AL
        CALL    DELAY
```

假定要向外输出的一个字符已放在 AH 寄存器中。若采用查询式输出,程序先对状态口进行测试,判断 TxRDY 状态位是否有效,若 TxRDY 为"1",则说明当前数据输出缓冲器为空,CPU 可以向 8251A 输出一个字符。程序段如下:

```
NEXT:   IN      AL,0DAH
        TEST    AL,01H
        JZ      NEXT
        MOV     AL,AH
        OUT     0D8H,AL
```

思考题与习题

10-1　串行/并行接口和系统总线之间一般有哪些部件?

10-2　若一个接口有 4 个寄存器,它们是数据输入寄存器、数据输出寄存器、状态寄存器和控制寄存器。为什么可以最少只用 1 位地址码来区分?

10-3　设计一个有中断请求电路的并行输入硬接线接口,画出其接口组成示意图。

10-4　8255A 的 3 个数据端口在使用时有什么差别?

10-5　8255A 有哪几种基本工作方式? 对这些工作方式有些什么规定?

10-6　从 8255A 的端口 C 读出数据时,$\overline{CS}$、A_1、A_0、$\overline{RD}$、$\overline{WR}$ 分别是什么电子信号?

10-7　8255A 的方式 2 用在什么场合? 说明端口 A 工作在方式 2 时各信号之间的时序关系。

10-8　设 8255A 4 个端口地址为 C0H、C2H、C4H、C6H。要求设置端口 A 为方式 1 的输入,端口 B 为方式 0 的输出,端口 C 的高 4 位配合端口 A 工作,端口 C 的低 4 位为输入。

10-9　试利用 8255A 设计一事件统计与显示电路。当某事件出现(如生产流水线上的工件检测器检测到有一个工件通过)时,送来一个负极性脉冲。显示器由两位 7 段 LED 显示器组成,初始状态显示"00"。以后,每送来负脉冲,则显示内容加 1,当显示"99"时,若再送来一个负脉冲,则又显示"00",同时,通过 8255A 的端口引脚输出一个正脉冲,用于控制声光电路。设 8255A 的端口地址为 03C0H~03C3H,试完成硬件与软件设计(不包括声光电路)。

10-10　试利用 8253、8255A、AD574 设计一个数据采集系统(不包括 A/D 转换器输入通道中的放大器和采样/保持电路)。要求每隔 $50\mu s$ 采集一个数据,数据的 I/O 传送控制采用中控制,8255A 的 INTR 信号接至 8259A 的 IR2 请求信号引脚。允许附加必要的门电路或单稳态电路。试完成:

(1) 硬件设计,画出连接图(不包括 8259)。

(2) 软件设计,包括 8255A、8253 的初始化及中断服务程序。

10-11 什么叫异步通信方式?什么叫同步通信方式?它们的数据通信格式各有什么特点?

10-12 设计一个采用异步通信方式输出 100 个字符的程序段。规定 7 位数据位,1 位停止位,用偶校验,波特率因子为 64。8251A 的端口地址为 40H、42H,输出字符缓冲区地址为 2000H:3000H。

第11章

数/模转换及模/数转换

数/模转换及模/数转换在微机自动控制系统中应用广泛,本章介绍了常用的模/数转换及数/模转换的原理,并通过举例说明常用模/数转换器和数/模转换器的使用。

11.1 概述

微型计算机的应用领域之一就是自动控制,在自动控制领域中,用微型计算机进行实时控制和数据处理。用微型计算机构成一个数据采集系统或过程控制系统时,需要采集的外部信号或被控对象的参数往往是一些在时间和数值上都是连续变化的模拟量,如温度、压力、流量、速度、位移等。而计算机只能接收和处理不连续的数字量(也称离散量),因此,必须把这些模拟量转换为数字量,以便计算机接收处理。计算机的处理结果仍然是数字量,而大多数被控对象的执行机构均不能直接接收数字量信号,所以,还必须将计算机加工处理后输出的数字信号再转换为模拟信号(必要时还要进行功率放大),才能控制和驱动执行机构,达到控制的目的。

D/A 和 A/D 转换器是计算机与外部世界联系的重要接口。在一个实际的计算机控制系统中,如图 11-1 所示,计算机作为系统的一个环节,它的输入和输出都是数字信号,而外部受控对象往往是一个模拟部件,它的输入和输出必然是模拟信号。这两种不同形式的信号要在同一环路中进行传递就必须经过信号变换,在系统中完成模拟信号转换成数字信号的装置称为模/数(Analog to Digit,A/D)转换器(简称 ADC);反之,完成数字信号转换成模拟信号的装置称为数/模(Digit to Analog,D/A)转换器(简称 DAC)。

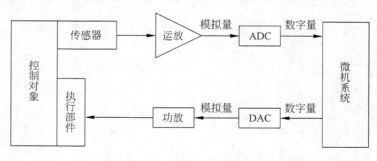

图 11-1　计算机控制系统

目前,A/D和D/A都可分别用一个芯片来实现,本章介绍了常用的模/数转换及数/模转换的原理,并通过举例说明常用模/数转换器和数/模转换器的使用。

11.2 数/模(D/A)转换原理

11.2.1 D/A转换的工作原理

模/数转换有多种方法,如权电阻网络法、T形电阻网络法和开关树法,但最常见的是T形电阻网络法。

见图11-2,以一个4位D/A转换器为例,数字量的每一位$D_3 \sim D_0$分别控制一个模拟开关。当某一位为1时,对应开关倒向右边;反之,开关倒向左边。容易分析出图中$X_0 \sim X_3$各点的对应电位分别为V_{ref}、$V_{ref}/2$、$V_{ref}/4$、$V_{ref}/8$,而与开关方向无关。于是有

$$\sum I = \frac{V_{x3}}{2R} \cdot D_3 + \frac{V_{x2}}{2R} \cdot D_2 + \frac{V_{x1}}{2R} \cdot D_1 + \frac{V_{x0}}{2R} \cdot D_0$$

$$= \frac{1}{2R \cdot 2^3} V_{ref}(D_3 \cdot 2^3 + D_2 \cdot 2^2 + D_1 \cdot 2^1 + D_0 \cdot 2^0)$$

$$V_0 = -R_f \cdot \sum I = -\frac{R_f}{2R \cdot 2^3} V_{ref} \cdot \sum_{i=0}^{3} D_i \cdot 2^i$$

也就是说,输出电压正比于数字量的值。

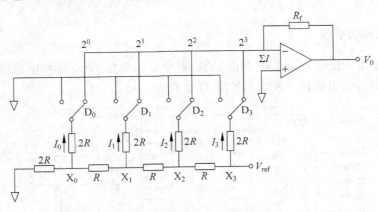

图11-2 T形电阻网络DAC

11.2.2 D/A转换器的主要性能指标

(1) 分辨率。分辨率指D/A转换器所能分辨最小的量化信号的能力,这是对微小输入量变化的敏感程度的描述,一般用转换器的数字量的位数来表示。对于一个分辨率为n位的DAC,它能对满刻度的2^{-n}倍的输入变换量作出反应。常见的分辨率有8位、10位、12位等。

(2) 建立时间。它是DAC转换速度快慢的一个重要参数,指DAC的数字输入有满刻

度值的变化时,其输出模拟信号电压(或电流)达到满刻度值 1/2LSB 时所需要的时间。对电流输出形式的 DAC,其建立时间是很短的;而对电压输出形式的 DAC,其建立时间主要是其输出运放所需的响应时间。一般 DAC 的建立时间为几个 ns 至几个 μs。

其他还有绝对精度、相对精度、线性度、温度系数和非线性误差等性能指标。

11.3　常用数/模(D/A)转换芯片的使用

目前经常使用的 D/A 转换芯片多为美国和日本生产,分辨率有 8 位、10 位和 12 位,使用时可根据实际需要选用。下面结合实例介绍几种常用数/模转换芯片的使用。

11.3.1　8 位 DAC 芯片——DAC 0832

1．技术参数

内部采用 $R\text{-}2R$ 梯形电阻网络,片外为 20 引脚双列直插式封装。

分辨率:8 位。

建立时间:$1\mu s$,电流型输出。

单电源:$+5\sim+15V$,低功耗:200mW。

精度:$+1LSB$。

线性误差:$+0.1\%$。

基准电压范围:$-15\sim+15V$。

2．内部结构和引脚

DAC 0832 由 8 位输入锁存器、8 位 DAC 寄存器和 8 位 D/A 转换电路组成,内部逻辑结构如图 11-3 所示,引脚信号及含义见图 11-4 和表 11-1。

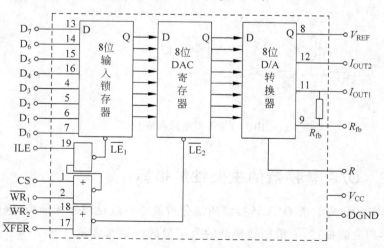

图 11-3　DAC 0832 内部逻辑框图

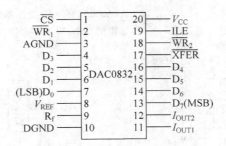

图 11-4 DAC 0832 引脚排列

表 11-1 DAC 0832 引脚功能

引脚	功 能	引脚	功 能
$D_{0\sim7}$	数据输入	V_{CC}	电源输入
ILE	数据允许信号,高电平有效	I_{OUT1}, I_{OUT2}	电流输出线 $I_{OUT1} + I_{OUT2} =$ 常数
$\overline{CS}$	输入寄存器选择信号,低电平有效	AGND	模拟信号地
$\overline{WR_1}$	输入寄存器写选通信号,低电平有效	DGND	数字地
$\overline{WR_2}$	DAC 寄存器写选通信号,低电平有效	R_{fb}	反馈信号输入
$\overline{XFER}$	数据传送信号,低电平有效	V_{REF}	基准电压输入

3. DAC 0832 的工作方式

根据对 DAC 0832 的输入锁存器和 DAC 寄存器的不同控制方法,DAC 0832 有以下 3 种工作方式:

1) 单缓冲方式

控制输入寄存器和 DAC 寄存器同时跟随或锁存数据,或只控制这两个寄存器之一,而另一个接成直通方式。此方式适用于只有一路模拟量输出或几路模拟量非同步输出的情形。

参考电路如图 11-5 (a)所示,有关程序段如下:

```
MOV   DX,280H                    ;DAC09832 的地址为 280H
OUT   DX,AL                      ;AL 中数据送 DAC 转换
```

2) 双缓冲方式

分别控制输入寄存器和 DAC 寄存器。

此方式适用于多路 D/A 同时输出的情形: 使各路数据分别锁存于各输入寄存器,然后同时(相同控制信号)打开各 DAC 寄存器,实现同步转换。参考线路如图 11-5 (b)所示,程序片段如下:

```
MOV   DX,200H                    ;DAC0832 的输入锁存器的地址为 200H
OUT   DX,AL                      ;AL 中数据 DATA 送输入锁存器
```

```
MOV  DX,201H              ;DAC0832 的 DAC 锁存器的地址为 201H(A₀ = 1)
OUT  DX,AL                ;数据 DATA 写入 DAC 锁存器并转换,此句中 AL 的值任意
```

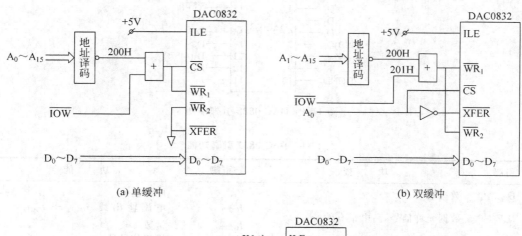

(a) 单缓冲   (b) 双缓冲

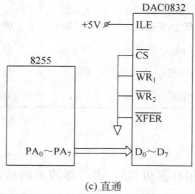

(c) 直通

图 11-5　DAC0832 的工作方式(续)

3) 直通方式

输入寄存器和 DAC 寄存器都接成直通方式。此时提供给 DAC 的数据必须来自锁存端口,如图 11-5(c)所示,来自 8255 的 A 口,程序片段如下:

```
MOV  DX,PA8255            ;设 8255A 口地址为 PA8255
OUT  DX,AL                ;AL 中数据送 A 口锁存并转换
```

4. DAC 0832 的输出方式

DAC 0832 的输出是电流型的。在微机系统中,通常需要电压信号,这时可用运算放大器转换为单极性或双极性的输出电压。

1) 单极性输出

如图 11-6(a)所示,对应数字量 00~FFH 的模拟电压 V_o 的输出范围是 $0 \sim -V_{ref}$。

2) 双极性输出

如图 11-6(b)所示,图中的单极性输出电压 V_{o1} 经运放 OP_2 电平偏移、放大后,对应数字量 00~FFH 的模拟电压 V_{o2} 输出范围是 $-V_{ref} \sim V_{ref}$。

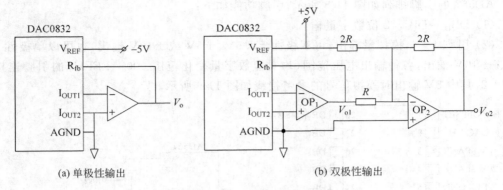

(a) 单极性输出 (b) 双极性输出

图 11-6 DAC 0832 的输出方式

11.3.2 12 位 DAC 芯片——AD567

AD567 是美国 AD 公司的产品,电流输出型高速 12 位 D/A 转换器。该 DAC 片内包含高稳定电压基准和双缓冲输入锁存。

1. AD567 的性能和引脚

AD567 的功能框图如图 11-7 所示,其主要特性如下:

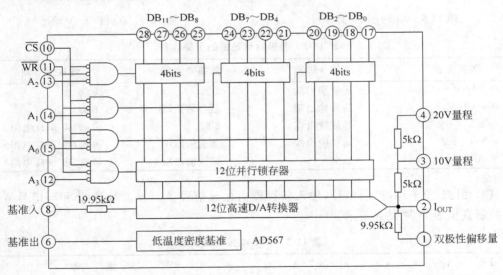

图 11-7 AD567 的功能框图

- 单片设计,内部基准源 10V±1mV。
- 输入双缓冲结构,可直接连接 8 位或 16 位数据总线,与 TTL 和 CMOS 电平兼容。
- 分辨率 12 位,非线性误差小于 1LSB。
- 电流型输出,最大 2mA,建立时间 500ns。
- 电源电压范围 12~15V,低功耗 300mW。

AD567 的引脚排列如图 11-8 所示,引脚功能如下:

(1) $DB_{11} \sim DB_0$,12 位数字量输入。

(2) 引脚 1~4,模拟量输出,可双极性±2.5V、±5V 或±10V 输出,也可以单极性 0~5V、0~10V 输出,各种输出电压范围(均对应数字量变化范围 000~FFFH)的引脚连接见表 11-2,其中 5V 输出时模拟信号的参考接线如图 11-9 所示。

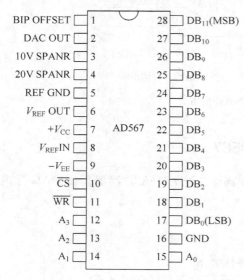

图 11-8　AD567 的引脚排列　　　　　　图 11-9　双极性±5V 输出

表 11-2　各种输出范围的引脚连接

输出范围	连接 3 脚到	连接 4 脚到	连接 1 脚到
0~+5V	运放输出端	2 脚	5 脚
0~+10V	运放输出端	运放输出端	5 脚
−2.5~+2.5V	运放输出端	2 脚	6 脚(串 50Ω 电阻)
−5~+5V	运放输出端	运放输出端	6 脚(串 50Ω 电阻)
−10~+10V	悬空	运放输出端	6 脚(串 50Ω 电阻)

(3) 引脚 10~15,控制信号,输入锁存器由地址信号 $A_3 \sim A_0$、片选 $\overline{CS}$ 和写信号 $\overline{WR}$ 控制,控制真值表如表 11-3 所示。

表 11-3　AD567 控制真值表

$\overline{CS}$	$\overline{WR}$	A_3	A_2	A_1	A_0	操　作
1	×	×	×	×	×	——
×	1	×	×	×	×	——
0	0	1	1	1	0	锁存第一级缓冲器低 4 位
0	0	1	1	0	1	锁存第一级缓冲器中 4 位
0	0	1	0	1	1	锁存第一级缓冲器高 4 位
0	0	0	1	1	1	锁存第二级缓冲器
0	0	0	0	0	0	所有锁存器均透明

（4）增益微调在基准输出端（6脚）与输入端（8脚）之间接 100Ω 电位器，如图 11-9 所示，通过调节基准电压来达到增益微调的目的。

（5）模拟地（5脚）和数字地（16脚）。通常，在设计 D/A 或 A/D 接口时，把模拟地和数字地只在一点连接，有利于提高输出精度和抗干扰性。

2. AD567 与 CPU 接口

AD567 和 8 位数据总线连接时，待转换的 12 位数字量至少分两次送出。控制逻辑使得它能够使用向右或向左对齐的数据格式，图 11-10、图 11-11 给出了向右对齐的实现方式。

DB_{11}	DB_{10}	DB_9	DB_8	DB_7	DB_6	DB_5	DB_4	高字节
DB_7	DB_6	DB_5	DB_4	×	×	×	×	低字节

（a）向左对齐

×	×	×	×	DB_{11}	DB_{10}	DB_9	DB_8	高字节
DB_7	DB_6	DB_5	DB_4	DB_7	DB_6	DB_5	DB_4	低字节

（b）向右对齐

图 11-10　8 位总线与 12 位数据格式

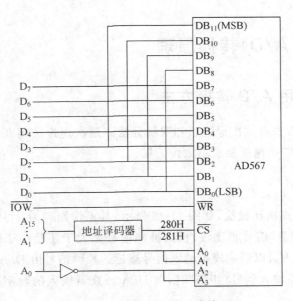

图 11-11　ADC 与 8 位总线接口

设待转换的数据在 AX 中，对应的地址编码为 280H～281H，则输出程序如下：

```
MOV   DX,280H
OUT   DX,AL          ; 打开第一级缓冲器中高 4 位和低 4 位
INC   DX
MOV   AL,AH
OUT   DX,AL          ; 同时打开第一级缓冲器高 4 位（写入原 AH 中低 4 位）
                     ; 和第二级缓冲器（写入第一级缓冲器的 8 位锁存值）
```

AD567 与 16 位总线接口时比较简单,单缓冲即可。一种实现方式见图 11-12。

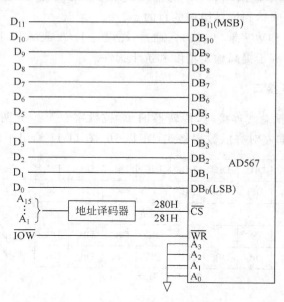

图 11-12　ADC567 与 12 位总线接口

11.4　模/数(A/D)转换原理

11.4.1　常用 A/D 转换方法

常用模/数转换方法有逐次逼近法和双积分法。逐次逼近法用在转换速度要求较快的场合;双积分法用在转换速度要求不太快的场合。

1. 逐次逼近法

逐次逼近法又称逐次比较法,如图 11-13 所示,其工作原理为:将一个待转换的模拟输入信号 V_{IN} 与一个"推测"信号相比较,根据推测信号是大于还是小于输入信号来决定减小还是增大该推测信号 V_0,以便向模拟输入信号逼近。推测信号由 D/A 变换器的输出 V_0 获得,当推测信号与模拟输入信号"相等"时,向 D/A 转换器输入的数字即为对应的模拟输入的数字。

其"推测"的算法是这样的,它使二进制计数器中的二进制数的每一位从最高位起依次置 1。每接一位时,都要进行测试。若模拟输入信号 V_{IN} 小于推测信号 V_1,则比较器的输出为零,并使该位置 0;否则比较器的输出为 1,并使该位保持 1。无论哪种情况,均应继续比较下一位,直到最末位为止。此时在 D/A 变换器的数字输入即为对应于模拟输入信号的数字量,将此数字输出,即完成其 A/D 转换过程。

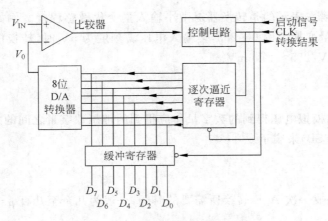

图 11-13 逐次逼近法 A/D 转换器

2. 双积分法 A/D 转换器

采用双积分法进行模/数转换的 A/D 转换器其工作原理如图 11-14(a)所示,电子开关先把 V_x 采样输入到积分器,积分器从零开始进行固定时间 T 的正向积分,时间 T 到后,开关将与 V_x 极性相反的基准电压 V_{ref} 输入到积分器进行反相积分,到输出为零伏时停止反相积分。

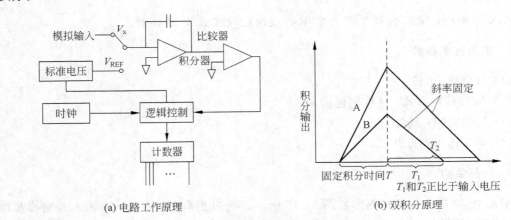

(a) 电路工作原理   (b) 双积分原理

图 11-14 双积分法 A/D 转换原理

从图 11-14(b)所示的积分器输出波形可以看出,反相积分时积分器的斜率是固定的,V_x 越大、积分器的输出电压越大、反相积分时间越长。计数器在反相积分时间内所计的数值就是与输入电压 V_x 在时间 T 内的平均值对应的数字量。

这种 A/D 的转换速度较慢,但抗高频干扰性好。

11.4.2 A/D 转换器的主要技术参数

1. 分辨率

分辨率指输出数字量的位数。常用的有 8 位、10 位、12 位、14 位等。一般地,位数越多,价格越贵。分辨率表示的是转换器对微小输入量变化敏感程度。例如,8 位 ADC,其分辨率为 8 位,数字量变换范围 0~255,当输入电压满刻度为 5V 时,转换电路对输入模拟电压的分辨能力为 5V/255≈19.6mV。

2. 转换精度

对应于输入的模拟电压得到的数字量与应得到的理想数字量之间的差值。通常用数字量的最低有效位(LSB)来表示。

3. 转换时间

转换时间指完成一次 A/D 转换所需要的时间,一般为几个至几百 μs。

4. 线性度

模拟电输入与 A/D 转换后得到的数字量是否成线性增加。

11.5　常用模/数(A/D)转换芯片的使用

11.5.1　8 位 ADC 芯片——ADC 0809

ADC 0809 是 NSC 公司生产的 CMOS 逐次比较式 A/D 转换器。

1. 主要技术参数

(1) 分辨率:8 位。
(2) A/D 转换形式:逐次逼近式。
(3) 转换时间:$100\mu s$。
(4) 带 8 选 1 模拟开关。

2. 内部结构

ADC 0809 的内部结构框图如图 11-15 所示。通过引脚 $IN_0 \sim IN_7$ 可输入 8 路模拟电压,但每次只能转换一路,其通道号由地址信号 A、B、C 译码后选定,如表 11-4 所示,片内有地址锁存和译码器。转换结果送入三态输出锁存器,当输出允许信号 OE 有效时才输出到数据总线上。

表 11-4　地址与通道号

C B A	000	001	010	011	100	101	110	111
选中通道	IN_0	IN_1	IN_2	IN_3	IN_4	IN_5	IN_6	IN_7

3. 引脚信号

引脚信号及功能如图 11-16 和表 11-5 所示。

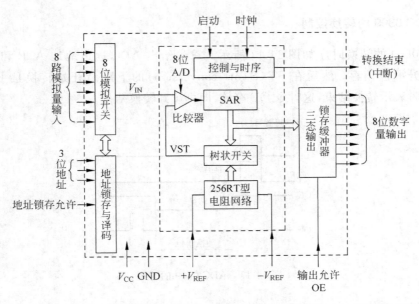

图 11-15 ADC 0809 内部结构框图

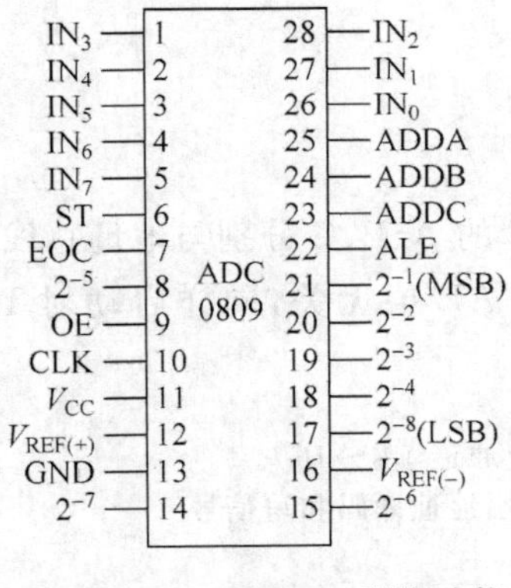

图 11-16 ADC 0809 引脚功能

表 11-5 ADC 0809 引脚功能

引脚名	功 能
$IN_0 \sim IN_7$	模拟电压输入端
C、B、A	通道地址信号
ALE	地址锁存信号,上升沿有效
ST	启动转换信号,下降沿有效
EOC	转换结束状态信号,高电平有效
$D_7 \sim D_0$	数据输出,三态
OE	输出允许信号,高电平有效
CLK	转换定时时钟信号
$V_{REF(+)}$、$V_{REF(-)}$	参考电压输入线,$V_{REF(-)}$一般为模拟地
V_{CC}	电源,+5V
GND	数字地

ADC 0809 为 28 引脚。其主要引脚信号有:

(1) START 为启动模/数转换引脚,当该引脚收到高电平时,开始启动模/数转换。

(2) EOC 为模/数转换结束输出引脚,转换结束时,该引脚输出高电平。在启动模/数转换后可以通过对该引脚状态查询(读入)得知模/数转换是否完成。

(3) OE 为输出允许控制,该引脚用于控制选通三态门。模/数转换完成得到的数字量存在芯片内,当 OE＝1 时,三态门打开,模/数转换后得到的数字量才可通过三态门到达数据总线,进而被读入 CPU。

(4) CLOCK 为外加时钟输入引脚。其频率为 50～800kHz,使用时常接 500～600kHz。

(5) ALE 为模拟通道锁存信号,当此引脚由低电平到高电平跳变时将加到 C、B、A 引脚的数据锁存并选通相应的模拟通道。

4. ADC 0809 的转换控制

ADC 0809 的转换时序如图 11-17 所示。首先给出 ADC 通道地址 A、B 和 C,它们在 ALE 的上升沿被锁存;然后在 ST(STart conversion)的下降沿开始转换且 EOC 变低;EOC 变高时表示转换结束,这时令 OE 有效,即可读到转换结果。

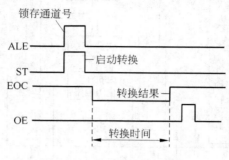

图 11-17 ADC 0809 的时序

1) 选择通道并启动转换

通常 ST 和 ALE 由同一正脉冲信号控制,该脉冲的上升沿锁存地址、下降沿启动转换。通道地址可由数据总线输入,如图 11-18(a)所示,以下程序片段可对 IN_3 启动转换:

```
MOV   AL,XXXXX011B              ;D₂D₁D₀ = 通道号
MOV   DX,200H                   ;200H～203H 均可
OUT   DX,AL
```

通道地址也可由地址总线输入,如图 11-18(b)所示,ADC 的 A、B、C 分别与地址总线的 A_0、A_1、A_2 连接。此时程序中地址号为 DX 的低 3 位,而与 AL 值无关,同样启动对 IN_3 转换:

```
MOV   DX,203H                   ;200H～207H 对应通道 IN₀～IN₇
OUT   DX,AL                     ;AL 值任意,只利用地址译码和写信号
```

2) 读取方式

(1) 直接读取。

启动转换后,(软件或硬件)延时一定时间(确保大于 A/D 转换时间)后,直接读取转换结果,不利用 EOC 信号(EOC 悬空)。

(2) 查询式。

A/D 转换结束,EOC 则由低变高,故查询其值即可知道转换是否结束。如图 11-18(a)所示,EOC 经缓冲器由 D_0 读入 CPU。程序所下:

```
        MOV    DX,202H
WAIT:   IN     AL,DX            ;AL 的 D0 = EOC
        TEST   AL,01H
        JZ     WAIT
        ......                  ;读取转换结果
```

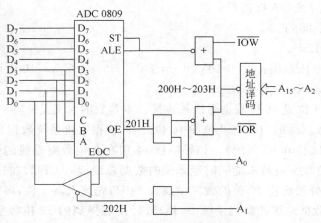

(a) 地址来自数据总线；查询式读取

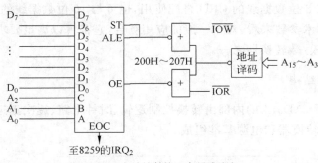

(b) 地址来自地址总线；中断式读取

图 11-18   ADC 0809 与系统总线的连接

（3）中断式。

A/D 转换结束时也可由 EOC 的上升沿申请中断，CPU 在中断服务程序中读取转换结果。如图 11-18(b)所示，EOC 通过 8259 的 IRQ_2 申请中断。

3）读取转换结果

OE 有效时 ADC 0809 的输出数据出现在外部数据线上。如图 11-18(a)、(b)所示接线，读取程序如下：

```
MOV  DX,201H
IN   AL,DX                                ;转换结果读入 AL 中
```

11.5.2　12 位 ADC 芯片——AD574

AD574 是美国 AD 公司的产品。这是一个完整的 12 位逐次逼近式 A/D 转换器，带有可与 8 位或 16 位 CPU 总线直接连接的三态输出缓冲器。

1. 主要技术参数

（1）分辨率：12 位。

（2）A/D 转换方式：逐次逼近式。

（3）转换时间：$25\mu s$。

（4）精度：$\pm 1LSB$。

（5）输入模拟电压范围：$0\sim +10V, 0\sim +20V, -5\sim +5V, -10\sim +10V$。

（6）模拟量输入阻抗：$3\sim 7k\Omega$。

（7）可选择与 8 位或 16 位数据总线相连接。本参数的含义是：

由于 CPU 的数据线的位数有 8 位和 16 位之分，使得微机系统数据总线也有 8 位和 16 位之分（当然还有 32 位和 64 位的）。如果 AD574 用在 8 位数据总线的微机系统中，模/数转换后得到的 12 位数字量就不能同时经 8 位的数据总线读入 CPU，在这种情况下，AD574 允许以字节为单位分两次将 12 位的数字量读入 CPU，先读入高 8 位，再读入低 4 位。如果 AD574 用在 16 位数据总线的微机系统中，模/数转换后得到的 12 位数字量就能同时经 16 位的数据总线以字为单位一次读入 CPU。AD574 的这个功能给它的使用带来了较大的灵活性，使它既可以与 8 位数据线的 CPU 搭配使用，也可与 16 位数据线的 CPU 搭配使用。

从 AD574 的技术参数来看，对于一般的应用场合，它都可以满足要求，因此它是在实际应用中用得最多的模/数转换器之一。

2. AD574 内部结构

如图 11-19 所示，AD574 的内部由转换控制逻辑、时钟电路、逐次逼近寄存器、量程变换电路、比较器、D/A 转换器和电源基准组成。

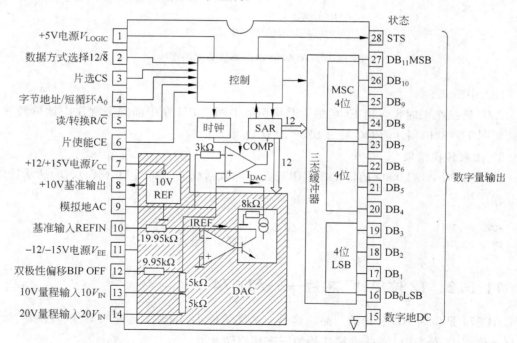

图 11-19   AD574 内部结构框图和引脚排列

3. 引脚信号

AD574 的引脚共 28 位，DIP 封装，主要信号如下：

(1) 12 位数字量输出：$DB_{11} \sim DB_0$，其中 DB_{11} 为最高位(MSV)，DB_0 为最低位(LSB)。

(2) 模拟量输入：$10V_{IN}$ 及 $20V_{IN}$，可以双极性 $\pm 5V$ 或 $\pm 10V$ 输入，也可以单极性 $0 \sim +10V$ 或 $0 \sim +20V$ 输入。

(3) 控制信号：AD574 的逻辑控制信号共有 5 个，即 $\overline{CS}$、CE、R/$\overline{C}$、12/$\overline{8}$ 和 A_0。其工作方式如表 11-6 所示。

表 11-6　AD574A 逻辑控制真值表

CE	$\overline{CS}$	R/$\overline{C}$	12/$\overline{8}$	A_0	工作状态
1	0	0	×	0	启动 12 位转换
1	0	0	×	1	启动 8 位转换
1	0	1	1	×	允许 12 位并行输出
1	0	1	0	0	允许高 8 位并行输出
1	0	1	0	1	允许低 4 位加上尾随 4 个 0 输出
×	1	×	×	×	不工作
0	×	×	×	×	不工作

$\overline{CS}$——片选信号，低电平有效。

CE——芯片启动信号，高电平有效。

R/$\overline{C}$——读出和转换控制信号。

12/$\overline{8}$——数据输出格式选择控制线，12/$\overline{8}$=1 时 12 位同时输出；12/$\overline{8}$=0 时高 8 位、低 4 位分两次输出，按向左对齐数据格式。

A_0——字节选择控制线。

STS——输出状态信号线，高电平有效。在转换过程中，STS 为高电平，转换完成后，该脚为低电平。

4. AD574 的输入连接

AD574 的输入连接如图 11-20(a)、(b)所示。各种模拟输入电压范围对应的数字输出范围均为 000~FFFH(12 位)或 00~FFH(8 位)。

5. AD574A 的输出接口

AD574A 与 8 位和 16 位数据总线的连接分别如图 11-21(a)、(b)所示。与 ADC 0809 同理，可以有 3 种读取方式。直接读取(固定延时)方式实现一次转换的程序片段(与 8 位总线接口，如图 11-21(b)所示)：

```
OUT    80H,AL            ;启动 12 位转换
CALL   DELAY             ;延时，等待转换结束
IN     AL,80H            ;读入高 8 位
MOV    AH,AL
IN     AL,81H            ;读入低 4 位及 4 位 0
```

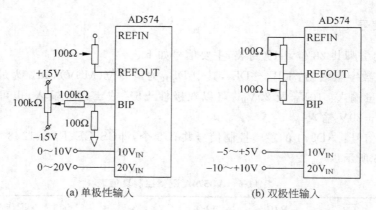

(a) 单极性输入　　　　　　(b) 双极性输入

图 11-20　AD574 的输入连接

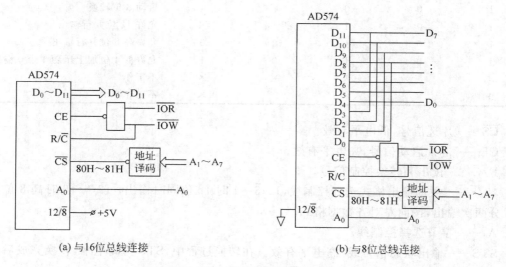

(a) 与16位总线连接　　　　　　(b) 与8位总线连接

图 11-21　AD574A 与总线的接口

思考题与习题

　　11-1　已知模拟量输入信号为 0～+5V,试设计利用 ADC 0809 芯片进行查询式 A/D 转换的 PC 机接口卡,并编写实现一次采集的程序片段。

　　11-2　在 PC 机总线上扩充 DAC 0832 芯片,并完成三角波信号输出。三角波的电压范围为 0～+2.5V。要求:

　　(1) 画出硬件接线图,DAC 0832 可用的地址有 4 个,即 280H～283H。

　　(2) 编写 D/A 转换程序。

　　11-3　要求将内存单元 BUF1 和 BUF2 中的数据同时转换为模拟电压输出。用 DAC 0832 实现。设计有关硬件和软件。

第12章

基于Proteus仿真的8086 微型处理器实验

通过前面章节的学习,读者已经掌握的知识有:8086 微处理器的内部结构、I/O 口、汇编语言程序设计、内部资源和外部系统扩展;Proteus 软件的使用及仿真 8086 微处理器应用系统的方法等。根据作者多年的教学和科研的经验,本章以具体的 8086 微处理器应用实际例子结合 Proteus 仿真工具,由简单到复杂,引导读者一步步学习使用 Proteus 进行 8086 微处理器应用系统的软、硬件设计,最终具备微处理器应用系统软、硬件设计的基本能力。

Proteus 本身不带有 8086 的汇编器和 C 编译器,因此必须使用外部的汇编器和编译器。广州风标电子技术有限公司(Proteus 中国大陆总代理)基于 Proteus 教学实验系统(微机原理与接口技术)教学实验装置选用的是免费的 MASM 汇编器和 Digital Mars C Compiler 编译器。在相应的 Projects(汇编)和 C_Projects(C 语言)目录下可以找到 Tools 目录,里面就有所需要的编译工具。其中 MASM 的版本是 6.14.8444,Digital Mars C Compiler 的版本是 8.42n。本实验就是让大家学会怎样在 Proteus 中调用外部的编译器进行编译,生成可执行文件.EXE。

本章应用举例包括 8086 微处理器输入/输出(I/O 口)、8086 微型处理器控制 LED 显示、8086 微型处理器控制矩阵式键盘、8086 微型处理器的并行端口的应用、8086 微型处理器终端的应用、8086 微型处理器的数/模转换、8086 微型处理器的模/数转换和 8086 微型处理器串行端口的应用。

12.1 基本 I/O 口的应用

1. 实验内容

(1) 学习使用 Proteus,在 Proteus 中调用外部的编译器进行编译,生成可执行文件 .exe,掌握绘制电路原理图和编译程序。

(2) 利用 BL 寄存器中二进制位的值直接决定 LED 正极的电平高低,从而决定亮灭。

(3) 实验过程中通过开关取反操作达到控制灯的明亮效果,控制相对简单,实验过程也可以加入软延时及其他控制方法。

2. 实验目的

(1) 利用板上集成电路上的资源,扩展一片 74HC245,用来读入开关状态。

(2) 扩展一片 74HC373,用来作输出口,控制 8 个 LED 灯。

3. 实验步骤

（1）在 Proteus 中绘制电路原理图。

（2）在 Proteus 中调用外部的编译器进行编译，并编译通过。

（3）在 Proteus 中加载程序，观察仿真结果。

（4）输入汇编语言程序，重复上述过程。

4. 实验环境

在 Proteus 软件环境中完成虚拟实验，有条件的话，用相应的硬件模块组建实际系统，然后将两次实验结果进行对比。

5. 电路原理图

8086 微处理器输出电路原理如图 12-1 所示，图中 U1 是 8086 微处理器，$D_1 \sim D_8$ 是 8 个 LED 发光二极管，分别与 74HC373 的 Q 口相连。

基本 I/O 应用实例电路原理图中的元器件清单如表 12-1 所示。

表 12-1　基本 I/O 应用实例电路元器件清单

元件名称	所属类	所属子类	功能说明
8086	Microprocessor ICs	I86 Family	微处理器
74HC245	TTL 74LS series	Transceivers	8 路同相三态双向总线收发器
74HC373	TTL 74LS series	Flip-Flops&Latches	三态输出的八 D 透明锁存器
74HC02	TTL 74LS series	Gate&Inverters	与非门
74HC138	TTL 74 series	Flip-Flops&Latches	三态输出的八 D 透明锁存器
DSW1	Switchs&Relay	Switchs	开关
LED-GREEN	Optoelectics	LEDS	绿灯 LED 发光管
NOT	Simulator Primitives	Gates	非门
RES	Resistor		电阻
Diodes	8	"D1-D8"	LED-GREEN

6. 参考程序

（1）汇编语言程序——来回单个点亮程序。

```
CODE SEGMENT;
        ASSUME CS:CODE
IN245 EQU 0D000H
OUT373 EQU 8000H

START:
        MOV DX,IN245
        CODE ENDS
        IN AL,DX
        MOV DX,OUT373
        OUT DX,AL
JMP START
        END START
```

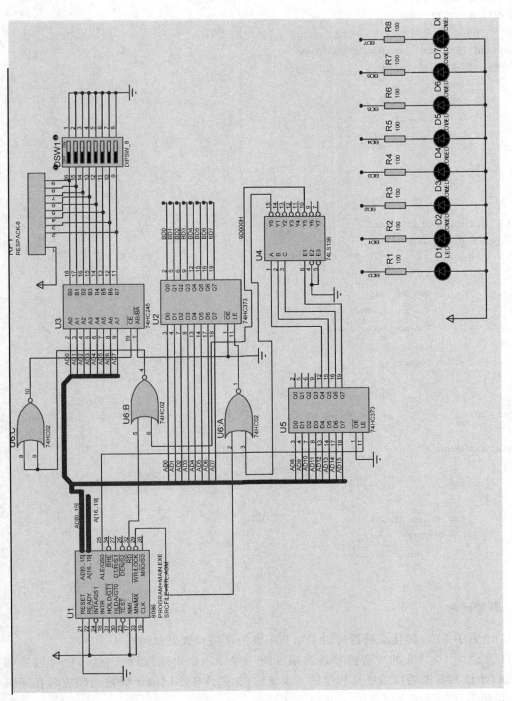

图 12-1 基本 I/O 应用实例电路原理

（2）C 语言程序——单个循环点亮程序。

```
#define IN245 0D000H
#define OUT373 8000H


void outp(unsigned int addr, char data)
// 把一个字节写进 I/O 中
    { __asm
        { mov dx, addr
            mov al, data
            out dx, al
        }
    }



char inp(unsigned int addr)
// 从指定的 I/O 中读一个字节
    { char result;
        __asm
            { mov dx, addr
                in al, dx
                mov result, al
            }
        return result;
    }


char tmp;

void main(void)
  {
    while(1)
    {
        tmp = inp(IN245);
        outp(OUT373, tmp);
    }
  }
```

7．思考问题

（1）电路中 LED 的接法是否可以采用共阳极的接法？效果如何？

（2）实例中 U2、U3 的片选信号线选用了同一根译码输出线，因而在程序中可以看到 LED 端口地址和开关端口地址是相同的。很显然，如果选择不同的译码输出线或者在译码电路中采用不同的译码方案，I/O 的地址是不同的。

（3）本实例从绘图效果出发，采用了层次电路图的方式绘制译码电路；用部件组文件的方式减少重复电路的绘制。这类方法并不固定。

12.2　可编程定时器/计数器 8253 实验

1. 实验内容

(1) 学习使用 Proteus,在 Proteus 中调用外部的编译器进行编译,生成可执行文件
.exe,掌握绘制电路原理图和编译程序。

(2) 设计程序:利用 8086 外接 8253 可编程定时器/计数器,实现方波的产生。

2. 实验目的

(1) 学习 8086 与 8253 的连接方法。

(2) 学习 8253 的控制方法。

(3) 掌握 8253 定时器/计数器的工作方式和编程原理。

3. 实验步骤

(1) 在 Proteus 中绘制电路原理图。

(2) 在 Proteus 中调用外部的编译器进行编译,生成可执行文件.EXE,为了便于调试,
建议选择 MAIN.exe 格式,可通过单步调试方法对运行结果进行观察。

(3) 在 Proteus 中加载程序,观察仿真结果。

(4) 输入汇编语言程序,重复上述过程。

4. 实验环境

在 Proteus 软件环境中完成虚拟实验,有条件的话,用相应的硬件模块组建实际系统,
然后将两次实验结果进行对比。

5. 电路原理图

波形发生器硬件电路原理如图 12-2 所示,图中 U1 是 8086 微处理器,U2 和 U5 是
74HC373 锁存器,U3 是定时器/计数器 8253A,作用是输出频率为 1MHz 的波形,以控制
LED 的闪烁频率。8253 的使能信号由 74HC138 给定。

波形发生器实验电路元器件清单如表 12-2 所示。

表 12-2　波形发生器硬件电路元器件清单

元件名称	所属类	所属子类	功　能　说　明
8086	Microprocessor ICs	I86 Family	微处理器
8253A	TTL 74LS series	Transceivers	8 路同相三态双向总线收发器
74HC373	TTL 74LS series	Flip-Flops&Latches	三态输出的八 D 透明锁存器
74HC138	TTL 74 series	Flip-Flops&Latches	三态输出的八 D 透明锁存器

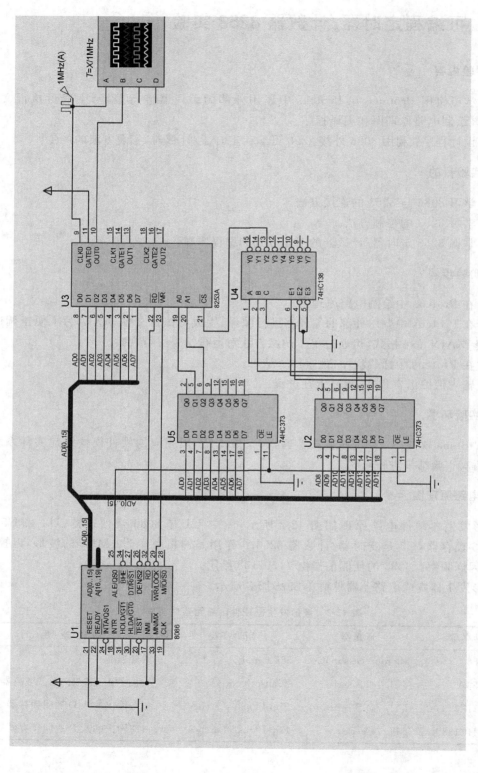

图 12-2　波形发生器硬件电路原理

6. 参考程序

1) 汇编语言程序

```
    CODE    SEGMENT; H8253.ASM
            ASSUME  CS:CODE
START:  JMP     TCONT
TCONTRO EQU     0A06H
TCON0   EQU     0A00H
TCON1   EQU     0A02H
TCON2   EQU     0A04H
TCONT:  MOV DX, TCONTRO
        MOV     AL,16H          ;计数器 0,只写计算值低 8 位,方式 3,二进制计数
        OUT     DX, AL
        MOV     DX, TCON0
        MOV     AX,20           ;时钟为 1MHz,计数时间 = 1μs * 20 = 20μs,输出频率 50kHz
        OUT     DX, AL
        JMP     $
CODE    ENDS
        END     START
```

2) C 语言程序

```c
# define TCONTRO  0A006H
# define TCON0    0A000H
# define TCON1    0A002H
# define TCON2    0A004H

void outp(unsigned int addr, char data)
// Write a byte to the specified I/O port
    { __asm
       { mov dx, addr
         mov al, data
         out dx, al
       }
    }

char inp(unsigned int addr)
// Read a byte from the specified I/O port
   { char result;
     __asm
   { mov dx, addr
     in al, dx
     mov result, al
   }
    return result;
   }

void main(void)
   {
```

```
    outp(TCONTRO,0x16);          //计数器 0,只写计算值低 8 位,方式 3,二进制计数
    outp(TCON0,20);              //时钟为 1MHz,计数时间 = 1μs * 20 = 20 μs 输出频率 50kHz
    while(1){}
}
```

7. 思考问题

由于代码中设置了 8253 的工作时间是 3.3s,因此仿真开始后需要及时暂停,方便查看波形。Proteus 的数字示波器支持四通道,由于本例电路中仅连接了示波器引脚 B,因此在面板上只需将"Channel B"拨至"AC";同时选择幅值为 1V,宽度为 0.1ms。从图 12-3 中可以看到,8253 的输出方波频率为 1Hz。

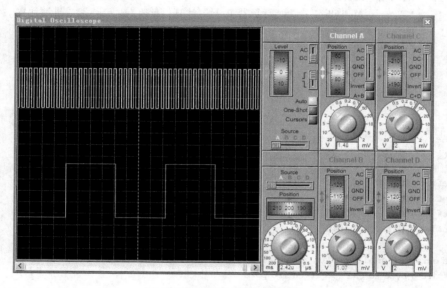

图 12-3　波形发生器仿真结果

结合 12.1 节的实例,考虑如何利用开关控制 8253 工作时间分别为 5s、10s、15s。

12.3　并行接口芯片 8255 的应用——键盘和数码管

1. 实验内容

(1) 学习使用 Proteus,在 Proteus 中调用外部的编译器进行编译,生成可执行文件 .exe,掌握绘制电路原理图和编译程序。

(2) 利用 4×4 16 位键盘和一个 7 段 LED 构成简单的输入显示系统,实现 LED 数码管显示与每个按键键值的实验。

2. 实验目的

(1) 理解矩阵键盘扫描的原理。

(2) 掌握矩阵键盘与 8255 接口的编程方法。

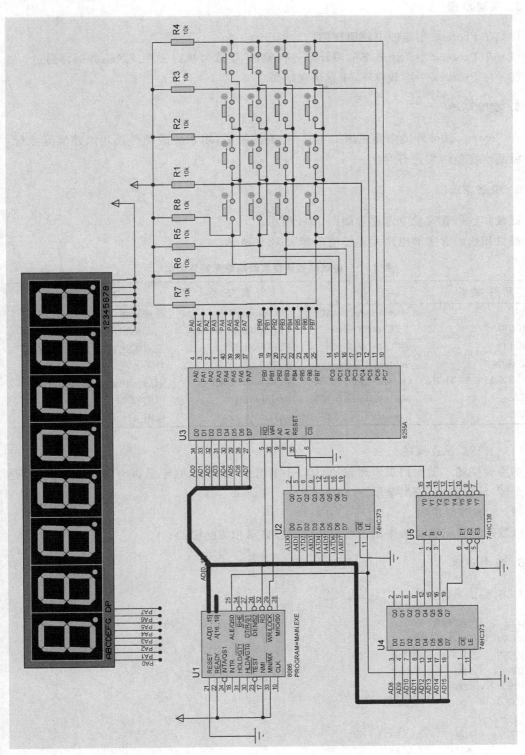

图 12-4 键盘和数码管实验电路原理

3．实验步骤

（1）在 Proteus 中绘制电路原理图。

（2）在 Proteus 中调用外部的编译器进行编译，生成可执行文件.EXE，并编译通过。

（3）在 Proteus 中加载程序，观察仿真结果。

4．实验环境

在 Proteus 软件环境中完成虚拟实验，有条件的话，用相应的硬件模块组建实际系统，然后将两次实验结果进行对比。

5．电路原理图

键盘和数码管实验电路原理如图 12-4 所示。

键盘和数码管实验电路元器件清单如表 12-3 所示。

表 12-3　键盘和数码管实验电路元器件清单

元件名称	所属类	所属子类	功能说明
8086	Microprocessor ICs	I86 Family	微处理器
74HC373	TTL 74LS series	Flip-Flops&Latches	三态输出的八 D 透明锁存器
74HC138	TTL 74 series	Flip-Flops&Latches	三态输出的八 D 透明锁存器
BUTTON	Switchs&Relay	Switchs	开关
7SEG-COM-CATHOD	Optoelectics	7-Segment Display	七段蓝色共阴极数码管
8255A	Microprocessor ICs	Peripherals	可编程 24 位接口
RES	Resistor		电阻

（1）主要知识点概述。

本实验阐述了键盘扫描原理，过程如下：首先扫描键盘，判断是否有键按下，再确定是哪一个键，计算键值，输出显示。

（2）实验效果说明。

以数码管显示键盘的作用。单击相应按键显示相应的键值。

6．参考程序

1）汇编语言程序

```
CODE       SEGMENT 'CODE'
ASSUME CS:CODE,DS:DATA
IOCON      EQU       8006H
IOA        EQU       8000H
IOB        EQU       8002H
IOC        EQU       8004H

START:     MOV       AX,DATA
           MOV       DS,AX
           LEA       DI,TABLE
```

```
          MOV       AL,88H
          MOV       DX,IOCON
          OUT       DX,AL

KEY4X4:   MOV       BX,0
          MOV       DX,IOC
          MOV       AL,0EH
          OUT       DX,AL

          IN        AL,DX
          MOV       DX,IOC
          IN        AL,DX
          MOV       DX,IOC
          IN        AL,DX

          OR        AL,0FH
          CMP       AL,0FFH; 0EFH,0DFH,0BFH,7FH
          JNE       K_N_1                        ;不等于转移
          INC       BX

          MOV       DX,IOC
          MOV       AL,0DH
          OUT       DX,AL

          IN        AL,DX
          MOV       DX,IOC
          IN        AL,DX
          MOV       DX,IOC
          IN        AL,DX

          OR        AL,0FH
          CMP       AL,0FFH; 0EFH,0DFH,0BFH,7FH
          JNE       K_N_1                        ;不等于转移
          INC       BX
          MOV       DX,IOC
          MOV       AL,0BH
          OUT       DX,AL
          IN        AL,DX
          MOV       DX,IOC
          IN        AL,DX
          MOV       DX,IOC
          IN        AL,DX
          OR        AL,0FH
          CMP       AL,0FFH; 0EFH,0DFH,0BFH,7FH
          JNE       K_N_1                        ;不等于转移
          INC       BX
          MOV       DX,IOC
          MOV       AL,07H
          OUT       DX,AL
          IN        AL,DX
          MOV       DX,IOC
```

```
              IN      AL, DX
              MOV     DX, IOC
              IN      AL, DX
              OR      AL, 0FH
              CMP     AL, 0FFH; 0EFH, 0DFH, 0BFH, 7FH
              JNE     K_N_1                        ;不等于转移
              JMP     KEY4X4

    K_N_1:    CMP     AL, 0EFH
              JNE     K_N_2
              MOV     AL, 0
              JMP     K_N

    K_N_2:    CMP     AL, 0DFH
              JNE     K_N_3
              MOV     AL, 1
              JMP     K_N

    K_N_3:    CMP     AL, 0BFH
              JNE     K_N_4
              MOV     AL, 2
              JMP     K_N

    K_N_4:    CMP     AL, 7FH
              JNE     K_N
              MOV     AL, 3
    K_N:      MOV     CL, 2
              SHL     BL, CL; BH X 2
              ADD     AL, BL
              MOV     BL, 0
              MOV     BL, AL
              MOV     AL, [DI + BX]
              MOV     DX, IOA
              OUT     DX, AL
              JMP     KEY4X4

CODE    ENDS
DATA    SEGMENT 'DATA'
TABLE   DB

0C0H, 0F9H, 0A4H, 0B0H, 99H, 92H, 82H, 0F8H, 80H, 90H, 88H, 83H, 0C6H, 0A1H, 86H, 8EH; 0 - F
    DATA    ENDS
        END START
```

2）C 语言参考程序

```
# define IOCON    8006H
# define IOA      8000H
# define IOB      8002H
# define IOC      8004H
```

```
unsigned char
table[16] = {0xc0,0xf9,0xa4,0xb0,0x99,0x92,0x82,0xf8,0x80,0x90,0x88,0x83,0xc6,0xa1,0x86,
0x8e};

void outp(unsigned int addr, char data)
// 把一个字节写进 I/O 中
{ _asm
    { mov dx, addr
      mov al, data
      out dx, al
    }
}


char inp(unsigned int addr)
// 从指定的 I/O 中读一个字节
{ char result;
    _asm
      { mov dx, addr
        in al, dx
        mov result, al
      }
    return result;
}
void display(int i)
{
    outp(IOA,table[i]);
}
void main(void)
{
    unsigned char i,j,k,tmp;
    outp(IOCON,0x88);
    outp(IOA,0xFF);
    while(1){
        j = 0x0e;
        for(k = 0;k < 4;k++){
        j -= k;
        if(j == 0x08)j = 0x07;
        outp(IOC,j);
        i = inp(IOC);i = inp(IOC);i = inp(IOC);        //多读几次
        i| = 0x0f;
            switch(i){
            case 0xef:display(4 * k);break;
            case 0xdf:display(4 * k + 1);break;
            case 0xbf:display(4 * k + 2);break;
            case 0x7f:display(4 * k + 3);break;
            }
        }
    }
}
```

7. 思考问题

(1) 从实验代码可见,利用二次判键来消除按键抖动,两次判键间的延时有 10ms 软件延时子程序来完成。试修改原理图中 8086 器件主频为 2Hz,分析代码需做如何修改。

(2) 键盘键值计算是与原理图中按键键值布局有关的,请尝试更改原理图的按键键值布局并编写代码。

(3) 本例采用 8 位 7 段数码管显示当前按键键值,是采用动态法显示连续按键。

12.4 外部中断实验

1. 实验内容

(1) 学习使用 Proteus,在 Proteus 中调用外部的编译器进行编译,生成可执行文件 .exe,掌握绘制电路原理图和编译程序。

(2) 利用 8086 控制 8259 可编程中断控制器,实现对外部中断的响应和处理。

(3) 对每次中断进行计数,并将计数结果用 8255 的 PA 口输出到发光二极管显示。

2. 实验目的

(1) 学习 8086 与 8259 的连接方法。

(2) 学习 8086 对 8259 的编程控制方法。

(3) 了解 8259 的多片级联。

3. 实验步骤

(1) 在 Proteus 中绘制电路原理图。

(2) 在 Proteus 中调用外部的编译器进行编译,生成可执行文件.EXE,并编译通过。

(3) 在 Proteus 中加载程序,观察仿真结果。

(4) 修改程序,实现显示不同的数字或者其他控制。

4. 实验环境

在 Proteus 软件环境中完成虚拟实验,有条件的话,用相应的硬件模块组建实际系统,然后将两次实验结果进行对比。

5. 电路原理图

独立式键盘电路原理如图 12-5 所示,图中独立式按键与 IR_0 口相连,IR_0 口作为输入口,LED 与 8255 的 PA 口相连,PA 口作为输出口用来点亮 LED 灯。

按键中断电路元器件清单如表 12-4 所示。

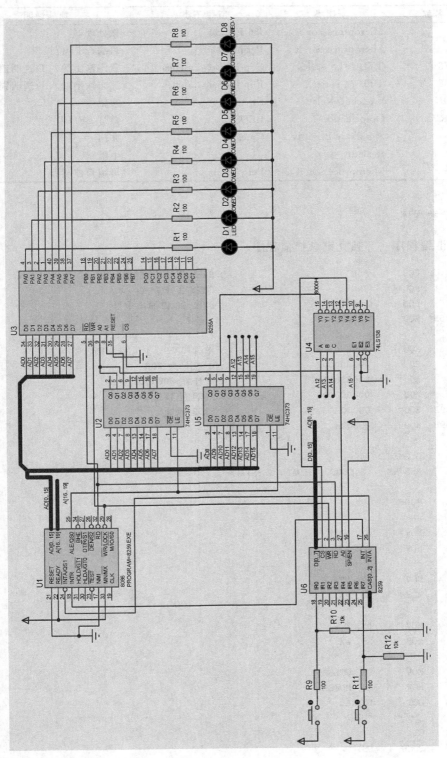

图 12-5 按键中断电路原理

表 12-4　按键中断电路的元器件清单

元件名称	所属类	所属子类	功能说明
8086	Microprocessor ICs	I86 Family	微处理器
8255A	Microprocessor ICs	Peripherals	可编程 24 位接口
74HC373	TTL 74LS series	Flip-Flops&Latches	三态输出的八 D 透明锁存器
74HC138	TTL 74 series	Flip-Flops&Latches	三态输出的八 D 透明锁存器
BUTTON	Switchs&Relay	Switchs	按钮
LED-GREEN	Optoelectics	LEDS	黄灯 LED 发光管
NOT	Simulator Primitives	Gates	非门
RES	Resistor		电阻
8259	Microprocessor ICs	Peripherals	可编程控制器

6. 参考程序

（1）汇编程序——独立键盘扫描程序。

```
MODE      EQU     80H                  ; 8255 工作方式
MODE      EQU     80H                  ; 8255 工作方式
PA8255    EQU     8000H                ; 8255 PA 口输出地址
CTL8255   EQU     8006H

ICW1      EQU     00010011B            ; 单片 8259, 上升沿中断, 要写 ICW₄
ICW2      EQU     00100000B            ; 中断号为 20H
ICW4      EQU     00000001B            ; 工作在 8086/88 方式
OCW1      EQU     00000000B            ; 只响应 INT₀ 中断
CS8259A   EQU     0C000H               ; 8259 地址
CS8259B   EQU     0C002H

CODE      SEGMENT
          ASSUME  CS:CODE, DS:DATA,SS:STACK

ORG       800H

START:    MOV     AX, DATA
          MOV     DS, AX

          MOV     AX, STACK
          MOV     SS, AX

          MOV     AX, TOP
          MOV     SP, AX

          MOV     DX, CTL8255
          MOV     AL, MODE
          OUT     DX, AL

          CLI
          PUSH    DS
```

```
        MOV       AX,0
        MOV       DS,AX
        MOV       BX, 128              ;0X20 * 4 中断号

        MOV       AX, CODE
        MOV       CL, 4
        SHL       AX, CL               ; X 16
        ADD       AX, OFFSET INTDEC    ; 中断入口地址(段地址为 0)
        MOV       [BX], AX

        MOV       AX, 0
        INC       BX
        INC       BX
        MOV       [BX], AX             ; 代码段地址为 0

        MOV       AX ,0
        MOV       DS ,AX
        MOV       BX, 156;0X27 * 4         中断号

        MOV       AX, CODE
        MOV       CL, 4
        SHL       AX, CL               ; X 16
        ADD       AX, OFFSET INTINC    ; 中断入口地址(段地址为 0)
        MOV       [BX], AX

        MOV       AX, 0
        INC       BX
        INC       BX
        MOV       [BX], AX             ; 代码段地址为 0

        POP       DS
        CALL      IINIT

        MOV       AL, CNT              ; 计数值初始为 0xFF,全灭
        MOV       DX, PA8255
        OUT       DX, AL
        STI

LP:                                    ; 等待中断,并计数
        NOP
        JMP       LP

IINIT:
        MOV       DX, CS8259A
        MOV       AL, ICW1
        OUT       DX, AL

        MOV       DX, CS8259B
        MOV       AL, ICW2
        OUT       DX, AL
```

```
            MOV      AL, ICW4
            OUT      DX, AL

            MOV      AL, OCW1
            OUT      DX, AL
            RET

    INTDEC:
            CLI
            MOV      DX, PA8255
            DEC      CNT
            MOV      AL, CNT
            OUT      DX, AL                    ;输出计数值

            MOV      DX, CS8259A
            MOV      AL, 20H                   ;中断服务程序结束指令
            OUT      DX, AL
            STI
            IRET

    INTINC:
            CLI
            MOV      DX, PA8255
            INC      CNT
            MOV      AL, CNT
            OUT      DX, AL                    ;输出计数值

            MOV      DX, CS8259A
            MOV      AL, 20H                   ;中断服务程序结束指令
            OUT      DX, AL
            STI
            IRET

    CODE    ENDS
            DATA     SEGMENT
            CNT      DB      0FFH
            DATA     ENDS
            STACK    SEGMENT 'STACK'
            STA      DB      100 DUP(?)
            TOP      EQU LENGTH STA
            STACK    ENDS
                END START
```

（2）C 程序。

7. 思考问题

本例仿真中由于要设置中断向量，因此设计内存单元操作，对此过程的监控可以在仿真运行时选择单步启动，如单击仿真控制按钮| ▶ |，或执行菜单中 Debug→Start/Restart Debugging 命令；然后选择菜单 Debug→8086→Source Code 命令，从而切换到代码调试窗

口,如图 12-6 所示。

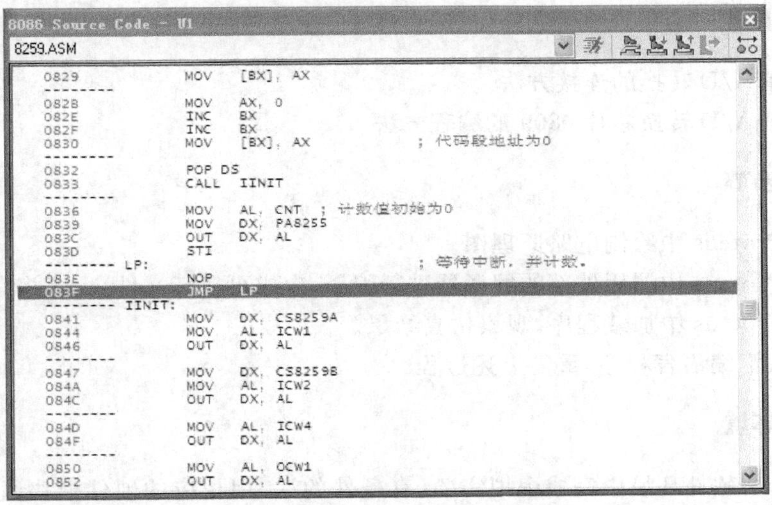

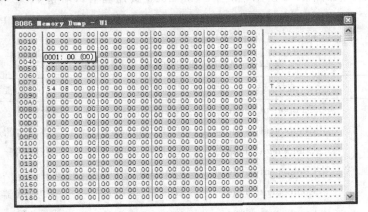

图 12-6 按键中断实验——代码调试窗口

单步执行的同时,可以打开菜单 Debug→8086→Memory Dump 命令,从而可观察中断向量的设置成功与否,如图 12-7 所示。

图 12-7 中断向量窗口

12.5 模数转换——ADC 0809 的使用

1. 实验内容

(1) 学习使用 Proteus,在 Proteus 中调用外部的编译器进行编译,生成可执行文件 .exe,掌握绘制电路原理图和编译程序。

(2) 利用实验箱上的 ADC 0809 做 A/D 转换,实验箱上的电位器提供模拟量的输入,编写程序。

(3) 将模拟量转换成二进制数据,用 74HC373 输出到发光二极管显示。

2．实验目的

(1) 掌握 A/D 转换的连接方法。

(2) 了解 A/D 转换芯片 0809 的编程方法。

3．实验步骤

(1) 在 Proteus 中绘制电路原理图。

(2) 在 Proteus 中调用外部的编译器进行编译,生成可执行文件.exe,并编译通过。

(3) 在 Proteus 中加载程序,观察仿真结果。

(4) 输入汇编语言程序,重复上述过程。

4．实验环境

在 Proteus 软件环境中完成虚拟实验,有条件的话,用相应的硬件模块组建实际系统,然后将两次实验结果进行对比。

5．电路原理图

A/D 转换原理如图 12-8 所示,图中 U_1 是 8086 微处理器,U_8 是 ADC 0809,$D_1 \sim D_8$ 是 8 个 LED 发光二极管,分别与 74HC373 的 Q 口相连。选用 Y_6 作为 ADC 0809 的片选地址线,作为 8255A 片选地址线。元器件清单见表 12-5。

表 12-5　A/D 转换实验电路元器件清单

元件名称	选择模式	所属类	功能说明
8086	Component Mode	Microprocessor ICs	微处理器
74HC373	Component Mode	TTL 74LS series	三态输出的八 D 透明锁存器
74138	Component Mode	TTL 74 series	3-8 译码器
NOR	Component Mode	Simulator Primitives	或非门
ADC0809	Component Mode	Data Converters	A/D 转换器
POT-HG	Component Mode	Resistors	可调电阻
7SEG-MPX4-CC-BLUE	Component Mode	Optoelectronics	4 位共阴极数码管
OSCILLOSCOPE	Virtual Instruments Mode		虚拟示波器
AC VOLTMETER	Virtual Instruments Mode		数字频率发生源

(1) 主要知识点概述。

A/D 转换器大致有三类:一是双积分 A/D 转换器,优点是精度高,抗干扰性好,价格便宜,但速度慢;二是逐次逼近 A/D 转换器,精度、速度、价格适中;三是并行 A/D 转换器,速度快,价格也昂贵。

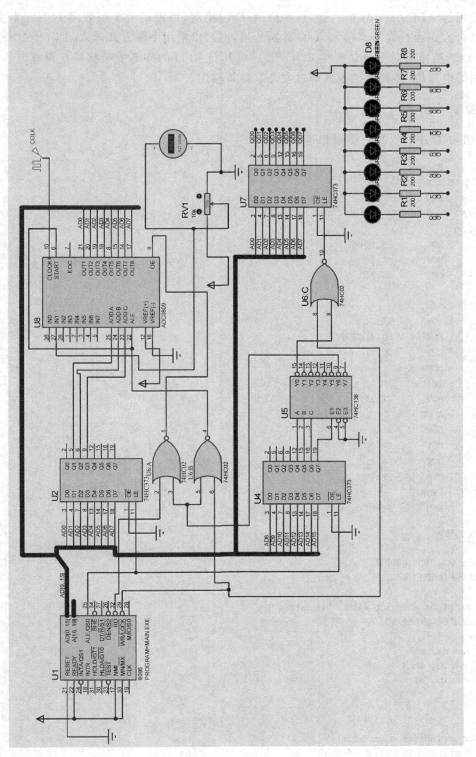

图 12-8　A/D 模/数转换电路原理

（2）实验效果说明。

实验用的 ADC 0809 属第二类，是 8 位 A/D 转换器，每采集一次一般需 100s。本实验可采用延时方式或查询方式读入 A/D 转换结果，也可以采用中断方式读入结果。在中断方式下，A/D 转换结束后会自动产生 EOC 信号，将其与 CPU 的外部中断相接。调整电位计，得到不同的电压值，转换后的数据通过发光二极管输出。

6. 参考程序

（1）汇编程序——独立键盘扫描程序。

```
CODE       SEGMENT
ASSUME CS:CODE
AD0809     EQU 0E002H
OUT373     EQU 8000H
START:
        MOV    DX,8006H
        MOV    AL,80H
        OUT    DX,AL


START1:
        MOV    AL,00H
        MOV    DX,AD0809
        OUT    DX,AL
        NOP
        IN     AL,DX
        MOV    CX,10H
        LOOP   $
        CODE   ENDS
        MOV    DX,OUT373
        OUT    DX,AL
        JMP    START1
CODE    ENDS
        END    START
```

（2）C 程序。

```
#define AD0809 0E002H
#define OUT373 8000H

void outp(unsigned int addr, char data)
//向指定的 I/O 端口写入一个字节
{ __asm
   { mov dx, addr
     mov al, data
     out dx, al
   }
 }

 char inp(unsigned int addr)
 //从指定的 I/O 端口读一个字节
 { char result;
```

```
        __asm
          { mov dx, addr
            in al, dx
            mov result, al
          }
        return result;
    }
  void main(void)
  {
    char i, in;
    while(1){
        for(i = 0; i > 0; i -- ){
        outp(AD0809, 0);
            in = inp(AD0809);
            }
            outp(OUT373, in);
        }
  }
```

7. 思考问题

(1) 本例利用 8086 的 WR 和片选线经或非门接 ADC 0808 的 START 和 ALE,RD 和片选线经或非门接到 ADC 0809 的 OE 端。一旦与 ADC 0809 相关的 OUT 指令执行,则 A/D 转换启动;相应地,有 IN 指令执行则 OE 有效,ADC 0808 有数据输出。

(2) 本例的 ADC 0809 从启动到转换数据有效不做检测,仅用延时等待 A/D 转换完成。请考虑检测 ADC 0809 转换数据有效的查询法实现方案。

12.6　数模转换——DAC 0832 的使用

1. 实验内容

(1) 学习使用 Proteus,在 Proteus 中调用外部的编译器进行编译,生成可执行文件 .exe,掌握绘制电路原理图和编译程序。

(2) 利用 DAC 0832,编写程序生成锯齿波、三角波、正弦波。用示波器观看。

2. 实验目的

(1) 了解 D/A 转换的基本原理。

(2) 了解 D/A 转换芯片 DAC 0832 的编程方法。

3. 实验步骤

(1) 在 Proteus 中绘制电路原理图。

(2) 在 Proteus 中调用外部的编译器进行编译,生成可执行文件 .exe,并编译通过。

(3) 在 Proteus 中加载程序,观察仿真结果。

(4) 输入汇编语言程序,重复上述过程。

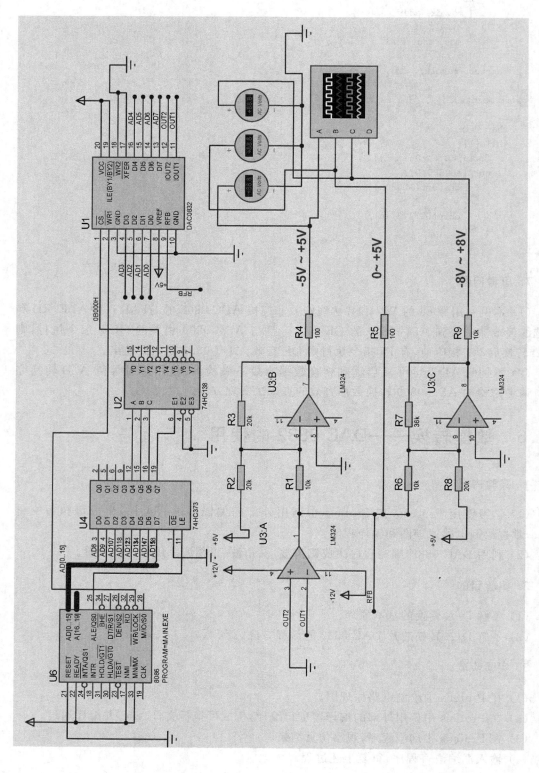

图 12-9 D/A 模/数转换电路原理

4. 实验环境

在 Proteus 软件环境中完成虚拟实验,有条件的话,用相应的硬件模块组建实际系统,然后将两次实验结果进行对比。

5. 电路原理图

D/A 转换电路原理如图 12-9 所示,图中 U6 是 8086 微处理器,U4 是 74LS373 锁存器,U1 是 DAC 0832,作用是搭建 D/A 转换电路,输出通过放大器 LM324 分别在 $-5\sim+5\mathrm{V}$、$0\sim+5\mathrm{V}$、$-8\sim+8\mathrm{V}$ 之间变化,并接 AC 电压表和示波器进行仿真观察。元器件清单见表 12-6。

表 12-6　D/A 转换实验电路元件清单

元 件 名 称	选 择 模 式	所 属 类	功 能 说 明
8086	Component Mode	Microprocessor Ics	微处理器
74HC373	Component Mode	TTL 74LS series	三态输出的八 D 透明锁存器
74138	Component Mode	TTL 74 series	3-8 译码器
DAC0832	Component Mode	Data Converters	D/A 转换器
LM324	Component Mode	Microprocessor Ics	运放
OSCILLOSCOPE	Virtual Instruments Mode		虚拟示波器
AC VOLTMETER	Virtual Instruments Mode		数字频率发生器

(1) 主要知识点概述。

本实验用到的主要知识点是: DAC 0832 的工作原理。DAC 0832 是采用先进的 CMOS 工艺制成的单片电流输出型 8 位 D/A 转换器。它采用的是 R-2R 电阻梯级网络进行 D/A 转换。电平接口与 TTL 兼容。具有两级缓存。

(2) 实验效果说明。

通过电压表测量 DAC 转换出来的电压值。

6. 参考程序

(1) 汇编语言程序。

```
CODE        SEGMENT
ASSUME CS:CODE
IOCON EQU 0B000H


START:
        MOV     AL,00H
        MOV     DX,IOCON
OUTUP:
        OUT     DX,AL
        INC     AL
        CMP     AL,0FFH
        JE      OUTDOWN
```

```
        JMP       OUTUP


OUTDOWN:
DEC AL
        OUT       DX,AL
        CMP       AL,00H
        JE        OUTUP
        JMP       OUTDOWN


CODE ENDS
        END   START
```

（2）C 程序。

```c
#define IOCON 0B006H

void outp(unsigned int addr, char data)
//向指定的 I/O 端口写入一个字节
{ __asm
  { mov dx, addr
    mov al, data
    out dx, al
  }
}

char inp(unsigned int addr)
//从指定的 I/O 端口读一个字节
{ char result;
    __asm
    { mov dx, addr
      in al, dx
      mov result, al
    }
  return result;
}
void main(void)
{
  unsigned char tmp;
  tmp = 0;
  while(1){
      while(tmp < 0xff){
      outp(IOCON, tmp++);
      }
      while(tmp > 0){
      outp(IOCON, tmp -- );
      }
  }
}
```

7. 思考问题

（1）修改程序实现反锯齿波的输出。

（2）试修改电路和代码，使输出可选择切换波形。

12.7　串行通信——8251A 的使用

1. 实验内容

(1) 学习使用 Proteus，在 Proteus 中调用外部的编译器进行编译，生成可执行文件 .exe，掌握绘制电路原理图和编译程序。

(2) 利用 8086 控制 8251A 可编程串行通信控制器，实现向 PC 机发送字符串 "WINDWAYTECHNOLOGY!"。

2. 实验目的

(1) 掌握 8086 实现串口通信的方法。

(2) 了解串行通信的协议。

(3) 学习 8251A 程序编写方法。

3. 实验步骤

(1) 在 Proteus 中绘制电路原理图。

(2) 在 Proteus 中调用外部的编译器进行编译，生成可执行文件 .exe，并编译通过。

(3) 在 Proteus 中加载程序，观察仿真结果。

(4) 输入汇编语言程序，重复上述过程。

4. 实验环境

在 Proteus 软件环境中完成虚拟实验，有条件的话，用相应的硬件模块组建实际系统，然后将两次实验结果进行对比。

5. 电路原理图

8251A 串行通信电路原理见图 12-10。元器件清单见表 12-7。

表 12-7　串行通信实验电路元件清单

元 件 名 称	选 择 模 式	所 属 类	功 能 说 明
8086	Component Mode	Microprocessor Ics	微处理器
74HC373	Component Mode	TTL 74LS series	三态输出的八 D 透明锁存器
74LS138	Component Mode	TTL 74 series	3-8 译码器
8251A	Component Mode		
8253A	Component Mode	TTL 74LS series	可编程定时器/计数器
VIRTUAL	Virtual		虚拟串行终端
TERMINAL	Instruments Mode		
OSCILLOSCOPE	Virtual		虚拟示波器
	Instruments Mode		
DCLOCK	Generator Mode		数字频率发生源

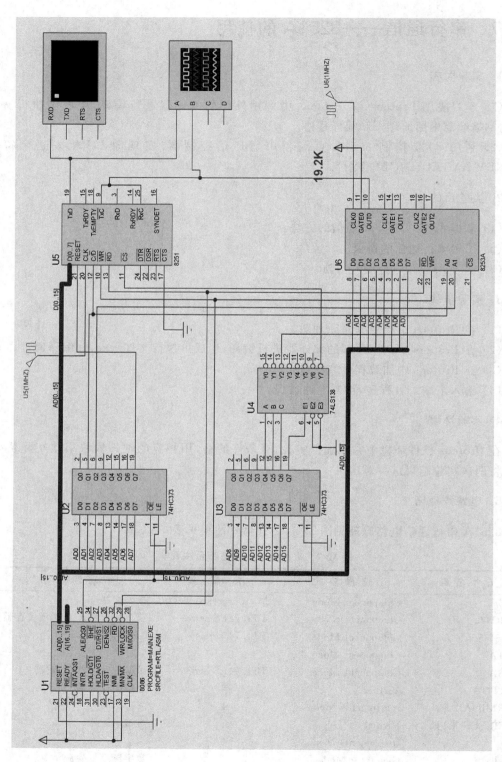

图 12-10 8251A 串行通信电路原理

实验说明：

(1) 8251 状态口地址：F002H,8251 数据口地址：F000H。

(2) 8253 命令口地址：0A006H,8253 计数器 0 口地址：0A000H。

(3) 通信约定：异步方式,字符 8 位,一位起始位,一位停止位,波特率因子为 1,波特率为 19 200。

(4) 计算 T/RXC,收发时钟 f_c,$f_c=1\times 19\,200=19.2\mathrm{k}$。

(5) 8253 分频系数：计数时间＝$1\mu s\times 50=50\mu s$ 输出频率20kHz,当分频系数为 52 时,约为 19.2kHz。

6. 参考程序

(1) 汇编程序。

```
CS8251R   EQU      0F080H              ; 串行通信控制器复位地址
CS8251D   EQU      0F000H              ; 串行通信控制器数据口地址
CS8251C   EQU      0F002H              ; 串行通信控制器控制口地址
TCONTRO   EQU      0A006H

TCON0     EQU      0A000H
CODE      SEGMENT
          ASSUME DS:DATA,CS:CODE
START:
          MOV      AX,DATA
          MOV      DS,AX
          MOV      DX,TCONTRO;8253      ;初始化
          MOV      AL,16H              ;计数器 0,只写计算值低 8 位,方式 3,二进制计数
          OUT      DX,AL
          MOV      DX,TCON0

          MOV      AX,52               ;时钟为 1MHz,计数时间＝1μs×50＝50μs 输出频率 20kHz
          OUT      DX,AL
          NOP
          NOP
          NOP

; 8251 初始化
          MOV      DX, CS8251R
          IN       AL,DX
          NOP
          MOV      DX, CS8251R
          IN       AL,DX
          NOP
          MOV      DX, CS8251C
          MOV      AL, 01001101b        ; 1 停止位,无校验,8 数据位, x1
          OUT      DX, AL
          MOV      AL, 00010101b        ; 清出错标志,允许发送、接收
          OUT      DX, AL
START4:   MOV      CX,19
          LEA      DI,STR1
```

```
    SEND:                                   ; 串口发送 ' WINDWAY TECHNOLOGY '
            MOV     DX, CS8251C
            MOV     AL, 00010101b           ; 清出错,允许发送、接收
            OUT     DX, AL
    WaitTXD:
            NOP
            NOP
            IN      AL, DX
            TEST    AL, 1                   ; 发送缓冲是否为空
            JZ      WaitTXD
            MOV     AL, [DI]                ; 取要发送的字
            MOV     DX, CS8251D
            OUT     DX, AL                  ; 发送
            PUSH    CX
            MOV     CX,8FH
            LOOP    $
            POP     CX
            INC     DI
            LOOP    SEND
            JMP     START4
    Receive:                                ; 串口接收
            MOV     DX, CS8251C

    WaitRXD:
            IN      AL, DX
            TEST    AL, 2                   ; 是否已收到一个字
            JE      WaitRXD
            MOV     DX, CS8251D
            IN      AL, DX                  ; 读入
            MOV     BH, AL
            JMP     START
    CODE ENDS
    DATA SEGMENT
    STR1 db 'WINDWAY TECHNOLOGY! '
    DATA ENDS
    END START
```

(2) C 语言程序。

```
# define CS8251R    0F080h                //串行通信控制器复位地址
# define CS8251D    0F000h                //串行通信控制器数据口地址
# define CS8251C    0F002h                //串行通信控制器控制口地址
# define TCONTRO    0A006H
# define TCON0      0A000H


unsigned char str[ ] = "WINDWAY TECHNOLOGY!";

void outp(unsigned int addr, char data)
//向指定的 I/O 端口写入一个字节
{ __asm
```

```
    { mov dx, addr
      mov al, data
      out dx, al
    }
}

char inp(unsigned int addr)
//从指定的 I/O 端口读一个字节
{ char result;
      __asm
        { mov dx, addr
          in al, dx
          mov result, al
        }
      return result;
}
void Send()
{
    unsigned char i = 0;
    while(i < 19){
    outp(CS8251C,0x15);                    //00010101b 清出错标志,允许发送、接收
    while(inp(CS8251C) == 0){}             //发送缓冲是否为空
    outp(CS8251D, str[i++]);               //发送
    }
}
char Receive()
{
    char a;
    while(inp(CS8251C)||0xfd){}            //是否收到一个字节
    a = inp(CS8251D);                      //读入
    return a;
}


void main(void)
{
    char a;
    outp(TCONTRO,0x16);            // 8253 计数器 0,只写计算值低 8 位,方式 3,二进制计数
    outp(TCON0,52);               //时钟为 1MHz ,计数时间 = 1μs×50 = 50μs 输出频率 20kHz
    // 以下为 8251 初始化
    a = inp(CS8251R);
    a = inp(CS8251R);
    outp(CS8251C,0x4d);           //01001101b 1 停止位,无校验,8 数据,X1
    outp(CS8251C,0x15);           //00010101b 清出错标志,允许发送、接收
    while(1){
    Send();
    }
}
```

7. 思考问题

（1）如果代码中采用发送延时可以有更好的仿真视觉效果，试调节延时时间控制传输过程中两个字符的发送间隔时间。

（2）在上述代码中加入了数据接收的代码，由于仿真过程均在 Proteus 中完成，未调用 PC 串口收发数据，试在电路中加入"COMPIM"器件完成仿真双机串口通信，可以结合软件"Virtual Serial Port"和"串口助手"来实现。

附 录 A

指令系统表

表 A-1　数据传送指令组

类别	指令格式	功　能	允许的操作数
通用数据传送指令	MOV　OPRD1,OPRD2	OPRD2→OPRD1	OPRD1,OPRD2
			存储器,寄存器
			寄存器,存储器
			段寄存器,通用寄存器
			通用寄存器,段寄存器
			存储器,段寄存器
			段寄存器,存储器
			通用寄存器,通用寄存器
			通用寄存器,立即数
			存储器,立即数
	PUSH OPRD	OPRD→(SP)	OPRD
			寄存器(CS 合法)
			存储器
	POP OPRD	(SP)→OPRD	OPRD
			寄存器(CS 非法)
			存储器
	XCHG　OPRD1,OPRD2	OPRD1↔OPRD2	OPRD1,OPRD2
			通用寄存器,通用寄存器
			通用寄存器,存储器
			存储器,通用寄存器
	XLAT　OPRD	[BX+AL]→AL	OPRD
			存储器中表首地址
I/O 端口输入/输出指令	IN OPRD1,OPRD2	OPRD2→OPRD1	OPRD1,OPRD2
			AL 或 AX,端口地址 n
			AL 或 AX,DX
			DX 中的端口地址 nn
	OUT　OPRD1,OPRD2	OPRD2→OPRD1	OPRD1,OPRD2
			端口地址 n ,AL 或 AX
			AL 或 AX,DX
			DX 中的端口地址 nn

续表

类别	指令格式	功能	允许的操作数
地址操作指令	LEA OPRD1,OPRD2	OPRD2 的地址偏移量→OPRD1	OPRD1,OPRD2 16 位通用寄存器,存储器
	LDS OPRD1,OPRD2	OPRD2 的段地址→DS OPRD2 的地址偏移量→OPRD1	OPRD1,OPRD2 16 位通用寄存器,存储器(双字)
	LES OPRD1,OPRD2	除 DS 改为 ES 外,与上同	同上
标志传送指令	LAHF	标志寄存器低位字节→AH	无操作数(隐含)
	SAHF	AH→标志寄存器低位字节	无操作数(隐含)
	PUSHF	标志寄存器→(SP)	无操作数(隐含)
	POPF	(SP)→标志寄存器	无操作数(隐含)

表 A-2   数据运算指令组

类别	指令格式	功能	允许操作数
加法指令	ADD OPRD1,OPRD2 ADC OPRD1,OPRD2	OPRD1+OPRD2→OPRD1 OPRD1 + OPRD2 + CF →OPRD1	OPRD1,OPRD2 通用寄存器,通用寄存器 通用寄存器,存储器 存储器,通用寄存器 存储器,立即数 通用寄存器,立即数
	INC OPRD	OPRD+1→OPRD	OPRD 通用寄存器 存储器
	AAA	对 AL 中未组合的十进制数(和)调整→AL	隐含
	DAA	对 AL 中组合的十进制数(和)调整→AL	隐含
减法指令	SUB OPRD1,OPRD2 SBB OPRD1,OPRD2	OPRD1-OPRD2→OPRD1 OPRD1-OPRD2-CF→OPRD1	同 ADD 同 ADD
	DEC OPRD	OPRD-1→OPRD	同 INC
	NEG OPRD	OPRD(求补)→OPRD	同 INC
	CMP OPRD1,OPRD2	OPRD1-OPRD2(比较)→F 寄存器	同 ADD
	AAS	对 AL 中未组合的十进制数(差)调整→AL	隐含
	DAS	对 AL 中组合的十进制数(差)调整→AL	隐含

续表

类别	指令格式	功　能	允许操作数
乘法指令	MUL　OPRD	AL＊OPRD（字节）→AX 或 AX＊OPRD（字）→DX:AX	OPRD（无符号数） 通用寄存器 存储器
	IMUL　OPRD	除 OPRD 为有符号数乘外，同上	除 OPRD 为带符号数外，同上
	AAM	对 AX 中未组合的十进制数积调整→AX	隐含
除法指令	DIV　OPRD	字节：AX/OPRD 商→AL AX MOD OPRD→AH 字:DX, AX/OPRD 商→AX DX, AX MOD OPRD→DX	同 MUL
	IDIV　OPRD	同上	同 IMUL（有符号整数除法）
	AAD	对 AX 中未组合的十进制被除数调整→AX	隐含（做除法前先调整）
	CBW	扩展 AL 中的字节数为字→AX	隐含（做除法前先扩展）
	CDW	扩展 AX 中的字为双字→DX:AX	隐含（做除法前先扩展）

表 A-3　逻辑运算指令组

类别	指令格式	功　能	允许的操作数
逻辑运算指令	NOT　OPRD	OPRD 取反→OPRD	OPRD 通用寄存器 存储器
	ADD　OPRD1,OPRD2	OPRD1"与"OPRD2→ OPRD1	OPRD1,OPRD2 通用寄存器,通用寄存器 通用寄存器,存储器 存储器,通用寄存器 存储器,立即数 通用寄存器,立即数
	OR　OPRD1,OPRD2	OPRD1"或"OPRD2→OPRD1	OPRD1,OPRD2 通用寄存器,通用寄存器 通用寄存器,存储器 存储器,通用寄存器 存储器,立即数 通用寄存器,立即数
	XOR　OPRD1,OPRD2	OPRD1"异或"OPRD2→OPRD1	OPRD1,OPRD2 通用寄存器,通用寄存器 通用寄存器,存储器 存储器,通用寄存器 存储器,立即数 通用寄存器,立即数
	TEST OPRD1,im	OPRD1"与"im→F 寄存器	OPRD1 同上 im 为立即数

表 A-4　移位及循环移位指令组

类别	指令格式	功　能	允许的操作数
移位指令	SHL OPRD,m 或 SAL OPRD,m	算术(或逻辑)左移次数=m	OPRD,m 通用寄存器,1 或 CL 存储器,1 或 CL(CL 中为移位次数)
	SHR OPRD,m	逻辑左移次数=m	OPRD,m 通用寄存器,1 或 CL 存储器,1 或 CL(CL 中为移位次数)
	SAR OPRD,m	算术右移次数=m	OPRD,m 通用寄存器,1 或 CL 存储器,1 或 CL(CL 中为移位次数)
循环移位指令	ROL OPRD,m		OPRD,m 通用寄存器,1 或 CL 存储器,1 或 CL(CL 中为移位次数)
	ROR OPRD,m		OPRD,m 通用寄存器,1 或 CL 存储器,1 或 CL(CL 中为移位次数)
	RCL OPRD,m		OPRD,m 通用寄存器,1 或 CL 存储器,1 或 CL(CL 中为移位次数)
	RCR OPRD,m		OPRD,m 通用寄存器,1 或 CL 存储器,1 或 CL(CL 中为移位次数)

表 A-5　串操作指令组

类别	指令格式	功　能	允许的操作数
重复前缀	REP	重复,直至 CX=0	无,与串操作指令合用
	REPE/REPZ	当"相等/为零"时,重复,直至 CX=0 或 ZF=1	无,与串操作指令合用
	REPNE/REPNZ	当"不相等/不为零"时,重复,直至 CX=0 或 ZF=1	无,与串操作指令合用
串传送	MOVS OPRD1,OPRD2 可加重复前缀	[SI]→[DI] SI±1(±取决于 DF)→SI DI±1(±取决于 DF)→DI	OPRD1,OPRD2 目的串地址,源串地址 分别用 ES、DS 作段基址
	MOVSB/MOVSW 可加重复前缀	其中 B 为字节串,W 为字串,其余同上	无
串比较	CMPS OPRD1,OPRD2 可加重复前缀	[SI]−[DI]→F 寄存器 SI±1→SI DI±1→DI	同 MOVS
	CMPSB/CMPSW 可加重复前缀	同上,仅 B/W 指明字节/字	无

续表

类别	指 令 格 式	功 能	允许的操作数
串搜索	SCAS OPRD 可加重复前缀	AL/AX－[DI]→F 寄存器 DI±1→DI	OPRD 目的串地址
	SCASB/SCASW 可加重复前缀	同上,仅 B/W 指明字节/字	无
取串	LODS OPRD 一般不加重复前缀	[SI]→AL/AX SI±1(±取决于 DF)→SI	OPRD 源串地址
	LODSB/LODSW 一般不加重复前缀	同上,仅 B/W 指明字节/字	无
存串	STOP OPRD 可加重复前缀	AL/AX→[DI] DI±1→DI	OPRD 目的串地址
	STOSB/STOSW 可加重复前缀	同上,仅 B/W 指明字节/字	无

表 A-6 转移指令组

类别	指 令 格 式	功 能	允许的操作数
无条件转移	CALL OPRD	调用过程或子程序	OPRD 远/近过程名,标号,通用寄存器, 存储器
	RET OPRD	从过程(子程序)返回。若 OPRD 存在,则 SP+OPRD→SP	OPRD 可没有或等于偶数 n
	JMP OPRD	无条件转移	OPRD 可为标号、存储器、寄存器
无符号数条件转移	JA/JNBE OPRD	高于/不低于也不等于时,转移	OPRD 为近标号
	JAE/JNB OPRD	高于或等于/不低于时,转移	OPRD 为近标号
	JB/JNAE OPRD	低于/不高于也不等于时转移	OPRD 为近标号
	JBE/JNA OPRD	低于或等于/不高于时转移	OPRD 为近标号
有符号数条件转移	JG/JNLE OPRD	大于/不小于也不等于时转移	OPRD 为近标号
	JGE/JNL OPRD	大于或等于/不小于时转移	OPRD 为近标号
	JL/JNGE OPRD	小于/不大于也不等于时转移	OPRD 为近标号
	JLE/JNG OPRD	小于或等于/不大于时转移	OPRD 为近标号
标志条件转移	JNC OPRD	无进(错)位时(CF=0)转移	OPRD 为近标号
	JNZ/JNE OPRD	不等于 0/不相等时转移	OPRD 为近标号
	JNO OPRD	OF=0(不溢出)时转移	OPRD 为近标号
	JNP/JPO OPRD	非奇偶/奇校验时(PF=0)转移	OPRD 为近标号
	JNS OPRD	SF=0(正数)时转移	OPRD 为近标号
	JC OPRD	有进(错)位时(CF=0)转移	OPRD 为近标号
	JE/JZ OPRD	相等/等于 0 时,转移	OPRD 为近标号
	JO OPRD	OF=1(溢出)时转移	OPRD 为近标号
	JP/JPE OPRD	PF=1(奇/偶检验)时转移	OPRD 为近标号
	JS OPRD	SF=1(负数)时转移	OPRD 为近标号
	JCXZ OPRD	若 CX=0 转移	OPRD 为近标号

续表

类别	指令格式	功能	允许的操作数
循环条件转移	LOOP OPRD	CX 减 1,CX≠0 时循环,至 CX=0 时停止	OPRD 为近标号
	LOOPZ/LOOPE OPRD	CX 减 1,CX≠0 且 ZF=0(等于零/相等)时循环	OPRD 为近标号
	LOOPNE/LOOPNZ OPRD	CX 减 1,CX≠0 且 ZF=0(不相等/不等于零)时循环	OPRD 为近标号

表 A-7　中断指令组

类别	指令格式	功能	允许的操作数
中断	INT n	软中断	n 为 8 位的立即数
	INTO	溢出中断	无
	IRET	从中断返回	无

表 A-8　处理器控制指令组

类别	指令格式	功能	类别	指令格式	功能
标志操作	CLC	进位标志清 0	处理器控制	HLT	处理器暂停
	CMC	进位位取反		WAIT	处理器等待
	STC	进位位置 1		ESC	交权指令
	CLD	DF 标志清 0		LOCK	总线封锁
	STD	DF 标志置 1		NOP	空操作
	CLI	IF 标志清 0			
	STI	IF 标志置 1			

附 录 B

指令对标志位的影响

表 B-1 状态标志位

指令类型	指 令	OF	CF	AF	SF	ZF	PF
加减法	ADD,ADC,SUB,SBB	+	+	+	+	+	+
	CMP,NEG,CMPS,SCAS	+	+	+	+	+	+
递增递减	INC,DEC	+	—	+	+	+	+
乘法	MUL,IMUL	+	+	?	?	?	?
除法	DIV,IDIV	?	?	?	?	?	?
十进制运算	DAA,DAS	?	+	+	+	+	+
	AAA,AAS	?	+	+	?	?	?
	AAM,AAD	?	?	?	+	+	+
逻辑运算	AND,OR,XOR,TEST	0	0	?	+	+	+
移位	SHL,SHR(移位一次)	+	+	?	+	+	+
	SHL,SHR(移位数次)	?	+	?	+	+	+
	SAR	0	+	?	+	+	+
	ROL,ROR,RCL,RCR(移位一次)	+	+	—	—	—	—
	ROL,ROR,RCL,RCR(移位数次)	?	+	—	—	—	—
状态位恢复	POPF,IRET	+	+	+	+	+	+
	SAHF	—	+	+	+	+	+
进位位设置	STC	—	1	—	—	—	—
	CLC	—	0	—	—	—	—
	CMC	—	#	—	—	—	—

表 B-2 控制标志位

指令类型	指令	DF	IF	TF
恢复状态位	POPF,IRET	+	+	+
中断	INT,INTO	—	0	0
设置方向位	STD	1	—	—
	CLD	0	—	—
设置中断位	STI	—	1	—
	SLI	—	0	—

表中符号说明：

＋：有影响 ♯：求补 1：置 1 ？：不确定 0：置 0 —：不影响

附录C

中断向量地址表

一、8086 中断向量				四、提供给用户的中断		
0~3	0	除以零		6C~6F	1B	Ctrl_Break 控制的软中断
4~7	1	单步(用于 DEBUG)		70~73	1C	定时器控制的软中断
8~B	2	非屏蔽中断		五、数据表指针		
C~F	3	断点(用于 DEBUG)		74~77	1D	显示器参量表
10~13	4	溢出		78~7B	1E	软盘参量表
14~17	5	打印屏幕		7C~7F	1F	图形表
18~1F	6,7	保留		六、DOS 中断		
二、8259 中断向量				80~83	20	程序结束
20~23	8	定时器		84~87	21	系统功能调用
24~27	9	键盘		88~8B	22	结束退出
28~2B	A	彩色/图形		8C~8F	23	Ctrl_Break 退出
2C~2F	B	异步通信(secondary)		90~93	24	严重错误处理
30~33	C	异步通信(primary)		94~97	25	绝对磁盘读功能
34~37	D	硬键盘		98~9B	26	绝对磁盘写功能
38~3B	E	软键盘		9C~9F	27	驻留退出
3C~3F	F	并行打印机		A0~BB	28~2E	DOS 保留
三、BIOS 中断				BC~BF	2F	打印机
40~43	10	屏幕显示		C0~FF	30~3F	DOS 保留
44~47	11	设备检验		七、BASIC 中断		
48~4B	12	测定存储器容量		100~17F	40~5F	保留
4C~4F	13	硬盘 I/O		180~19F	60~67	用户软件中断
50~53	14	串行通信口 I/O		1A0~1FF	68~7F	保留
54~57	15	盒式磁带 I/O		200~217	80~85	BASIC 保留
58~5B	16	键盘输入		218~3C3	86~F0	BASIC 中断
5C~5F	17	打印机输出		3C4~3FF	F1~FF	保留
60~63	18	BASIC 入口代码				
64~67	19	引导装入程序				
68~6B	1A	日时钟				

 附 录 D

DOS调用表(INT 21H)

AH	功　能	调用参数	返回参数
0	程序终止(同 INT 20H)	CS＝程序段前缀	
01	键盘输入并回显		AL＝输入字符
02	显示输出	DL＝输出字符	
03	异步通信输入		AL＝输入字符
04	异步通信输出	DL＝输出数据	
05	打印机输出	DL＝输出字符	
06	直接控制台 I/O	DL＝FF(输入) DL＝字符(输出)	AL＝输入字符
07	键盘输入(无回显)		AL＝输入字符
08	键盘输入(无回显) 检测 Ctrl_Break		AL＝输入字符
09	显示字符串	DS:DX＝串地址 (S 为串结束字符)	
0A	键盘输入到缓冲区	DS:DX＝缓冲区首地址 (DS:DX)＝缓冲区最大字符数	(DS:DX＋1)＝实际输入字符数
0B	检验键盘状态		AL＝00 有输入 ＝FF 无输入
0C	清除输入缓冲区并请求指定的输入功能	AL＝输入功能号(1,6,7,8,A)	
0D	磁盘复位		清除文件缓冲区
0E	指定当前默认磁盘驱动	DL＝驱动器号　0＝A,1＝B,…	AL＝驱动器数
0F	打开文件	DS:DX＝FCB 首地址	AL＝00 文件找到
10	关闭文件	DS:DX＝FCB 首地址	AL＝00 文件找到 ＝FF 文件未找到
11	查找第一个目录项	DS:DX＝FCB 首地址 (文件名中带 * 或?)	AL＝00 找到 ＝FF 未找到
12	查找第一个目录项	DS:DX＝FCB 首地址	AL＝00 找到 ＝FF 未找到
13	删除文件	DS:DX＝FCB 首地址	AL＝00 删除成功 ＝FF 未找到

AH	功　能	调用参数	返回参数
14	顺序读	DS:DX=FCB首地址	AL=00 读成功 　=01 文件结束,记录无数据 　=02 DTA 空间不够 　=03 文件结束,记录不完整
15	顺序写	DS:DX=FCB首地址	AL=00 写成功 　=01 盘满 　=02 DTA 空间不够
16	建文件	DS:DX=FCB首地址	AL=00 建立成功 　=FF 无磁盘空间
17	文件改名	DS:DX=FCB首地址 (DS:DX+1)=旧文件名 (DS:DX+17)=新文件名	AL=00 成功 　=FF 未成功
19	取当前默认磁盘驱动器		AL=默认的驱动号 0=A,1=B,2=C,…
1A	置 DTA 地址	DS:DX=DTA 地址	
1B	取默认驱动 FTA 信息		AL=每簇的扇区数 DS:BX=FAT 标识字符 CX=物理扇区的大小 DX=默认驱动器的簇数
1C	取任一驱动器 FAT 信息	DL=驱动器号	同上
21	随机读	DS:DX=FCB首地址	AL=00 读成功 　=01 文件结束 　=02 缓冲区溢出 　=03 缓冲区不满
22	随机写	DS:DX=FCB首地址	AL=00 读成功 　=01 文件结束 　=02 缓冲区溢出
23	测定文件大小	DS:DX=FCB首地址	AL=00 成功,文件长度填入 FCB 　=FF 未找到
24	设置随机记录号	DS:DX=FCB首地址	
25	设置中断向量	DS:DX=中断向量 AL=中断类型号	
26	建立程序段前缀	DX=新的程序段前缀	
27	随机分块读	DS:DX=FCB首地址 CX=记录数	AL=00 读成功 　=01 文件结束 　=02 缓冲区太小,传输结束 　=03 缓冲区不满 CX=读取的记录数
28	随机分块写	DS:DX=FCB首地址 CX=记录数	AL=00 写成功 　=01 盘满 　=02 缓冲区溢出

续表

AH	功 能	调 用 参 数	返 回 参 数
29	分析文件名	ES:DI=FCB首地址	AL=00 标准文件 =01 多义文件 =FF 非法盘符
2A	取日期		CX=年 DH:DL=月:日(二进制)
2B	设置日期	CX:DH:DL=年:月:日	AL=00 成功 =FF 无效
2C	取时间		CX:CL=时:分 DH:DL=秒:1/100 秒
2D	设置时间	CX:CL=时:分 DH:DL=秒:1/100 秒	AL=00 成功 =FF 无效
2E	置磁盘自动读写标志	AL=00 关闭标志 =01 打开标志	
2F	取磁盘缓冲区的首址		ES:BX=缓冲区首址
30	取 DOS 版本号		AH=发行号,AL=版号
31	结束并驻留	AL=返回码 DX=驻留区大小	
33	Ctrl_Break 检测	AL=00 取状态 =01 置状态(DL) DL=00 关闭检测 =01 打开检测	DL=00 关闭 Ctrl_Break 检测 =01 打开 Ctrl_Break 检测
35	取中断向量		AL=中断类型号 ES:BX=中断向量
36	取空闲磁盘空间	DL=驱动器 0=默认,1=A,2=B,…	成功:AX=每簇扇区数 BX=有效簇数 CX=每扇区字节数 DX=总簇数 失败:AX=FFFF
38	置/取国家信息	DS:DX=信息区首地址	BX=国家码(国际电话前缀码) AX=错误码
39	建立子目录(MKDIR)	DS:DX=ASCIIZ 串地址	AX=错误码
3A	删除子目录(RMDIR)	DS:DX=ASCIIZ 串地址	AX=错误码
3B	改变当前目录(CHDIR)	DS:DX=ASCIIZ 串地址	AX=错误码
3C	建立文件	DS:DX=ASCIIZ 串地址 CX=文件属性	成功:AX=文件代号 失败:AX=错误码
3D	打开文件	DS:DX=ASCIIZ 串地址 AL=0 读 =1 写 =2 读/写	成功:AX=文件代号 失败:AX=错误码
3E	关闭文件	BX=文件号	失败:AX=错误码

续表

AH	功　能	调　用　参　数	返　回　参　数
3F	读文件或设备	DS:DX=数据缓冲区地址 BX=文件号 CX=读取的字节数	读成功:AX=实际读入字节数 　　　　=0 已到文件尾 读出错:AX=错误码
40	写文件或设备	DS:DX=数据缓冲区地址 BX=文件号 CX=读取的字节数	写成功:AX=实际读入字节数 写出错:AX=错误码
41	删除文件	DS:DX=ASCIIZ 串地址	成功:AX=00 失败:AX=错误码(2,5)
42	移动文件指针	BX=文件号 CX:DX=位移量 AL=移动方式(0,1,2)	成功:DX:AX=新指针位置 失败:AX=错误码
43	置/取文件属性	DS:DX=ASCIIZ 串地址 AL=0 取文件属性 　　=1 置文件属性 CX=文件属性	成功:CX=文件属性 失败:AX=错误码
44	设置文件 I/O 控制	BX=文件代号 AL=0 取状态 　　=1 置状态 DX 　　=2,4 读数据 　　=3,5 写数据 　　=6 取输入状态 　　=7 取输出状态	成功:DX=设备信息 失败:AX=错误码
45	复制文件号	BX=文件号 1	成功:AX=文件号 2 失败:AX=错误码
46	人工复制文件号	BX=文件号 1 CX=文件号 2	成功:AX=文件号 2 失败:AX=错误码
47	取当前目录路径名	DL=驱动器号 DS:SI=ASCIIZ 串地址	(DS:SI)=ASCIIZ 串 失败:AX=错误码
48	分配内存空间	BX=申请内存容量	成功:AX=分配内存首址 失败:BX=最大可用空间
49	释放内存空间	ES=内存起始段地址	失败:AX=错误码
4A	调用已分配的存储块	ES=原内存起始地址 BX=在申请的容量	失败:BX=最大可用空间 AX=错误码
4B	装配/执行程序	DS:DX=ASCIIZ 串地址 ES:BX=参数区首地址 AL=0 装入执行 　　=3 装入不执行	失败:AX=错误码
4C	代返回码结束	AL=返回码	
4D	取返回码		AL=返回码

续表

AH	功　　能	调 用 参 数	返 回 参 数
4E	查找第一个匹配文件	DS:DX＝ASCIIZ 串地址 CX＝属性	AX＝出错码(02,18)
4F	查找下一个匹配文件	DS:DX＝ASCIIZ 串地址 (文件名带？或＊)	AX＝出错码(18)
54	取盘自动读写标志		AL＝当前标志位
56	文件改名	DS:DX＝ASCIIZ 串(旧) ES:DI＝ASCIIZ 串(新)	AX＝出错码(03,05,17)
57	置/取文件日期和时间	BX＝文件号 AL＝0 读取 　　＝1 设置(DX:CX)	DX:CX＝日期和时间 失败:AX＝错误码
58	取/置分配策略码	AL＝0 取码 　　＝1 置码(BX) BX＝策略码	成功:AX＝策略码 失败:AX＝错误码
59	取扩充错误码	BX＝0000	AX＝扩充错误码 BH＝错误类型 BL＝建议的操作 CH＝错误场所
5A	建立临时文件	CX＝文件属性 DS:DX＝ASCIIZ 串地址	成功:AX＝文件号 失败:AX＝错误码
5B	建立新文件	CX＝文件属性 DS:DX＝ASCIIZ 串地址	成功:AX＝文件号 失败:AX＝错误码
5C	控制文件存取	AL＝00 封锁 　　＝01 开启 BX＝文件号 CX:DX＝文件位移 SI:DI＝文件长度	失败:AX＝错误码
62	取程序段前缀地址		BX＝PSP 地址

＊ AH＝00～2E 适用 DOS 1.0 以上版本。

＊ AH＝2F～57 适用 DOS 2.0 以上版本。

＊ AH＝58～62 适用 DOS 3.0 以上版本。

附 录 E

BIOS 中断调用表

INT	AH	功　能	调用参数	返回参数
10	0	设置显示方式	AL ＝00 40×25 黑白方式 ＝01 40×25 彩色方式 ＝02 80×25 黑白方式 ＝03 80×25 彩色方式 ＝04 320×200 彩色图形方式 ＝05 320×200 黑白图形方式 ＝06 640×200 黑白图形方式 ＝07 80×25 单色文本方式 ＝08 160×200 16 色图形(PCjr) ＝09 320×200 16 色图形(PCjr) ＝0A 640×200 16 色图形(PCjr) ＝0B 保留(EGA) ＝0C 保留(EGA) ＝0D 320×200 彩色图形(EGA) ＝0E 640×200 彩色图形(EGA) ＝0F 640×350 黑白图形(EGA) ＝10 640×350 彩色图形(EGA) ＝11 640×480 单色图形(EGA) ＝12 640×480 16 色图形(EGA) ＝13 320×200 256 色图形(EGA) ＝40 80×30 彩色文本(CGE400) ＝41 80×50 彩色文本(CGE400) ＝42 640×400 彩色文本(CGE400)	
10	1	置光标类型	(CH)0～3＝光标起始行 (CL)0～3＝光标结束行	
10	2	置光标位置	BH＝页号 DH,DL＝行,列	
10	3	读光标位置	BH＝页号	CH＝光标起始行 DH,DL＝行,列

INT	AH	功　能	调 用 参 数	返 回 参 数
10	4	读光笔位置		AH＝0 光笔未触发 　＝1 光笔触发 CH＝像素行,BX＝像素列 DH＝字符行,DL＝字符列
10	5	置显示页	AL＝页号	
10	6	屏幕初始化或上卷	AL＝上卷行数 AL＝0 整个窗口恐怖 BH＝卷入行属性 CH,CL＝左上角行、列号 DH,DL＝右下角行、列号	
10	7	屏幕初始化或下卷	AL＝下卷行数 AL＝0 整个窗口恐怖 BH＝卷入行属性 CH,CL＝左上角行、列号 DH,DL＝右下角行、列号	
10	8	读光标位置的字符和属性	BH＝显示页	AH＝属性 AL＝字符
10	9	光标位置显示字符和属性	BH＝显示页 BL＝属性 AL＝字符 CX＝字符重复次数	
10	A	在光标位置显示字符	BH＝显示页 AL＝字符 CX＝字符重复次数	
10	B	置彩色调板 (320×200 图形)	BH＝彩色调板 ID BL＝和 ID 配套使用的颜色	
10	C	写像素	DX＝行(0~199) CX＝列(0~639) AL＝像素值	AL＝像素值
10	D	读像素	DX＝行(0~199) CX＝列(0~639)	
10	E	显示字符(光标前移)	AL＝字符 BL＝前景色	
10	F	取当前显示方式		AH＝字符列数,AL＝显示方式
10	13	显示字符串 (适用 AT)	ES:BP＝串地址,CX＝串长度 BH＝页号,DH,DL＝起始行、列 AL＝0,BL＝属性, 串:char,char,… AL＝1,BL＝属性, 串:char,char,…	光标返回起始位置 光标跟随移动

续表

INT	AH	功　能	调用参数	返回参数
10	13	显示字符串（适用 AT）	AL＝2, 串：char,attr,char,attr,… AL＝3, 串：char,attr,char,attr,…	光标返回起始位置 光标跟随移动
11		设备检验		AX＝返回值 bit0＝1,配有磁盘 bit1＝1,80287 协处理器 bit4,bit5＝01,40×25BW（彩色板） ＝10,80×25BW(彩色板) ＝11,80×25BW(黑色板) bit6,bit7＝软盘驱动器号 bit9,bit10,bit11＝RS-232板号 bit12＝游戏适配器 bit13＝串行打印机 bit14,bit15＝打印机号
12		测定存储器容量		AX＝字节数(kB)
13	0	软盘系统复位	DL＝驱动器号	
13	1	读软盘状态	DL＝驱动器号	AL＝状态字节
13	2	读磁盘	AL＝扇区数 CH,CL＝磁道号,扇区号 DH,DL＝磁头号,驱动器号 ES:BX＝数据缓冲区地址	读成功：AH＝0 AL＝读取的扇区数 读失败：AH＝出错码
13	3	写磁盘	同上	写成功：AH＝0 AL＝写入的扇区数 写失败：AH＝出错码
13	4	检验磁盘扇区	同上(ES:BX 不设置)	成功：AH＝0 AL＝读取的扇区数 失败：AH＝出错码
13	5	格式化盘磁道	ES:BX＝磁道地址	成功：AH＝0 失败：AH＝出错码
14	0	初始化串行通信口	AL＝初始化参数 DX＝通信口号(0,1)	AH＝通信口状态 AL＝调制解调器状态
14	1	向串行通信口写字符	AL＝字符 DX＝通信口号(0,1)	写成功：(AH)7＝0 写失败：(AH)7＝1 (AH)0～6＝通信口状态
14	2	从串行通信口读字符	DX＝通信口号(0,1)	读成功：(AH)7＝0 AL＝字符 读失败：(AH)7＝1 (AH)0～6＝通信口状态

INT	AH	功　能	调 用 参 数	返 回 参 数
14	3	取通信口状态	DX＝通信口号(0,1)	AH＝通信口状态 AL＝调制解调器状态
15	0	启动盒式磁带马达		失败：AH＝出错码
15	1	停止盒式磁带马达		失败：AH＝出错码
15	2	磁带分块读	ES:BS＝数据传输区地址 CX＝字节数	AH 为状态字节 AH＝00 读成功 　　＝01 冗余检验错 　　＝02 无数据传输 　　＝04 无引导 　　＝80 非法命令
15	3	磁带分块写	DS:BS＝数据传输区地址 CX＝字节数	同上
16	0	从键盘读字符		AH＝扫描码 AL＝字符码
16	1	读键盘缓冲区字符		AH＝扫描码 ZF＝0,AL＝字符码 ZF＝1,缓冲区空
16	2	取键盘状态字节		AL＝键盘状态字节
17	0	打印字符回送状态字节	AL＝字符 DX＝打印机号	AH＝打印机状态字节
17	1	初始化打印机回送状态字节	DX＝打印机号	AH＝打印机状态字节
17	2	取打印机状态字节	DX＝打印机号	AH＝打印机状态字节
A	0	读时钟		CH:CL＝h:min DH:DL＝s:1/100s
A	1	置时钟	CH:CL＝h:min DH:DL＝s:1/100s	
A	2	读实时钟(适用 AT)		CH:CL＝h:min(BCD) DH:DL＝s:1/100s(BCD)
1A	6	置报警时间(适用 AT)	CH:CL＝h:min(BCD) DH:DL＝s:1/100s(BCD)	
1A	7	清楚报警(适用 AT)		

参 考 文 献

[1] 王克义. 微型计算机基本原理与应用[M]. 北京：北京大学出版社，2010.

[2] 何宏，等. 单片机原理及应用——基于 Proteus 单片机系统设计及应用[M]. 北京：清华大学出版社，2012.

[3] 陈桂友. 单片微型计算机基本原理及接口技术[M]. 北京：高等教育出版社，2012.

[4] 郑郁正. 单片微型计算机原理及接口技术[M]. 北京：高等教育出版社，2012.

[5] 姜志海，刘连鑫，王蕾，等. 单片微型计算机原理及应用[M]. 北京：电子工业出版社，2011.

[6] 钱晓捷. 16/32 位微机原理、汇编语言及接口技术[M]. 北京：机械工业出版社，2011.

[7] 李继灿. Intel 8086-Pentium 4 后系列微机原理与接口技术[M]. 北京：清华大学出版社，2010.

[8] 张迎新，胡欣杰，赵立军，等. 单片机与微机原理及应用[M]. 北京：电子工业出版社，2011.

[9] 宋跃. 单片微机原理与接口技术[M]. 北京：电子工业出版社，2011.

[10] 毛玉良. 微机系统原理及应用[M]. 南京：东南大学出版社，2012.

[11] 李鹏. 微机原理及应用[M]. 北京：电子工业出版社，2014.

[12] 张丽娜，刘美玲，姜新华，等. 51 单片机系统开发与实践[M]. 北京：北京航空航天大学出版社，2013.

[13] 凌志浩，张建正，等. AT89C52 单片机原理与接口技术[M]. 北京：高等教育出版社，2011.

[14] 冯博琴，吴宁，等. 微型计算机硬件技术基础[M]. 北京：高等教育出版社，2010.

[15] 张颖，罗晓编，等. 单片微机应用技术[M]. 北京：清华大学出版社，2013.

[16] 曹江涛，孙传友，等. 微机测控系统原理与设计[M]. 北京：高等教育出版社，2013.

图 书 资 源 支 持

感谢您一直以来对清华版图书的支持和爱护。为了配合本书的使用，本书提供配套的资源，有需求的读者请扫描下方的"书圈"微信公众号二维码，在图书专区下载，也可以拨打电话或发送电子邮件咨询。

如果您在使用本书的过程中遇到了什么问题，或者有相关图书出版计划，也请您发邮件告诉我们，以便我们更好地为您服务。

我们的联系方式：

地 址：北京海淀区双清路学研大厦 A 座 707

邮 编：100084

电 话：010－62770175－4604

资源下载：http://www.tup.com.cn

电子邮件：weijj@tup.tsinghua.edu.cn

QQ：883604(请写明您的单位和姓名)

用微信扫一扫右边的二维码，即可关注清华大学出版社公众号"书圈"。

资源下载、样书申请

书圈